"十四五"时期国家重点出版物出版专项规划项目

| 数字中国建设出版工程·"新城建　新发展"丛书 |

梁　峰　总主编

智能建造与新型建筑工业化

马恩成　夏绪勇　主编

中国城市出版社

图书在版编目（CIP）数据

智能建造与新型建筑工业化／马恩成，夏绪勇主编
．—北京：中国城市出版社，2023.12
（“新城建 新发展”丛书／梁峰主编）
数字中国建设出版工程
ISBN 978-7-5074-3661-7

Ⅰ．①智… Ⅱ．①马… ②夏… Ⅲ．①智能技术—应
用—建筑工程 ②建筑工业化 Ⅳ．①TU

中国国家版本馆CIP数据核字（2023）第229291号

本书是数字中国建设出版工程·“新城建 新发展”丛书中的一本。全书共分为4篇，主要内容为：第1篇为基础篇，系统阐述了智能建造及建筑工业化的概念及新一代信息技术的关系，并通过国内外发展情况阐述目前所遇到的问题及所处的阶段，最后重点提出新型建造产业体系的构成与关系；第2篇为建设篇，系统介绍了支撑新时期智能建造所需的各类核心技术，并将这些技术有机融合在全生命周期各环节当中；第3篇为实践篇，对目前相对成功的智能建造案例、新型建筑工业化案例、绿色建造案例及建筑产业互联网案例做了深度剖析，在全方位阐述其背后的技术应用之余，呈现了各案例的应用效益；第4篇为展望篇，阐述了建筑业转型关键在于人与自然和谐共处，展望未来，建筑业势必转向低碳发展，践行绿色建造理念。

本书内容全面，具有较强的实用性，为住房和城乡建设领域转型升级提供新思路和新方法，能为正在探索中前行的智能建造提供技术参考与决策支持，也能给广大从业者提供启发和帮助。

总 策 划：沈元勤
责任编辑：徐仲莉 王砾瑶 范业庶
书籍设计：锋尚设计
责任校对：芦欣甜

数字中国建设出版工程·“新城建 新发展”丛书
梁 峰 总主编
智能建造与新型建筑工业化
马恩成 夏绪勇 主编
*
中国城市出版社出版、发行（北京海淀三里河路9号）
各地新华书店、建筑书店经销
北京锋尚制版有限公司制版
北京富诚彩色印刷有限公司印刷
*
开本：787毫米×1092毫米 1/16 印张：24¾ 字数：466千字
2023年12月第一版 2023年12月第一次印刷
定价：**149.00**元
ISBN 978-7-5074-3661-7
（904638）

让新城建为城市现代化注入强大动能
——数字中国建设出版工程·“新城建　新发展”丛书序

城市是中国式现代化的重要载体。推进国家治理体系和治理能力现代化，必须抓好城市治理体系和治理能力现代化。2020年，习近平总书记在浙江考察时指出，运用大数据、云计算、区块链、人工智能等前沿技术推动城市管理手段、管理模式、管理理念创新，从数字化到智能化再到智慧化，让城市更聪明一些、更智慧一些，是推动城市治理体系和治理能力现代化的必由之路，前景广阔。

当今世界，信息技术日新月异，数字经济蓬勃发展，深刻改变着人们生产生活方式和社会治理模式。各领域、各行业无不抢抓新一轮科技革命机遇，抢占数字化变革先机。2020年，住房和城乡建设部会同有关部门，部署推进以城市信息模型（CIM）平台、智能市政、智慧社区、智能建造等为重点，基于信息化、数字化、网络化、智能化的新型城市基础设施建设（以下简称新城建），坚持科技引领、数据赋能，提升城市建设水平和治理效能。经过3年的探索实践，新城建逐渐成为带动有效投资和消费、推动城市高质量发展、满足人民美好生活需要的重要路径和抓手。

党的二十大报告指出，打造宜居、韧性、智慧城市。这是以习近平同志为核心的党中央深刻洞察城市发展规律，科学研判城市发展形势，作出的重大战略部署，是新时代新征程建设现代化城市的客观要求。向着新目标，奋楫再出发。面临日益增多的城市安全发展风险和挑战，亟须提高城市风险防控和应对自然灾害、生产安全事故、公共卫生事件等能力，提升城市安全治理现代化水平。我们要坚持“人民城市人民建、人民城市为人民”重要理念，把人民宜居安居放在首位，以新城建驱动城市转型升级，推进城市现代化，把城市打造成为人民群众高品质生活的空间；要更好统筹发展和安全，以时时放心不下的责任感和紧迫感，推进新城建增强城市安全韧性，提升城市运行效率，筑牢安全防线、守住安全底线；要坚持科技是第一生产力，推动新一代信息技术与城市建设治理深度融合，以新城建夯实智慧城市建设基础，不断提升城市治理科学化、精细化、智能化水平。

新城建是一项专业性、技术性、系统性很强的工作。住房和城乡建设部网络安全和信息化工作专家团队编写的数字中国建设出版工程·“新城建　新发展”丛书，分7个专题介绍了新城建各项重点任务的实施理念、方法、路径和实践案例，为各级领导干部推进新城建提供了学习资料，也为高校、科研机构、企业等社会各界更好参与新城建提供了有益借鉴。期待丛书的出版能为广大读者提供启发和参考，也希望越来越多的人关注、研究、推动新城建。

姜万荣

2023年9月6日

丛书前言

加快推进数字化、网络化、智能化的新城建，是将现代信息技术与住房城乡建设事业深度融合的重大实践，是住房城乡建设领域全面践行数字中国战略部署的重要举措，也是举住房城乡建设全行业之力发展“数字住建”，开创城市高质量发展新局面的有力支点。

新城建，聚焦城市发展和安全，围绕百姓的安居乐业，充分运用现代信息技术推动城市建设治理的提质增效和安全运行，是一项专业性、技术性、系统性很强的创新性工作。现阶段新城建主要内容包括但不限于全面推进城市信息模型（CIM）平台建设、实施智能化市政基础设施建设和改造、协同发展智慧城市与智能网联汽车、建设智能化城市安全管理平台、加快推进智慧社区建设、推动智能建造与建筑工业化协同发展和推进城市运行管理服务平台建设，并在新城建试点实践中与城市更新、城市体检等重点工作深度融合，不断创新发展。

为深入贯彻、准确理解、全面推进新城建，住房和城乡建设部网络安全和信息化专家工作组，组织专家团队和专业人士编写了这套以“新城建 新发展”为主题的丛书，聚焦新一代信息技术与城市建设管理的深度融合，分七个专题以分册形式系统介绍了推进新城建重点任务的理念、方法、路径和实践。

分册一：城市信息模型（CIM）基础平台。城市是复杂的巨系统，建设城市信息模型（CIM）基础平台是让城市规划、建设、治理全流程、全要素、全方位数字化的重要手段。该分册系统介绍CIM技术国内外发展历程和理论框架，提出平台设计和建设的技术体系、基础架构和数据要求，并结合广州、南京、北京大兴国际机场临空经济区、中新天津生态城的实践案例，展现了CIM基础平台对各类数字化、智能化应用场景的数字底座支撑能力。

分册二：市政基础设施智能感知与监测。安全是发展的前提，建设市政基础设施智能感知与监测平台是以精细化管理确保城市基础设施生命线安全的有效途径。该分册借鉴欧美、日韩、新加坡等发达国家和地区经验，提出我国市政基础设施智能感知与监测的理论体系和建设内容，明确监测、运行、风险评估等方面的技术要求，同时结合合肥和佛山的实践案例，梳理总结了城市综合风险感知监测预警及细分领域的建设成效和典型经验。

分册三：智慧城市基础设施与智能网联汽车。智能网联汽车是车联网与智能车的有机结合。让“聪明的车”行稳致远，离不开“智慧的路”畅通无阻。该分册系统梳理了实现“双智”协同发展的基础设施、数据汇集、车城网支撑平台、示范应用、关键技术和产业体系，总结广州、武汉、重庆、长沙、苏州等地实践经验，提出技术研发趋势和下一步发展建议，为打造集技术、产业、数据、应用、标准于一体的“双智”协同发展体系提供有益借鉴。

分册四：城市运行管理服务平台。城市运行管理服务平台是以城市运行管理“一网统管”为目标，以物联网、大数据、人工智能等技术为支撑，为城市提供统筹协调、指挥调度、监测预警等功能的信息化平台。该分册从技术、应用、数据、管理、评价等多个维度阐述城市运行管理服务平台建设框架，并对北京、上海、杭州等6个城市的综合实践和重庆、沈阳、太原等9个城市的特色实践进行介绍，最后从政府、企业和公众等不同角度对平台未来发展进行展望。

分册五：智慧社区与数字家庭。家庭是社会的基本单元，社区是基层治理的“最后一公里”。智慧社区和数字家庭，是以科技赋能推动治理理念创新、组建城市智慧治理“神经元”的重要应用。该分册系统阐释了智慧社区和数字家庭的技术路径、核心产品、服务内容、运营管理模式、安全保障平台、标准与评价机制。介绍了老旧小区智慧化改造、新建智慧社区等不同应用实践，并提出了社区绿色低碳发展、人工智能和区块链等前沿技术在家庭中的应用等发展愿景。

分册六：智能建造与新型建筑工业化。建筑业是我国国民经济的重要支柱产业。打造“建造强国”，需要以科技创新为引领，促进先进制造技术、信息技术、节能技术与建筑业融合发展，实现智能建造与新型建筑工业化。该分册对智能建造与新型建筑工业化的理论框架、技术体系、产业链构成、关键技术与应用进行系统阐述，剖析了智能建造、新型建筑工业化、绿色建造、建筑产业互联网等方面的实践案例，展现了提升我国建造能力和水平、强化建筑全生命周期管理的宝贵经验。

分册七：城市体检方法与实践。城市是“有机生命体”，同人体一样，城市也会生病。治理各种各样的“城市病”，需要定期开展体检，发现病灶、诊断病因、开出药方，通过综合施治补齐短板和化解矛盾，“防未病”“治已病”。该分册全面梳理城市体检的理论依据、方法体系、工作路径、评价指标、关键技术和信息平台建设，系统介绍了全国城市体检评估工作实践，并提供江西、上海等地的实践案例，归纳共性问题，提出解决建议，着力破解“城市病”。

丛书编委人员来自长期奋战在住房城乡建设事业和信息化一线的知名专家和专业人士，包含了行业主管、规划研究、骨干企业、知名大学、标准化组织等各类专业机构，保障了丛书内容的科学性、系统性、先进性和代表性。丛书从编撰启动到付梓成书，历时两载，百余位编者勤恳耕耘，精益求精，集结而成国内第一套系统阐述新城建的专著。丛书既可作为领导干部、科研人员的学习教材和知识读本，也可作为广大新城建一线工作者的参考资料。

丛书编撰过程中，得到了住房和城乡建设部部领导、有关司局领导以及城乡建设和信息化领域院士、权威专家的大力支持和悉心指导；得到了中国城市出版社各级领导、编辑、工作人员的精心组织、策划与审校。衷心感谢各位领导、专家、编委、编辑的支持和帮助。

推进现代信息技术与住房城乡建设事业深度融合应用，打造宜居、韧性、智慧城市，需要坚持创新发展理念，持续深入开展研究和探索，希望数字中国建设出版工程·“新城建　新发展”丛书起到抛砖引玉作用。欢迎各界批评指正。

丛书总主编

2023年11月于北京

前　言

当前是我国乘势而上为实现第二个百年奋斗目标的关键时期，是各行各业迎接风险挑战、抓住难得机遇、扩展发展空间的历史时刻。住房和城乡建设部等13部门联合发布的《关于推动智能建造与建筑工业化协同发展的指导意见》中明确提出，到2025年，我国智能建造与建筑工业化协同发展的政策体系和产业体系要基本建立，建筑工业化、数字化、智能化水平显著提高，建筑产业互联网平台初步建立。

为深入了解、探究我国智能建造和建筑工业化协同发展的真实情况，我们将自身长期从事智能建造与建筑工业化研究及实践过程中的所思所想汇聚成册——《智能建造与新型建筑工业化》。

如果您是刚刚接触智能建造的普通读者，希望本书可以让您学到何为智能建造，让您了解建造全流程如何智能起来。如果您是本行业内从业多年的资深人士，希望本书可以为您应用智能建造技术开拓思路，使您对建筑业信息化、数字化、智能化的发展坚定信心。

深挖建筑业转型升级内在需求，融合新一代信息技术和先进制造技术改变传统建造过程，使其可看、可感，拥有智慧，变得聪明，并且能真正实现落地，这是我们的使命。在《智能建造与新型建筑工业化》编撰构思期间，我们真切感受到智能建造相关技术应用与发展已进入理性期，遵循新技术发展摩尔定律，而能否客观评价以及能否在实操中正确应用智能建造相关技术成为其发展的关键。

故此，《智能建造与新型建筑工业化》在重点梳理智能建造及相关议题产生背景、概念内涵、支撑技术及相关案例的同时，更聚焦于向行业展示整体产业架构，以更细微、深入、系统地探讨智能建造与新型建筑工业化协同发展之路。本书共分为4个篇章，主要内容为：

1. 基础篇从建筑业发展及演进角度，系统阐述了智能建造及建筑工业化的概念及新一代信息技术的关系，并通过国内外的发展情况阐述目前所遇到的问题及所处的阶段，最后重点提出了新型建造产业体系的构成与关系；

2. 建设篇是在了解产业体系构成的基础上，系统介绍了支撑新时期智能建造所需的各类核心技术，并将这些技术有机融合在全生命周期各环节当中；

3. 实践篇是对目前相对成功的智能建造案例、新型建筑工业化案例、绿色建造案例及建筑产业互联网案例做了深度剖析，在全方位阐述其背后的技术应用之余，呈现各案例的应用效益，和建设篇的核心建设要素前后呼应；

4. 展望篇阐述了建筑业转型关键，在于人与自然和谐共处。展望未来，建筑业势必转向低碳发展，践行绿色建造理念。智能建造与新型建筑工业化协同发展的关键要素将是“绿色发展方向、数字思维转变、信息技术发展、建设体系融合”。

推动智能建造理论与技术的研究应用，深化信息技术与工程建造的融合，促进建筑产业变革，我们义不容辞。当然，不同的人对数字化赋能建筑的理解和认知会存在或多或少的差异，但我们仍诚恳期盼本书研究工作能为建筑业转型升级提供新思路和新方法，能为正在探索中前行的智能建造提供技术参考与决策支持，也能给广大从业者提供启发和帮助。

目　　录

1　基础篇

2　建设篇

4 展望篇

1
基础篇

第 1 章

概念与内涵

《“十四五”建筑业发展规划》中指出，到2035年，“中国建造”核心竞争力世界领先，迈入智能建造世界强国行列，全面服务社会主义现代化强国建设。由此可见智能建造在相当长的时间里是中国建筑业发展的驱动力。从行业发展角度来看，智能建造是行业实现高质量发展的动力，从企业角度来看，智能建造是企业重塑核心竞争能力的动力，对建筑从业者而言智能建造给每一个人带来实现全新自我价值的动力。面对智能建造带来的新机会和新挑战，怎样理解智能建造，怎样认知智能建造和绿色建造、建筑产业互联网以及新一代信息技术等概念的区别与联系；与国外发展相比，我国处于什么阶段，具有什么特点；通过什么途径实现智能建造与建筑工业化的协同发展。本书将从本章开始，在本篇进行相关内容的介绍。

1.1 智能建造

随着智能建造日益受到广泛关注，一些学者尝试阐释其概念内涵。表1-1为通过中国知网（CNKI）检索与智能建造相关的研究文献，总结出国内外部分学者对于智能建造做出的定义。分析可得，尽管定义的语言表达不尽相同，但不同学者对于智能建造内涵的认知却趋于同质化，可以凝练出以下几项共性要素：（1）智能建造是一种新型的工程建造模式；（2）其范围涵盖工程建造全生命周期；（3）现代信息技术对于提升施工组织管理能力具有驱动作用。

关于智能建造的概念可以从广义和狭义两个范畴考虑，套用《国家智能制造标准体系建设指南（2021版）》对智能制造的定义，其中表述为“智能制造是基于先进制造技术与新一代信息技术深度融合，贯穿于设计、生产、管理、服务等产品全生命周期，具有自感知、自决策、自执行、自适应、自学习等特征，旨在提高制造业质量、效率效益和柔性的先进生产方式。”故从广义上讲，智能建造是适应全社会数字化发

智能建造定义总结 表1-1

序号	作者	定义
1	丁烈云	智能建造，是新信息技术与工程建造融合形成的工程建造创新模式，通过规范化建模、网络化交互、可视化认知、高性能计算以及智能化决策支持，实现数字链驱动下的工程立项策划、规划设计、施工生产、运维服务一体化集成与高效率协同
2	毛志兵	智能建造是在设计和施工建造过程中，采用现代先进技术手段，通过人机交互、感知、决策、执行和反馈，提高品质和效率的工程活动
3	潘启祥	智能建造是指集成融合传感技术、通信技术、数据技术、建造技术及项目管理等知识，对建造物及其建造活动的安全、质量、环保、进度、成本等内容进行感知、分析和控制的理论、方法、工艺和技术的统称
4	毛超等	智能建造是在信息化、工业化高度融合的基础上，利用新技术对建造过程赋能，推动工程建造活动的生产要素、生产力和生产关系升级，促进建筑数据充分流动，整合决策、设计、生产、施工、运维整个产业链，实现全产业链条的信息集成和业务协同、建设过程能效提升、资源价值最大化的新型生产方式
5	尤志嘉等	智能建造是一种基于智能科学技术的新型建造模式，通过重塑工程建造生命周期的生产组织方式，使建造系统拥有类似人类智能的各种能力并减少对人的依赖，从而达到优化建造过程，提高建筑质量，促进建筑业可持续发展的目的
6	Andrew Dewit	智能建造旨在通过机器人革命来改造建筑业，以达到节约项目成本、提高精度、减少浪费、提高弹性与可持续性的目的

展与生产关系变革的一种建筑业全产业协同发展模式变革。这个变革是行业发展的必然方向，内容、步骤、节奏、效果与全社会数字化发展水平相协调，总体同步或者略微滞后，并实现相互作用。

从狭义上讲，智能建造是工程建造领域各方主体数字化、网络化、智能化赋能后的建造模式。具体可以表述为智能建造是以创效为目标，以工业化为主线、以标准化为基础、以建造技术为核心、以信息化为手段，实现工程建造智能化。智能建造是建筑行业应对高质量发展，实现全行业、全生命周期降本增效，提高资源效率，交付高质量、高性能产品的一种解决方案。如图1-1所示为智能建造与其他概念的关系。

由于建筑行业信息化水平较低，尚缺乏完整、有效的手段解决数据感知、存储、分析、决策、控制、执行等问题，因此需要较长的时间对建筑行业进行赋能，实现能力提升。故从发展阶段角度来看，智能建造是阶段产物。它是传统建造模式通过CAD、BIM、VDC等手段初步实现数字化表达之后，与高精度测量、自动感知（IoT）、工业自动化、大数据、人工智能等技术深度融合形成的一种新的能力提升模式。在智能建造之前，链接传统建造模式的是数字建造；在智能建造之后，是智慧建造。这三者是递进上升的关系，智能建造将是一个较为长期、不可跨越的阶段。当前智能建造的主要工作是实现全产业链数据的采集、积累、分析、集成，并与工业自动

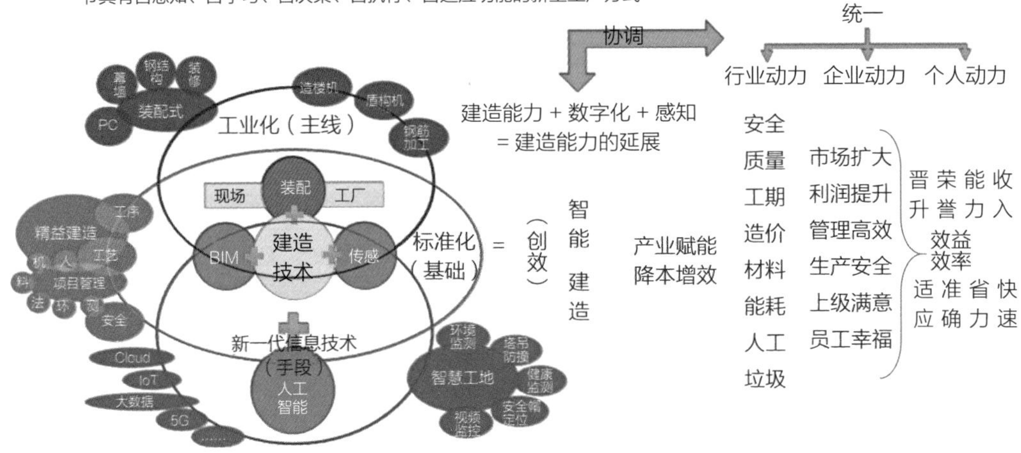

图1-1 智能建造逻辑关系图

化相融合，从而实现能力延展。智能建造的内涵如表1-2所示。

智能建造的内涵　　表1-2

序号	特性	描述
1	本质	是信息时代数据驱动技术升级，从而倒逼管理变革的发展过程，是新型建造模式
2	目的	通过新一代信息通信技术赋能建造全过程，从而实现提升建造技术能力、革新管理模式，实现缩短工期、降低造价、节约材料、减少能耗、减少人工、减少建筑垃圾，达到以人为本、可持续的全新建造模式
3	基础	固化建筑产品体系之后，对建造产品的工艺、工序、建造过程管理、生产等环节的标准化
4	手段	以利用大数据、人工智能、物联网、移动通信、云计算、建筑信息模型等新一代信息通信技术为手段，实现与建造技术的深度融合
5	路径	在基础和实现手段相融合的基础上，参照工业发展由粗放转向精细化、集约化的路径，逐步实现建造过程的自动施工、工业制造辅助（工厂化生产、装配式、干作业等）、精益化（施工现场 6S 管理）主线路径。首先掌握关键技术，然后逐步提升数据控制能力，之后通过机械、工厂制造，降低人工生产的不确定性，同时结合功效水平，分步骤实现施工建造精益化问题
6	表现形式	数据驱动、信息化、网络化、智能化信息技术与智能装备普遍应用

1.2 新型建筑工业化

2020年8月28日，住房和城乡建设部等9部门发布了《住房和城乡建设部等部门关于加快新型建筑工业化发展的若干意见》（建标规〔2020〕8号），首次明确了新型建筑工业化的定义："新型建筑工业化是通过新一代信息技术驱动，以工程全寿命期系统化集成设计、精益化生产施工为主要手段，整合工程全产业链、价值链和创新链，实现工程建设高效益、高质量、低消耗、低排放的建筑工业化。"意见进一步指出："以装配式建筑为代表的新型建筑工业化快速推进，建造水平和建筑品质明显提高。为全面贯彻新发展理念，推动城乡建设绿色发展和高质量发展，以新型建筑工业化带动建筑业全面转型升级，打造具有国际竞争力的'中国建造'品牌。"

中国的建筑工业化可追溯到20世纪50年代，1956年国务院发布了《国务院关于加强和发展建筑工业的决定》，文中指出："为了从根本上改善我国的建筑工业，必须积极地有步骤地实行工厂化、机械化施工，逐步完成对建筑工业的技术改造，逐步完成向建筑工业化的过渡。"经过30多年的研究和实践，发展了建筑标准化，建立了工厂化和机械化的物质技术基础，形成了装配式大板住宅体系。自1958年至1991年，北京市累计建成装配式大板住宅386万m^2。装配式大板住宅体系建筑工业化程度高、施工速度快、受季节性影响小、现场作业量少，是我国第一个形成规模的工业化建筑体系。

新型建筑工业化区别于传统建筑工业化，其主要特征包括标准化设计、工厂化生产、装配化施工、一体化装修、信息化管理、智能化应用。以装配式建筑为代表的新型建筑工业化内涵也更为广泛，不仅包括装配式建筑，还包括以实现工程建设高效益、高质量、低消耗、低排放为目标的建筑工业化技术，如建筑消能隔震技术、预应力技术、高精度模板、成型钢筋制品等。

同时，新型建筑工业化也是通过新一代信息技术驱动的工业化。信息技术的突破性发展使得信息化与建筑工业化的深度融合成为可能。建筑信息模型（Building Information Modeling，BIM）技术是以信息化驱动建筑工业化的关键技术。加快推进建筑信息模型（BIM）技术在新型建筑工业化全产业链的一体化集成应用，实现设计、采购、生产、建造、交付、运行维护等阶段的信息互联互通和交互共享。推进与城市信息模型（City Information Modeling，CIM）平台的融通联动，提高信息化监管能力，提高建筑行业全产业链资源配置效率，加快新型建筑工业化与高端制造业深度融合，搭建建筑产业互联网平台。

新型建筑工业化是基于工程全生命周期，以系统化集成设计、精益化生产施工为主要手段的工业化，其主要内涵如表1-3所示。通过数字化设计手段推进建筑、结构、设备、装修等多专业一体化集成设计，确保设计深度符合生产和施工要求；通过BIM技术在新型建筑工业化全生命周期的一体化集成应用，实现设计、生产、施工、运行维护等阶段的精益化，充分发挥新型建筑工业化系统集成综合优势。针对整个建筑产业链的产业化，解决建筑产业的发展理念、组织结构、资源优化配置以及全产业链、全生命周期的发展问题，实现整体效益最大化。标准化、装配化、集约化和社会化是工业化的基础和前提，工业化是产业化的核心，只有工业化达到一定程度才能实现产业现代化，建筑工业化的发展目标就是实现建筑产业现代化。

新型建筑工业化的内涵　　表1-3

序号	特性	描述
1	本质	是生产方式的工业化，以现代工业化的生产方式替代传统粗放的以劳动密集型为主的生产方式
2	目的	整合工程全产业链、价值链和创新链，实现工程建设高效益、高质量、低消耗、低排放，实现建筑产业现代化；带动建筑业全面转型升级，打造具有国际竞争力的“中国建造”品牌
3	基础	以标准化、装配化、集约化和社会化为基础
4	手段	通过新一代信息技术驱动，以工程全生命周期系统化集成设计、精益化生产施工为主要手段
5	路径	加强系统化集成设计、优化构件和部品部件生产、推广精益化施工、加快信息技术融合发展、创新组织管理模式、强化科技支撑、加快专业人才培育、开展新型建筑工业化项目评价、加大政策扶持力度
6	表现形式	标准化设计、工厂化生产、装配化施工、一体化装修、信息化管理、智能化应用

1.3　相关概念解析

1.3.1　绿色建造

1. 绿色建造相关概念

绿色建造是指在绿色发展理念指导下，通过科学管理和技术创新，采用与绿色发展相适应的建造模式，节约资源、保护环境、减少污染、提高效率、提升品牌，提供优质生态建筑产品，最大限度地实现人与自然和谐共生，满足人民对美好生活需要的工程建造活动。绿色建造相关特点如表1-4所示。

绿色建造相关特点　　表1-4

序号	属性	特点
1	原则	坚持以人为本、和谐共生原则； 坚持系统推进、统筹兼顾原则； 坚持创新驱动、转型发展原则

续表

序号	属性	特点
2	特征	建造活动绿色化、建造方式工业化、建造手段信息化、建造管理集约化、建造过程产业化
3	过程	绿色策划、绿色设计、绿色建材、绿色施工、绿色运营
4	产品	绿色建筑类、绿色生态城区、绿色城市
5	美好生活需求	资源节约、保护环境、提升品质、提高效率

2．绿色建造发展背景

建筑业的碳排放占全球能源和过程相关二氧化碳排放的近40%，到2060年全球人口有望达到100亿人，其中2/3的人口将生活在城市中，为满足人口居住需求，预计新增建筑面积2300亿m^2，需将现有建筑存量翻倍，建筑行业的温室气体排放量将持续上升。建筑工程建设过程中产生的碳排放被称为“内含碳排放”，主要来源于钢铁、水泥、玻璃等建筑材料的生产、运输以及现场施工过程，约占全球总排放量的11%。建筑在使用过程中的碳排放被称为“运营碳排放”，中国现有城镇总建筑存量约650亿m^2，这些建筑在使用过程中排放约21亿t二氧化碳，约占中国碳排放总量的20%。由此可见，建筑行业节能减排是大势所趋，也是服务碳达峰和碳中和双重任务的必然要求。应用绿色理念的“绿色建造”也应运而生，成为建筑行业的新兴发展方向。

3．绿色建造与“智能建造、新型建筑工业化”的关系

绿色建造是促进建筑业转型升级的基础，也是实现建筑工业化的重要途径之一，包含了高度融合物理信息技术的智能建造技术、融合标准化、工业化、智能化工业制造技术和绿色管理理念的装配式建造技术、融合人工智能及物理信息技术的建筑机器人技术等。绿色建造技术不仅是对建筑业现有技术的创新，也是对与建筑业相关联的信息技术、工业制造技术、绿色管理理念的综合应用。随着关联技术的迅速发展，为建造技术的发展也提供了基础，促进了新型建造技术的不断创新，需要以建筑业独有特色为基础，充分发挥基础建造技术，融合关联技术，形成符合建筑业特点的绿色建造技术。绿色建造是以智能建造、工业化建造为基础的建造方式，是信息化技术、智能化技术与工程建造过程高度融合的创新建造的最终目标。

（1）绿色建造与智能建造的关系

如果不能有效地实现各类设备系统的智能控制并顺利地进行工程建设，绿色建筑的主要目标是不可能达到的。如图1-2所示，智能建造是以现代通用的信息技术为基

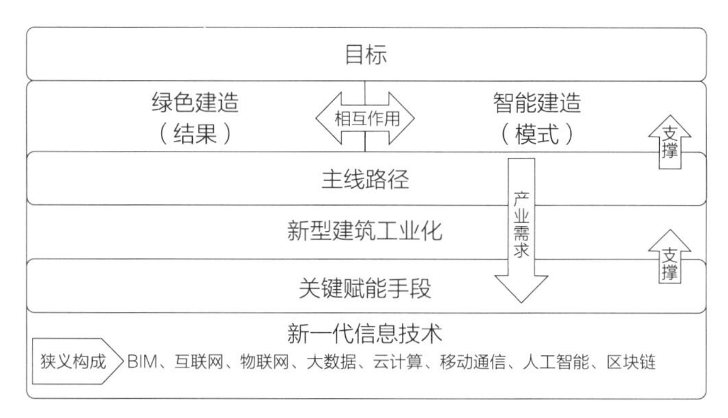

图1-2　绿色建造与智能建造的关系

础，以建造领域的数字化技术为支撑，实现建造过程一体化和协同化，并推动工程建造工业化、服务化和平台化变革，从而交付以人为本的绿色工程产品。

绿色建造与智能建造二者均强调节约能源、资源，以“以人为本”为指导思想。智能建造首先强调节约能源、不污染环境、保持生态平衡才能体现可持续发展的战略，在这个意义上智能建造一定是绿色的、生态的建造方式。绿色建造与智能建造二者相互影响，相互促进。绿色建造的实施离不开智能建筑，智能建筑的发展又促进和带动了绿色建筑。因此，绿色建筑和智能建筑都应在规划阶段、设计阶段、施工阶段、验收与运行管理阶段进行分阶段设计和实施。

（2）绿色建造与新型建筑工业化的关系

绿色建造是新型建筑工业化的重要目标，建筑工业化是其实现的重要途径。建筑工业化采用的是低碳环保的材料、技术，所以节约了能源、材料，实现了建设的绿色化、环保化。同时，在全球变暖背景下，低碳环保成为人类自救的一种措施。所以，建筑工业化将会把绿色环保当作发展目标。

2013年1月，国务院办公厅发布《国务院办公厅关于转发发展改革委 住房城乡建设部绿色建筑行动方案的通知》（国办发〔2013〕1号）。在《绿色建筑行动方案》中进一步明确了今后我国建筑工业的发展必须走绿色、循环、低碳的科学发展道路，促进经济社会全面、协调、可持续发展，并提出了十大重点任务，即切实抓好新建建筑节能工作、大力推进既有建筑的节能改造、开展城镇供热系统改造、推进可再生能源建筑规模化应用、加强公共建筑节能管理、加快绿色建筑相关技术研发推广、大力发展绿色建材、推动建筑工业化、严格建筑拆除管理程序、推进建筑废弃物资源化利用。由此可见，无论是绿色建造还是绿色建筑，建筑工业化发展都是其实现的重要途径。

1.3.2　建筑产业互联网

1. 建筑产业互联网概念

建筑产业互联网是新一代信息技术对建筑行业垂直产业的产业链和内部的价值链进行重塑和改造，从而形成的互联网生态和形态。通过新一代信息通信技术对建筑产业链上全要素信息进行采集汇聚和分析，目标是优化建筑行业全要素配置，促进全产业链协同发展，提高全行业整体效益水平，推动行业实现高质量发展。

建筑产业互联网融合了新一代信息技术与先进精益建造理论方法，以数字技术贯穿项目全过程，连接全参与方，实现产业全要素升级，为工程项目提供虚实结合的数字孪生建造服务，系统性地实现全产业链的资源优化配置，最大化提升生产效率，为产业链各方赋能。建筑产业互联网通过“产业互联、平台融合、企业协同、要素融通”将建筑行业各参与方聚合在一起，形成一个项目利益共同体，面向产业生态链、供应链的各类产业用户，提供生产全要素、制造全流程、企业全生命周期服务的产业协同互联生态网络，从而助推建筑高质量发展和数字化转型升级。

按应用场景及服务主体划分，建筑产业互联网平台可以划分为监管级、行业级、企业级、项目级4个层级。各层级具体可表现为：

（1）监管级。监管级平台是建筑产业互联网平台的上层应用，是利用数字化技术与现有的制度和标准对接，依托建筑产业互联网实时监测行业运行数据，建立全流程的智能监管体系，从设计、生产到施工装配和验收全覆盖，对安全文明施工与施工现场管理、建筑工人实名管理、施工现场环境保护措施管理等进行重点监控，服务政府决策分析，助力实现精准施策和精确调度。

（2）行业级。行业级平台是建筑产业互联网平台的核心层，是面向建筑产业全环节，为企业提供勘察、设计、采购、生产、施工、运营等建筑产品全生命周期管理和服务。通过建设行业级互联网和标识解析行业节点体系，打通建筑设计、生产、运输、施工全流程的数据流通和协同管理；以市场需求为导向，以数据共享为支撑，建立新型的行业生态和灵活的上下游关系，助推建筑行业的变革。

（3）企业级。企业级平台是建筑产业互联网平台的下层应用，围绕企业上下游产业链生态圈，开放企业资源和能力，在生产建造等环节，采集工程建设过程中的全要素信息，通过网络信息技术对信息传输进行计算，为企业级建筑产业互联网提供数据来源。同时，借助可视化手段实现整个项目流程可视化，对关键节点实施跟踪监控，保障项目质量、安全、进度和成本控制目标，满足企业数字化、网络化、智能化升级需求。

（4）项目级。项目级平台是建筑产业互联网平台下的最小分支，是针对勘察、设计、采购、生产、施工、运营等全流程或特定环节、场景，以数字化、网络化的方式为建筑企业提供项目数字化服务的数字化平台，核心目的是提升项目管理效益，提高项目交付品质。

2. 建筑产业互联网发展背景

建筑产业的工业互联网是破解行业痛点、优化整体产业链效率的有效路径之一。为了解决建筑业长期以来管理粗放、生产效率不高、资源利用效率低下、科技创新能力不足等诸多问题，以工业互联网为依托、用数字技术赋能建筑业，是建筑业又一次创造性的革命。工业互联网在建筑行业的应用，通过新一代信息通信技术对建筑产业链上全要素信息进行采集汇聚和分析，目标是优化建筑行业全要素配置，促进全产业链协同发展，提高全行业整体效益水平，推动行业实现高质量发展。

3. 建筑产业互联网与“智能建造、新型建筑工业化”的关系

建筑产业互联网是新一代信息技术与建筑业深度融合形成的关键基础设施，是促进建筑业数字化、智能化升级的关键支撑，是打通建筑业上下游产业链、实现协同发展的重要依托，也是推动智能建造与建筑工业化协同发展的重中之重。

（1）建筑产业互联网与智能建造的关系

建筑产业互联网是智能建造发展的第二阶段。智能建造的发展不是一蹴而就的，而是数字化、网络化和智能化叠加演进的过程，即数字化建造、网络化建造和智能化建造三个演进阶段，如图1-3所示。

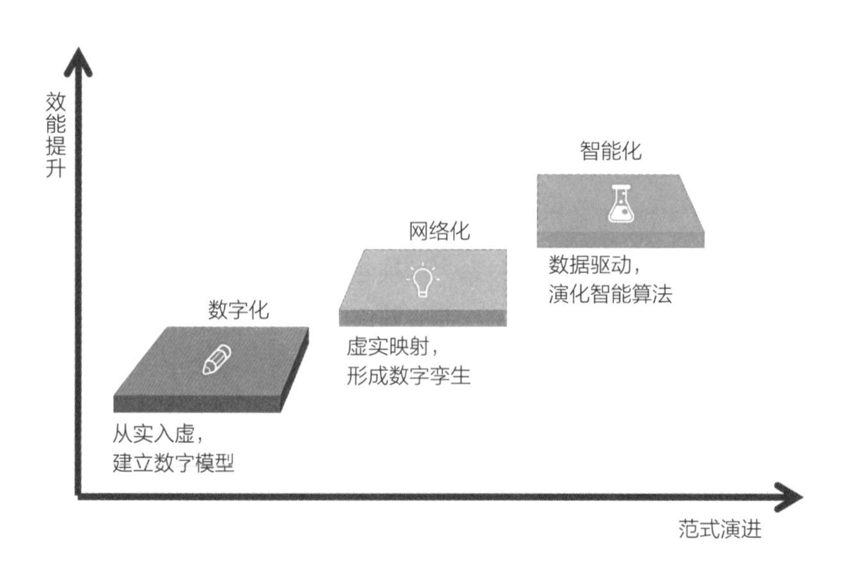

图1-3　智能建造的演进阶段

1）数字化建造

数字化建造是指对物理世界中的建筑产品、建设全过程、生产要素和各方参建单位的解构和数字化重构。数字化的过程将产生穿梭于物理实体和数字虚体之间的“数字主线”，支撑模型信息在物理空间与数字空间的双向沟通。“数字主线”可以将物理空间的信息反馈到虚拟的数字建造之中，从而构建数字化模型。通过数字化模型，可以在建造前进行模拟和分析，从而得到最优方案。例如，通过BIM模型，设计师可对建筑设计方案进行建模和全过程模拟分析，充分试错和优化方案，从而减少变更，避免返工，保障设计方案的最优性和可行性。

2）网络化建造

网络化建造是在数字化基础上，通过CPS（信息物理系统）与物理世界中的生产对象、生产活动、生产者、生产要素进行泛在连接、全面感知和实时在线，并与数字世界中的虚体模型进行实时映射和虚实互联，形成虚实映射的数字孪生，将建筑本体，以及人、机、料、法、环等生产要素物理实体，与数字虚体模型进行泛在连接和相互映射。通过数字孪生展示、预测、分析数字模型和物理世界之间的互动过程，通过算法和模型进行分析决策，对物理实体进行控制和调整。

3）智能化建造

智能化建造是在数字化和网络化的基础上，通过数据+算法，结合人工智能技术和机器人技术，形成人、机、物的交互与深度融合。智能化将是未来建筑业发展的方向，通过人工智能的深度学习和行业知识图谱等技术支撑，例如在建筑工地现场，通过云端的项目大脑和机器人等，将逐步实现对人工作业的劳动力替代和脑力增强，逐步实现少人化和无人化的自主管理、自动作业的场景。

（2）建筑产业互联网与新型建筑工业化的关系

建筑工业化是建筑产业化的基础和前提，只有工业化达到一定的程度，才能实现建筑产业现代化。由于产业化的内涵和外延高于工业化，建筑工业化主要是建筑生产方式上由传统方式向社会化大生产方式的转变，而建筑产业化则是从整个建筑行业在产业链条内资源的优化配置。工业互联网在建筑行业的应用，通过新一代信息通信技术对建筑产业链上全要素信息进行采集汇聚和分析，目标是优化建筑行业全要素配置，促进全产业链协同发展，提高全行业整体效益水平。

1.3.3 新一代信息技术

1．新一代信息技术概念

在信息技术领域，硬件产业的不断发展引领了新型科技革命和产业变革，信息技术产业创新能力增强，酝酿了新一代信息技术领域的发展。新一代信息技术包含人工智能、数字孪生、大数据、云计算、物联网、5G通信、3D打印、建筑机器人等新兴技术，其快速发展和融合应用，驱动着各领域的数字化与智能化转型，也对建筑这一传统行业造成了冲击。

2．新一代信息技术发展背景

国家在“十二五”规划中将新一代信息技术确定为七大战略性新兴产业之一，将被重点推进。2010年《国务院关于加快培育和发展战略性新兴产业的决定》（国发〔2010〕32号）将新一代信息技术产业作为7个战略性新兴产业之一，提出加快建设宽带、泛在、融合、安全的信息网络基础设施，推动新一代移动通信、下一代互联网核心设备和智能终端的研发及产业化，加快推进三网融合，促进物联网、云计算的研发和示范应用。提升软件服务、网络增值服务等信息服务能力，加快重要基础设施智能化改造。

经过十多年的发展，新一代信息技术在国内取得了优异的成果。尤其是党的十八大以来，我国新一代信息技术产业规模效益稳步增长，创新能力持续增强，企业实力不断提升，行业应用持续深入，为经济社会发展提供了重要保障。

一是产业规模迈上新台阶。2012～2021年，我国电子信息制造业增加值年均增速达11.6%，营业收入从7万亿元增长至14.1万亿元，在工业中的营业收入占比已连续九年保持第一，利润总额达8283亿元。软件和信息技术服务业业务收入从2.5万亿元增长至9.5万亿元，年均增速达16%，增速位居国民经济各行业前列。

二是创新能力取得新发展。集成电路、新型显示、第五代移动通信等领域技术创新密集涌现，超高清视频、虚拟现实、先进计算等领域发展步伐进一步加快。基础软件、工业软件、新兴平台软件等产品创新迭代不断加快，供给能力持续增强。

三是产业结构实现新突破。2021年，14家中国软件名城软件和信息技术服务业业务收入占全国软件业比重达78.4%，产业集聚效应凸显。手机、彩电、计算机、可穿戴设备等智能终端产品供给能力稳步增长，内需升级趋势明显。

四是融合应用探索新空间。面向教育、金融、能源、医疗、交通等领域典型应用场景的软件产品和解决方案不断涌现。在突发公共卫生事件期间，健康码、远程办公、协同研发等软件创新应用，有力支撑突发公共卫生事件防控和复工复产。汽车电子、智能安防、智能可穿戴、智慧健康养老等新产品新应用发展取得扎实成效，虚拟现实、超高清视频等应用场景丰富用户体验。

3．新一代信息技术与“智能建造、新型建筑工业化”的关系

建筑业是我国的支柱性产业，但其碎片化、粗放式的发展方式带来的生产效益低下、资源耗费巨大、环境污染严重等问题依旧突出，与高质量发展的要求仍有一定距离。新一代信息技术的发展给建筑业带来了新变化，也孕育了“智能建造”这一概念。

新一代信息技术对于建筑业的提升主要体现在发展智能建造技术，提高建筑工业化水平。2020年7月，由住房和城乡建设部等13部门联合发布的《关于推动智能建造与建筑工业化协同发展的指导意见》指出，加快推动新一代信息技术与建筑工业化技术协同发展，在建造全过程加大建筑信息模型（BIM）、互联网、物联网、大数据、云计算、移动通信、人工智能、区块链等新技术的集成与创新应用。

智能建造科技含量较高，有利于推动跨领域、全方位、多层次的产业深度融合；能够有效促使建筑业工业化，发挥信息技术对经济社会发展的推动作用。《“十四五”建筑业发展规划》也明确提出加快智能建造与新型建筑工业化协同发展。加强物联网、大数据、云计算、人工智能、区块链等新一代信息技术在建筑领域中的融合应用。目标是在“十四五”期间，建筑工业化、数字化、智能化水平大幅提升，建造方式绿色转型成效显著，加速建筑业由大向强转变，为形成强大国内市场、构建新发展格局提供有力支撑。

第2章

发展现状

2.1 国内外发展启示

2.1.1 国外发展概况

当前，“数字技术”和“数字经济”已成为新一轮经济社会发展的核心驱动力，数字要素已成为核心生产要素，面对数字化浪潮的冲击，世界上主要发达国家纷纷开展数字化战略布局。美国是全球最早布局数字化转型的国家，多年持续关注新一代信息技术发展及其影响，先后发布《智能制造振兴计划》《先进制造业美国领导力战略》，提出依托新一代信息技术等创新技术加快发展技术密集型的先进制造业，保证先进制造业作为美国经济实力引擎和国家安全支柱的地位。英国发布了“数字强国，数字宪章”，日本推进“互联工业，超智能社会”，新加坡提出“智慧国计划”，通过数字化转型推动城市和各行各业的发展是大势所趋。不少发达国家通过实践，形成了较为扎实的理论基础和完整的技术体系，研发了实现建造过程智能化的先进材料、基础技术和关键部品部件，整体引领和推动了智能建造的发展。其中，一些经验做法对我国智能建造的发展具有借鉴作用，全球部分国家智能建造发展战略发布情况如表2-1所示。

全球部分国家智能建造发展战略　　表2-1

国家	政策文件	主要目标
美国	2017年《美国基础设施重建战略规划》	将直接投入至少2000亿美元用于公路、铁路、水务和公用事业升级，提出到2025年建筑产品全生命周期的成本降低50%，到2030年工程建设完全实现碳中和设计
英国	2013年《英国建造2025》	提出到2025年，建筑业将转变为高效、技术先进、能驱动整体经济增长、引领全球低碳和绿色建筑输出的现代化产业，实现降低成本33%、加快交付50%、减排50%以及增加出口50%的共同目标

续表

国家	政策文件	主要目标
日本	2015 年《日本再兴战略》	推进建筑业“生产力革命”，引入新技术创建高产且有吸引力的建筑增长点，2023 年消除内因造成的工程事故，2025 年使建筑工地的生产率提高 20%，并在 2030 年实现建筑生产过程与三维数据全面结合
新加坡	2014 年《智慧国家 2025》；2017 年《建筑业产业转型蓝图》；2018 年《建造业 2025 战略》	旨在提供高质量建筑产品，使用最少资源，最小化对周围环境的影响；预计 2020 年将有超过 40% 的项目采用装配式 DMA 技术，2025 年前将试点 40 ~ 60 个 DD 项目，并促进建筑云端技术的应用

可以看到，部分发达国家纷纷布局智能建造产业，且建筑工业化方面也发展较为成熟。其中美国和英国发展较早；日本、新加坡与我国相邻，发展情况相似，故提炼出这些国家的发展情况以便借鉴。

1．美国发展情况

在BIM应用方面，据美国咨询机构McGraw Hill调研，2007年美国工程建设行业应用BIM技术的比例为28%，2009年增长至49%，2012年达到71%，此后一直维持在较高水平。在新一代技术应用方面，美国斯坦福大学、麻省理工学院等开展了建筑机器人相关的研究课题。并且据美国研究机构JB Knowledge发布的研究报告《施工技术报告2019》统计，82.5%的美国建筑业企业正在或准备开始应用BIM软件，60%设有新技术研发部门，42.6%正在试验无人机等新型设备。同时，有大量以建筑机器人、3D打印、绿色建材等新技术研发为核心业务的建筑初创企业开始涌现（表2-2）。据美国咨询机构Big Rentz统计，这些新型建筑科技初创公司仅在2020年就获得了超过13亿美元的融资，发展势头迅猛。

部分美国建筑初创企业及其主营业务　　表2-2

业务类别	企业名称	成立时间	主营业务
建筑机器人	Built Robotics	2016 年	推土、挖掘、压实机器人
	Toggle	—	钢筋制造和装配机器人
3D 打印	Cellular Fabrication	—	大规模 3D 打印，制造建筑结构和外墙
	Mighty Buildings	—	3D 打印石材、钢材，用于建造模块化房屋
节能减碳系统	AMPD Energy	2014 年	全电动建筑工地零排放储能系统
	Carbon Clean	2009 年	低成本碳捕获系统
信息管理平台	Archdesk	2016 年	以实现任务自动化分配为目标的施工管理软件
	Building Connected	2017 年	连接业主和承包商的建筑工程招标投标任务管理平台

续表

业务类别	企业名称	成立时间	主营业务
新型建筑材料	Kenoteq	—	将建筑垃圾转化为环保砖
	Basilisk Concrete	2015 年	微生物自修复混凝土和砂浆
建筑工人安全	Eave	—	智能耳罩和在线环境噪声可视化平台
	Worker Sense	2017 年	可穿戴建筑传感器，实时反映生产效率和工人安全
材料设备供应链	Infra.Market	2017 年	建筑材料线上采购平台
	Madaster	2017 年	建筑材料在线注册平台，识别可重复使用的材料

注：资料来源于 Big Rentz 2021 年研究报告《30 Construction Startups Emerging as Industry Leaders》。

2．英国发展情况

英国从国家战略高度对智能建造提出了明确要求，建立了较为完善的产业政策体系。2011年起，英国内阁办公室、英国商业创新和技能部等政府部门相继发布政策文件，对智能建造领域的技术水平、人才培养、产业链培育、市场发展等进行部署。英国技术战略委员会推出了“数字建造英伦”计划，提出要将英国建筑业转型升级为成熟的数字经济行业，形成建筑行业自身的知识库。英国还专门成立了建设领导委员会，通过专家访谈等形式对智能建造的阶段性成果进行回顾、总结和展望。此外，由政府、建筑业企业和剑桥大学组建的英国数字建造中心也发布了一系列与智能建造直接相关的研究报告，明确智能建造的发展计划和目标要求，不断推进数字化英国战略的实现。据英国研究机构National Building Specification（NBS）统计，2020年英国有73%的从业人员正在使用BIM技术，是2011年的近6倍。此外，云计算、虚拟现实、无人机、3D打印、人工智能等现代信息技术在建筑领域也有着较为广泛的应用。据英国NBS统计，2020年全国有42%的建筑从业人员已开始使用云计算技术，38%使用了虚拟现实技术，32%使用了无人机，30%使用了场外施工技术，未来应用范围将进一步拓展。

3．日本发展情况

日本于2015年制定了《日本再兴战略》，推进建筑业“生产力革命”，引入新技术创建高产且有吸引力的建筑增长点，2023年消除内因造成的工程事故，2025年使建筑工地的生产率提高20%，并在2030年实现建筑生产过程与三维数据全面结合。明确提出要以物联网、大数据、人工智能推进以人为本的“生产力革命”，通过从勘察、设计、构造、维护的所有过程中利用信息技术提高工地生产率。在建筑工业化方面，日本是最早实现工厂化批量生产住宅的国家，相关标准和规划较为健全。日本鹿岛建设株式会社设计制造了混凝土喷射机器人，日本大力推动建设工地的“生产力革命”，对现代信息技术在施工现场的应用做出了精细化规定。2015年，日本国土交通省推出了“i-Construction”项目，即将信息通信技术（ICT）引入施工现场，通过采用无人机测量、标准化施工、有序化管理等手段提高生产效率和管理水平。该项目明确了当前发展智能建造的主要“战场”在施工现场，为日本未来的建筑行业描绘了巨大蓝图。

4．新加坡发展情况

BIM技术在新加坡的应用虽然2010年才起步，但自2015年以来，新加坡建设局要求建筑面积大于5000m^{2}的项目都必须提交BIM模型，BIM在建筑工程中的应用率达到80%以上。新加坡开发出了15～30层的单元化装配式住宅，通过平面化布局和标准化设计使其装配率达到70%。

关于发展智能建造与建筑工业化方面，这些国家的经验均值得我们借鉴学习。同时我们也可以看出，以美国、英国、日本、新加坡为代表的发达国家建筑业数字化发展各具特色，发展过程均根据其人口、社会、经济结构的变化而产生。

2.1.2　国内发展概况

相比美国、英国等发达国家，我国建筑业总量29.3万亿元，从业人口5366万人，具有超大规模的市场和从业人口，这在世界单一经济体中绝无仅有。同时，大量的建造场景和独特的市场需求创造了中国特有的建造模式。新一代信息技术驱动的行业变革给各国带来的变化是各不相同的，英美之间、欧亚之间都是有所不同的。我们也需要因地制宜，结合我国的国情开展我国建造业的数字化转型，同时发挥我国优势，走出一条与国外发展不同、具有中国特色的发展路线。

近年来，我国以装配式建筑为代表的建筑工业化方面呈现快速发展的态势。据最新统计结果，2021年全国新开工装配式建筑面积达7.4亿m^2，较2020年增长18%，重点推进地区、积极推进地区和鼓励推进地区装配式建筑发展呈现齐头并进、继续快速增长态势。从结构类型来看，装配式混凝土结构、钢结构、木结构体系均得到积极发展，新开工各类型装配式建筑占比如图2-1所示，其中，装配式钢结构住宅项目1509万m^2，同比增长25%。

在此期间，装配式建筑相关企业采用简单的扩大模式就能获得较好的收益，因此企业大多采取简单的项目复制方式扩大生产规模，获取更大的企业收益。但是近年来

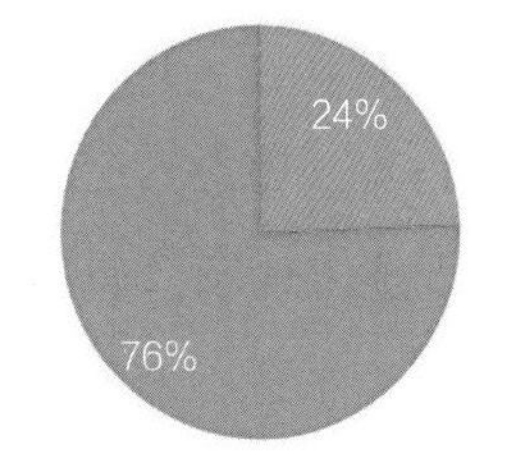

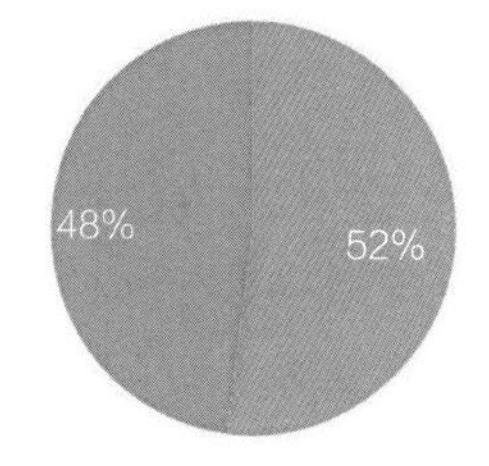

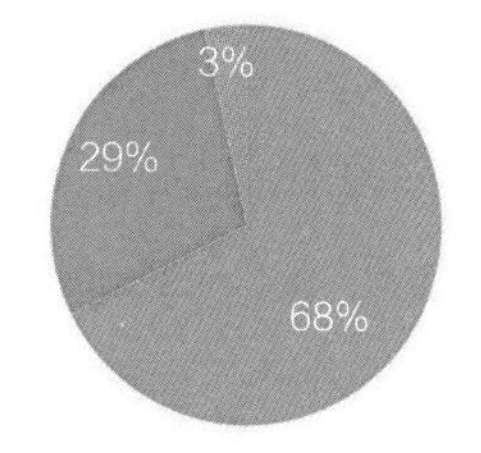

图2-1　2021年我国装配式建筑面积占比情况

（数据来源：住房和城乡建设部标准定额司）

随着我国逐渐进入高质量发展阶段，建筑业劳动力成本不断上涨。继续采用简单的扩大规模方式，企业难以获得持续收益的问题逐年凸显，且逐渐丧失行业竞争能力。因此在全社会信息化、数字化、智能化支撑数字化转型的浪潮下，建筑工业化企业也不得不重新审视三者的作用。在此之前，根据麦肯锡2016年的调研，在世界范围建筑施工企业的信息化水平仅排在农业之前，位于各个行业的倒数第二。而在2017年对中国的调研中，建筑行业的信息化水平排在各行业的最后。这反映了行业现状，也说明建筑业各个环节存在较大利用信息化、数字化、智能化技术提升能力的空间。

新一代信息技术高速发展，在不同的领域有不同的场景，每一个单项技术应用都能在建筑领域找到相应的场景。与其他领域不同的是，建筑领域市场规模巨大，产业链漫长、场景丰富，2020年建筑业增加值占国内生产总值比重为7.18%，带动上下游50多个产业发展，并提供了大量的就业岗位。同时，这也代表着这个行业中的相关产业的复杂性，从目前发展现状来看，国内尚未形成成熟的贯穿全过程各场景的解决方案，技术及发展路径还在摸索当中。

2.1.3　国内外发展对比

从近年来发展看，我国智能建造技术以及建筑工业化发展迅速并取得较为显著的成效。然而，国外发达国家的技术依旧引领着整体方向。相比之下，我国相关理论、战略、技术、人才等方面仍存在一些差异，如表2-3所示。

国内外智能建造与建筑工业化发展对比 表2-3

发展方面	国外	国内
基础理论和技术体系	拥有扎实的理论基础和完整的技术体系，对系统软件等关键技术的控制，先进的材料和重点前沿领域的发展	基础研究能力不足，对引进技术的消化吸收力度不够，技术体系不完善，缺乏原始创新能力
中长期发展战略	金融危机后，众多工业化发达国家将包括智能建造在内的先进制造业发展上升为国家战略	虽然发布了相关技术规划，但总体发展战略尚待明确，技术路线不够清晰，国家层面对智能建造发展的协调和管理尚待完善
工业化产业基础	国外因其长时间的技术钻研和实际应用，已经形成了适应其国情的一套标准化的完整的装配式建筑体系，其中包括相关技术规程与施工管理规范等	国内的装配式建筑发展还处于探索阶段，需要更多的技术理论来指导应用，最终形成适应国情的行业规范
智能建造装备	拥有精密测量技术、智能控制技术、智能化嵌入式软件等先进技术	对引进的先进设备依赖度高，50% 以上的智能建造装备需要进口
关键智能建造技术	拥有实现建造过程智能化的重要基础技术和关键零部件	高端装备的核心控制技术严重依赖进口，只有少量企业自主研发
软硬件	软件和硬件双向发展，“两化”程度高	重硬件轻软件现象突出，缺少智能化高端软件产品
人才储备	全球顶尖学府高级复合型研究人才	智能产业人才短缺，质量较弱

2.2 国内政策发布情况

建筑业作为我国国民经济的支柱产业，与国民生活息息相关，是提高人民生活质量的有力支撑，也是国家经济持续健康发展的强大动力。在不同时期，我国为推动和促进建筑业发展持续发布相关政策，主要围绕工业化、产业化、现代化等关键词。进入新时代，机械化、智能化、信息化得到快速发展，而人口红利减少、环境问题突出也是无法回避的现实情况。依托我国过去在绿色建筑、建筑信息化、装配式建筑等方面进行的探索及经验，我国再次推动建筑业转型升级，智能建造与新型建筑工业化协同发展成为建筑业新的发展方向。我国的智能建造与新型建筑工业化的协同发展与建筑工业化、建筑产业现代化一脉相承，相关政策的出台大体可分为三个阶段，如图2-2所示。

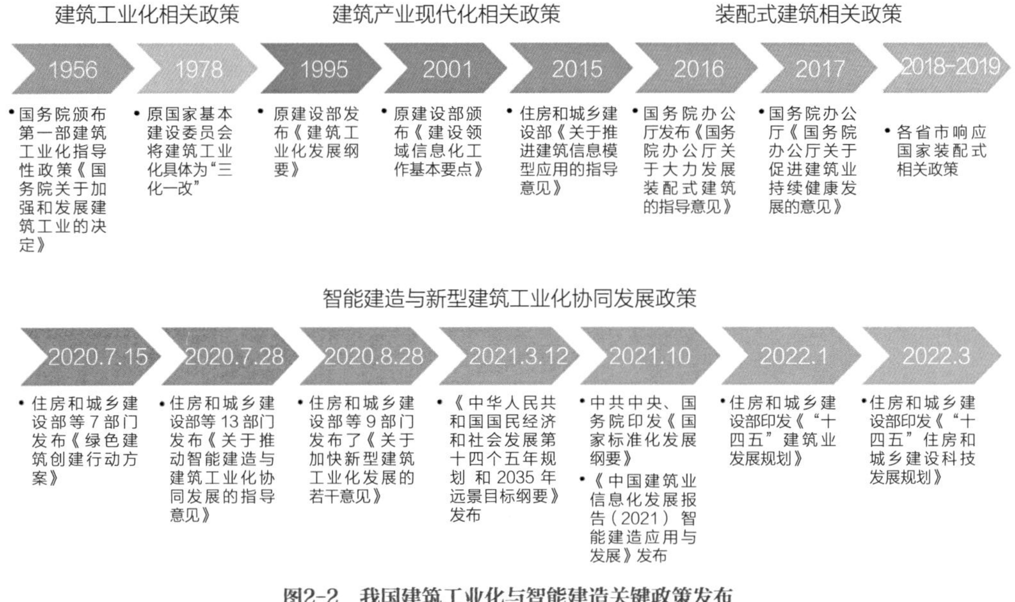

图2-2　我国建筑工业化与智能建造关键政策发布

2.2.1　建筑工业化相关政策

我国建筑工业化发展始于20世纪50年代。中华人民共和国成立初期，大规模经济发展导致城市住宅面临严重短缺。我国在第一个五年计划中提出借鉴苏联和东欧各国等发达国家的经验，在国内推行标准化、工厂化、机械化的预制构件和装配式建筑。

1956年国务院颁布第一部建筑工业化指导性政策《国务院关于加强和发展建筑工业的决定》，开启了我国建筑工业化发展之路。自20世纪60年代开始，预制构件和装配式建筑得到大力发展，新体系与新施工工艺被提出。1978年，原国家基本建设委员会将建筑工业化具体为“三化一改”，即建筑设计标准化、构件生产工厂化、施工机械化和墙体改革。

在这一时期，虽然装配式建筑相关产业得到飞速发展，但仍未提出建筑工业现代化，也未提出明确的实现指标。建筑业仅在工业化单一方向进行发展。

2.2.2　建筑产业现代化相关政策

在装配式建筑和建筑工业化如火如荼的发展过程中，一些问题也不断涌现。在唐山大地震中预制装配房屋破坏严重，引发人们对装配式建筑整体性及抗震性能的担忧。同时因预制技术研究不足、管理水平低下等原因，装配式建筑的质量问题不断暴露。在进入改革开放后，国家经济飞速发展，我国建筑建设规模急剧增长，建筑设计提出了个性化、多样化、复杂化的特点，装配式建筑已难以适应，装配式建筑发展进入低潮期，至20世纪90年代中期，近10年中没有建筑工业化相关政策发布。1995～2005年，《建筑工业化发展纲要》《住宅产业现代化试点工作大纲》《关于推进住宅产业现代化提高住宅质量的若干意见》相继发布，住宅产业化促进中心陆续批准建立了几个国家级的住宅产业化示范基地，这些企业都是住宅部品和设备的生产型企业。然而，推出的产品和服务在市场中遭遇困境，由于技术标准、成本问题等因素，并未获得开发商青睐，产业化发展再次遇到瓶颈。

2006年我国第一部绿色建筑评价国家标准《绿色建筑评价标准》GB/T 50378—2006出台，《绿色建筑技术导则》和《绿色建筑评价技术细则》等文件进一步完善了我国绿色建筑评估体系。2019年，《绿色建筑评价标准》GB/T 50378—2019出台，绿色建筑评价工作进入新阶段。2021年推广绿色建造正式纳入国家《2030年前碳达峰行动方案》。

随着20世纪末信息网络建设开始起步，信息技术应用推广，我国开始注重建筑业信息化的普及和发展。2001～2015年，《关于推进建筑信息模型应用的指导意见》《2011—2015年建筑业信息化发展纲要》相继发布，2016年8月《2016—2020年建筑业信息化发展纲要》发布，提出在“十三五”时期全面提高建筑业信息化水平，与BIM、物联网、人工智能等新一代信息技术相结合，完善信息化标准体系，实现工程项目全方位、全过程的智能化技术集成应用。

依托我国在住宅产业化、绿色建筑、建筑信息化等方面进行的探索及经验，政府再次推动建筑业转型升级。2013年10月，全国政协会议提出发展“建筑产业现代化”，建筑产业现代化的概念第一次被提出。至此，建筑工业化时隔20余年被重新提及。同月，国家发展改革委、住房和城乡建设部联合印发了《绿色建筑行动方案》，文件明确提出将推广装配化建造方式作为十大重点任务之一，装配式建筑再次进入视野。2016年，国务院发布《国务院办公厅关于大力发展装配式建筑的指导意见》（国办发〔2016〕71号），强调大力发展装配式混凝土建筑和钢结构建筑，不断提高装配式建筑在新建建筑中的比例。在此意见的指导下，我国装配式建筑重新迎来发展契机，形成装配式剪力墙结构、装配式框架结构等多种形式的装配式建筑技术，完成了如《装配式混凝土结构技术规程》JGJ 1—2014、《钢筋套筒灌浆连接应用技术规程》JGJ 355—2015（2023年版）等相应技术规程的编制，全国各地都加大了装配式建筑的试点推广应用。2018年2月，《装配式建筑评价标准》GB/T 51129—2017实施，这是我国第一部系统评价装配式建筑评价标准，为后续各地制定因地制宜的装配式建筑地方评价标准提供重要指导。

在这一时期，虽然建筑工业现代化并非政策重点，但建筑工业现代化相关内容在这一时期得到大幅横向扩充，“低碳”“节能”“信息化”等词汇开始纳入政策中。住宅产业化、绿色建筑、建筑信息化、装配式建筑等理念均在此时期得到发展，但发展相对独立，政策仍未对这些发展理念进行有机整合。

2.2.3 智能建造与新型建筑工业化协同发展政策

2019年4月20日，由住房和城乡建设部、中国工程院共同推进的重点咨询研究项目《中国建造2035战略研究》，旨在以智能建造为技术支撑，以建筑工业化为产业路径，以绿色建造为发展目标，以建造国际化来提升企业品牌和国际竞争力，制定“中国建造”高质量发展战略规划，实现工程建造的转型升级和可持续高质量发展，为我国现代化建设和“一带一路”走出去战略提供强有力的支撑，推动我国从建造大国走向建造强国。项目研究成果为制定相关国家战略提供依据，并被国家和部委制定相关政策及“十四五”规划所采纳。

2020年7月28日，住房和城乡建设部等13部门发布了《关于推动智能建造与建筑工业化协同发展的指导意见》，意见以习近平新时代中国特色社会主义思想为指导，强调全面贯彻党的十九大和十九届二中、三中、四中全会精神，增强“四个意识”，坚定“四个自信”，做到“两个维护”，坚持稳中求进工作总基调，坚持新发展理念，坚持以供给侧结构性改革为主线，围绕建筑业高质量发展总体目标，以大力发展建筑工业化为载体，以数字化、智能化升级为动力，创新突破相关核心技术，加大智能建造在工程建设各环节应用，形成涵盖科研、设计、生产加工、施工装配、运营等全产业链融合一体的智能建造产业体系，提升工程质量安全、效益和品质，有效拉动内需，培育国民经济新的增长点，实现建筑业转型升级和持续健康发展。智能建造概念正式进入视野。

2020年8月28日，住房和城乡建设部等9部门发布了《关于加快新型建筑工业化发展的若干意见》，其主要内容是大力推动装配式建筑技术、建筑信息模型（BIM）技术，加快应用大数据、物联网等新型建筑技术，同时大力推行工程总承包、全过程工程咨询等新型工程建设模式，全面以智能建造技术为核心，实现新型建筑工业化。意见中第一次明确了新型建筑工业化的定义，为新型建筑工业化发展指明方向。

2022年1月，住房和城乡建设部发布《“十四五”建筑业发展规划》，提出“智能建造与新型建筑工业化协同发展的政策体系和产业体系基本建立，装配式建筑占新建建筑的比例达到30%以上，打造一批建筑产业互联网平台，形成一批建筑机器人标志性产品，培育一批智能建造和装配式建筑产业基地。”2022年3月，住房和城乡建设部发布的《“十四五”住房和城乡建设科技发展规划》中提出九大重点任务，其中第（八）条：智能建造与新型建筑工业化技术创新。包括装配式建筑技术、数字设计技术、智能施工技术与装备、建筑机器人和3D打印技术、建筑产业互联网平台5个方面。其核心是以发展新型建筑工业化为载体，以数字化、智能化升级为动力，打造建筑产业互联网，形成全产业链融合一体的智能建造产业体系。

自此，智能建造与新型建筑工业化概念被正式提出，建筑产业化、绿色建筑、建筑信息化、装配式建筑被有机结合，政策中充分体现绿色建筑与装配式建筑协调发展、建筑工业化和信息化融合发展。在《关于推动智能建造与建筑工业化协同发展的指导意见》和《关于加快新型建筑工业化发展的若干意见》推动下，全国范围内自上而下开展智能建造与新型建筑工业化探索，智能建造与新型建筑工业化进入深化应用、全面推广阶段。本节整理了近年来国家各部委颁布的一系列推动智能建造和新型建筑工业化的相关政策，见表2-4。

智能建造与新型建筑工业化协同发展关键政策　　表2-4

发文时间	发文部门	政策文件	主要内容
2020年7月	住房和城乡建设部等7部门	绿色建筑创建行动方案	大力发展钢结构等装配式建筑，新建公共建筑原则上采用钢结构。编制钢结构装配式住宅常用构件尺寸指南，强化设计要求，规范构件选型，提高装配式建筑构配件标准化水平。推动装配式装修。打造装配式建筑产业基地，提升建造水平。积极探索5G、物联网、人工智能、建筑机器人等新技术在工程建设领域的应用，推动绿色建造与新技术融合发展
2020年7月	住房和城乡建设部等13部门	关于推动智能建造与建筑工业化协同发展的指导意见	加快建筑工业化升级，大力发展装配式建筑，推动建立以标准部品为基础的专业化、规模化、信息化生产体系，加快推动新一代信息技术与建筑工业化技术协同发展，在建造全过程加大建筑信息模型（BIM）、互联网、物联网、大数据、云计算、移动通信、人工智能、区块链等新技术的集成与创新应用；加强技术创新，推动智能建造和建筑工业化基础共性技术和关键核心技术研发、转移扩散和商业化应用；提升信息化水平，加快构建数字设计基础平台和集成系统，加快部品部件生产数字化、智能化升级，推广应用数字化技术、系统集成技术、智能化装备和建筑机器人；积极推行绿色建造，通过智能建造与建筑工业化协同发展，促进建筑业绿色改造升级

续表

发文时间	发文部门	政策文件	主要内容
2020年8月	住房和城乡建设部等9部门	关于加快新型建筑工业化发展的若干意见	新型建筑工业化是通过新一代信息技术驱动，以工程全寿命期系统化集成设计、精益化生产施工为主要手段，整合工程全产业链、价值链和创新链，实现工程建设高效益、高质量、低消耗、低排放的建筑工业化。 加强系统化集成设计和标准化设计，推动全产业链协同；优化构件和部品部件生产，推广应用绿色建材；大力发展钢结构建筑，推广装配式混凝土建筑，推进建筑全装修，推广精益化施工建造；加快信息技术融合发展，大力推广BIM技术、大数据技术和物联网技术，发展智能建造；创新组织管理模式，大力推行工程总承包模式，发展全过程工程咨询，建立使用者监督机制；强化科技支撑，培育科技创新基地，加大科技研发力度；加快专业人才培育，培育专业技术管理人才和技能型产业工人；开展新型建筑工业化项目评价
2020年9月	住房和城乡建设部标准定额司	构建“1+3”标准化设计和生产体系推动新型建筑工业化可持续发展	构建“1+3”标准化设计和生产体系，将全面打通装配式住宅设计、生产和工程施工环节，推进全产业链协同发展，可以有效解决装配式建筑标准化设计与标准化构件和部品部件应用之间的衔接问题，能够为设计人员提供强有力的技术指导，推广少规格、多组合的设计方法。同时，通过明确通用标准化构件和部品部件的具体尺寸，逐步将定制化、小规模的生产方式向标准化、社会化转变，引导生产企业与设计单位、施工企业就构件和部品部件的常用尺寸进行协调统一，全面提升新型建筑工业化生产、设计和施工效率，推动装配式住宅产业向标准化、规模化、市场化迈进
2020年12月	住房和城乡建设部	全国住房和城乡建设工作会议	加快发展“中国建造”，推动建筑产业转型升级。加快推动智能建造与新型建筑工业化协同发展，建设建筑产业互联网平台。完善装配式建筑标准体系，大力推广钢结构建筑。深入实施绿色建筑创建行动
2021年2月	住房和城乡建设部	住房和城乡建设部办公厅关于同意开展智能建造试点的函	明确重庆、上海、佛山、深圳的7个项目将开展智能建造试点工作。试点工作将围绕建筑业高质量发展，以数字化、智能化升级为动力，创新突破相关核心技术，加大智能建造在工程建设各环节的应用，提升工程质量安全、效益和品质
2021年3月	国务院	中华人民共和国国民经济和社会发展第十四个五年规划和2035年远景目标纲要	以数字化助推城乡发展和治理模式创新，全面提高运行效率和宜居度。分级分类推进新型智慧城市建设，将物联网感知设施、通信系统等纳入公共基础设施统一规划建设，推进市政公用设施、建筑等物联网应用和智能化改造。 坚持节能优先方针，深化工业、建筑、交通等领域和公共机构节能，推动能源清洁低碳安全高效利用，深入推进工业、建筑、交通等领域低碳转型
2021年7月	住房和城乡建设部	智能建造与新型建筑工业化协同发展可复制经验做法清单（第一批）	总结了各省市在发展数字设计、推广智能生产、推动智能施工、建设建筑产业互联网平台、研发应用建筑机器人等智能建造设备、加强统筹协作和政策支持6项工作板块的经验做法
2021年10月	中共中央、国务院	国家标准化发展纲要	提出推动智能建造标准化、完善建筑信息模型技术、施工现场监控等标准。要推动建筑业高质量发展，就要加快建筑产业现代化步伐，不断创新科技管理模式、施工技术等，持续增强BIM、大数据、智能化、移动通信、云计算、物联网等信息技术集成应用能力，推动建筑产业数字化、网络化、智能化转型，并取得突破性进展

续表

发文时间	发文部门	政策文件	主要内容
2021 年 10 月	中共中央、国务院	关于推动城乡建设绿色发展的意见	到 2035 年，城乡建设全面实现绿色发展，碳减排水平快速提升，城市和乡村品质全面提升，人居环境更加美好，城乡建设领域治理体系和治理能力基本实现现代化，美丽中国建设目标基本实现。实现工程建设全过程绿色建造，开展绿色建造示范工程创建行动，推广绿色化、工业化、信息化、集约化、产业化建造方式，加强技术创新和集成，利用新技术实现精细化设计和施工。大力发展装配式建筑，重点推动钢结构装配式住宅建设，不断提升构件标准化水平，推动形成完整产业链，推动智能建造和建筑工业化协同发展
2022 年 1 月	住房和城乡建设部	“十四五”建筑业发展规划	明确加快智能建造与新型建筑工业化协同发展，包括完善智能建造政策和产业体系，夯实标准化和数字化基础，推广数字化协同设计，大力发展装配式建筑，打造建筑产业互联网平台，加快建筑机器人研发和应用，推广绿色建造方式
2022 年 2 月	国务院新闻办公室	推动住房和城乡建设高质量发展新闻发布会	从以下 5 个方面推动智能建造与新型建筑工业化协同发展：一是实施智能建造试点示范创建行动；二是加快推广建筑信息模型技术；三是大力发展装配式建筑；四是打造建筑产业互联网平台；五是推进建筑机器人典型应用
2022 年 3 月	住房和城乡建设部	“十四五”住房和城乡建设科技发展规划	到 2025 年，要围绕建设宜居、创新、智慧、绿色、人文、韧性城市和美丽宜居乡村的重大需求，聚焦“十四五”时期住房和城乡建设重点任务，在城乡建设绿色低碳技术研究、城乡历史文化保护传承利用技术创新、城市人居环境品质提升技术、城市基础设施数字化网络化智能化技术应用、城市防灾减灾技术集成、住宅品质提升技术研究、建筑业信息技术应用基础研究、智能建造与新型建筑工业化技术创新、县城和乡村建设适用技术研究 9 个方面，加强科技创新方向引导和战略性、储备性研发布局，突破关键核心技术、强化集成应用，促进科技成果转化
2022 年 10 月	中国共产党第十九届中央委员会	高举中国特色社会主义伟大旗帜　为全面建设社会主义现代化国家而团结奋斗	建设现代化产业体系，推进新型工业化，加快发展方式绿色转型
2022 年 10 月	住房和城乡建设部	关于公布智能建造试点城市的通知	决定将北京市、天津市、重庆市等 24 个城市列为智能建造试点城市，为期 3 年

综上所述，国家层面发布的智能建造和新型建筑工业化相关政策，推动了智能建造和新型建筑工业化在各地的政策落地与试点示范，实现了由“点上示范”向“面上推广”的转变，促进了建筑业转型升级和高质量发展。总体而言，我国的新型建筑工业化在建筑工业化和装配式建筑的基础上持续发展，智能建造的发展相对较晚，相关政策的引导与扶持仍需进一步完善。

2.3 国内面临问题分析

经过长时间的发展和积淀，我国在建筑工业化领域取得了长足进步，形成一系列成果。但是，面对国内建筑业转型升级的需求，对照全球发达国家智能建造的发展势态，我国建筑工业化与智能建造的协同发展仍然面临诸多困境。在发展进程当中，主要问题体现在建筑工业化与智能建造各自的问题和协同发展的问题三个方面。

2.3.1 建筑工业化的问题

1．管理机制问题

地域差异制约建筑工业化发展。各地方政府对工业化项目的容积率、预制装配率等指标要求不同，造成建筑工业化企业要根据不同地域的要求去被动适应，否则不能通过审批、施工许可和竣工验收，制约了建筑工业化的发展。

2．技术问题

（1）盲目引进国外工业化体系

西方有很大一部分国家在建筑工业化以及各方面技术、管理理论方面比我们要先进且完备，我国起步较晚，盲目地照抄、照搬，不仅不符合我国国情，反而由于技术落后会造成成本增加，加剧贫富差距。 每个国家都应选择一条符合本国特色的建筑工业化道路。对于建筑工业化刚起步的中国来说，应当结合国内的各项经济条件、机械制造与管理科学的先进程度来慎重考虑建筑工业化的发展道路与方向，而不是盲目地照搬、照抄和简单套用。

（2）缺乏模数化、标准化与多样性

对于装配式建筑，首先，提高装配式建筑的生产效率必须要拥有统一的标准，这样既能节约成本，也能让施工单位以及设计院的工作更加精细化与简单化。建筑行业的标准化、模块化更是工业类建筑的特点。在推广装配式建筑时，我们不仅要侧重效率以及大构件的统一、模块化，更要注重民众对于建筑本身的个性化需求，现在的工业化建筑呈现样式单一的弊端。

同样，我们也不能只片面发展多样性而不发展标准化。 对于工业化建筑构件来说，如何使标准化与个性化有机结合起来形成多样化局面是我们面对的共同问题。如果多样化和标准化能有机结合起来，这不仅人人加快施工速度、降低成本、保护环境，还能打造一种全新的施工方式影响到各行各业，推动建筑工业化的发展，使工业化的建筑多样化，更能满足用户对建筑个性化的需求。

3．成本问题

建筑造价成本较高。据调查，建筑工业化建造的建筑造价比传统方法高出500元/m^{2}左右。一方面，造价成本高，开发企业望而却步，建筑产业化难以形成产业链；另一方面，由于产业链尚未形成，很难降低建筑工业化的成本。成本与产业链相互影响和制约的后果，使得建筑产业化难以推进。造成建筑工业化成本高的主要原因有4个：我国正处于建筑工业化的探索和研发阶段；建筑产业化早期发展所需的研发成本较高；工业产品生产的厂房、机械设备等固定资产投资巨大，土地问题难以解决；机械化程度高的施工技术比传统施工成本高7.1%。目前，建筑工业化的应用规模还比较小，没有实现规模效应，成本无法降低。另外，现行税收制度增加了企业负担。目前，大多数建筑工业化企业在生产过程和现场组装施工时都要缴纳税款，这样明显存在重复征税现象。据测算，重复税收会造成建筑工业化企业的成本上升10%左右，增大了企业负担。

2.3.2　智能建造的问题

1．市场问题

在市场环境方面，建筑业企业已形成对国外相关产品的使用习惯，产业缺乏必要软件生态；国产产品用户基数小，缺少市场意见反馈，进一步加大了与国外同类产品在功能和性能等方面的差距；我国当前的建筑市场中专门的智能化建筑产品系统较少。以此来看，我国的智能化建筑设计系统应用构成还存在很大空缺。

2．产业问题

在产业布局方面，国内厂商战略部署不清晰，未形成与上下游的深度沟通，不利于产品布局的纵深发展；国内厂商起步晚，资源分散严重，不少国产产品在细分市场上仍处于全产业链的中低端位置；国内厂商的自主创新能力与意识仍然较弱，国际领先的创新成果相对较少。

3．技术问题

智能建造标准体系有待健全，相关研发缺少基础数据标准；核心技术薄弱，较多依赖在国外企业技术基础上的二次开发；缺乏完善的智能建造应用生态，无法形成面向项目全生命周期的智能化集成应用。

4．研究问题

我国理论研究还相对欠缺，我国的智能化建筑还存在着严重的问题，主要体现在智能化建筑的设计理论研究上。我国现有的智能化建筑设计理论并没有满足智能化建筑设计的相关技术应用需求，在实际智能化建筑推广中并没有达到应有的推广效果。我国现有的智能化建筑设计的相关理论构成还不够完善，在实际智能化建筑的设计和研发中应该加强对相关建筑设计理论的研究。

2.3.3 智能建造与新型建筑工业化协同发展的问题

1．路径问题

智能建造和以装配式建筑为抓手的建筑工业化协同发展路径问题主要集中在三个方面：一是在推进方向上将装配式建筑与智能建造割裂开分别推进；二是在顶层设计层面没有将装配式建筑与智能建造关联起来，缺少战略规划和实施路线图；三是目前还在沿用前工业化时期碎片化的施工组织管理模式，阻碍了先进生产力的发展。

2．技术问题

我国目前建筑工业化信息化水平不高，智能建造推进整体滞后。其主要原因在于，实施智能建造需自主研发或购买各种智能化系统，并持续开发和完善智能化系统，充分集成应用各项新技术，以满足智慧工地、智能建造的需求，这需要企业及政府投入大量的人力、物力、财力和时间，而现阶段在此方向的投入严重不足。

第3章

产业体系

改革开放后的30多年，我国建筑业一直是一个劳动密集型、建造方式相对落后的传统产业，设计、生产、施工、运营相对脱节，导致生产过程连续性差；以单一技术推广应用为主，造成建筑技术集成化低；以现场手工、湿作业为主，生产机械化程度低；工程以包代管、管施分离，直接导致工程建设管理粗放。由此造成房屋建造质量低、产值利润率低、劳动生产率低、整体综合效益不理想，与当前的建筑工业化、信息化、绿色化发展要求不相适应。经济新常态下，建筑业必须深入贯彻落实绿色发展理念，采用工业化技术替代传统生产方式，积极发展新型业态，创新变革发展与时代相匹配的建筑现代产业体系，实现提高建筑质量、提高生产效率、降低成本、节能减排和保护环境的多重目的。

智能建造与新型建筑工业化协同发展的产业体系就是以新型建筑工业化为基础，以绿色建造为目标，以智能建造技术为手段，由信息技术产业链和新型建造产业链相互融合，贯穿项目全生命周期的现代产业生态系统。两条产业链相互交融、相互影响，构建双循环相互促进的新发展格局，以信息技术带动产业高效协同，以产业协同带动建筑业的一体化和高质量发展。产业链概念如图3-1所示。

新型建造产业链以建筑产业为核心，带动上游勘察设计及建筑材料、机械设备、部品部件等制造业的发展，并向下游施工装配、建设运营等产业延伸。新一代信息技术产业链以建筑信息模型（BIM）、智能设备为核心，结合物联网、云计算、人工智能等新兴信息技术，形成覆盖建造全产业链的技术咨询服务，带动上游面向数据采集、信息通信等硬件制造产业的发展，并向下游数据服务、平台运营等产业延伸。

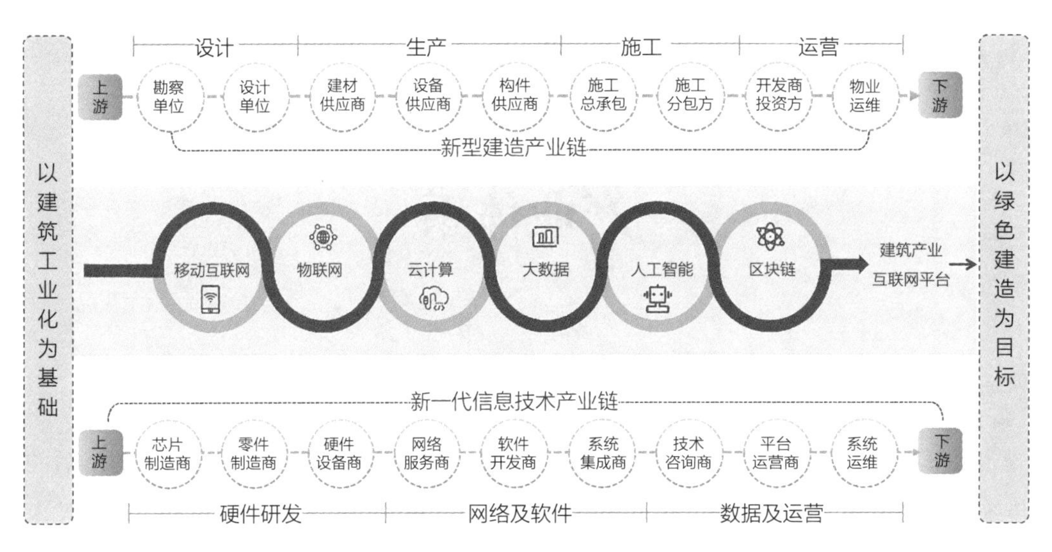

图3-1　智能建造与新型工业化产业链概念图

3.1　新型建造产业链

新型建造产业不仅包括建筑行业和房地产行业的工程勘察、设计、施工等生产活动，还包括建筑的投资、开发、营销、运维等环节，它是覆盖建筑全生命周期的产业业态，是更广义的建筑业。当前我国建筑业高污染、高能耗、低效率的问题依然严重，数字化仍在低位运行，数字化转型仍然任重而道远。建筑产业体量大、建设周期长、资金投入大、项目地点分散、多专业、多参与方、流动性强等典型特征，使得无论建筑业的工业化还是数字化都明显落后于其他产业。要摆脱建筑业发展的窘境，利用新兴技术是最直接和最有效的方式，可以迅速改变原有落后的生产方式和管理模式，促进建筑企业可持续发展，实现建筑产业的转型升级。新型建造产业按照产业链生命周期分成勘察设计、生产制造、施工装配、运营维护等各个阶段。

3.1.1　勘察设计相关环节

勘察设计指建筑工程施工前的工程测量、工程地质勘察和工程设计、工程咨询等活动。作为建筑工程建设的前端领域，勘察设计指导、控制着后端的施工和采购等环节，对于项目质量、工期、投资起着关键性作用。勘察设计行业细分度和专业化程度很高，根据企业资质划分，工程勘察设计行业通常将行业进一步划分为工程勘察、工业工程设计、交通设计、市政设计、建筑设计、专项设计和其他类七大细分行业。其中，建筑设计和专项设计行业构成了行业主体，通过采购设计业务所需要的软件、平台和技术设备，完成工程项目设计，向预制构件制造商、机电设备供应商及下游各类建筑施工单位、专项实施单位提供设计方案、图纸等成果。

随着建筑相关行业及学科发展，特别是大数据、云计算、人工智能、虚拟及增强现实等信息技术的不断开发，勘察设计正逐步与这些新兴的对象相结合，在传统产业基础上形成新的产业体系。

1．人工智能与智能设计

人工智能正在推动着各行各业发生广泛的变革，也对勘察设计行业产生了重要影响。依靠人工智能设计软件平台，可进行基地分析评估、衍生式设计、智能排布等功能，设计师可以轻松完成城市设计、住区规划和建筑设计的前期工作。它提供了高效快速、易修改的多方案生成功能，只需要输入基地条件和容积率等要求，就可以利用计算机的计算能力枚举出海量可能的设计方案以供设计师选择，让设计师从繁杂的基础工作中解放出来，真正专注于设计创意和空间体验。

2．智能审查技术

依托先进的人工智能和计算机视觉技术，通过软件技术将设计规范、手册的算法、判断流程等以芯片为载体植入计算机，形成一种人工智能审图系统，依靠计算机本身的高速验算功能迅速、高效地做出正确判断，找出设计缺陷，优化项目设计，从而减少人工误判，达到提高工作效率及精确度的目的。

3.1.2 生产制造相关环节

在新型建筑工业化体系下，传统的现场湿作业生产方式逐步向工程预制现场组装模式转变，衍生出基于新型建筑工业化的现代建筑产业体系。生产制造阶段按照部品部件生产流线，主要包括水泥、钢材、木材等为代表的原材料以及构件生产和组装设备供应商，还包括各类预制构件的生产厂家。以预制构件生产商等为主体，采购用于构件生产的原材料、机械设备及生产管理信息系统，在工厂通过标准化的方式生产建筑关键部品部件，向下游装配式施工企业交付装配式构件。以此为核心，从工厂预制生产到智能生产装备产业，再到信息化管理软件形成生产制造相关产业链体系。

1．预制装配工厂产业

生产制造阶段的建造产业链以建筑材料、机电设备、建筑产品、预制构件生产商等为主体，实现智能建造的基础是改变传统现场湿作业的工作模式向工厂生产现场装配模式发展，推进制造业工厂和建筑业工厂的协同发展，在工厂通过标准化的方式生产建筑关键构件和部品部件。按照部品部件生产流线，主要包括水泥、钢材、木材等为代表的原材料以及构件生产和组装设备供应商，还包括各类预制构件的生产厂家。以预制构件生产厂家为主体，采购用于构件生产的原材料、机械设备及生产管理信息系统，向下游的施工装配承包商生产交付通用构件已经成为新的产业体系。

2．智能生产装备产业

装配式建筑智能生产装备，使得造房子就像造汽车一样工厂化生产，建房子就像搭积木一样现场拼接。围绕建筑中楼板、墙板等建材，以及楼梯、阳台等建筑关键装配构件，与智能生产相适应的构件生产、检验、养护等各生产线工艺工法及生产设备在不断创新，结合人工智能等技术，使得生产装备应具备数字化、自动化、柔性化生产能力。随着3D打印技术在建筑领域的不断发展和应用，这种新型制造技术也在逐步发展成新兴产业。

3．信息化管理软件产业

采用BIM模型等图形信息形式提供生产数据支撑，深化设计与生产之间的数字化交互，实现生产过程产品数字化管理、工艺数字化仿真、工序实时监测、质量管理全流程监控。借助信息化技术，建设生产执行系统（MES）与企业资源计划系统（ERP）等生产管理信息系统，建立贯穿设计、采购、生产、仓储物流等全生产链条的智慧工厂生产供应链管理系统和生产管理体系，实现业务流程全维度信息化，可以帮助企业实现可视化生产管理，加强生产环节，提高生产效率、设备效率和产品质量，使设备的库存、生产、质量和台架等状态处于可控状态。

3.1.3　施工装配相关环节

施工装配是指将运输至现场的机电设备、建筑产品、预制构件通过装配化的方式进行安装施工、主体施工和装修施工的同步。一般根据建筑物种类的不同，这一环节又可以细分为房屋建设、基础设施建设、专业工程建设等细分行业。其中，房屋建设包括房屋主体结构的建设，以及配套的园林工程与装修装饰工程；基础设施建设可以继续细分为电、热、燃气、水生产和供应。以建筑施工单位为主体，不但要采购传统建造活动所需要的材料设备、施工机具，还需要采购先进智能设备、建筑机器人等施工设备，施工管理平台、智慧工地平台等软件服务，并向下游终端需求方——以房地产公司为代表的市场主体，提供专业化、精细化的工程管理服务和最终的建筑产品。

1．智慧工地相关产业

“智慧工地”是智能建造在建筑施工行业的具体体现，它聚焦工程施工现场，围绕人、机、料、法、环等关键要素，综合运用BIM、物联网和智能设备等软硬件信息化技术，与一线生产过程相融合，对施工管理过程加以改造，提高工地现场的生产效率、管理效率，包括各类建筑、机械、人员穿戴设备、环境数据采集与监测集成设备及电子元器件供应商。同时，平台服务商通过将现场系统和硬件设备集成到一个统一的平台，提供相关技术服务支撑以及管理技术。

2．智能建造装备产业

伴随着技术的发展，智能机器人目前已经开始应用于建筑工程多个领域，特别是建筑工程施工中的高空作业、地下作业和其他一些高危施工作业中，形成了一批成熟的建筑施工机器人应用及相应的产业链，例如自动焊接、搬运建材、捆绑钢筋、装饰喷涂、机器人监理、磨具精密切开等建筑施工领域，以替代传统的人工操作环境。建筑机器人在项目工地上的应用，也有助于降本增效、提升工程质量、降低安全风险等，并以此形成新的施工智能建造装备产业链。

3.1.4 运营维护相关环节

建筑运营维护是指建筑完成之后的维护、经营管理，整个使用期运营维护工作持续进行，包括安全监测、定时检测、维修更新、建筑养护等工作。以城投公司、地产开发商、物业管理公司、园区运营商等为代表，涉及对公共部分建筑物、场所、设施的共同管理，包括绿化、水、电、空调、网络通信、卫生、公共配套设施等日常软硬件管理。城市运营是指运用信息和通信技术手段感测、分析、整合城市运行核心系统的各项关键信息，从而对包括民生、环境保护、公共安全、城市服务、工商业活动在内的各种需求做出智能响应。

1．智能建筑相关产业

以建筑物为平台，在建筑内外部空间通过部署各类智能传感器、智能监控等智能化设备，采集建筑能耗、环境、视频监控等数据，实现建筑空间和设备信息等全区域环境质量动态可视化。一般包括设备自动化系统、通信自动化系统、办公自动化系统、消防自动化系统和安防自动化系统。这些子系统可以单独建设，形成多元的垂直行业。近年来，随着信息化技术的发展和普及，从单纯独立的系统演变成建筑集成管理系统，涵盖服务、管理和运维等功能，实现了系统化、集成化和智能化管理，并且出现了更多的集成服务商总承包，智能建筑相关产业体系得以衍生。

2．智慧城市相关产业

从空间来看，智慧城市将智能化从建筑拓展到城市范围。智慧城市是综合运用GIS、数字孪生、深度学习等各种信息技术，对城市的基础设施、功能机制进行信息自动采集、动态监测管理和辅助决策服务。随着数字技术向下游行业的渗透融合，智慧城市应用场景也在不断扩充，向城市基层延伸，数字政府、智慧学校、智慧医疗、智慧交通、智慧园区等领域已实现深入应用。智慧城市产业链上游主要为硬件设备供应商和通用软件供应商。其中硬件包括芯片制造、光学镜头制造、视频传感器制造、存储器制造等。软件供应商包括AI算法厂商、数据处理厂商等。设备的研制生产包括数据采集设备、数据处理设备以及数据应用软件等。

3.2 互联网技术对建造产业发展的支撑

建造过程会产生大量的信息流动和数据流通，信息产业作为新型建造产业生态圈的基础性产业，为数据的可感知、可采集、可传输、可存储和可视化起到至关重要的支撑作用。建造过程会产生大量的信息流动和数据流通，信息产业作为新型建造产业生态圈的基础性产业，为数据的可感知、可采集、可传输、可存储和可视化起到至关重要的支撑作用。建筑产业互联网作为整合信息技术产业的集成平台，在技术发展和工程应用中正在逐步形成服务建造活动全产业链的产业链条。

建筑产业互联网产业下游主要是软硬件、系统集成与解决方案服务商及运营商，聚焦智能建造、新型工业化等场景，提供覆盖勘察设计、生产制造、施工安装、运营维护等建筑全生命周期软件、平台和技术设备，以及面向协同设计、智能生产、智慧工地、智慧运维、智能审查、绿色建造等典型应用场景的智能建造解决方案。全面支撑和服务建筑工程项目全参与方，形成全产业链、全过程融合一体的应用服务体系，高效提升工程品质效益和保障质量安全，加速新型工业化和智能建造协同发展。

总结而言，不同于相对合理稳定产业布局的制造业、信息技术产业，工程建造产业因其自身的特殊性，产业链长，关联性企业多，生产环节复杂多变，区域经济条件的差异性带来的影响因素多，产业结构处于高度离散状态。在我国由高速增长阶段向高质量发展阶段转变的背景下，优化产业布局是促进可持续发展的重要途径。

在智能建造与新型建筑工业化新发展理念的指导下，以建筑为最终产品，运用BIM技术、建筑产业互联网等新一代信息技术的组织和手段，以新型建筑工业化为基础，以绿色建造为目标，对建筑生产全过程的各阶段、各生产要素的系统集成和资源优化，将工程建造产业的设计、生产、施工和运营等环节形成一个完整的、有机的产业链，提升产业链的协同高效水平，实现建筑工业化和绿色建造的发展目标。

2
建设篇

第4章

智能建造共性基础和关键核心技术

在前文中我们了解到，新一轮科技革命，为产业变革与升级提供了历史性机遇。全球主要工业化国家均因地制宜地制定了以智能制造为核心的制造业变革战略，我国建筑业也迫切需要制定工业化与数字化相融合的智能建造发展战略，彻底改变碎片化、粗放式的工程建造模式。即利用以“BIM+、人工智能、数字孪生、大数据、云计算、物联网、5G通信、3D打印、建筑机器人”为特征的新一代信息技术，在实现工程建造要素资源数字化的基础上，通过规范化建模、网络化交互、可视化认知、高性能计算以及智能化决策支持，实现数字链驱动下的工程立项策划、工程规划设计、工程施（加）工生产、运维服务一体化集成与高效率协同，不断拓展工程建造价值链、改造产业结构形态，向用户交付以人为本、绿色可持续的智能化建筑产品与服务。核心技术与全生命周期各环节、新型建筑工业化、绿色建造、建筑产业互联网之间的逻辑关系图如图4-1所示。本书将从本章开始，在本篇重点介绍相关技术。

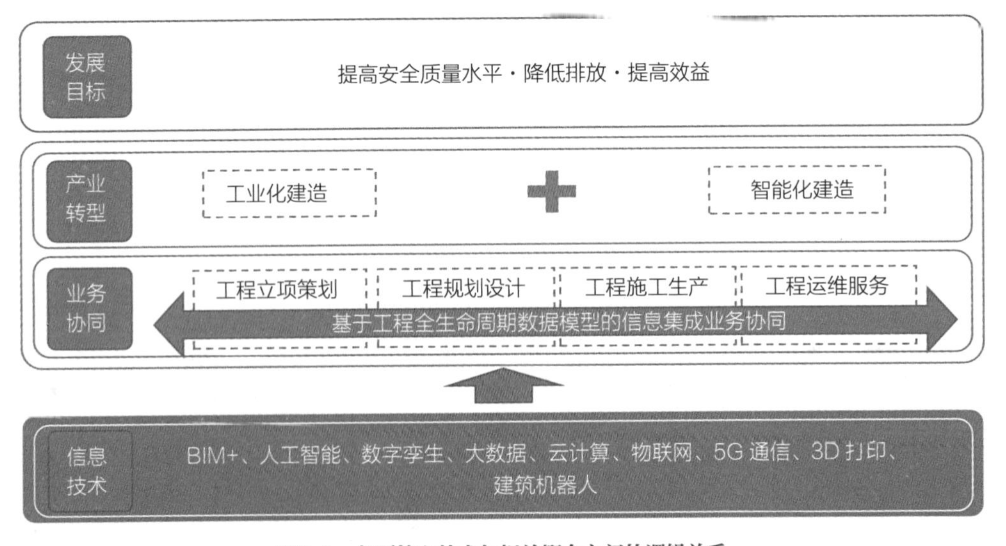

图4-1　各项核心技术与相关概念之间的逻辑关系

4.1　BIM技术

建筑信息模型即BIM，是以工程项目建设的各项相关信息数据作为模型的基础，进行建筑模型的建立，并通过数字信息仿真模拟建筑物所具有的真实信息。BIM技术作为建筑业数字化转型的核心引擎，可实现建筑全生命周期数据信息的集成和管理。

BIM技术在工程建设领域的应用离不开相关软件的支撑，BIM软件按功能主要分为四大类：基础软件、分析软件、平台软件和翻模软件。

（1）基础软件提供几何造型、显示浏览和数据管理能力，以及通用的参数化建模、信息挂载、工程图绘制、数据转换等功能，为各类应用软件提供共性基础能力支撑。

（2）分析软件是指利用基础软件提供的数字化模型专项性能的分析应用软件，如能耗分析、日照分析、风环境分析、热工分析、结构分析等。

（3）平台软件是指能对各类基础软件及分析软件产生的数字化模型进行有效的管理，以便支持建筑全生命周期数字化模型的共享应用的平台。

（4）翻模软件是基于基础软件的辅助工具，可以快速对二维CAD平面图进行建模的软件。

4.1.1　图形引擎

1. 概念

图形引擎主要应用在计算机辅助设计与制造（CAD、Revit）、动画影视制作、游戏娱乐、军事、航空航天、地质勘探、实时模拟等方面，有着十分广泛的应用。在BIM可视化领域，主要通过3D图形引擎解决BIM轻量化展示、操作，以及基于BIM模型开发的协同管理、运维等可视化平台，可以说BIM 3D图形引擎在BIM软件开发方面起着重要的作用。

2. 应用功能

BIM三维图形引擎一般包括几何造型引擎、显示渲染引擎和数据管理引擎三大组成部分。

（1）几何造型引擎

1）几何造型引擎架构

三维几何建模技术主要包括数学计算库、基本几何造型、复杂实体造型、几何应用算法和二次开发接口等。

数学计算库实现几何的点、线、面的数据定义和相关运算算法，以及通用的几何基础算法和几何属性计算；基本几何造型支持基本参数化形体造型（图4-2），包括六面体、圆台体、球体、圆环体、拉伸体、旋转体、直纹扫掠体及网格多面体造型；复杂实体造型提供二三维布尔运算、偏移计算、拟合、插值、相交、离散等复杂几何运算算法；几何应用算法提供实体模型的物性计算、消隐、剖切、碰撞检查等几何应用算法。

针对建筑建模的造型过程和应用特点，需要实现内容高度完备的、概念高度抽象的、修改和运算高效的、易于扩展的几何底层数据结构和算法；实现高效、精确的几何数据序列化存储技术；实现高精度的多级别离散显示技术。

2）三维几何快速建模关键技术

大体量大尺度模型高效建模和编辑技术。三维几何建模需基于建筑建模的常规造型，实现基本参数化构造和描述参数化构造两类形体参数化造型方法。基本参数化构造实体参数简单易用，构造和编辑快捷高效。描述参数化构造实体造型方式自然，形状表达丰富，参数编辑修改方便，如图4-3所示。

高效、稳定和精度可控的几何布尔运算。布尔算法的核心问题在于求交算法的实现，聚焦以常规几何实体造型为主的建筑构件模型，通过基于精度可控的特征参数保留的解析求交算法，实现满足建筑常规造型计算需求的高效稳定的布尔算法。

高效、稳定和几何特征一致的剖切、消隐、投影等应用几何算法。在大规模三维模型二三维实时联动建模和生成工程图的几何运算中，需要提供高效、稳定和几何特征一致的剖切（图4-4）、消隐（图4-5）、投影等几何算法。采用空间分割、计算分解

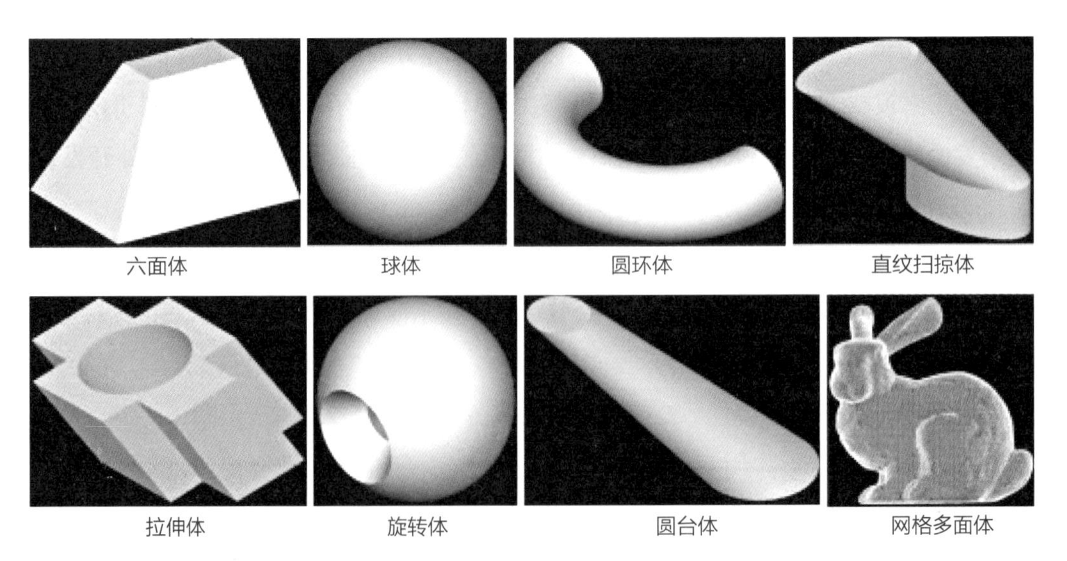

图4-2 基本几何造型

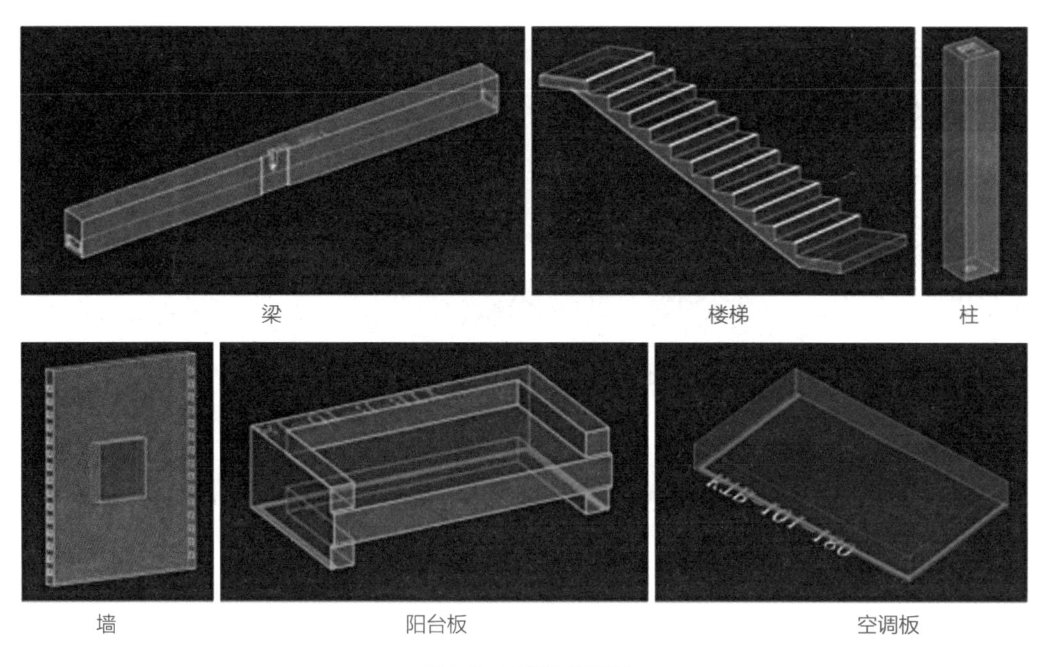

图4-3　建筑构件造型

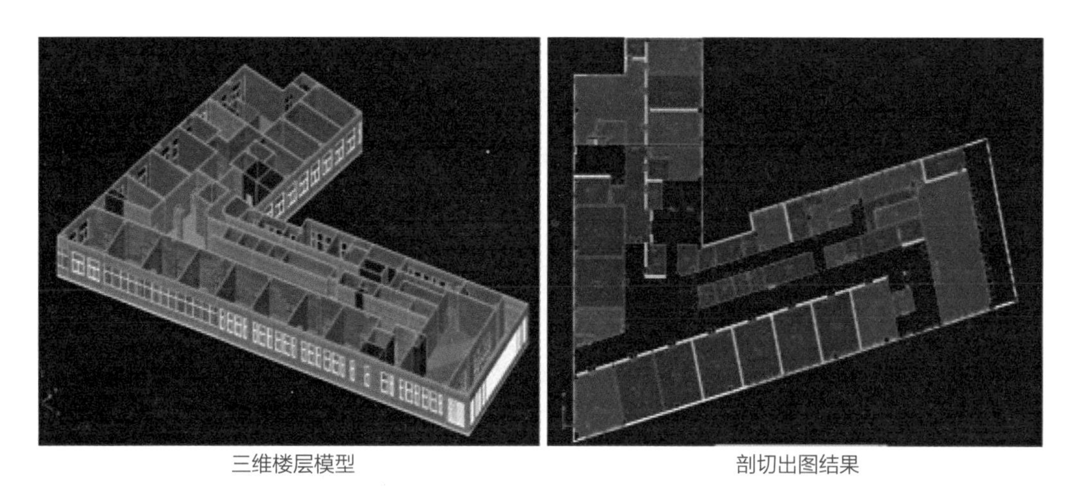

图4-4　建筑构件剖切图

技术，在保证计算结果正确的前提下，分解参与计算的几何数据和运算逻辑，缩小运算规模，提高计算效率，实现二三维建模编辑实时联动和高效、稳定、保留几何特征的几何计算。

几何实体的多级别实时离散和模糊离散。几何实体的多级别离散计算，可以依据当前工程构件在视图中的显示精度要求，提供满足显示效果和减少资源占用的多级别实时离散和模糊离散。

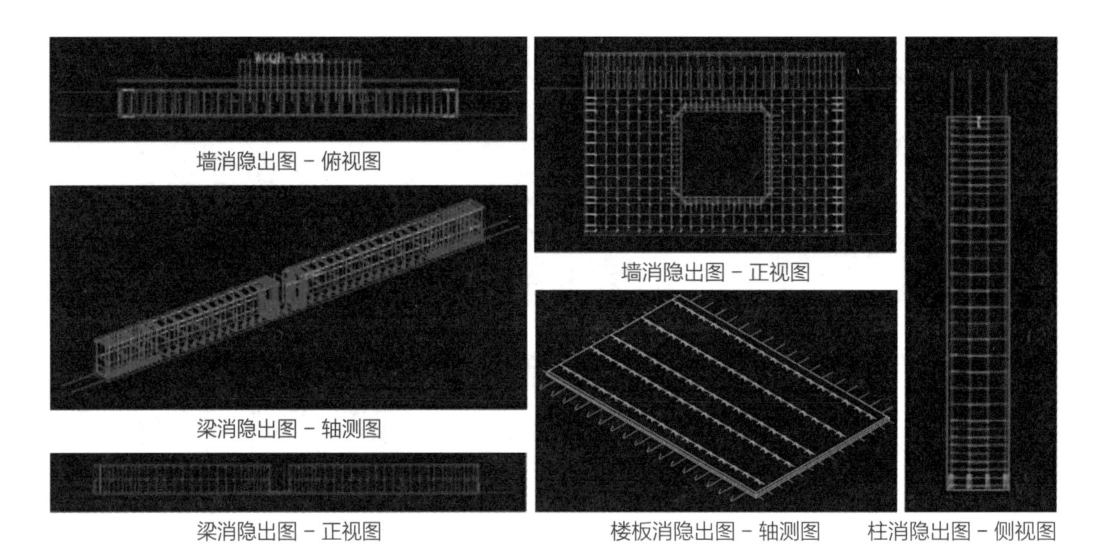

图4-5　建筑构件消隐出图

（2）显示渲染引擎

大场景快速显示渲染技术面向工程建设及其相关领域，支撑BIM模型和工程图的快速浏览和编辑。其建立多线程渲染、延迟渲染等渲染架构，采用基于物理的渲染、动态LoD、动态加载、批次合并、可见性剔除、顺序无关透明等渲染技术，实现二三维大规模场景的高效绘制与渲染、全专业百万级行业数字化BIM模型的流畅编辑与渲染显示。

大场景快速显示渲染技术应支持建筑工程建模和深化，以及铁路、电力线路等大场景、大坐标场景的高效显示与渲染；且具有着色、线框、隐藏线等多种渲染模式；并具备自定义灯光、光照模式切换、材质纹理编辑、渲染模式切换、漫游等功能；分离渲染逻辑与业务逻辑，支持跨平台、可拓展，可根据硬件配置适配不同图形驱动及兼容低配机器。

1）大场景快速显示渲染架构

①层次结构架构风格

如图4-6所示，大场景快速显示渲染架构分为渲染抽象层、渲染状态管理层、业务数据转换层等多层模型，每层之间通过接口实现决定层间的交互协议，并支持层次添加与接口功能增强，有效确保层间调用关系与系统稳定性，从而最大限度地增加显示渲染的灵活性与多样性。

②超大场景显示技术

采用一种面向大体量、大坐标的多层级调度方法，通过定义包围盒以及显示层次，按照模型显示的需要加载相应的数据部分，确保超大场景三维模型的可视化流畅和精确显示，显示效果如图4-7所示。

③多线程渲染机制

大场景快速显示渲染架构采用多线程处理模式。如图4-8所示，实现渲染逻辑与业务逻辑的分离，具备强大的可拓展性。

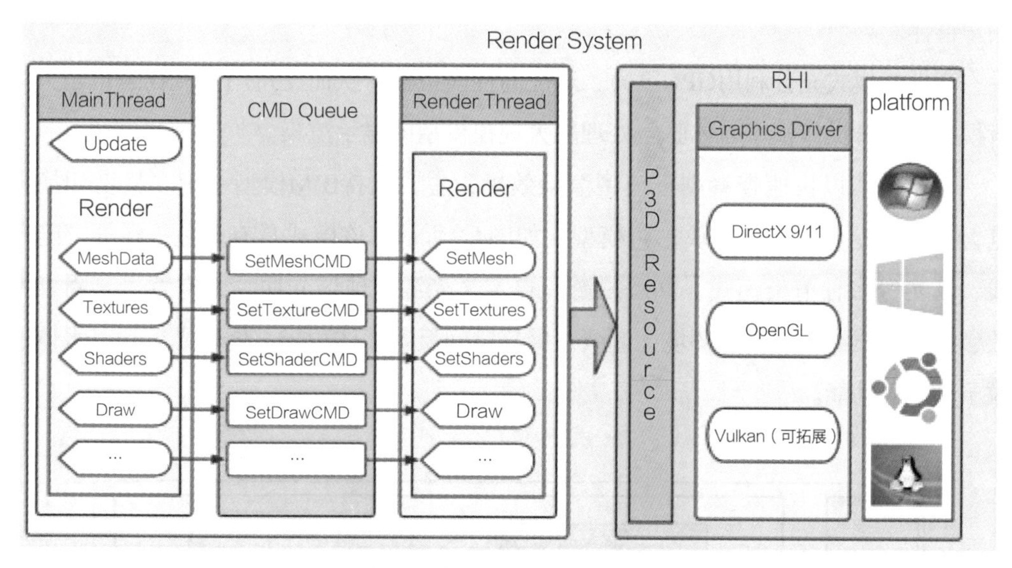

图4-6　大场景快速显示渲染架构

图4-7　大体量、大坐标场景渲染效果

2）大场景快速显示渲染关键技术

大场景快速显示渲染架构应包含如下一些关键核心技术：

①浏览、基础建模和高性能模式切换

显示渲染引擎在建模环境下支持浏览、基础建模和高性能模式切换，以适配不同用户群体的软硬件配置和需求。

基础建模模式默认开启，将建模软件对硬件配置要求降至最低，从而最大化适配用户群体。

高性能模式充分利用GPU算力、适配高性能机器，从而支持用户流畅编辑超大体量模型，提升操作帧率与体验，处理超大规模模型的显示渲染。

浏览模式以快速查看浏览模型渲染效果为主，支持BIM模型一键多精度切换浏览，支持多专业协同分模块查看模型，如图4-9所示，该模式具有着色、线框、隐藏线、真实等多种渲染模式，具备漫游、自定义光源、球谐光照、天空背景、阴影特效、物理材质纹理编辑、环境光遮蔽、屏幕空间反射、体积云、体积光、动态水体、粒子火焰等功能。

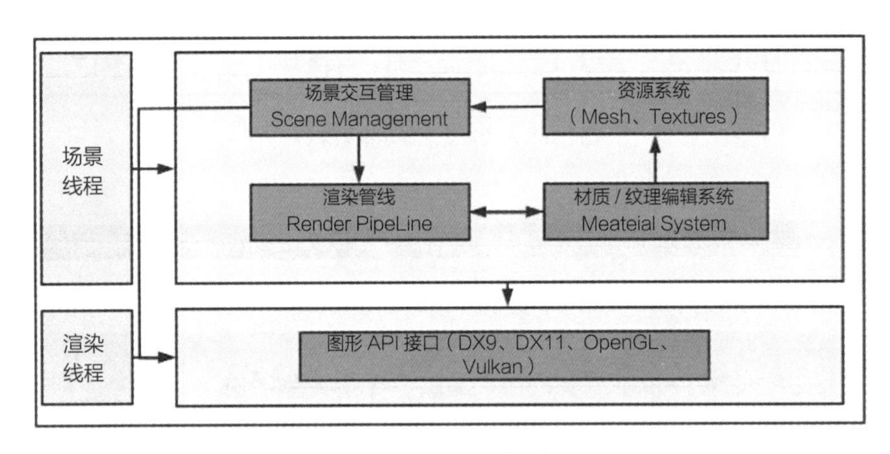

图4-8　多线程渲染机制

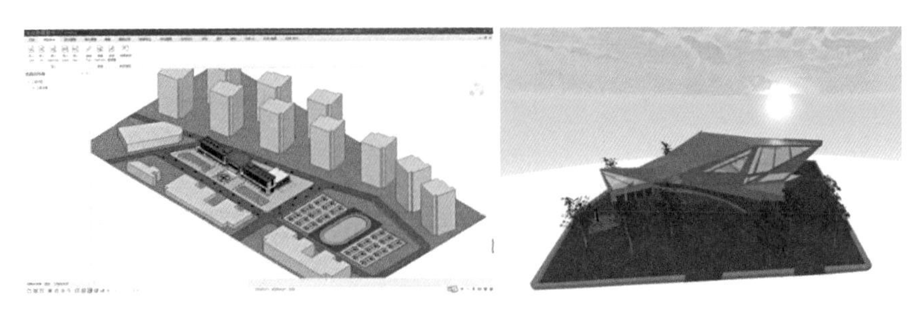

图4-9　浏览模式渲染效果

②真实感渲染技术

局部光照渲染效果：如图4-10、图4-11所示，支持用户自定义上千种不同类型的灯光进行建模场景的渲染效果。同时针对光源信息进行数据压缩，最大限度地减少渲染带宽，降低对机器配置的要求。

纹理系统：采用Deferred Material技术，解决常规渲染方式导致的过度重绘及纹理缓冲区消耗问题。在高分辨率较复杂建模场景下，带宽开销远低于传统G-Buffer渲染。同时，如图4-12～图4-14所示，支持多种纹理显示效果，如基于PBR的材质及基

图4-10　场景局部光照渲染效果

图4-11　场景阴影效果

图4-12　物理材质

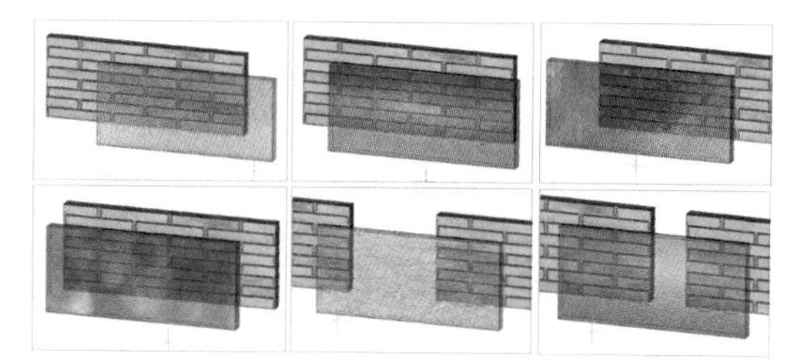

图4-13　纹理特效

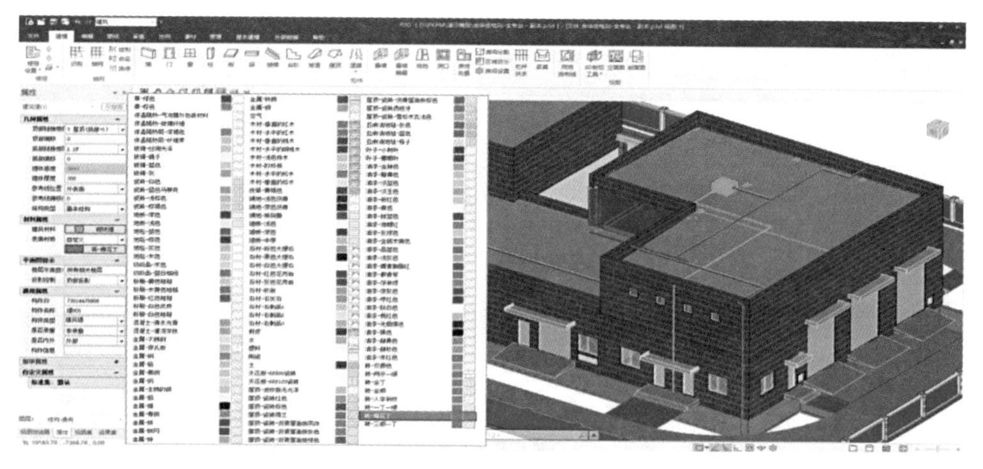

图4-14　纹理系统

于微表面的散射材质渲染等。

显示模式：提供着色、线框、隐藏线等多种渲染模式（图4-15）。

拾取与捕捉：采用以数据驱动为主的渲染思路，依托场景数据的合理组织，实现渲染与操作数据的解耦，精准灵活地根据业务逻辑实现不同的拾取与捕捉效果（图4-16）。

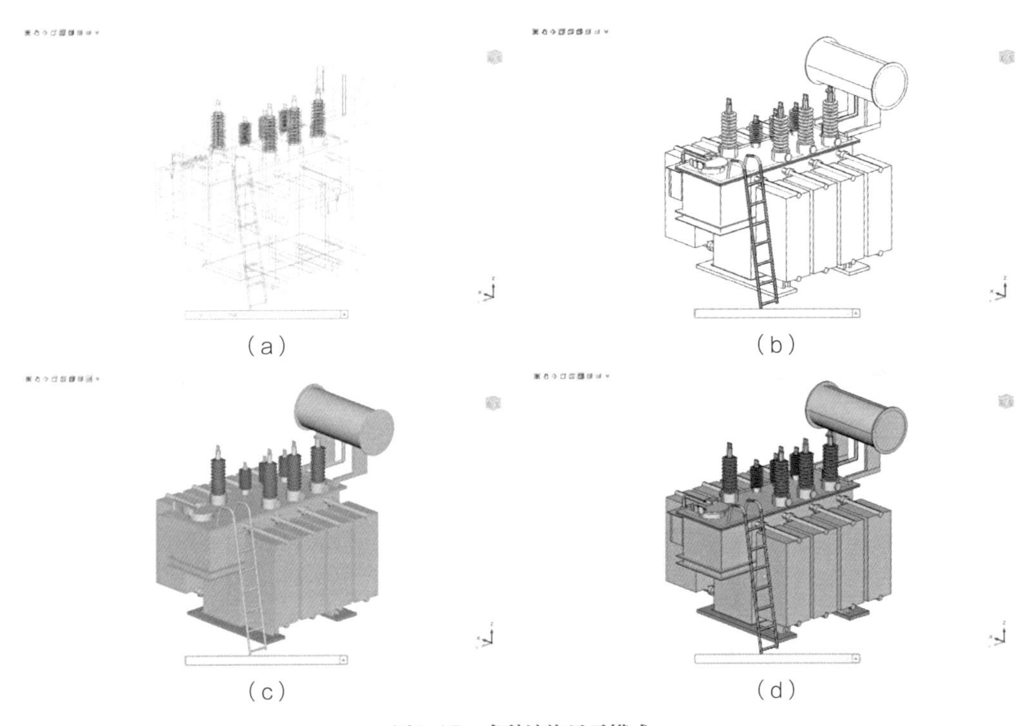

(a)　(b)　(c)　(d)

图4-15　多种渲染显示模式

（a）线框模式；（b）隐藏线模式；（c）着色模式；（d）着色带线框模式

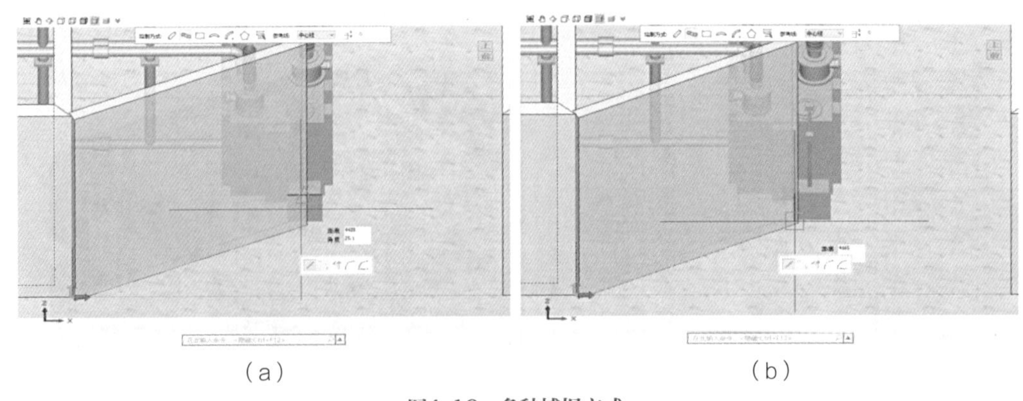

(a)　(b)

图4-16　多种捕捉方式

（a）中点捕捉；（b）端点捕捉

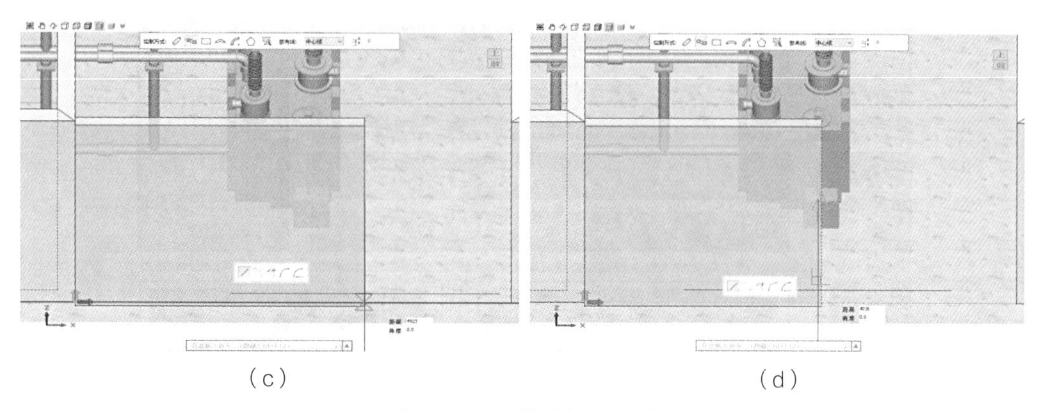

（c）　　　　　　　　（d）

图4-16　多种捕捉方式（续）

（c）最近点捕捉；（d）垂足捕捉

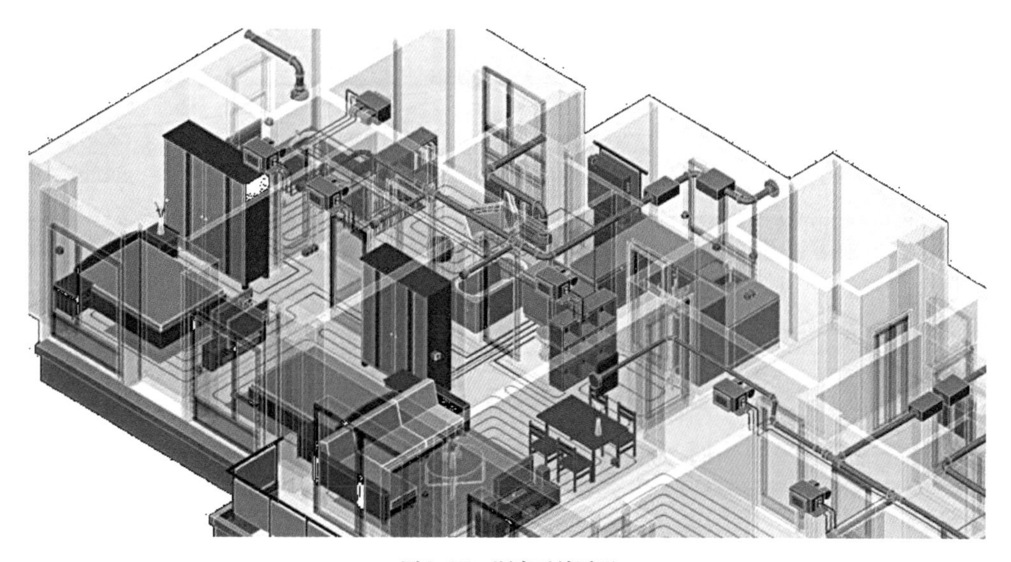

图4-17　顺序无关透明

顺序无关透明机制。如图4-17所示，采用OIT算法，解决半透明物体之间的透明效果正确性问题、透明物体之间存在交叉的显示问题。

（3）数据管理引擎

1）数据管理引擎渲染架构

数据管理引擎一般采用物理数据存储、缓存管理、数据管理、数据操作等多层结构，实现和其他三维BIM平台进行兼容数据交换，如图4-18所示。

2）数据管理引擎渲染关键技术

①数据分类型分块存储和三层缓存的数据管理技术

如图4-19所示，采用按数据类型分集合和分数据块存储，支持数据以数据集合为

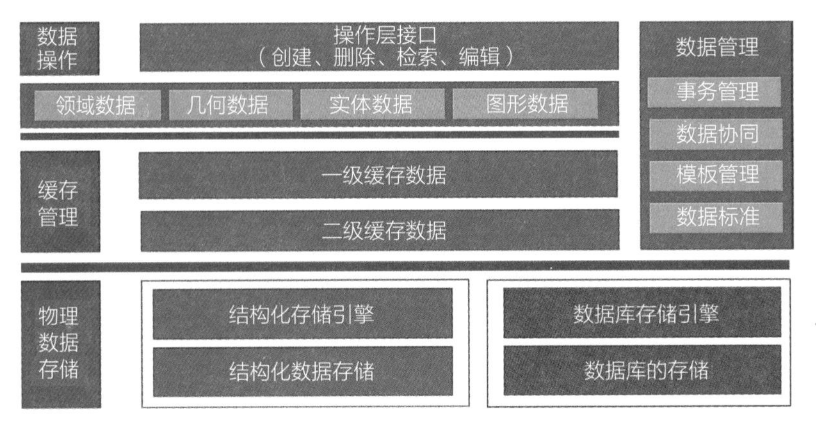

图4-18　多专业多阶段共享协同数据管理技术架构

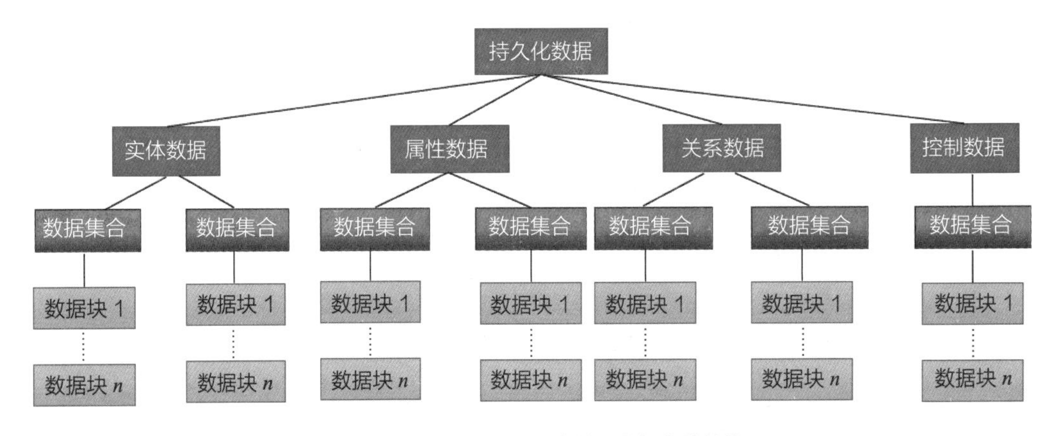

图4-19　多专业多阶段共享协同数据存储结构

单位进行加卸载，避免将整个模型数据加载造成较大内存消耗。实体数据与属性数据分离存储，支持数据引用机制，多个实体数据可对应同一个属性数据，减小模型大小。

如图4-20所示，三级缓存机制保证任何时候内存中只保留一份模型数据。保证高速的数据交换，磁盘存储结构与持久化数据结构一致，进行数据读写时，数据以块为单位直接从磁盘映射或更新到持久层，

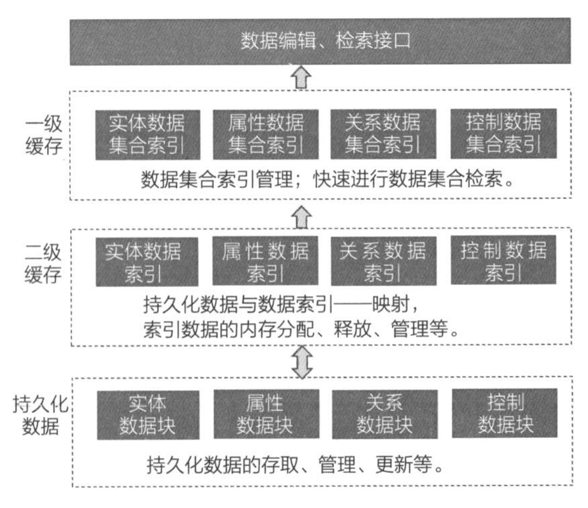

图4-20　多专业多阶段共享协同数据缓存管理结构

保证较高读写效率。同时两级缓存为每条实际数据创建快速检索索引，支持快速稳定的数据编辑检索。

②标准格式业务数据扩展技术

如图4-21所示，数据标准格式可用于业务数据扩展，数据应用管理框架功能包括数据标准格式的解析管理、模型数据的增删改查等操作接口。一方面可简化应用软件开发，提高开发效率；另一方面也可将应用层与底层具体存储管理实现解耦，方便系统升级、平台移植、部署替换等。

不同行业（如建筑、交通、电力等）可根据行业需求进行行业数据扩展，可保证不同行业之间数据描述的规范性、流通的完整性、理解的一致性。如图4-22所示为数据标准编辑工具，各领域专业可以基于该工具定义该行业的领域数据标准。

```
<PKPMEntity entityname="PBArchiSpace" entitydisplayname="建筑空间" description="建筑空间" isStruct="False" isdomain="True">
    <BaseClass>PBM_CD:PbBuildingElement</BaseClass>
    <PKPMProperty propertyname="Name" propertytype="string" description="名称" />
    <PKPMProperty propertyname="Area" propertytype="double" description="面积" />
    <PKPMProperty propertyname="AreaEnum" propertytype="int" description="面积计算规则（建筑面积、净面积）" />
    <PKPMProperty propertyname="Description" propertytype="string" description="描述" />
    <PKPMProperty propertyname="BorderLoop" propertytype="IGeometry" description="边界（CurveVector,包括内外环）" />
    <PKPMProperty propertyname="NamePosition" propertytype="point2d" description="房间名称标注位置（相对外轮廓起点）" />
    <PKPMProperty propertyname="PersonNum" propertytype="int" description="室内人员数" />
    <PKPMProperty propertyname="SpaceCode" propertytype="int" description="空间功能类型编码" />
    <PKPMProperty propertyname="GBCodeForm" propertytype="string" description="国标编码（按形态分类）" />
    <PKPMProperty propertyname="OmniClassCodeForm" propertytype="string" description="OmniClass编码（按形态分类）" />
    <PKPMProperty propertyname="OmniClassCodeFunc" propertytype="string" description="OmniClass编码（按功能分类）" />
    <PKPMProperty propertyname="GBCodeFunc" propertytype="string" description="国标编码（按功能分类）" />
    <PKPMProperty propertyname="Usage" propertytype="string" description="使用用途（如对外开放、内部员工专用）" />
    <PKPMProperty propertyname="Function" propertytype="string" description="房间功能" />
    <PKPMProperty propertyname="Height" propertytype="double" description="房间高度" />
    <PKPMProperty propertyname="Perimeter" propertytype="double" description="周长" />
    <PKPMProperty propertyname="Volumn" propertytype="double" description="体积" />
    <PKPMProperty propertyname="BoundaryRef" propertytype="int" description="房间边界选取" />
    <PKPMProperty propertyname="InnerBorderLoop" propertytype="IGeometry" />
</PKPMEntity>
```

图4-21　数据标准扩展格式

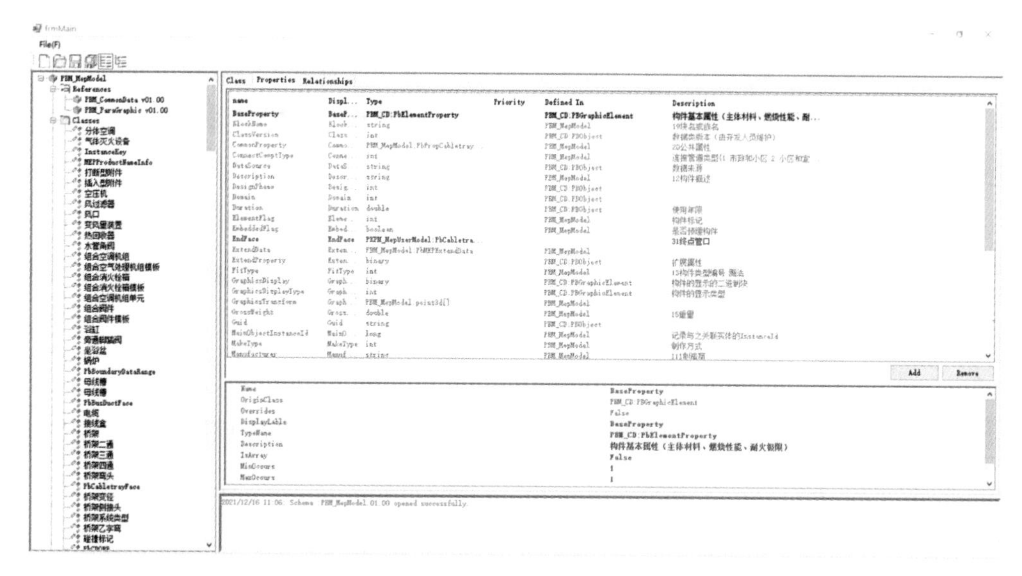

图4-22　数据标准编辑工具

3．应用特点

自主知识产权的BIM三维图形引擎是制约工程勘察设计软件自主可控数字化基础平台的“卡脖子”关键技术，是勘察设计行业数字化的基础。目前，国产的自主可控数字化基础平台处于起步阶段，能很好地满足国内量大面广的民用建筑工程项目的建模和设计需求，但离完美处理复杂建筑工程和重大基础设施工程还有很长的路要走，需要持续投入资源进行不断攻关和迭代研发。

4.1.2 BIM基础平台

1．概念

工程建设行业的数字化基础平台需要解决大体量BIM模型的建模效率、编辑卡顿和多阶段多专业数据共享互通等关键问题，基础平台的内核三维图形引擎需要根据工程行业特点，重点解决三维几何快速建模、大场景快速显示渲染、多专业多阶段共享协同数据管理等关键核心技术问题；作为基础软件平台还应提供二次开发接口。

2．应用功能

（1）参数化建模

采用一种以数据为核心的参数化脚本建模机制，建立的模型可通过修改参数调整改变模型外观，提高模型复用性。参数化组件使用脚本代码编程进行建模，可使得零编程基础的建模人员经过短时间培训后即可胜任参数化建模工作，在较短时间内完成一个参数化组件建模。

脚本建模应提供包括如立方体、棱台、圆锥台、球体、拉伸体、放样体等基本脚本，以及布尔工具、旋转、平移、阵列等多种工具脚本，方便进行复杂形体的建模工作。此外，参数化建模还应提供多种布置工具，实现单点、旋转、两点以及多点等布置形式。

确立国产私有数据格式，用于承载参数化组件及容纳其他模型，围绕数据核心，使参数化组件可无缝接力专业现有工具功能，充分利用专业现有积累，实现应对专业复杂的业务场景。

1）脚本参数化建模技术

把工程特征参数和几何造型脚本化，通过编写代码的形式完成组件建模建库工作，如图4-23所示。

2）脚本参数化组件建库技术

脚本参数化组件库包括建筑、结构、电气、暖通、给水排水、装配式、园林等多个专业千余个参数化组件，如图4-24所示，满足不同专业用户的使用需求。

3）脚本参数驱动技术

脚本参数驱动技术可简单、快速设置脚本参数，实现参数驱动。同时，在脚本参数约束和关联方面，只需通过数行脚本代码编写各个参数间的数学和逻辑关系或公式

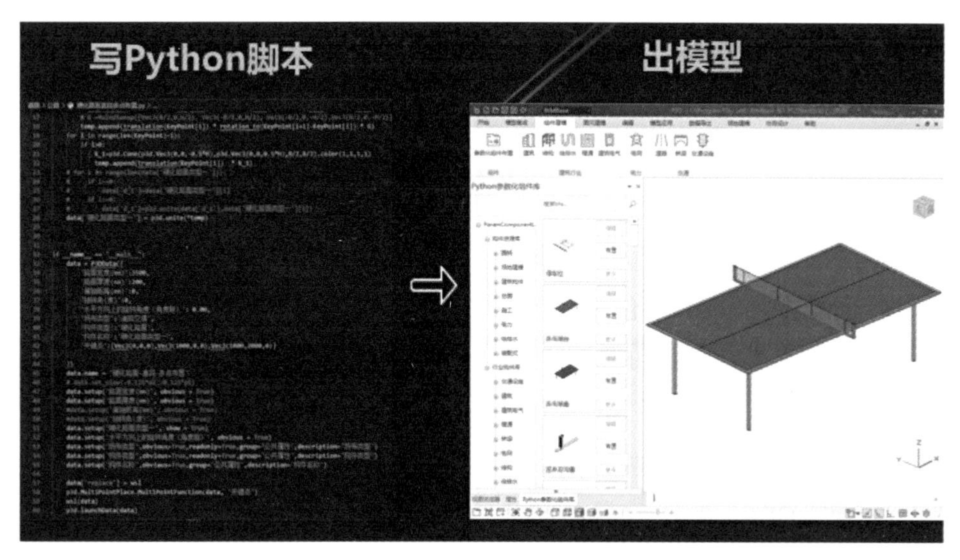

图4-23　Python脚本建模

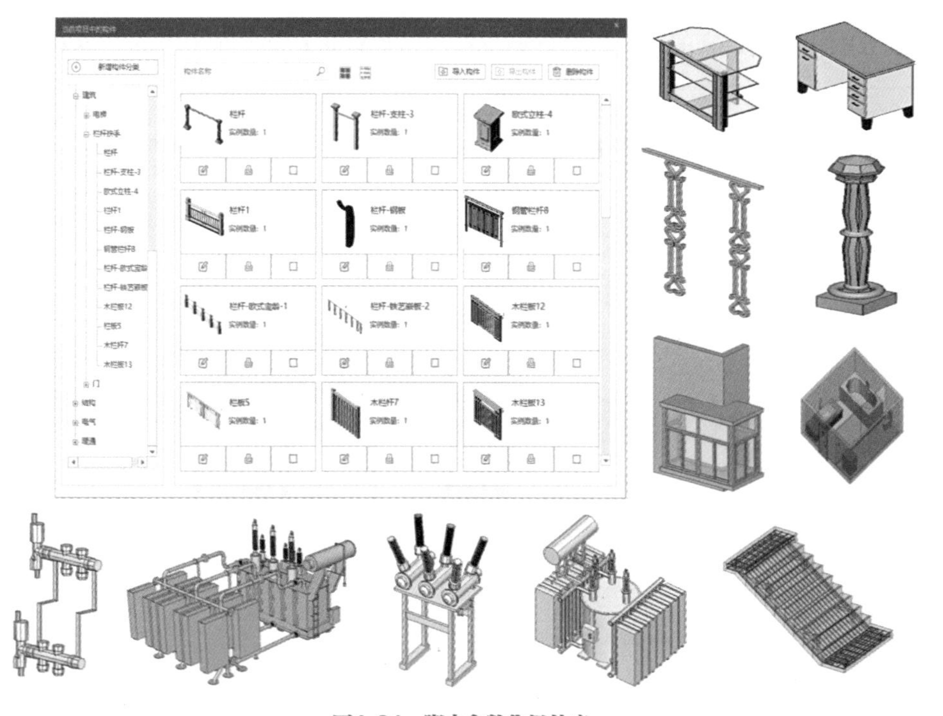

图4-24　脚本参数化组件库

即可完成，提高建模效率。

4）组件在线编辑技术

组件在线编辑技术可采用多进程协同调试技术实现在线编辑。如图4-25所示，将门窗与窗框结合成新的组件，可对新组件添加、编辑、删除类型属性和实例属性。完成组件创建后，在工程项目中可进行布置、修改、删除、导出等操作。

（2）工程图自动生成

BIM工程图绘图对象一般可分为非注释性和注释性对象。常见非注释性对象包括直线、圆、圆弧、椭圆、样条曲线等，可绘制各种形状的轮廓线条，对工程设计意图进行全面表达；常见注释性对象包括填充、文字、标注等，可用于对二维图形进行辅助性注释，说明图形的含义、尺寸和设计意图等。绘图对象应可对线条的形状、颜色、线宽等属性进行便捷设置和编辑，包括图层、标注样式、文字样式等属性进行编辑。

BIM平台基于消隐算法和BIM构件符号化表达的建筑制图生成技术，采用三维几何建模消隐、剖切、符号化等几何应用算法支持对BIM模型和三维构件自动生成工程图图样，将获得的二维图样进行组合，可自动生成房屋建筑图纸，且满足《房屋建筑制图统一标准》GB/T 50001—2017的要求。基于BIM基础软件平台自动生成的预制板构件详图如图4-26所示。

自动生成图纸可整体保存在BIM项目文件中，在软件图纸列表界面中管理，可避免图纸分散化管理带来的不便，更好地支持项目设计资料的集成化交付，保障二三维

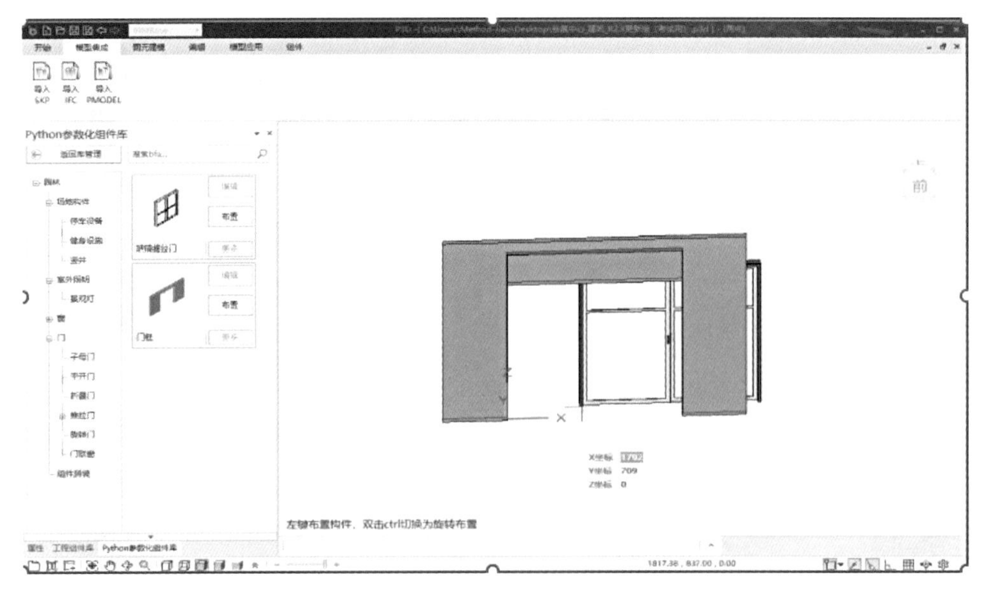

图4-25 在线组件编辑

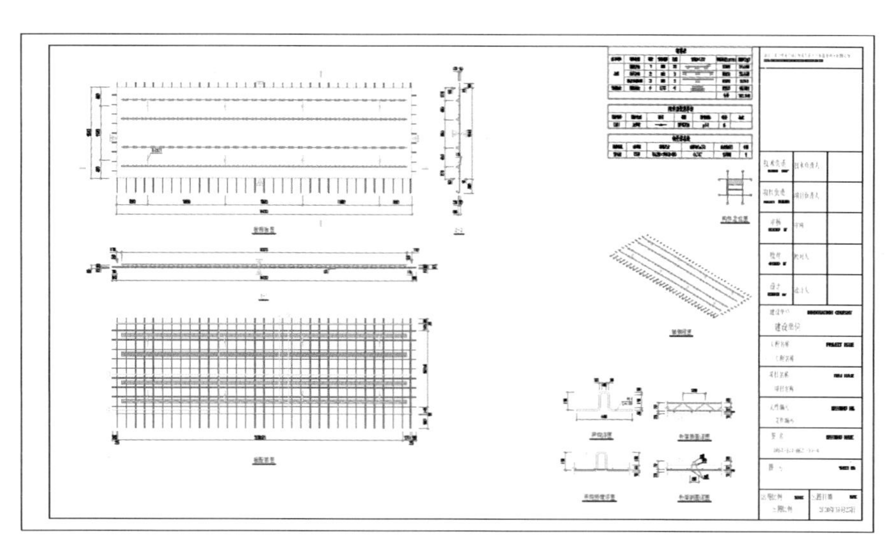

图4-26　基于BIM基础软件平台自动生成的预制板构件详图

数据信息的一致性。

针对不同建筑模型进行效率优化。如建筑结构或装配式预制构件中包含大量的钢筋，需要进行特殊处理才能实现施工图的快速自动生成符合施工图国家标准图纸。

基于《房屋建筑制图统一标准》GB/T 50001—2017的脚本化建筑制图生成和编辑技术。支持用户编写脚本，读取三维建筑构件属性和几何信息，绘制直线、圆弧、圆、椭圆等二维图素及轴网、标注等注释性对象，完成构件的二维图纸表达。

（3）二次开发

1）多层次和多语言API接口

BIM平台提供多层次接口。BIM基础软件平台具有BIM建模与出图、轻量化应用与专业应用等，能够实现面向建筑、交通、电力、化工等行业软件提供接口。BIM专业平台具有各专业数据定义、协同工作等，可基于提供接口实现专业建模工具，解决运用BIM应用软件建模时遇到的功能限制，实现更高效快捷的建模插件，在不改变原始系统的情况下扩展并提高其工作质量和效率。

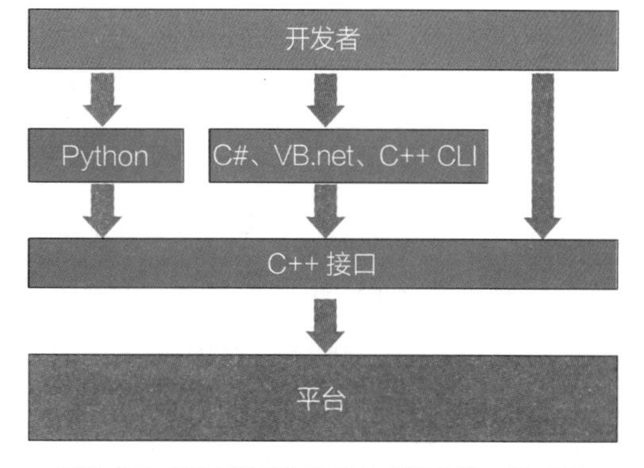

图4-27　BIM基础软件平台多语言接口关系图

提供多语言接口。API允许使用者通过C++、C#、Python等语言编程，它们的关系如图4-27所示。C++接口面向高级开发者，平台能力全面开放。C#接口同样面向高级开发者，是对C++接口的全面封装，但是C#接口需要一定的.Net开发经验。平台Python接口，是一种简单易学的开发接口，是一种积木式开发方式，编写Python文件可反复利用快速拼搭场景。开发者可根据自身语言熟悉情况，选择合适的语言开发插件。

通过BIM基础软件平台多层次和多语言API接口，开发者在应用软件中实现丰富多样的功能。

2）丰富的API开发资料

BIM平台提供丰富的API开发资料辅助开发者了解并熟悉平台，能快速上手并基于平台开发。

首先，提供C++、C#、Python等API接口说明文档。

其次，提供C++、C#、Pyhton三种语言版本范例开发指南。指南中包括平台基本概念、基本开发流程、重点内容讲解等，由浅入深地介绍BIM基础软件平台的基础知识、开发工具以及相应资源，并结合范例详细示意接口使用方法，方便读者理解。开发者可根据自己的业务需求，有针对性地阅读对应章节，并复刻指南中提供的范例，了解熟悉接口使用，完成对应业务功能。

最后，提供C++、C#及Python语言版本配套范例项目。C++范例项目、C#范例及Python范例基本覆盖平台关键接口及功能的使用。通过熟悉对应的范例项目，开发者以更便捷的方式了解平台二次开发能实现的效果，并且通过在原范例代码中微改，加深细节的理解，为插件业务逻辑的实现提供接口及功能字典式方案及思路。

（4）数字化交付

BIM平台可包含通用建模、数据转换、数据挂载、协同设计、碰撞检查等模块功能。软件可满足数字化建模与集成交付，主要打造“多格式大场景模型的集成与浏览”和“多专业高效的建模与交付”两大核心应用场景。重点提升大体量模型装载、建模实时渲染、造型效率和精度等核心技术指标。数字化交付是一个全面的过程，涉及从项目初期到运维各个阶段，为项目提供更准确、更全面的数据支持。一般来说，数字化建模与集成交付包括4个功能模块：模型管理和集成、模型深化、模型应用、成果交付，BIM平台建模软件具体功能如图4-28所示。

在数字化交付中，需要进行数据整合与模型档案交付，将规划、设计、建造及其他项目数据整合至单一项目模型中，BIM平台集成多源模型、展示大体量模型的能力尤为重要。数据的展示精细度依赖BIM三维模型的精细化程度，同时共享资源库可以提高模型复用率，降低建模成本。在实际应用中，数字化交付随着技术与需求的不断

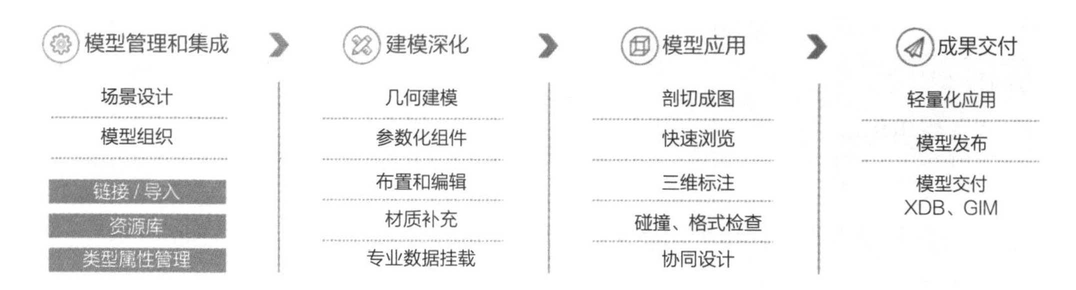

图4-28　BIM平台建模软件数字化建模与集成交付

发展会有新的需求出现，要求BIM平台能够支持新功能的研发。上述对BIM平台功能需求的总结如表4-1所示。

BIM平台应具备的主要功能　　表4-1

序号	主要功能	特点
1	多源大体量数字模型集成	一站式的模型组织能力，可集成各领域、各专业、各类软件 BIM 模型，满足全场景大体量 BIM 模型的完整展示和应用
2	大场景模型浏览	可实现大场景模型的浏览、漫游、渲染、动画，模拟安装流程，细节查看
3	自由的精细化建模工具	可完成专业软件未涉及的复杂形体和构件的参数化建模，模型细节精细化处理，建模方式快速灵活，可添加专业属性，扩展行业、企业标准
4	共享资源库管理	提供开放式组件库，可建立分专业共享资源库，应用效率倍增
5	开放的软件生态环境	提供二次开发接口，提供常见 BIM 软件数据转换接口，可开发各类专业插件，建立专业社区，形成自主 BIM 软件生态
6	数字化交付的最终出口	提供依据交付标准的模型检查，保证交付质量，可作为数字化交付的最终出口

3．应用特点

BIM平台提供几何造型、显示渲染、数据管理三大引擎，以及参数化组件、通用建模、协同设计、碰撞检查、工程制图、轻量化应用、二次开发等九大功能。可以满足量大面广工程项目的建模和设计需求。

4.1.3　BIM软件应用

1．概念

BIM技术具有模型可视化、数据完备统一、支持模拟分析、提供多团队协作等特点，在国内工程项目建设全生命周期中被广泛探索与应用。BIM软件主要结合工程项目设计、生产、施工、运维环节业务需求及各专业自身特点，通过数字化技术手段和协同应用能力，为实施项目提供一系列BIM应用场景和相关功能，从而达到提高项目质量、缩短工程周期、加强团队间沟通与协作的目标，为建筑行业数字化转型提供有力的技术支撑。

2．应用场景

（1）设计环节

设计阶段是工程建设全生命周期的初始阶段，是BIM技术应用的关键阶段，主要应用体现在以下几个方面：

1）可视化设计与浏览

如图4-29、图4-30所示，BIM技术可实现传统二维图纸的三维可视化，在设计阶段直观显示三维实体模型，通过3D的人机交互对建筑进行动态演示。同时BIM技术可实现三维模型的轻量化展示和浏览，使设计阶段多个参与方能通过3D模型清晰地把控设计效果，查看构件的位置、形状、尺寸，通过漫游视角体验空间设计效果，无须基于2D图纸想象实物，提升交流沟通效率。

2）多专业协同设计

工程建造设计涉及建筑、结构、给水排水、暖通、电气等多个专业，BIM协同平台可实现多专业协同设计，不同专业不同地点的设计人员可以基于BIM平台展开协同设计，设计团队共享同一个BIM模型数据源，专业间同步设计互相提资，缩短设计周期的同时加强信息沟通交流，提高设计质量，减少后期由于各专业冲突产生的设计变更。如图4-31所示，协同设计是设计阶段的高级管理模式，通过BIM技术实现项目的高效团队化作业。

3）管线综合与碰撞检查

BIM模型能整合各专业信息，实现可视化的管线综合优化和碰撞检查，涉及多个专业之间的空间和管线碰撞检查优化。如建筑与结构专业之间梁与门的空间位置冲突、电气设备管道与结构柱冲突、水暖电各专业的管线内部交叉冲突等，通过BIM平

图4-29　BIM模型设计

图4-30　可视化浏览

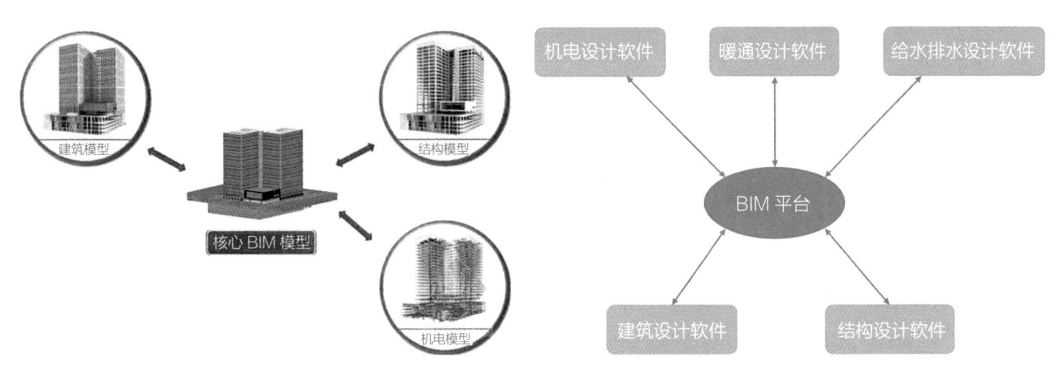

图4-31　BIM多专业协同设计

台可在模型中进行多专业碰撞模拟，根据碰撞报告进行碰撞点优化，进行多专业管线综合排布，优化管线排布空间方案，对各专业设计过程中的碰撞问题及时调整，减少后期施工中出现的设计变更和返工。

4）能耗模拟分析

BIM模型中可以存储用于建筑性能分析的各种数据，进行当前项目的节能分析、采光分析、日照分析、通风分析和绿色建筑评估。区别于传统能耗分析软件，BIM技术的建筑信息模型可以在工程全生命周期持续更新使用，BIM模型中的能耗模拟分析数据不仅可以应用于设计阶段，还能应用于后期施工运维阶段，在全生命周期中持续进行节能检测和管理。

5）图模联动自动出图

BIM技术可以完整描述建筑构件形成模型，能够依据三维模型自动生成二维图纸，满足工程设计阶段的出图需求。通过BIM软件建模，可以随着设计深度变化导出不同详细程度的平面、立面、剖面等多视角二维图纸，还可以实现各个详图之间的联动，当某个构件的尺寸发生变化时，含有该构件的平面图、配筋图、详图等相关图纸都可以基于BIM模型进行自动更新修改。BIM技术利用三维模型自动出图提升了出图效率，减少了错误，保证各图纸之间的一致性。

（2）生产环节

基于BIM的装配式智慧工厂管理平台，通过攻克设计、生产与施工环节的信息化管理瓶颈，形成高度集成的、共享的、协同的信息系统，可以有效地为智慧工厂生产管理的落地实施提供技术和平台支撑。提高预制构件的产品加工精度，降低工人的操作误差，使得构件的精细化生产与施工得到真正实现与推广。

系统以工厂生产管理为重点，向上下游整合装配式建筑设计、材料、生产、施工等环节，通过“建筑+互联网”的形式助推产业链条内资源的优化配置，为建筑业技术与经济和市场的结合提供了公共平台。通过基于BIM和物联网的装配式智慧工厂管理平台研发及应用，实现设计、工厂生产数据一体化，以及预制构件全生命周期管理。

1）设计、工厂生产数据一体化

在建筑工业化背景下，设计生产一体化是装配式建筑行业升级转型的必经之路。从前端深化设计到后端高效精准生产，必须有精准的生产加工数据来保障。如表4-2所示，装配式设计→装配式智慧工厂管理平台，实现了设计—生产无缝对接。

设计生产对接内容　　表4-2

序号	对接项	对接内容
1	预制构件生产 BIM 数据对接	包括构件基本信息、钢筋信息、预埋件主要材料等信息
2	钢筋配料表数据对接	包括钢筋料表、桁架筋料表、网片料表，根据生产任务下钢筋生产指令单，全楼 BIM 模型：分层、分构件型号，实时同步构件生产状态，在 BIM 模型上展示进度
3	预制构件模型、图纸	每个构件生成图纸、BIM 模型，指导构件生产，通过掌上电脑端、微信端直接调用查看
4	设备对接数据	生成标准的 uni 格式数据，可以与各相关厂家设备对接

2）预制构件全生命周期管理

通过BIM信息共享平台，实现设计、生产、装配施工、运维的信息交互和共享，数据无须二次录入，在多个环节流转和传递，构件生产状态实时统计。系统包括企业信息管理、工厂管理、项目管理、合同管理、模具管理、半成品管理、生产数据管理、生产计划管理、生产管理、质量管理、成品库房管理、材料管理、物流管理、施工管理、设备管理、技术管理、成本管理、PDA管理等生产过程功能模块。

结合生产任务，同时按照施工的安装进度需求，依据工厂的产能和生产节拍，合理制定构件生产计划。从生产开始、钢筋笼入模、隐蔽检查、脱模待检、成品检查、构件入库、发货出库、构件安装，按构件生产工艺，生产过程数据实时采集。

3）工厂精益化管理

通过智慧工厂管理平台的实施，梳理并促进内部流程的优化，更有效地进行标准化生产管理，从而建立工厂敏捷的反应和高效的沟通协作及监控机制，实现销售、采购、生产、财务各领域一体化成本管控，增强构件厂核心竞争力，达到“信息可视化、操作透明化、流程标准化、管理精细化”，从而实现企业利润最大化。

智慧工厂管理平台以工厂生产管理为重点，向上下游整合装配式建筑设计、材料、生产、施工等环节，通过“建筑+互联网”的形式助推产业链条内资源的优化配置，为建筑业技术与经济和市场的结合提供了公共平台。

智慧工厂管理平台有助于推动一个高度灵活的数字化和协同化的建筑产品与服务的生产模式。BIM技术、制造执行管理系统（Manufacturing Execution System，MES）与生产工控系统（Production Control System，PCS）及生产设备的高度融合，为生产工厂的自动化、协同化、智能化生产提供了技术保障。同时BIM技术将其他环节一一打通，加速促进建筑行业全过程、全产业链的工业化、信息化、协同化的转型升级。

（3）施工环节

1）建筑施工全过程BIM管理系统

集成施工专项软件形成的BIM模型数据以及BIM设计模型数据的系统，实现对各类BIM模型的碰撞检查，系统通过工程施工进度与BIM模型关联，实现工程进度模拟、施工组织模拟、质量安全管理、成本管理、物料管理以及智慧工地管理。重点解决BIM各类模型数据的衔接问题，并能够将BIM模型数据转化成工程建造业务数据，结合信息化手段提高建筑工程施工现场协调管理能力，重点提升对工程进度、质量、安全、成本、物资等方面的管理能力。

2）建筑施工全过程数字化管理平台

在建筑施工全过程BIM管理系统的基础上，架设施工云，结合物联网、大数据集成、AI智能分析等技术将工程施工过程中产生的数据进行分析，对工程建造过程中的进度、成本、质量、安全、物资以及施工现场采集到的智慧工地系统的数据进行分析优化，利用数据进行项目管理和决策。

（4）运维环节

随着建筑行业对信息化的不断探索，BIM、物联网、云计算、大数据、移动互联等技术成为推进建筑业数字化转型的重要途径。信息化、智能化是未来物业管理行业发展的必然趋势，作为传统服务业的物业管理，需要大力引进新技术，实现现代化智慧物业，加快向现代服务业转型，推行标准化管理，通过扩大服务规模实现规模效益。

在过去大量的调研结果中发现，我国建筑运行过程中存在以下问题：

1）设备设施管理工作量大，重复性工作多，时效性差。

2）子系统繁杂且独立运行，维护人员专业性欠缺，主要依靠系统厂商进行维护。

3）各子系统故障预警与响应不及时、不彻底。

4）现有系统不能直观反映各子系统的数据和运维情况。

而BIM技术与BIM轻量化平台的出现为以上问题的解决提供了切实有效的技术

手段。BIM运维的通俗理解即为运用BIM技术与运营维护管理系统相结合，对建筑的空间、设备资产等进行科学管理，对可能发生的灾害进行预防，降低运营维护成本。具体实施中通常将物联网、云计算技术等与BIM技术、运维系统与移动终端等结合起来应用，实现如设备设施运行管理、能源管理、安保系统、租户管理等功能。

3. 应用特点

BIM软件在建筑设计阶段可实现多专业协同设计、三维可视化、仿真模拟分析、自动出图等多种应用，促进建筑设计智能化发展。

1）有助于提高设计效率和质量

BIM技术可实现多专业协同设计，各专业设计成果快速共享，协调各专业进行模型协同创建和碰撞检测，大幅度缩短了设计时间，增加设计深度，减少“错、漏、碰、缺”现象，从而减少后期的设计变更，节约成本。同时可以基于建筑模型进行模拟建造和场景分析，对拟建项目的方向、平面位置、建筑造型、结构形式、能源消耗等做出快速决策，提高设计效率和决策的准确性。

2）有助于提升信息化管理水平

通过BIM技术创建3D可视化模型，进行建筑的人机交互动态演示，信息更为真实直观，便于学习观看，为项目各参与方实现信息化管理提供了基础平台。项目各参与方均围绕可视化的信息模型进行沟通和管理，设计模型中相关信息的更改能及时共享和演示，降低沟通成本，提升设计管理效率。

3）有助于实现建筑信息集成

BIM模型具有信息存储和信息共享功能，从概念方案到深化设计、初步设计、施工图设计，整个设计流程可以基于同一个模型实现，各个设计阶段的模型信息均能得到有效保存和复用，同时可以实现自动出图，图纸与模型关联互动，实时更新，实现建筑信息的高效集成和应用。

4.2 人工智能

4.2.1 概念

人工智能（Artificial Intelligence，AI）是计算机科学的一个分支，也是思维科学的应用分支，属于多学科综合研究领域，涉及哲学和认知科学、数学、神经生理学、心理学、计算机科学、信息论、控制论、不定性论等学科。人工智能通过将“人类智能”的本质与计算机科学相结合，使智能机器能以“人类智能”相同或相似的方式作出反应，并应用于人类社会的诸多领域。其中，司法领域就是人工智能应用的一大重要领域，例如，司法人工智能通过司法大数据学习和知识图谱建构，建立量刑预测模型，为刑事案件量刑提供参考，推送以往相似度较高的已决案例，为法官对相似案件的裁判提供参考。随着人工智能技术的不断发展，其应用已渗透到各个领域，AI技术与时空大数据的结合更是在突发公共卫生事件防控中发挥了巨大的作用。在城市空间领域、数字孪生城市等方面，AI技术通过与地理空间结合，正在城市建设中拓展更加广阔的应用空间。

人工智能也在“新基建”的背景下，迎来新一轮快速发展。新型基础设施建设是为加快国家规划建设推出的重大工程和基础设施建设项目，面向新产业、新业态和新模式，同时助力传统基础设施的智能化改造。“新基建”三大规划领域中，两大领域都直接提及人工智能：信息基础设施领域中，人工智能与云计算、区块链一起被视为新技术基础设施；融合基础设施领域中，人工智能则被视为支撑传统基础设施转型升级的重要工具。

4.2.2　人工智能在建筑领域的应用场景

人工智能在建筑领域的应用场景规划通常要考虑建筑所处的阶段，包括设计阶段、施工阶段、运维阶段等。本节主要从设计阶段和施工阶段两个方向对人工智能应用点进行举例。

1．设计阶段应用：建筑领域知识图谱

当前人工智能的发展仍然处于弱人工智能的状态，研究重心由感知智能过渡到认知智能领域。知识图谱是一种用图模型来描述知识和建模世界万物之间关联关系的大规模语义网络，支持非线性的、高阶关系的分析，帮助机器实现理解、解释和推理的能力，是认知智能的底层支撑。如以北京构力科技有限公司（以下简称构力）的AI知识平台为例介绍知识图谱的应用情况。

（1）知识平台整体架构

知识图谱包含国家规范、国标图集、地方标准、设计图纸、工程模型、文档资料、专家经验等建筑行业知识，利用人工智能技术翻译成结构化立体化的计算机可理解的语言，实现知识的精准查询、语音问答、专家解答、智能推荐、决策支撑等，服务于规划、设计、审查、运维全生命周期，助力建筑行业数字化转型升级，由“数据管理”向“知识管理”升级，平台架构如图4-32所示。

（2）知识平台核心技术

如图4-33所示，知识图谱是一种用图模型来描述知识和建模世界万物之间关联关系的大规模语义网络，是大数据时代知识表示的重要方式之一。最常见的表示形式是RDF（三元组），即“实体×关系×另一实体”或“实体×属性×属性值”集合，其节点代表实体（Entity）或者概念（Concept），边代表实体/概念之间的各种语义关系。由于知识图谱富含实体、概念、属性和关系等信息，使机器理解与解释现实世界成为可能。

（3）自然语言处理技术

自然语言处理（Natural Language Processing，NLP）最常应用于知识图谱中的能力是对于自然语言中信息的抽取，通过对建筑行业相关规范进行预处理，抽取建筑规范中的规则及三元组，将文档数据转化为知识图谱；对三元组进行聚类合并、指代消

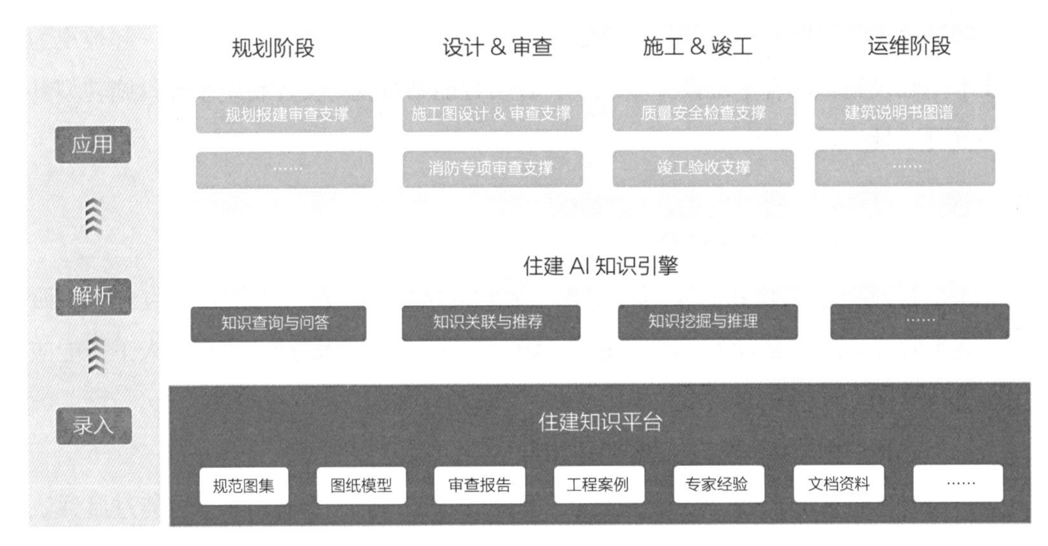

图4-32　知识平台架构设计图

图4-33　建筑领域知识图谱的创建及应用

解等整理；根据抽取效果进行知识增强等抽取效果优化；设计if-then子句表达方式，将建筑规范三元组转化为if-then逻辑规则；搭建人机耦合的建筑规范的标注与解析模型，支撑建筑行业知识的智能应用。

（4）建筑领域识别能力

如图4-34所示，光学字符识别（Optical Character Recognition，OCR）采用光学的方式将纸质文档中的文字转换成为黑白点阵的图像文件，并通过识别软件将图像中的文字转换成文本格式，供文字处理软件进一步编辑加工的技术。

图4-34　OCR的整体流程

OCR文字识别能力在建筑领域应用，OCR在识图建模中，通过识别图纸中尺寸、表格、说明等信息，还原和校准构件信息，建立准确的模型；OCR在审查应用中，对总说明、图纸信息进行识别，配合图像识别和语言处理技术，结合规范条文，对图纸、模型等进行快速有效的审查；OCR在图档数字化中，对图纸总说明、图签、图章等内容进行准确识别并整理，帮助图纸高效归档。

（5）知识图谱数据规模

知识图谱应用在建筑领域的数据规模，可达到建筑、结构、消防、装配式等行业专业专项的条文全覆盖，实现建筑领域知识的统一表达，为规范条文的查询、修订、更新、收集和分析提供数据支撑，提高建筑行业政府主管部门、审查机构、设计师等的工作效率。

（6）知识平台应用场景及价值

1）建筑行业知识库关联查询

如图4-35所示，利用知识图谱的自然语言处理能力，可对建筑行业知识进行拆解、关联、重组，形成建筑知识规则库，实现建筑行业知识的语义关联查询，提高查询效率。

2）条文变更后的自动更新

如图4-36、图4-37所示，知识平台可作为AI与BIM技术结合的媒介，将人工智能在BIM审查中拓展应用场景。在国家、行业、地方、企业规范修订、更新或者自定义后，录入知识平台中，利用NLP和OCR技术，可对规范条文进行智能解析，生成统一的数据格式，直接同步到审查系统中。审查人员即可按照新的条文要求进行审查，减

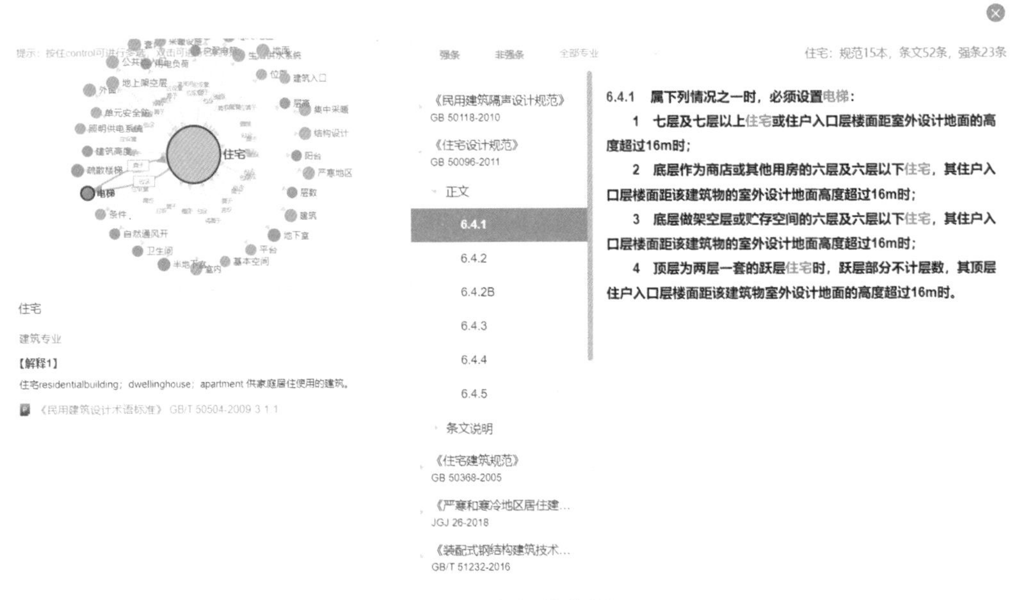

图4-35 知识关联查询

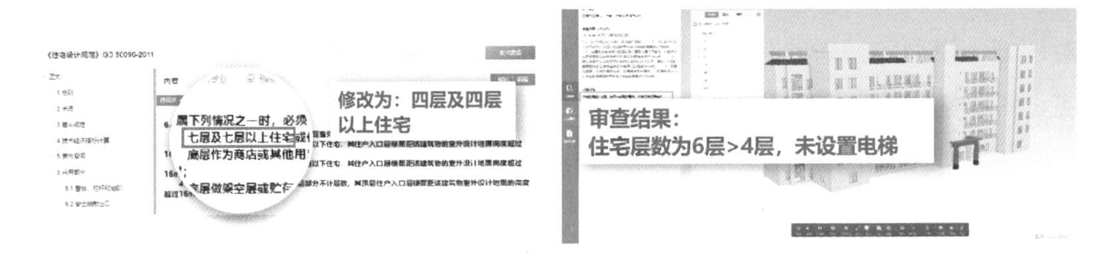

图4-36 条文修改自动同步审查

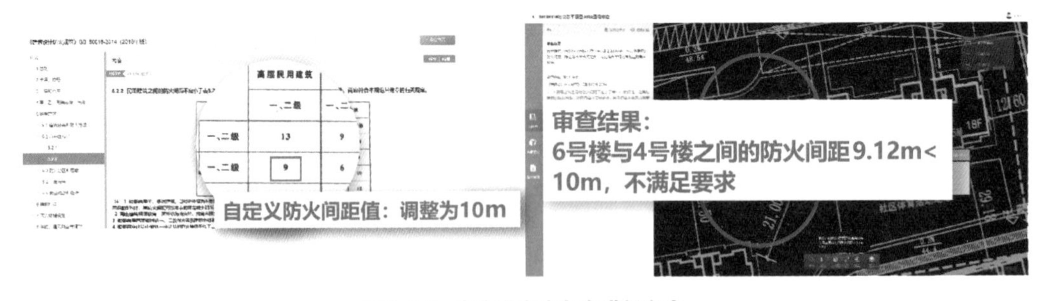

图4-37 自定义审查条文进行审查

少数据更新所需要的人力，节约时间成本，提升审查工作的周转效率。

3）语音智能问答

如图4-38所示，结合语音技术，知识平台可实现对规划、设计、审查等常见问题的多轮交互问答，帮助使用者获取精准答案及参考依据。

4）规范解读/专家解答

如图4-39所示，知识平台通过专家对规范的权威解读、对设计疑难问题的专业解答，帮助设计师更好地理解规范条文，同时收集相关条文反馈信息，为后续辅助条文修订、规范更新提供数据支撑。

5）条文应用的相关统计分析

如图4-40所示，通过专家对规范条文解读、使用者对规范条文相关反馈、审查系

图4-38　语音智能问答

极限不应低于防火墙的耐火极限。

防火墙应从楼地面基层隔断至梁、楼板或屋面板的底面基层。当高层厂房(仓库)屋顶承重结构和屋面板的耐火极限低于1.00h，其他建筑屋顶承重结构和屋面板的耐火极限低于0.50h时，防火墙应高出屋面0.5m以上。

专家解读 | 相似条文

规范疑问:

防火墙外墙上可否设置甲级防火固定窗等开口

1.《建规》条文第5.2.2条注2"外墙为防火墙",该防火墙可否设有甲级防火门窗(通风百叶)或3h防火卷帘?

2.室外疏散楼梯周围2m的墙面上可否设置甲级防火固定窗?

解读1:

1.不可以设有甲级防火门窗(含防火通风百叶)或3h防火卷帘，见《建规》第6.1.5条条文说明。非承重外墙与防火墙的构造要求不同，耐火性能差异大；根据《建规》条文第5.1.2条及注1理解，第5.2.2条注2"外墙防火墙"与"可设门窗洞口外墙"不同；第5.2.2条注4"外墙防火墙"和"可设有 限门窗洞口的外墙",防火间距也不同。因此第5.2.2条注2、3外墙防火墙均应为采用不燃性材料制作、耐火极限不低于3h的无门窗洞口防火墙。同理注意《建规》条文第3.3.8条、第3.4.1条注2、第3.5.2条注2、第3.5.3条、第4.3.4条、第4.4.3条等外墙防火墙，均不应设有任何门窗洞口。

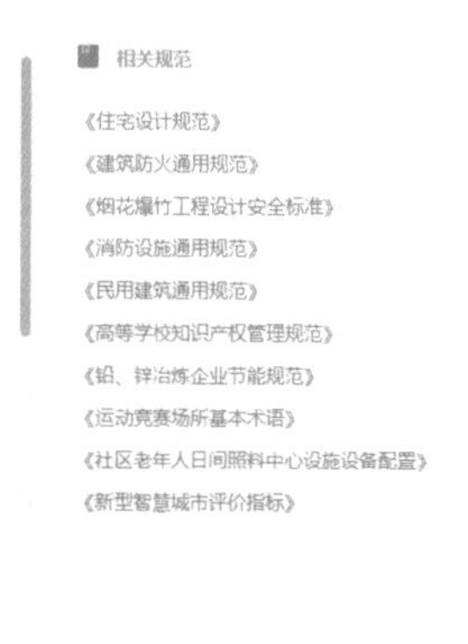

图4-39　专家解答

图4-40 条文应用统计分析

统对易错条文统计分析，多方面收集条文相关数据，为条文冲突检查、规范条文修订、规范更新提供数据支撑。

2．施工阶段应用：AI项目管理

对于建筑领域施工阶段，最重要的是进行项目施工管理。建设工程项目管理大多数是户外作业，外界环境复杂，不可控因素多，同时涉及建设单位、设计单位、施工单位、供应商、监理单位等多个相关方，信息量巨大，导致资源分配难、合理决策难、精准管控难。AI最大的特点是能够处理海量数据，并做出智能化的决策，其在建筑工程项目管理中有巨大的使用空间。

AI在建设工程项目精细化管理方面的优势主要体现在以下几个应用场景：

（1）基于AI的建设工程项目管理

基于人工智能，与BIM技术结合建设AI项目管理系统，在可视化的基础上，以数据流动自动化，化解复杂工程的不确定性，优化工程项目资源配置，从而实现建设工程项目的智能决策。具体而言，它通过部署物联网设备和现场作业各类应用系统实现对项目生产对象全过程、全要素、全参与方进行感知与识别；通过数据、算法和算力赋能，可以分析项目进程、诊断项目问题、预测项目趋势，从而为决策提供数据支撑；以优化资源、优化配置效率为目的，提供模拟推演、智能调度、风险防控、预测性服务、智能决策等智能化服务。

（2）基于AI的智慧工地管理

利用AI的自我学习能力，建设智慧工地管理系统，对工地现场各要素进行动态感知和深度学习，进一步对现场数据进行分析处理，提供模拟仿真、风险预测、风险预警、决策模拟等功能，可为现场施工提供决策支撑数据，提高工地管理的安全性和规范性。

例如基于工地的劳务实名制，在出入口通道使用人脸识别边缘设备，通过摄像头采集人脸数据，传输至边缘设备，检测人脸位置，计算人脸特征后与工地人员人脸库进行匹配，完成对进出的施工人员实时识别。全程无须继续上传到服务器端进行计算，减少了不必要的网络带宽。既能够满足考勤需要，还能够有效控制施工人员的进出，防止外来陌生人员进入施工现场，使施工现场更加安全。

在施工环境中，施工人员佩戴安全帽可以有效避免或减小安全事故的伤害。但经常会有进入施工场所人员未正确佩戴安全帽的情况发生，为更好地避免这种情况，对所述的施工场所进行实时监控，并检测人员是否按照规定佩戴安全帽。对建筑工地内有人员经过的区域，架设封装有安全帽、安全背心检测AI算法的边缘设备，对人员进行检测的同时，通过调用AI算法，分析人员着装。主要算法流程为先通过对使用目标检测算法检测出人体框，将检测出的人体框输入至二次判别模型过滤误判的人体目标，而后对目标进行多属性分类，得到安全帽的佩戴结果一，除此之外为了提高安全帽识别的准确率，另起一条路线对实时画面中进行人体的头肩检测，同样判断是否穿戴安全帽得到结果二，将结果一与结果二做进一步的融合判断得到最终的结果，实时对工地作业人员不符合安全着装的行为进行预警。

（3）基于AI算法的风险识别

通过基于AI算法的风险智能识别系统，工程项目大脑对建筑工程项目建设全过程中产生的图像、文字、语音、视频等影像资料进行分析和诊断，为工程项目提供实时反馈和决策建议，提高项目管理水平。以工地现场的安全风险识别为例，通过摄像头实时监测人员体征和姿态、机械设备的运行状态和轨迹等作业行为数据，动态采集场地环境数据，通过工程项目大脑的云端算法和安全知识图谱，分析并对安全风险自动识别，预判可能的风险隐患，并及时采取措施进行防控，杜绝安全事故的发生。

以地理信息系统（GIS）、物联网（IoT）、人工智能（AI）、城市信息模型（CIM）、建筑信息模型（BIM）、云计算、大数据、智慧城市为代表的新型技术，在建筑领域不断融合更新，不断突破智慧建筑在技术应用方面的瓶颈，实现虚实结合的空间交互，形成数据共享共治。多种技术的平台性整合以及与之匹配的高分辨率感知数据，能够创造更丰富的智慧建筑应用场景，达到技术的叠加增益效果。

随着建筑各类型数据时空精度的不断提高，海量数据的可视化、可感知也为管理者提供了新的决策数据，下面对各类型新技术在建筑领域的融合应用做简单介绍。

4.2.3 人工智能在建筑领域的应用特点

当前建筑层面的智能化研究与实践经过近年来的快速发展，已经基本解决了数字建筑底盘的构建问题，相当数量的建筑及相关委办实现了业务上云，建设了大量的大数据中心，并通过各类摄像头、物联网和穿戴式设备来实现海量数据的大规模、高精度获取。在此基础上，人工智能在建筑领域的应用特点，主要体现在以下三个方面：

1．提高智慧建筑的自学能力

概念上讲，智慧建筑的行为模式类似于人类行为。在自学习过程中，智慧建筑需要从外界环境和住户行为中获取信息、挖掘模式，并进行自身的调整。建筑系统不再停留在人为设置的阶段，而是会像人一样自动感知建筑内部的一切，从中自发地提取出可用的信息。近年来，人工智能算法研究的成熟和云计算、大数据基础设施的完善，使“自学习能力”的广泛应用成为可能。未来的智慧建筑应该具有自己的“大脑”，能控制和自动调节建筑内的各类设施设备，让建筑具有判断能力，并驱动执行器进行有序的工作。当智慧建筑所有的静态数据和动态数据都集中到一个平台上，通过基于大数据分析技术的智慧建筑大脑将所有系统变成一个整体，各系统间能智慧有机地协同联动。在智慧建筑的建设中，深度强化学习基于前期的深度挖掘成果，能对环境、经济、用户体验等各方面出现的各类复杂问题进行快速建模，完成建筑智能从基础的数据采集与展示，向敏锐感知、深度洞察与实时综合决策的智慧化阶段发展。这就是人工智能技术带给智慧建筑的改变。人工神经网络、决策支持系统、专家系统、强化学习等都属于可以应用于智慧建筑中的人工智能技术。

对于建筑行业管理相关部门而言，要解决建筑全生命周期管理中存在的数据资源利用率低等核心问题，在统一管理平台的基础上，充分挖掘各部门及各空间场景的结构化及非结构化数据价值，通过深度学习、计算机视觉、知识图谱等人工智能技术，科学、高效地利用建筑数据资产来实现建筑全专业、全过程信息串联、分析和呈现，使各相关业务部门能够对建筑各阶段业务流程做出决策。

2．提升建筑行业信息利用效率

建筑行业作为关乎国计民生的重点行业，其信息化知识库具有结构复杂、功能繁多的特点。建筑行业知识库专业性强、信息丰富，例如国家标准、行业标准、地方标准等标准类数据；规划、设计、施工、竣工等审查审批信息；项目管控过程中的企业、人员等资质信息。利用AI技术从海量信息中快速提取有效的信息，可大幅提高建筑行业现有资源使用效率，提高对行业基本情况的管控力度。

人工智能提升对异构数据的处理能力，与应用场景深度融合，实现智能预测、智能决策等数据分析智能化，将智能建造各环节中的脑力劳动知识和经验沉淀下来。

3．建筑智能管理需求升级

在信息化、数字化、智能化浪潮下，建筑行业管理的需求根源在于建筑数据资产的充分挖掘与高效利用，最终实现业务层面的职能协同。在平台端数据资源不断积累的支持下，人工智能算法模块也随之持续优化迭代，在各部门业务职能协同的基础上，为建筑领域提供辅助决策与分析预测等智能服务。

建筑空间的智能化需求远不止模型数据的可视化展现，建筑空间建设与管理的人性化、品质化需要能高效处理和应对多专业交叉的问题，而这可以通过现状数据可视化解决一部分协同问题，不能解决大量数据筛选问题。换言之，智能化算法的应用应该更深入融合到建筑规划、设计、建设、管理等领域中，通过各类深度学习算法的引入，推动可感知、可建模、可分析、可预测、可解释、可决策的智能化变革，推动这一由经验主导的行业进行规范化变革。

4.3　数字孪生

4.3.1　数字孪生建筑的概念

数字孪生是一种集成多物理、多尺度、多学科属性，具有实时同步、忠实映射和高保真度特性，能够实现物理世界与信息世界交互和融合的技术手段。数字孪生技术可以在虚拟空间反映实体运行或空间运动变化的特质与规律，能够利用虚拟化模型反馈推动物理实体的运行。数字孪生技术基于高精度传感技术、多领域多模型融合技术、全生命周期数据管理技术以及高性能计算技术，可以实现复杂系统运行过程的实时快速状态监测和评估，提供系统全生命周期的安全性评价，达成系统任务规划与推演以及实时决策功能。数字孪生技术还可以在特定环境下实现对复杂系统的协同管理、安全维护和配置优化，减少系统维护成本。

BIM作为现阶段建筑行业的发展趋势，其所具有的能够协同工作、传递反馈信息等优势正符合数字孪生技术中虚拟映射的概念，即理论上运用BIM实现数字孪生建筑是必然趋势。数字孪生建筑是利用BIM的数据资产在数字孪生虚拟空间中构建出还原现实的建筑模型，所携带建筑全生命周期的几何信息与非几何信息是奠定数字孪生空间实现自主演化的基础。其与多源异构数据的动态集成，让数字孪生建筑数据更精准、更智能，数字孪生空间的实时迭代也能为建筑全生命周期BIM的实时更新维护提供有力的数据支撑。

数字孪生建筑应具备的基本特征为实时感知、虚实交互、高效传输和智能决策。数字孪生建筑的实现和落地需要以下几个关键前沿技术：

①实时感知。数字孪生建筑通过走廊、房顶、墙壁和通风口等位置的传感器摆放，实现对建筑室内环境、能耗和结构等基础信息的数字化建模，形成建筑虚拟体在数据信息上对建筑实体的精准数据表征和映射。

②虚实交互。在建筑实体空间可以观察各类痕迹，在建筑虚拟空间也可以直观查看各类信息数据、建筑规划、建筑状态以及人为活动。不仅在实体空间，而且在建筑虚拟空间得到很大扩充，虚实融合、虚实联合将定义建筑产业未来发展方向。

③高效传输。实时数据是数字孪生建筑的核心要素。它来源于建筑实体、各类运行子系统、传感器和管理服务等贯穿建筑运转过程的始终。数字孪生建筑收集各类原始数据后将数据进行融合处理，有效实时反映建筑实体各部分状况。

④智能决策。通过在数字孪生建筑虚拟体上规划设计、模拟仿真和实时分析等，将建筑物可能产生的不良影响、争执冲突和隐藏危险进行智能预警并提供合适可行的实时反馈和决策意见，以科学视角智能干涉建筑原有变化轨迹和运行状态，进而指导和优化建筑实体的经营、管理和控制，赋予建筑运行和生活服务更多“智慧”。

4.3.2 数字孪生在建筑领域的应用场景

随着国内相关政策向信息化倾斜，建筑领域信息化建设也在逐步被推荐，从而形成了数字孪生建筑的概念。数字孪生是实现智能建造数字化改革升级，打造自生长、开放式CIM平台的核心基础，也是相关职能部门实现数字化城市建设及智慧城市、形成“万物互联”的城市基础设施数字体系的关键性技术之一。

数字孪生在建筑领域的应用场景列举如下：

1. 应用场景一：数字孪生的虚拟设计

借助数字孪生的高度仿真特性，可与物理实体的显示状态同步，实现设计全过程的交互反馈。数字孪生在智能建造的应用就是通过建立全场景、全信息、全要素模型，以可视化的方式在模拟条件中展示出来，进行虚拟设计，并用以指导真实目标的

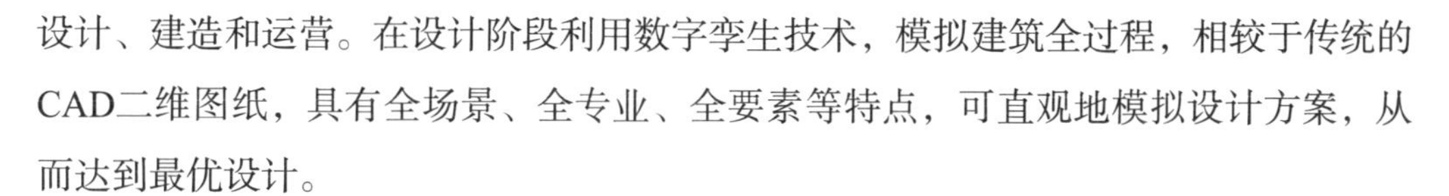

设计、建造和运营。在设计阶段利用数字孪生技术，模拟建筑全过程，相较于传统的CAD二维图纸，具有全场景、全专业、全要素等特点，可直观地模拟设计方案，从而达到最优设计。

2．应用场景二：数字孪生的综合管廊应用

城市地下综合管廊数字孪生体，归根结底是多模型的集合，孪生信息模型是数字孪生的核心。通过采用虚拟现实、增强现实、介导现实等技术为综合管廊实体提供多维度、多时空、多尺度的高保真数字化映射，这是实现基于数字孪生的综合管廊安全管理应用的前提。通过综合运用地理信息技术（GIS）、BIM及IoT数据，构建包括建筑、结构、设备管线等综合模型，将其信息与规划、设计和施工阶段的信息资源关联，在运营阶段实时进行信息传递，从而构建多维度、多时空的综合模型，实现综合管廊全生命周期的应用。

3．应用场景三：数字孪生的施工应用

基于数字孪生技术，可以将数据与知识进行融合，实现施工过程的可视化监控预测，为部分复杂工程或隐蔽工程提供施工安全决策数据。例如基于数字孪生技术的管沟开挖施工地面沉降智能分析方法，对勘察设计、试挖、正式开挖施工的地面沉降全生命周期的场景、流程、对象、问题和知识等进行抽取和表达，形成数据—知识融合的地面沉降大数据分析模型，以实现城中村区域施工地面沉降的可视化实时监测、预测和控制。

4.3.3　数字孪生在建筑领域的应用特点

数字孪生技术可实现建筑监管的动态模拟推演、能耗告警监测分析以及场景模拟分析，推进智慧城市发展。

1．有助于解决工程前期问题

利用数字孪生的先知预测、可视化实时监控、动态仿真模拟、故障诊断溯源、运行维护管理的特点，结合建筑领域多专业综合知识，有助于在建设工程项目中解决前期设计问题。通过采用虚拟设计技术，利用各种软件对设计各要素进行事先模拟建造，进行各种虚拟环境条件下的分析，以提前发现可能出现的问题，并采取预防措施，以达到优化设计、节约工期、减少浪费、降低造价的目的。

2．有助于提供决策信息

基于大量的工程实际问题，运用数字孪生集成数据，可以在工程中建立统一的技术方法流程，为后续工程积累经验。设计本身具有主观性，借助数字孪生手段可以帮助其决策过程理性化和标准化，切实提高建筑领域设计水准和成果质量。

3. 有助于集成技术发展

在智能时代下，区块链可信计算、5G物联网、人工智能、海量大数据等均得到了充分应用，在智慧建筑系统集成方面，也体现出全景实时可视交互、全体系精准管控、全域立体感知、全数据智能决策、全系统可信互连等特点。数字孪生建筑集成各类型新型技术，进行融合应用，以模型体系、数据线程为核心，更好地满足建筑智能化发展的需求。

4.4 大数据

4.4.1 大数据的概念

大数据，也叫巨量资料，是以容量大、类型多、存取速度快、应用价值高为主要特征的数据集合。大数据具有5V特征，即Volume（数据量巨大）、Velocity（分析高效）、Variety（种类多样）、Value（价值高）、Veracity（数据真实准确）。大数据技术是一种从繁杂数据中快速获取有用信息的技术手段，能对海量数据进行采集、挖掘、存储和关联分析，从中发现新知识、创造新价值、提升新能力。大数据技术的意义，在于对庞大的、含有意义的数据进行专业化处理，能提高实时交互式的查询效率和分析能力。

大数据技术的应用范围较为广泛，通常需要根据不同的应用领域对大数据技术进行定义。大数据主要有以下特点：

1. 信息传递的及时性

利用大数据技术对于数据传递的优势，为行业和企业的信息周转提供一定的支持。数据信息传递对于社会运转中心周转非常重要，通过短时间收集到有效的数据信息是大数据的重要特点。

2. 信息存储的丰富性

大数据可实现对大量信息的存储，为信息的利用打下基础。与当前的新兴技术对比，大数据的存储可打通信息壁垒，提高信息的利用率，且信息存储调用更快，准确率更高，从而提升社会经济效益。

3. 信息对比的便捷性

大数据能够使得各行业的分析工作更加深入和透彻，不同类型信息的碰撞和对比，实现更深层次的分析。

4.4.2　大数据在建筑领域的应用场景

在经过多种行业领域的应用实践后，大数据技术的应用优势极为突出，可以为建筑工程质量管理提供全方位的数据信息，并在数量庞大的数据信息中进行快速识别、排查和分析，提取最有效的关键信息，为建筑工程质量管理提供科学的数据信息依据。工程建造本身具有丰富的数据资源，以工程为载体形成工程大数据，可以理解为运用各种软硬件工具实现项目全生命周期各个阶段的数据集成，通过对数据集的处理分析，充分利用数据功能以提供增值服务。因此，在复杂性较高的建筑工程质量管理中，大数据技术可以较大程度地提高管理效率和准确率。

大数据在建筑领域的应用场景比较广阔，本书选取其中三个代表案例，从不同角度进行举例。

1．应用场景一：大数据在工程造价管理的应用

在工程造价管理过程中，借助大数据技术构建工程造价数据综合管理平台，通过对质量属性的归档，可实现对行业信息交叉繁杂的造价信息集成处理，建立工程造价数据标准的统一，从而实现数据的信息集成。例如，平台可存储上亿条土建材料、装饰材料、安装材料、市政材料等资讯，材料价格的分布区间涵盖国内每个省市和地区，而每个信息条又包括产品的国际标准编号、名称、价格、数量和供应商的联系方式等，可供用户进行人工查询。同时，还可将整个建筑工程的施工、设计以及工程监理等单位和各环节都联系在数字化平台上，促进造价信息资源共享，更好地实现造价信息的统一。

2．应用场景二：大数据在工程项目管理的应用

随着大数据技术的不断发展，当前项目管理工作在实际开展过程中信息量变得愈加庞大且数据类型更加丰富。在这样的背景下要想保障项目管理工作效率，管理人员就应当对那些多样化的数据信息进行有效处理。具体而言，可以通过大数据技术的合理利用，大面积筛选掉一些无效重复性的数据，并且将有效的数据进行汇总及分类，进而使数据处理工作开展效率得到全面提高，准确找到数据信息的内部规律。使项目管理工作进行得更加高效有序，全面提高施工质量，让工程项目在施工完毕后能够更好地满足人们的个性化需求。此外，通过对海量数据的有效处理，还可以让项目管理者在决策过程中拥有更加翔实的数据作为其决策的基础。

3．应用场景三：大数据在绿色建筑成本管理的应用

通过分析绿色建筑全生命周期成本管理的内容，整合各利益相关方的数据来源，从而消除信息孤岛的影响，搭建绿色建筑大数据平台，实现对数据进行汇集、存储、

分析和共享等。实时监测绿色建筑在全生命周期获取的成本管理数据，把收集的海量数据信息，通过归集、整理和分析，便于相关人员发现存在的问题并提出优化措施。另外，由于绿色建筑全生命周期的能源消耗水平与材料、技术、管理等密切相关，可以建立绿色建筑全生命周期能耗数据库，高效地提供成本管理所需的信息。通过大数据与BIM结合，对能源利用数据进行科学分析，并对绿色建筑全生命周期成本数据进行管控，及时分析成本差异，调整成本管控措施，实现绿色建筑设计目标，使利益相关方都能获得相对的利益最大化，从而提高绿色建筑项目管理的抗风险能力。

4.4.3 大数据在建筑领域的应用特点

建筑领域信息化发展离不开大数据收集、分析和使用，由于建筑行业建设中的数据量爆炸式增长，大数据分析将推动建筑管理从经验治理向科学治理转变，提升管理效能。

大数据在建筑领域的应用特点主要有：

1．有助于加强信息共享

大数据技术能够促进多专业、多类型信息共享，有助于建设工程项目管控，有效降低工程项目的管理成本。对于工程项目建设这类本身涉及多方协同工作的领域来讲，可以有效降低沟通成本，有助于形成多方协同的工程建设数据管理制度。

2．有助于建筑能耗管理

通过大数据技术与BIM、IoT等技术的结合，建设建筑领域能耗数据库。挖掘各系统数据联系，建立智慧能源网络，实现对数据的清洗、合并、转换，从而建立相关数据模型，实现能耗预测管理，实现对整个运营周期的辅助决策功能。

3．有助于全过程管控

通过大数据对建设工程从立项、设计、施工、运维全项目周期的数据收集，有助于将项目信息收集和决策。立项阶段可通过数据分析，进行项目预测分析，辅助决策。设计阶段可通过数据对比分析，辅助选出最优方案。施工阶段辅助多专业信息汇总变更，及时为项目提供有效信息，同时可收集项目数据作为样本，形成数据资产，为后续项目提供经验指导。

4.5 云计算

4.5.1 云计算的概念

云计算（Cloud Computing）是分布式计算的一种，是指通过网络“云”将巨大的数据计算处理程序分解成无数个小程序，然后通过多部服务器组成的系统进行处理和分析这些小程序，得到结果并返回给用户。简单地说，云计算早期就是简单的分布式计算，解决任务分发，并进行计算结果的合并。因而，云计算又称为网格计算。通过这项技术，可以在几秒钟内完成对数以万计的数据的处理，从而达到强大的网络服务。云计算模型有如下三种：

1．基础设施即服务

基础设施即服务（Infrastructure as a Service，IaaS）即服务主要提供网络、计算机及数据存储等访问功能，云IT基本构建块包含其中。基础设施即服务具有所提供服务等级的最高灵活性特点，实现了云IT资源管控。基础设施即服务运行机制与当前IT行业资源极其接近。

2．平台即服务

平台即服务（Platform as a Service，PaaS）即让云计算硬件和操作系统的底层基础设施管理消除，应用程序部署与管理成为用户精力集中点，实现了云计算整体效率的提升。因为平台即服务避免了用户购置资源、规划容量、维护软件、安装补丁以及应用程序其他运行存在的冗杂工作。

3．软件即服务

软件即服务（Software as a Service，SaaS）是一种由服务提供商负责运行与管理的完善服务产品。用户使用软件即服务产品时，基础设施建设及维护均由服务提供商负责，用户只需充分掌握软件即服务产品使用办法。软件即服务产品常见应用是以Web为载体的E-mail。具体应用中，用户只需依据自身需求收发E-mail，不用处理E-mail应用过程中的功能添加或其他事宜，也无须对其运行服务器以及系统操作等进行维护。

4.5.2　云计算在建筑领域的应用场景

BIM技术应用为建筑领域带来日新月异的变化，同时给设计、施工企业的管理和运维能力带来新的挑战。一方面，随着企业规模的发展，计算机硬件软件数量和类型日益增多，管理、维护、拥有成本日益提高，而以产品服务系统为代表的服务提供方案还无法为大型企业提供全生命周期的解决方案；另一方面，在创新驱动发展的新形势下，企业往往聚焦在新业务形态和技术应用层面，对基础设施管理工作并不重视。随着设备的更新换代、应用软件的多样性异构性、网络空间共享度的不断提升特别是互联网技术的日新月异，各种云平台、云桌面、云应用层出不穷。因此为了解决在企业信息化业务管理中尤其是在硬件、软件、资源管理方面遇到的问题，产生了云计算技术在建筑领域的应用场景。

智慧建筑内大量智能系统面向使用者提供服务，需要计算处理的数据量不断增加，复杂性不断提升。原来的本地部署方式已落后于这种海量数据增加的需求，云计算设施则刚好能解决这样的困难。云计算的特征是按需求提供资源、按使用付费以及动态可伸缩、易扩展，其核心技术包括分布式运算、分布式存储、应对海量数据的先进管理技术、虚拟化技术和云计算平台管理技术。它的成功应用能够帮助建筑与建筑实现互联，从而推动城市云端服务的共享，真正向智能城市迈进。

本书根据现有文献资料，列举云计算在建筑领域的几个应用场景：

1．应用场景一：云计算支撑的多栋楼宇互联场景下的集约管理

构建智慧社区管理平台，要打破数据壁垒，将数据打通，并在此基础上建立安全、灵活且具有高兼容性和可扩展性的平台，实现跨部门、跨组织、多楼宇的数字应用。首先，地产企业通过在建筑中安装越来越多的传感器进行数据采集。其次，通过数据上云的方式，利用云平台保障建筑运行数据的长期采集和保存。云平台将传感器收集的海量数据，同企业内部其他已经部署的遗留系统的数据进行汇总，形成数据资产。最后，汇集的数据资产可以支撑现有业务的优化，主要包括带来跨楼宇的设备集中运营和管理的资源优势，带来能源节省与预测性维护，提升整体运营层面效率。

2．应用场景二：基于云计算的工程造价管理系统

大数据时代下，在项目造价过程中引入云计算技术，可有效精准地获取项目过程的计量与计价数据，并构建数据资源共享库，有助于项目各参与方主体在海量数据中提炼出有价值的造价管理信息，实现对项目成本管理与控制的“集成化”。在工程计量方面，基于云计算使得计量更为准确，并且考虑项目消耗量；在计价分析方面，对价格信息获取、数据分析、价格确定进行分析。

3．应用场景三：基于云计算的建筑群能耗计量系统

云计算在智能建筑中用得比较多的是建筑群能耗计量与节能管理系统，在建筑群的能耗管理中，运用统一的云计算平台，而非每个楼宇单独的能耗计算，形成一个区域的能耗计量与节能管理系统。将云计算作为互联网中一种公共服务，它既针对互联网架构，也针对物联网架构。将智能建筑综合维护与云计算结合，与能耗计算相似，运用统一的云架构实现一整套集成的智慧运维系统，实现统一管理，节约资源。

4.5.3　云计算在建筑领域的应用特点

由上述资料分析可以看出，云计算在建筑领域的应用有以下特点：

1. 降低海量数据的运算成本

云计算极大地增强了数据运算能力并降低了海量数据的运算成本。云平台向下连接海量设备，支撑设备数据采集上云，向上提供云端API，服务端通过调用实现远程控制。同时，随着边缘计算的逐步发展，其利用自身分布式以及靠近设备端的特性和云计算互相协同，彼此补充，降低运算成本与时延，更好地处理实时产生的海量数据。

2. 灵活调配硬件资源

通过云计算灵活调节硬件资源分配，在用户需要高算力时，按需调度资源，例如最常见的云渲染功能等，在线调配硬件资源，最大限度地释放本地硬件资源。在用户低算力时释放资源，最终达到帮助设计人员提高工作效率的目的。

3. 为数据备份提供保障

云计算可将用户项目数据存储在服务器中，为建筑类企业向智能化与信息化发展提供了巨大引擎。一方面，运用云计算技术，项目各类型数据存储在云端，有效避免了因存储设备的损坏而导致数据丢失等常见问题。另一方面，云计算可提供数据调取的便利性，打破物理空间的限制，有效提高了工作效率。

4.6　物联网

4.6.1　物联网的概念

物联网（Internet of Things，IoT）是指通过各种信息传感器、射频识别技术、全球定位系统、红外感应器、激光扫描器等各种装置与技术，实时采集任何需要监控、连接、互动的物体或过程，采集其声、光、热、电、力学、化学、生物、位置等各种需要的信息，通过各类可能的网络接入，实现物与物、物与人的泛在连接，实现对物品和过程的智能化感知、识别和管理。物联网是一个基于互联网、传统电信网等的信息承载体，它让所有能够被独立寻址的普通物理对象形成互联互通的网络。

随着物联网技术解决方案在各领域的试点和应用推广，在智能交通、环境保护、公共安全、平安家居、智能消防等多个方面，通过充分运用通信技术手段，感测、分析、整合各项关键信息，可以有效地将各种应用集中于一个系统。物联网已经开始发挥重要作用，对民生、环境保护、公共安全、城市服务、工商业活动在内的各种需求做出更智能化的响应。建筑智能化作为物联网的技术综合应用，将为建筑信息化建设带来重要作用。

4.6.2 物联网在建筑领域的应用场景

以物联网为代表的战略型新兴产业，将成为我国大力扶持和发展的7大战略性行业之一。据权威机构预测，国家将在未来10年投入4万亿元大力发展物联网，智能建筑、智能办公、智能家居、RFID等产业将是未来重点发展的领域。作为物联网产业中不可或缺的一部分，集楼宇自控、电视监控、防盗报警、综合布线等众多系统于一体的建筑智能化领域，同样迎来了自主创新和产业发展的大好机遇。

以两个典型应用场景举例说明物联网在建筑领域的应用场景。

1．应用场景一：物联网、BIM与智能楼宇结合

物联网在楼宇智能管理、物业管理和建筑物运行维护方面将发挥更大的作用。利用BIM将建筑物数字化，建立BIM模型，为楼宇智能管理提供数据基础。BIM是物联网应用的基础数据模型，是物联网的核心和灵魂。

智能建筑中包括30多个子系统，包括安防设备监控、智能家居控制系统、智能机器人等，同时已经构成了网络平台上的融合子体系，这也成为互联网形态下智能化建筑的重要部分，可以更好地满足建筑使用者以及物业的使用需求。将物联网技术更好地运用到智能建筑领域，其中最为重要的是子系统之间是否存在关联性。

以智能监控为例，在智能建筑中，运用无线传感器网络能够大大节省布线时间和空间。无线传感器的节点较少，智能化程度较高，应用的场合更加广泛，特别是在面对火灾火情监控时，发挥着不可替代的作用。我国已经开发出用于超高层建筑人员的定位体系，其中需要使用到无线传感器的网络定位体系，该体系可以在灾情发生时对整个建筑内部的人员进行定位，更好地方便消防人员进行搜救工作。光纤光栅传感器的应用主要是固定在建筑材料中，因此能够准确地测量出建筑的材料、性能以及相关的参数，一旦建筑物电力系统处于高温高压状态时，光纤光栅传感器就能快速定位出要害部位，因此可以对整个电力系统进行实时监测，从而防止由于电力系统电流过大或者电压过大引起设备故障问题。这项技术主要运用于超高层和高层智能建筑中，通过运用光纤光栅传感器，能对整个建筑结构进行监测，最终检测的效果可以通过物联网向系统终端发送。

2．应用场景二：物联网应用于智能家居

将物联网技术运用到智能家居体系中，关键是要设置专门的网络体系，切入到智能家居的安防系统中，才能提升生活的舒适度以及优化智能体系，推动智能家居自动

化程序的发展。在这个专用的网络体系当中，可以将智能手机切入到系统终端。最常见的是将智能手机作为操作平台，对日常的家电进行控制调整以及管理，同时，也可以将智能手机作为系统的终端，将物业安保体系融入其中，还可以对日常的水电气的数据进行远程操控。

4.6.3　物联网在建筑领域的应用特点

构建数字城市，为人类提供智能化服务，这一物联网发展的终极应用诉求，给建筑智能化市场带来了机遇。随着国内物联网技术研究与应用的不断深入，其强劲的发展势头正逐步蔓延到建筑智能化领域。从单一功能到综合集成，从综合布线到无线控制，从控制面板的操控到手机掌控家电，再到网络控制，建筑智能化领域随着集成技术、通信技术、互操作能力和布线标准的实现而不断改进。总体来说，物联网在建筑领域的应用有以下特点：

1．增加智慧建筑的感知能力

物联网为智慧建筑提供感知能力，建立建筑动态信息传输的神经网络，可实现实时收集信息、分析、处理以及传递，建立应急响应机制。借助物联网硬件设备与设施，通过物联网网络、摄像头、传感器收集建筑详细数据，传递至决策端，使其快速进行资源分配决策，紧急情况时执行自动响应程序，确保建筑的健康运行。

2．提高感知数据的流转能力

凭借时序数据快速处理能力，可实现一体化物联网，为智慧建筑的全感知提供安全完善的设备管理及数据流转能力，从而提升建筑监管效率。智慧建筑的智能检测等均依赖于物联网传感器、网络和摄像头设备，物联网通过实时收集信息，向控制实体传递关键信息并将响应命令中继到适当端点，提升整个建筑的运行效率。

3．助力智慧建筑达到减碳目标

通过物联网技术助力，用户可快速调节室内热湿环境情况，并检测能源消耗量等数据，从源头端助力“双碳”目标实现。物联网对数据的存储、查询、分析能力仍将持续助力智慧建筑目标，贴合当下政策中对“碳达峰”“碳中和”的需求。

4.7　5G通信

4.7.1　5G通信的概念

第五代移动通信技术（5th Generation Mobile Communication Technology，5G）是

具有高速率、低时延和大连接等特点的新一代宽带移动通信技术，是实现人机物互联的网络基础设施。5G是全球第五代移动通信技术建成和研发的结果，是推动智能终端大面积普及和促进互联网技术快速发展的结果，是在传统的通信技术之下，改变了传统单一的通信技术，并且在新的复式新技术发展前提之后的综合应用技术。

5G是新基础设施的领导者，而建筑业是传统基础设施的领导者。5G和建筑业分别作为典型的新兴产业和传统产业的代表，势必在传统产业升级、新旧动力转换、产业一体化发展等方面引领“时代潮流”。

4.7.2 5G通信在建筑领域的应用场景

第五代移动通信网络的信息传播速度具有非常明显的优势，在利用移动资源方面展现出前所未有的移动效果，可以有效弥补各种移动通信技术安全性较低或者通信速率较慢的问题，逐步成为一种传输速度非常快，而且能带来清晰图像技术的方式，它的通信效果更优于传统的通信技术。在建筑施工中通信技术是实现智能施工、智能建造最为基础的关键技术，其中5G应用排除成本等因素以外，有着极大的优势。其具体场景：

1．应用场景一：5G通信在智慧工地的应用

通过在施工过程中应用物联网技术，可以实现大量的数据采集，但施工是一个高度动态的场景，数据对决策的重要性来自于实时性。5G技术给施工现场的数据提供了一种全新高效传输的方法。对比4G、NB-IoT等技术，5G的传输速度快、稳定性高、组网容易，给无线智能控制设备、施工现场远程监控和集成管控提供了支撑。

2．应用场景二：5G通信在智慧工厂的应用

5G可以支持工业控制总线，工业互联网以数据为核心要素实现全面连接，5G作为突破性的无线连接技术，可以显著降低智能工厂工业数据采集的布线和施工成本，同时5G在构筑工业视觉、厂内精准定位、移动性设备管理、工业AR辅助等场景有独特优势和业务价值。

3．应用场景三：云化建筑机器人

在智能施工生产场景中，需要自动化装备降低人工投入，提升生产效率。建筑机器人有自组织和协同的能力来满足恶劣情况下完成生产的能力，但是建筑施工场景复杂性远远大于传统的机器人工业场景，这就需要机器人具有高度环境适应性。在目前的技术条件下，通过网络将机器人连接到云端的控制中心，基于超高计算能力的平台，并通过大数据和人工智能对生产制造过程进行实时运算控制是最有效的方案。这要求可靠、高速、低时延的网络通信基础，5G可以支持将大量运算功能和数

据存储功能移动到云端，5G切片网络能够为云化机器人应用提供端到端定制化的网络支撑，实现网络可以达到低至1ms的端到端通信时延，并且支持99.999%的连接可靠性，大大降低了机器人本身的硬件成本和功耗。强大的网络能力能够极大地满足云化机器人对时延和可靠性的挑战。

4.7.3 5G通信在建筑领域的应用特点

5G通信技术与BIM技术进行融合，从而为智慧城市建设提供有力支撑。5G通信在建筑领域的应用有以下特点：

1．为建筑信息模型应用带来实时性

对于建筑信息模型（BIM）等技术，5G通信在速度、可靠性和容量等方面具有明显优势，使场地的规划尽可能准确。5G的潜力甚至允许根据场地条件实时更新建筑图纸，这意味着在5G助力下的建筑信息模型可以实时发现问题，有效防止时间扩散，并将风险降到最低。

2．增加建设工程项目的可见性

5G通信具有高带宽和低延迟的特性，可辅助建设工程进行数据采集分析，并大大改善数据传输速率，从而增加了整个建设工程项目的交付可见性。进一步帮助建设工程项目实时分析，有助于管理者在施工过程中进行决策，最大限度地减少施工变更，节约成本。

3．增强施工监管的可靠性

通过5G的速度、可靠性和容量的优势，将有效提升现有监控视频的传输速度和反馈处理速度，可实现施工现场的远程视频监控和辅助支持。通过5G视频监控实现施工现场的安全管控，可以让监管部门、企业更方便地充分了解施工现场的情况，提升监管水平。

4.8 3D打印

4.8.1 3D打印的概念

增材制造（Additive Manufacturing，AM）技术，又称快速成型（Rapid Prototyping）、3D打印技术，是以三维模型数据为基础，通过材料逐层堆叠的方式来制造物体的工艺，其在建筑领域的应用又被称为3D打印建造。3D打印建造是在构建建筑信息模型的基础上，将多种建筑材料，如混凝土、砌体、金属、塑料等，按模型各项数据指标和建造程序运用机电一体化技术建设成为预期的实物形态，其对传统建造工艺和施工方式的颠覆性变革，对推动建筑产业现代化具有特别重要的意义。

3D打印建造技术开创了一种崭新的设计逻辑思维和建造模式，展现了数字化设计建造模式下一种全新的建筑生态关系，为将来的建筑设计与建造指明了发展方向并提供了完备的技术支撑。其本质上是整合BIM技术、自动化控制、材料应用以及现代化工程管理等技术手段完成工程建造的技术。3D打印建造技术的发展需要将装备制造、软件技术应用、新型材料研究、结构设计创新等技术创新体系综合应用。

4.8.2 3D打印在建筑领域的应用场景

3D打印作为一种新的数字建造方式，成为引领建筑业走向智能建造的重要技术手段，在建筑设计和施工阶段都有广阔的应用场景。

1．应用场景一：3D打印在设计阶段的应用场景

3D打印技术能将设计方案很好地呈现出来，根据设计图纸的绘制，按照比例将建筑类型以模型的形式展现，起到很好的预估效果，这样也能减少设计工作误差的出现。在建筑工程开工前，可以做好充分的准备工作，以便于更好地应对建筑施工设计过程中出现的工作问题。3D打印技术的应用也很好地弥补了建筑工程工作领域中存在的不足。其中金属3D打印技术，对于必须承受更大压力的桥梁等结构非常重要，将工业机器人与焊接机器结合起来，将其变成可与软件配合使用的3D打印机，便于操纵机器人3D打印金属结构。

2．应用场景二：3D打印在施工阶段的应用场景

在建筑施工阶段，3D打印技术得到了很好的应用，在施工过程中对施工的客观因素进行分析，需要在施工过程中分析工作差异性，对建筑工程中的具体工作内容做出判定，防止建筑施工过程中的工作冲突。目前建筑工程施工工艺复杂，施工难度大，在施工过程中也有很多需要注意的地方，3D打印技术的应用就很好地改善了施工情况，通过构建三维模型更好地对施工操作、测量以及工期推算进行掌握，降低了施工工序变更问题以及建设过程中的操作失误率。

4.8.3 3D打印在建筑领域的应用特点

3D打印技术在建筑领域的应用特点如下：

1．提升建筑行业工业化水平

3D打印建造是一种绿色化、智能化、工业化的现代智能制造技术，在加工独

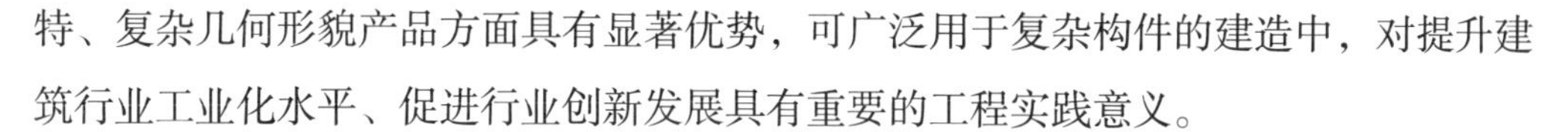

特、复杂几何形貌产品方面具有显著优势，可广泛用于复杂构件的建造中，对提升建筑行业工业化水平、促进行业创新发展具有重要的工程实践意义。

2．促进绿色建筑创新发展

随着工程建筑设计理念的快速发展，3D打印技术的应用将会越来越广泛，然而目前市场上可用于3D打印的建筑材料还较少，仍需要进一步研究扩充3D打印混凝土技术的材料库。特别是开发高强度混凝土材料，减少建筑材料用量，以及针对利用建筑垃圾、矿山尾矿等进行材料优化改性，促进绿色循环建筑的发展。

4.9　建筑机器人

4.9.1　建筑机器人的概念

建筑机器人是指服务于建筑工程领域的机器人，可以极大提高建筑工程的效率和安全性，带动智能建造产业发展。建筑机器人产业虽然仍处于初级阶段，但已解决建筑行业发展面临的诸多问题，例如工人老龄化、精细化标准提升、安全要求严格、建筑材料生产与安装任务繁重等。随着网络数字化与智能化技术发展，建筑机器人已从单纯的简单重复性劳动，向降低安全事故发生风险、提高精准化施工工艺和高效施工管理功能方向转变。

4.9.2　建筑机器人在建筑领域的应用场景

目前建筑机器人在建筑领域主要包括以下应用场景：

1．应用场景一：机器人在建筑施工中的应用

建筑施工智能机器人可以适用于自动焊接、搬运建材、捆绑钢筋、装饰喷涂、机器人监理、磨具精密切割等建筑施工领域，替代传统的人工操作环境。

2．应用场景二：机器人在建筑装修中的应用

随着人们生活水平的提高，人们对室内外环境要求日趋严格，装修艺术特征的变化，导致装修难度系数变大。为了有效解决这些问题，研究人员在该领域做了大量的研究，取得了一定的成果。

3．应用场景三：机器人在建筑运维中的应用

建筑运维管理机器人包括智能清洗机器人、智能巡检机器人、智能搬运机器人等。其中智能清洗机器人适用于中央空调系统风机盘管清洗、高层建筑外墙清洗等作业；智能巡检机器人适用于市政设施巡检、地下管廊巡检、建筑设施设备巡检、城市

轨道交通巡检等；智能搬运机器人适用于货物搬运、室内配送等。通过建筑运维管理机器人可以有效提高作业现场效率，降低作业过程风险，保证运维作业安全。

4．应用场景四：机器人、3D打印在建筑中的结合应用

3D打印建筑机器人集三维计算机辅助设计系统、机器人技术、材料工程等于一体。区别于传统“去材”技术，3D打印建筑机器人打印技术体现“增材”特征，即在已有的三维模型运用3D打印机逐层打印，最终实现三维实体。因此，3D打印建筑机器人技术大大简化了工艺流程，不仅省时省材，还提高了工作效率。典型代表如DCP型3D打印建筑机器人、3D打印AI建筑机器人。

5．应用场景五：机器人在地下管网中的应用

管道机器人能够替代人工，通过搭载不同的工具设施进行相关作业，例如可搭载机械臂实施管道采集污水及泥沙、搭载焊接机械实施管道焊接作业、搭载检测仪器实施就地检测分析作业等。

4.9.3 建筑机器人在建筑领域的应用特点

建筑机器人在建筑领域的应用，可以有效提高施工质量，降低工人手工操作带来的安全质量风险，减少建筑施工劳动力投入，进而降低施工成本，同时还可以加快技术创新速度，提高企业竞争力。建筑机器人在建筑领域的应用有以下特点：

1．有助于建筑产业精细化发展

建筑施工机器人具有可以在各种条件下工作、无间断工作、精准度高、能够实现更加复杂的建筑造型、能够进行自主学习的优势。智能建筑机器人将不再是简单施工工艺的替代，可以成为智慧建造的辅助工具，智能建筑机器人可以完成人做不了的事情，建筑施工机器人已在装修施工、维修清理、工程救援、3D打印建造、管道施工及维修、隧道等高危工程等领域开始了应用，可以代替人类做一些高精度、特殊作业空间、危险并且需要大量体力的工作。建筑施工机器人的发展还需要在轨迹控制、识别传感系统培育、智能学习、精度控制、续航能力、复杂工艺实施等方面进行探索和应用。

2．提升建筑施工安全性

建筑机器人可以在各种极端严酷的环境下长时间工作，避免了人工工作的安全隐患，适应性极强，操作空间大，且不会感到疲惫，这些特征都使得建筑机器人拥有比人类更大的优势，它可以极大地提高建设工程的效率和安全性，减少安全事故的发生，有助于帮助我国实现建筑业的转型。

3．增加建筑企业管理效能

建筑机器人通过创新施工工艺及管理模式，有助于建筑企业成本高效管控。建筑机器人具有执行各种任务特别是高危任务的能力，其主要优点：一是可以改善劳动条件，逐步提高生产效率；二是增强可控的生产能力，提高产品质量；三是减少枯燥无味的重复性工作，节约劳动力；四是提供更安全的工作环境，降低工人的劳动强度，减少劳动安全风险；五是加快施工效率，减少施工过程中的工作量；六是充分利用休息与夜晚时间，加快施工进度。

第5章

数字设计与智能设计

5.1 BIM全专业协同设计

在工程建设项目全生命周期过程中，设计企业作为前期参与方提供的设计方案及施工图纸，对整个项目的建筑形态、使用性能、工程质量及投资成本等因素起着至关重要的作用。传统二维设计过程中，通常以图纸作为信息传递方式及交付成果，图纸以CAD软件绘制为主，信息多以图形化、离散化的数据方式存在，因此经常出现各专业设计信息割裂、跨专业缺乏有效沟通与协作、设计过程中变更频繁、施工交底货不对版等情况，大幅度降低了设计效率，同时影响工程质量。

随着建筑行业信息化、数字化、智能化应用需求的不断提升与演变，BIM技术以其可视化、协调性、模拟性等核心优势特点，为企业转型升级提供基础技术能力。BIM模型以结构化数据方式进行存储与调用，确保各专业创建与应用数据的一致性与正确性。当下，设计企业正在探索及研究的BIM全专业协同设计工作模式，主要以中心服务器作为数据存储载体，支持多专业、多人员同步开展工作。在设计过程中，各专业通过中心服务器进行数据交换，解决本专业及跨专业设计应用与沟通。在单专业应用方面，参数化设计方法取代二维图形绘制，可实现不同设计阶段对模型成果指标统计、设计合规性校验以及建筑性能优化等效果，从而提高设计方案品质。在跨专业协作方面，碰撞检查、管线综合、开洞提资等工作内容都是在传统二维设计中耗时较长甚至是难以实现的，而通过数据方式进行判断与检查，可有效缩短沟通周期，并减少设计失误情况的出现。在成果交付方面，BIM成果更加丰富多样化，除可输出各专业工程图纸外，同时还可形成一套带有设计信息数据的全专业模型以及一系列应用清单等，帮助设计企业通过大量项目积累形成丰富的数字资产并提炼知识体系，同时深入挖掘模型数据价值，为后端施工及运维环节提供全过程咨询能力。本节主要从设计各阶段各专业参与方应用BIM技术角度出发，详细介绍BIM技术应用的优势与价值。

5.1.1　初步设计阶段应用

1. 建筑设计

（1）设计模式迭代

相比于传统设计模式，建筑专业BIM协同设计的不同在于设计模式的进步与迭代。以往的协同设计中，首先需要企业标准的建立，对图纸集打印、初步设计输出成果建立一套全面的架构与权限体系，但在标准的贯彻上需要极高的培养成本。同时在设计流程上，传统协同需要严格遵循专业设计的先后顺序，依次完成建筑专业、结构专业、机电设备专业等专业的方案设计与模型。不同专业、不同版本、不同设计流程会造成初步方案阶段积重难返的后果：人力资源的占用和工程进度的滞后与低效。

BIM全专业协同设计则是工作模式的转变与迭代，实现了单专业流程作战向团队化工作的进步。直接的优势在于，首先，建筑专业在进行初步设计以及建模时，全专业都可以实时进行协同或监视，对于建筑专业的设计也可以及时反馈。其次，BIM协同设计对于数据对接有着先天的基础，不会因为版本、平台的不同增加额外标准建立的成本。再次，BIM协同设计模式也有效解决了方案沟通时的不便，全时协同的特点可以将设计成果表达给所有相关人员。

如图5-1所示，建筑专业在初步设计阶段通过创建协同模型，可以实现二三维联动的成效。无须对模型进行过度深化，简单的二维绘制就可以实现初步的三维效果展示，BIM协同建模直观的是建筑可视化管理应用对于设计阶段的帮助。

在传统设计流程中，一般的流程需要先期完成方案推敲后，再借用其他建模软件进行模型建立，总结而言是二维绘制、沟通、建模、方案调整、沟通、再绘制、再建

图5-1　BIM协同设计的可视化优势

模的工作流程，可视为7个或者更多阶段的流程。而BIM协同设计模式中，设计模式可以优化为二维绘制、三维沟通、方案调整、再沟通、再调整的工作流程，直接优化掉将二维图纸转变为三维模型以及重复沟通的过程，减少了再绘制、再建模这两个一般被视为体力劳动、价值较低的环节，如图5-2所示。

（2）模型方案分析与合规性优化

基于初步设计的模型，BIM协同设计模型可以直接使用插件或对接更加专业的模拟分析软件，依托已建立的模型数据，无须重复建模，即可得到设计方案的分析结果，帮助设计师对方案进行优化与调整，使得方案更具备科学性与说服力。

在传统设计流程中，也需要对方案进行合规性检测，但会因为设计师的经验或能力的水平不同，导致方案可能出现规范上的纰漏，过于依赖人力进行检查，质量难以保证。而BIM全专业协同设计则不同，依托模型的数据基础，借助审查以及云端平台，可以直接进行审查检测，同时可以形成专业的审查报告，对于项目方案优化或项目报建审批都有直接的应用价值，如图5-3所示。

（3）初步设计图纸与方案表达

如图5-4所示，BIM协同设计应用本身就是图纸与模型的同步绘制，不仅有着完善的构件类型，而且相关尺寸标注、标注符号的功能补充，可以满足设计人员的图纸表达需求。在初步设计阶段，不仅可以得到平面、立面、剖面的全方位初步设计图纸，另外，科学的分析模拟结果与清晰的三维实体表达，满足了方案绘制、三维表达、图纸输出等全流程的需求。

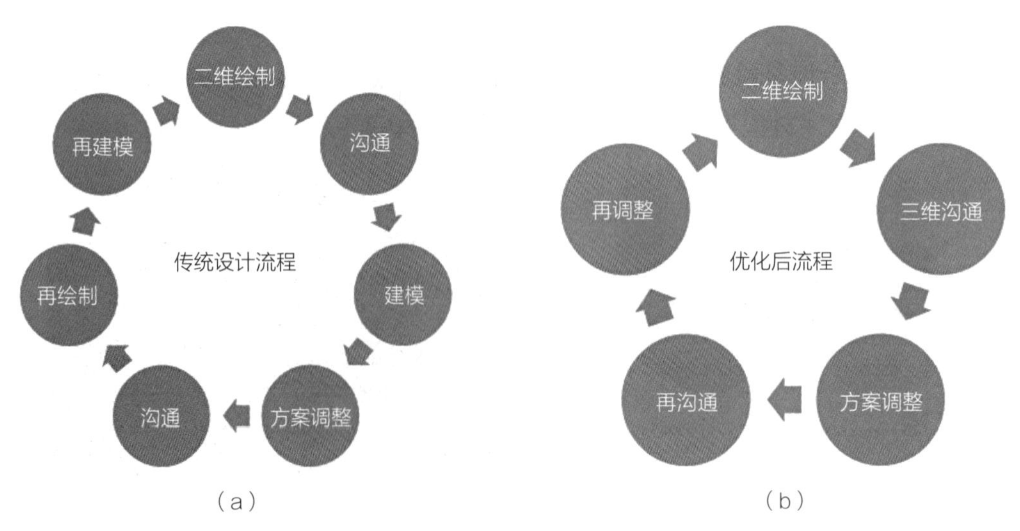

图5-2　设计模式对比

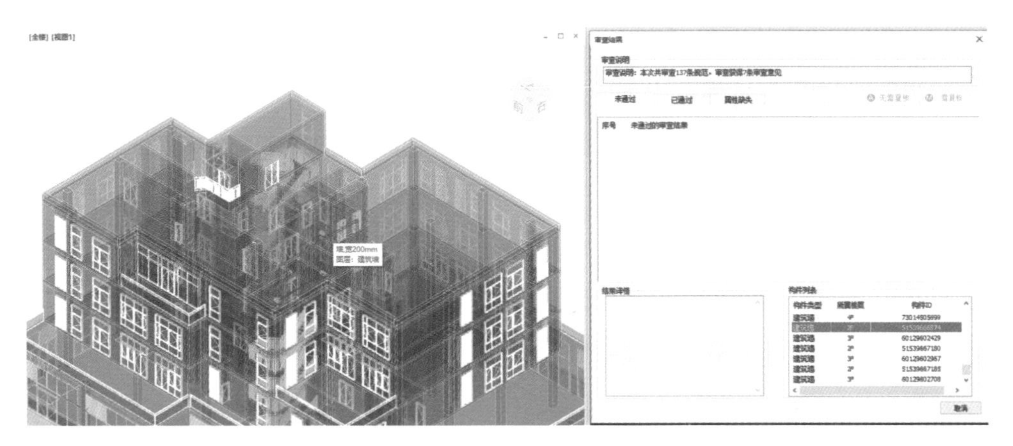

图5-3　规范审查辅助设计

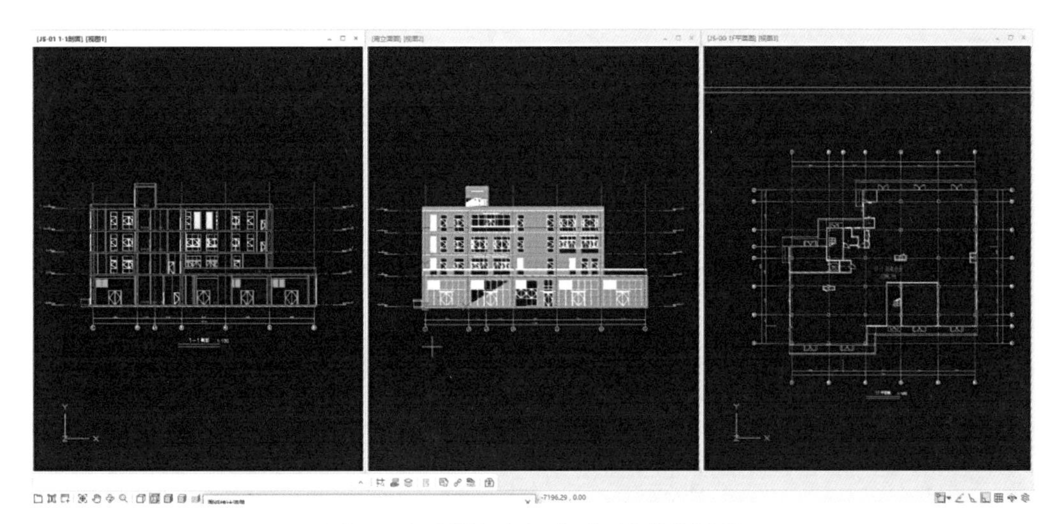

图5-4　初步设计平面、立面、剖面图纸成果

2．结构设计

（1）结构建模

BIM结构模型的创建可归纳为三种方式：直接创建BIM结构模型、CAD图纸构件识别创建BIM结构模型、导入结构计算模型创建BIM结构模型。

1）根据BIM建筑模型直接创建BIM结构模型

当结构专业收到建筑初步完成的模型后，结构专业可利用底图参照或模型链接功能，参照建筑模型完成结构专业初步的结构布置。设计师可对结构布置形式及构件截面尺寸进行预估，划分结构标准层组装与建筑模型对应的自然层。初步模型创建完成后BIM模型对接计算模型，在满足结构计算要求下调整构件尺寸，完成结构初步设计要求。

2）CAD图纸构件识别创建BIM结构模型

如图5-5所示，当结构已根据BIM建筑模型或图纸完成结构CAD模板图的初步设计，识图建模可对图纸进行快速识别并完成模型创建。通过导入DWG图纸，快速识别图纸中轴线、轴号、墙、柱、梁、梁平法以及墙洞、板洞等构件，构件识别完成后可直接生成BIM结构模型。

3）导入结构计算模型创建BIM结构模型

如图5-6所示，BIM结构模型的创建可通过关联结构计算模型文件并导入，将计

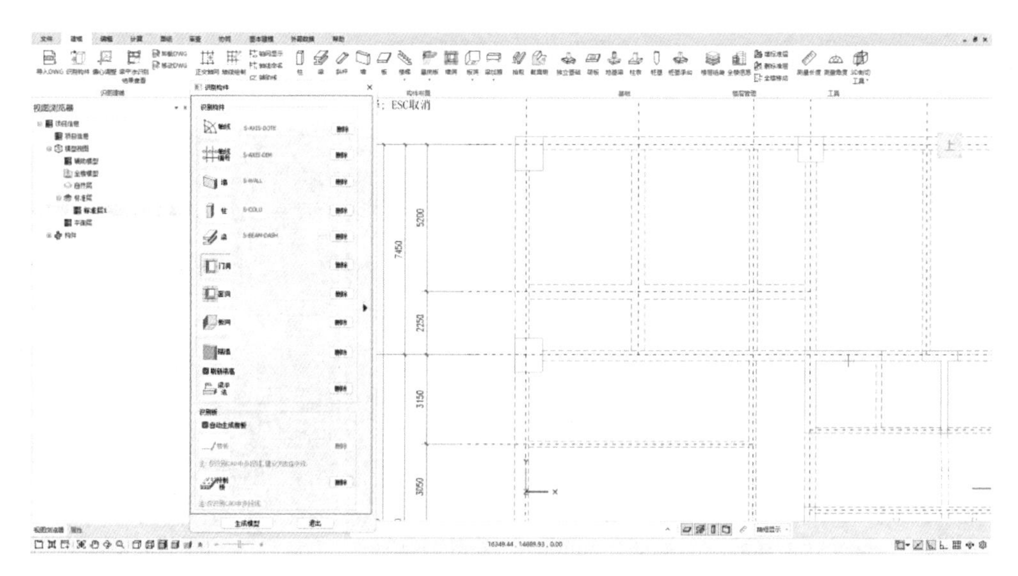

图5-5　结构识图建模

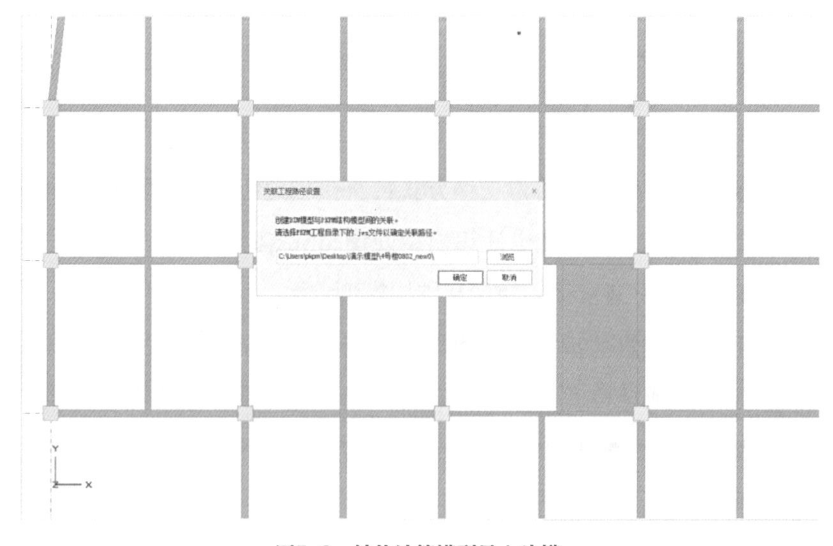

图5-6　结构计算模型导入建模

算模型快速转化为BIM结构模型。通过计算模型转化，工程师在有限的时间内同时创建两套模型，在节约时间的同时保证模型一致性。

（2）结构计算

结构计算是结构设计重要的一部分。若BIM模型与结构计算模型可以快速、准确地相互转换，将有效提高结构设计的工作效率。

BIM模型与结构计算模型之间可建立双向更新机制。在BIM模型与计算模型之间实现增量更新，并且在双向更新过程中保证模型数据的完整，增量修改的信息可以进行对比显示。通过与其他计算软件设置数据转换接口，例如PKPM、ETABS、SAP2000等多种结构分析软件，可实现BIM模型与其他结构计算分析模型的相互转换。

（3）结构初步设计图纸

结构初步设计图纸主要包含模板图、墙柱定位图。三维BIM模型可通过二维平面视图将三维模型快速转换为二维图纸，在二维视图图纸中增加文字、标注、图名、图框等基本信息即可完成结构初步设计图纸。

（4）优势分析

传统结构初步设计需要根据建筑提供的图纸信息进行结构计算分析，计算满足要求后以提资形式反馈给建筑专业，最终以CAD二维平面图纸提交结构初步设计。结构计算模型建模与CAD图纸绘制是相互独立的工作，设计师需要在完成结构计算后绘制初步设计图纸，BIM模型可将模型、计算、图纸关联，将三者之间相互联动。同时可实现专业间提资校对、碰撞检查，在BIM模型中可以快速完成专业间协作工作。

3．机电设计

基于方案设计阶段得到的BIM模型，在机电专业初步设计阶段可以进行各个专业构件和设备的详细建模，模型深度则依据BIM建模规范确定。设计师在设计进度各个节点拆解模型，确定主要设备的参数及安装位置，根据后续设计中的需要提前增加构件的属性信息，使设计机电部分的BIM模型进一步符合初步设计阶段的标准。

（1）设备点位可视化

如图5-7所示，相比二维设计，BIM在机电三个专业的应用能够实现各方面技术的进步和提升，并且在模型中挖掘出更多的实际应用价值。通过实现从图纸到模型的数字化转变，使得设计师、施工人员和运维人员明确取得工程项目的情况和进度，各阶段沟通工作的结构层次更加立体化、层次化、规范化。通过BIM技术的应用，工程中各个阶段都逐渐倾向于可视化，同时对于成本的估算也会更加快速，这在过去是无法达到的。

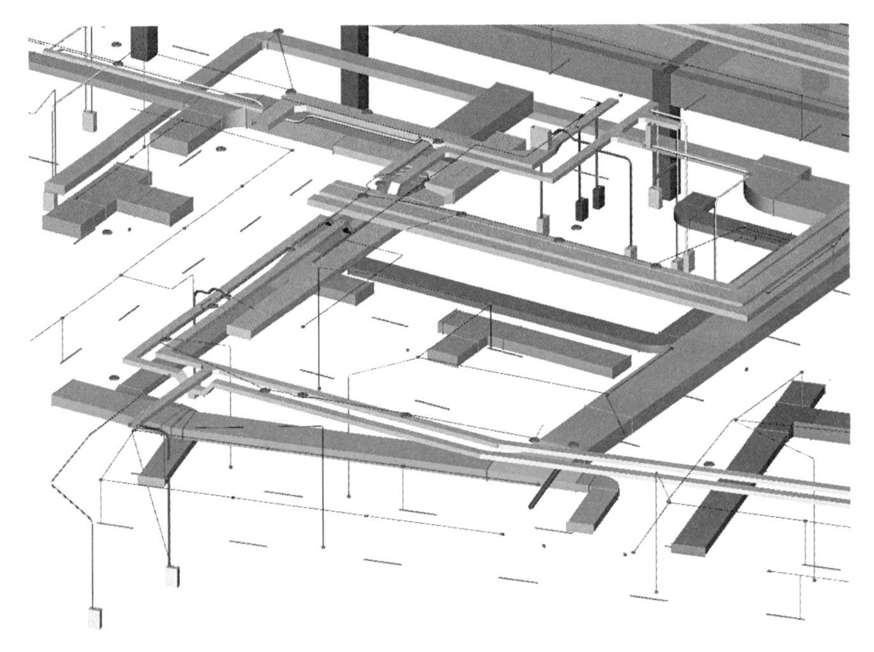

图5-7 机电专业管线布置

（2）管道定位和设备连接

BIM技术对于机电二维图纸的智能化提高同样体现在专业系统设备的管道连接应用方面。设计师使用智能连接工具，对主管路和支管路进行可视化的路径选择，拾取管道夹点进行微调，生成最优连接路径，相比于二维图纸中手动排管更加快速和精准。绘制的连接管路能够参照建筑模型和结构模型实时调整位置，实时避让其他专业的设备，这也体现出BIM机电参与专业协同的重要性。

此外，以俯视平面的二维绘制习惯结合智能工具完成三维模型的自动生成，优化了BIM初期被迫反复切换视口与视角的操作流程，将智能化路径选择与实际情况结合，提高整体建模速度。将二维标注信息直接赋予到设备与管道的自带属性中，将平面图中的文字说明转化为三维BIM构件的参数信息，参与整体设备计算和统计。

5.1.2 施工图设计阶段应用

1．建筑设计

（1）协同标准的统一

不同的建筑设计单位，甚至同一设计单位的不同团队，都可能有着不同的图纸设计标准。而基于BIM技术协同设计的首要优势就是统一的设计标准，包括图层、颜色、线图、打印样式等，在此基础上，所有设计专业及人员在一个统一的平台上进行设计，从而减少现行专业内部以及各专业之间由于沟通不畅或沟通不及时导致的错误、疏漏，真正实现信息元的统一与标准同步，提升设计效率和设计质量。协同设计工作是以一种协作的方式，使成本可以降低，可以在更快完成设计的同时，也对设计项目的规范化管理起到重要作用，在施工图设计阶段尤其如此。

（2）图纸沟通的高效率

CAD（计算机辅助类软件）的应用大幅度提高了图纸绘制的标准性，相比手绘方式必然在一定程度上提升了制图的效率，但也难以应对当下频繁调整方案造成的巨大工作量。每当进行专业内与专业间提资沟通时，施工图的调整与修改几乎是必然的。如图5-8所示柱子构件涉及的图纸类型，如果项目的某个节点发生更新设计，则会同时影响与该节点相关的多张图纸，仅仅依赖人力去记忆与修改，必然造成项目的质量问题。

在BIM全专业协同设计中，工程项目的平面图、立面图以及剖面图都是实时联动更新，配合使用视图映射功能，满足项目中同一张平面图底图条件下，防火分区图纸、房间分色图纸等各类图纸的需求。而且当构件进行变更时，通过刷新视图的功能可以实时同步涉及该构件的所有图纸类别，而无须再手动记忆修改。

不同于二维图纸成果，BIM协同设计模型完整保留了建筑空间与构件的数据，图纸本质上是模型实时生产的平行投影。不同于常规设计流程的频繁沟通讨论，BIM协同设计中可以使用变更云线以及协同系统的变更记录进行变更的沟通。

BIM协同设计可以配合不同的设计单位进行不同编校审流程的附加，满足不同设计流程的审查与校阅。如图5-9所示，对于协同设计而言，构件级协同技术的优势基础，保证了可以实现每个构件相对于每个本地端的权限控制，再基于每个设计人员的

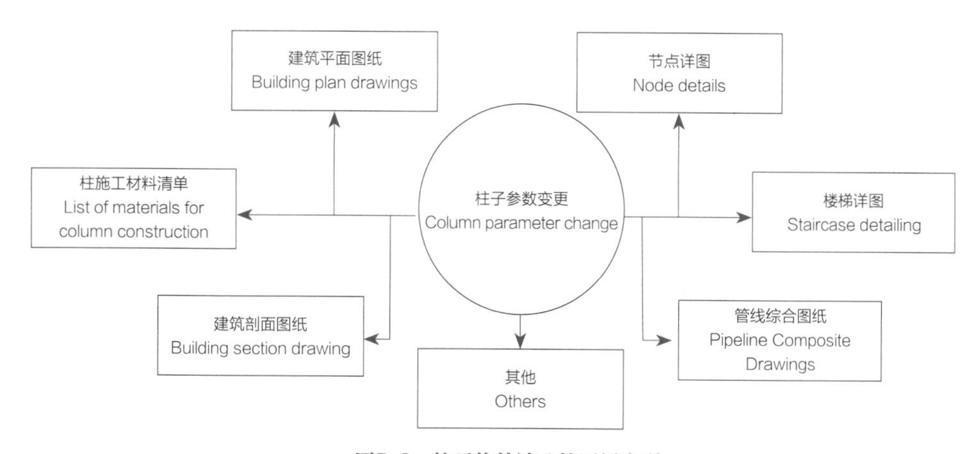

图5-8　柱子构件涉及的图纸类型

项目管理权限，配合信息提示，可以满足施工图设计中沟通的需求，减少需要全项目相关人共同参会的交流模式。

（3）施工辅助

借助精准的BIM协同模型，可以输出图模一致的节点模型以及辅助后期施工的立面控制成果等。

BIM协同设计中针对立面控制中的构造控制、效果控制、材料控制三大方面，以及墙身、排砖、材质等细节方面可通过统一的材料库以及统一的复合材料库进行控制。如图5-10所示，依托材料构造库的功能，对于各类构件的做法信息、类型分类进行协同同步，可以有效地保持在执行初期进行水平垂直验证设计合理性，保障设计周期。

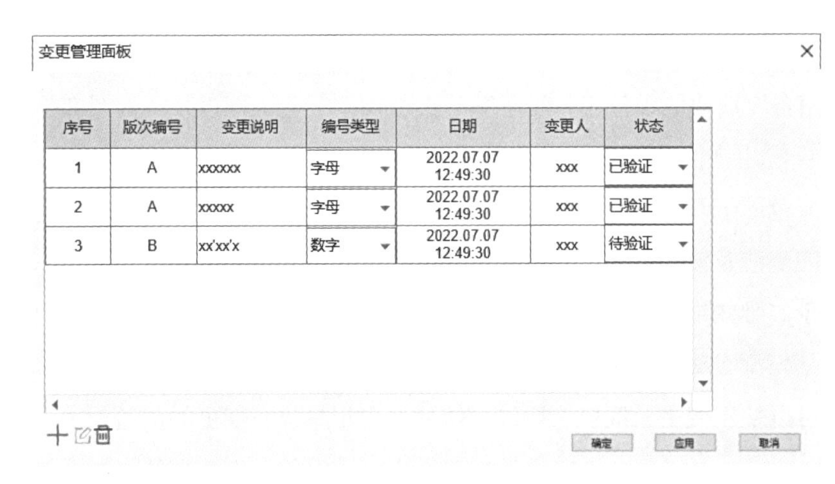

图5-9　变更版本记录

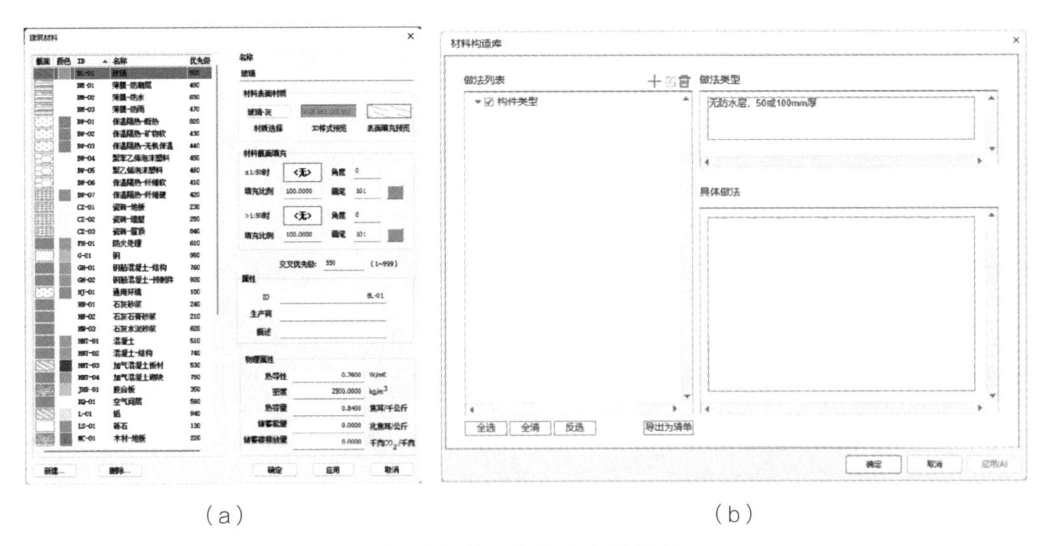

（a）　　　　（b）

图5-10　统一的材料及做法管理

2．结构设计

进入施工图设计阶段，设计师将对模型进一步深化，最终提交结构施工图及相关计算书。根据结构专业的自身特色，结构施工图需对接结构计算，根据计算结果绘制配筋图，同时需要满足平法制图的要求。因此要求BIM软件要对结构有较好的支持。结构施工图包含以下几个方面：

（1）模板图

模板图在结构施工图阶段是对BIM模型在初步设计基础上进一步深化或调整。施工图阶段模型将细部节点构件、升降板、提资开洞等信息进行完善，最终在提供的二维图纸中通过模型剖切，展示模型中局部节点详图。

（2）配筋图

配筋图是结构施工图的核心内容。施工图设计阶段，BIM模型通过对接计算模型可读取计算模型中混凝土等级、钢筋等级、构件计算配筋等结果并赋予在构件中。如图5-11、图5-12所示，BIM模型可对读取的配筋结果以及预先设置好的配筋基本参数绘制平法配筋图，并支持自动或手动进行配筋归并或优化。对于墙、柱等构件配筋图涉及表格内容，软件可自动整理绘制成二维表格信息。

（3）楼梯详图

施工图阶段需要在三维模型中创建楼梯，布置完成后可自动形成梯梁、梯柱、平

图5-11　丰富的配筋参数设置

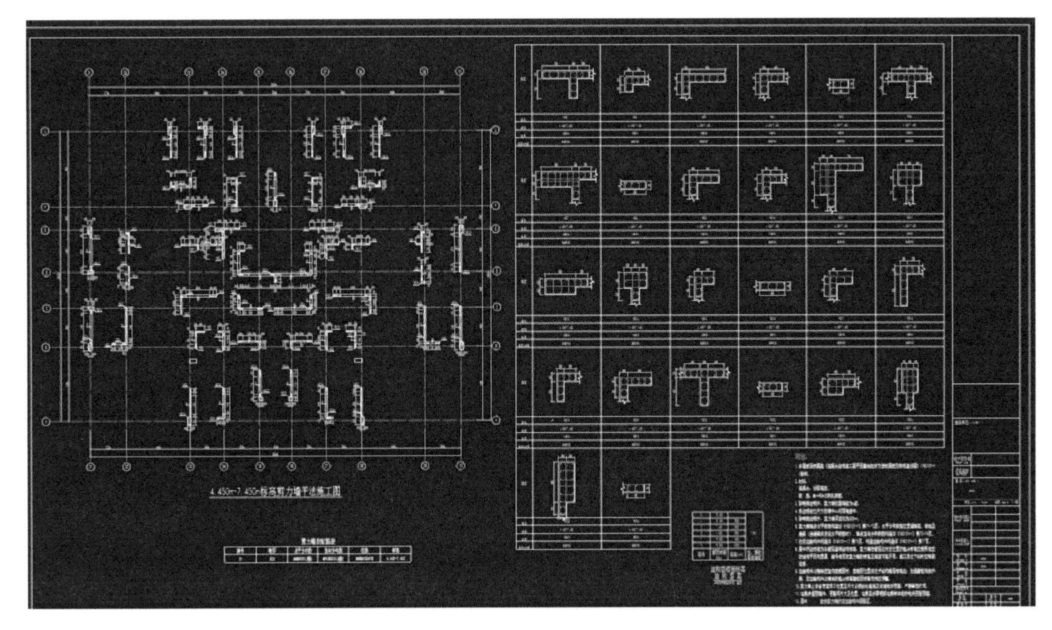

图5-12　配筋图纸成果

台板、梯板等构件。通过二维平面及剖切功能可形成楼梯平面图和剖面图，设计师将配筋信息添加至图纸中完成楼梯详图的绘制。

3．机电设计

（1）专业管线排布

管线综合排布在BIM模型中可以直接参照结构模型，实现对梁内空间的合理应用。结合净高分析功能，对特殊区域进行重点分析，创建剖面视图、局部大样视图进行多维度调整，在满足条文规范的前提下尽量减少与其他管道的冲突，保证路由通畅和层高要求。

如图5-13所示，在机电专业管线综合阶段实现协同工作是BIM技术的一大显著优势。暖通、给水排水、消防电气等专业管线系统种类繁多，调整过程中设计师应综合考虑送回风口、灯具、探头和喷淋等末端设备的安装，更加合理地布置吊顶区域内机电末端设备，为桥架安装后的操作和维修提前预留空间，减少施工资源浪费。

（2）机电统筹协调

机电工程需要设计院能够加强与工程之间的联系，在传统的施工过程中，各部门之间往往缺乏联系，早期BIM模型也无法实现真正意义上的上下游数据互通。数字智能化BIM技术下，机电工程中的设备以及构造等均能够被较完整地体现出来。这不仅提升了机电工程的工作效率，同时最大限度地提高了建筑的质量及效率，对其进行优

图5-13　管线三维预览

化，有利于保证机电工程在建筑领域的进一步发展。

（3）结果可视化、数字化、智能化

在BIM技术下，设计院的设计结果不仅能够被收纳与采集，同时还能够被核对，机电模型可以应用到各个建筑设计阶段。对接BIM审查系统，对接项目后期验收以及监控设备的运营和维护。出现设备故障及报警时，通过模型及时定位到报警设备，读取位置和设备参数、故障等信息，并且实现对设备的远程控制。机电设备参数和信息能够实现流程一体化实时更新，打通上下游各个阶段，解决信息滞后，实现一模多用、信息共享。

4．专业间协同

（1）协同需求的应用

施工图设计一般认定为连接设计阶段与施工阶段的纽带，在工程项目中占据很重要的阶段，而在收益中，也是设计单位的重要收入来源。施工图设计阶段最劳心费力的就是各专业之间模型构建以及沟通优化设计的烦琐过程。于此，BIM协同设计应用价值最突出的应用价值就是全专业协同模型一体化。各专业信息模型包括建筑、结构、给水排水、暖通、电气等专业信息，同时在此基础上，依据管线综合、建筑构件开洞、云链接等功能，可以为各专业间的沟通提供技术支持，满足冲突检测、三维管线综合等基本应用，辅助完成对施工图设计的多次优化。

（2）专业间协同体系的技术优势

BIM协同设计的优势技术在于构件级协同与云链接功能。借助构件级协同可以实现设计权限的分配以及在不同领域工程设计中对于设计流程的编校审体系建立。将视野拓展到不同类型的工程项目中，虽然整体的工作流程有所区别，但构件级别的协同体系抓住了设计权限的关键，将构件与相应的权限相配合，配合协同平台的权限划分，可以实现各个专业的设计人员互不干扰。而云链接功能，则能在同一机器端，对链接的工程文件进行拆分参照映射，并读取链接模型单个构件的所有属性信息，这极大地方便了设计深化的工作。配合设计过程中的审查与校对，可以适配多个行业的编校审体系，甚至可以实现跨行业跨平台的协同体系建立。

（3）碰撞检查与净高分析

碰撞检查是BIM应用的元老级需求，是当下高周转高效率工程项目的难点，也是设计领域进入三维时代的重要标志，利用专业间的碰撞功能，在真实建造施工之前理论上能100%消除各类碰撞，减少返工，缩短工期，节约成本。

如图5-14所示，在实际应用的结果方面，借助全专业的碰撞检查矩阵，BIM全专业协同设计可配合全专业BIM模型快速智能定位并高亮显示碰撞点位，并将自定义调整的碰撞结果报告书作为碰撞检查的成果文件输出。

集成了净高分析功能的BIM全专业协同设计是对于BIM设计的补充与帮助。如图5-15所示，依据不同专业的构件类型，智能生成各专业各楼层的净高平面分析图，

图5-14　全专业的碰撞检查功能

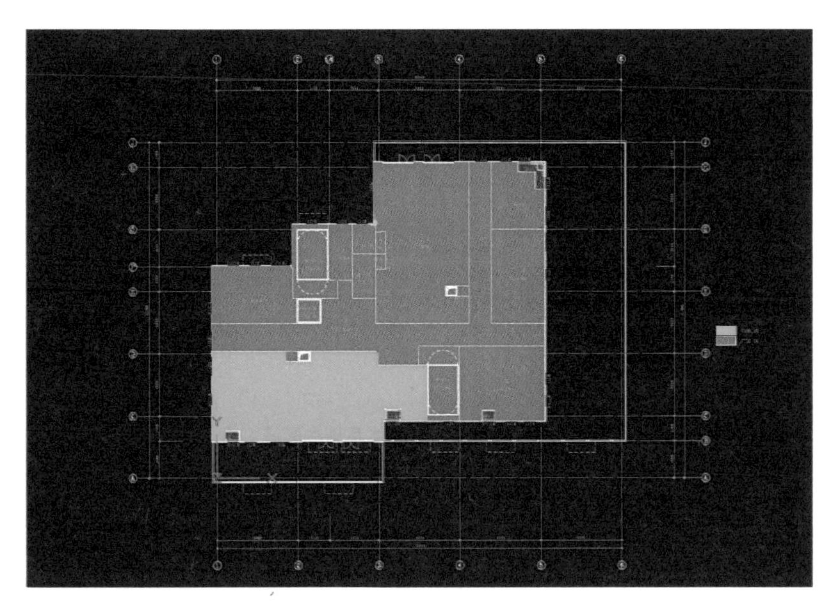

图5-15　净高分析图成果

同时也可设定净高限值，方便建筑、结构及机电专业在专业提资阶段进行协同设计调整，也是BIM协同设计体系的价值功能体现。

5.2　双碳与绿色建筑设计

5.2.1　绿色低碳勘察设计数字化设计

1．建筑节能的发展及设计应用

1986年，我国发布了第一本节能标准《民用建筑节能设计标准（采暖居住建筑部分）》JGJ 26—86，节能率为30%，适用于严寒和寒冷地区的供暖居住建筑；1995年对该标准进行修订，节能率提升至50%；2001年，《夏热冬冷地区居住建筑节能设计标准》JGJ 134—2001正式发布和实施；2003年，《夏热冬暖地区居住建筑节能设计标准》JGJ 75—2003发布；2005年，适用于各气候分区的《公共建筑节能设计标准》GB 50189—2005实施。至此，中国民用建筑节能体系基本形成（图5-16）。2010~2019年，各气候分区的国家和行业节能设计标准进行发布或修订，各气候区均有对应的公共建筑和居住建筑节能国家标准或行业标准。2020年，北京市率先实施“五步走”节能战略，居住建筑节能率达到80%以上（图5-17）。2022年4月1日，住房和城乡建设部正式发布实施了《建筑节能与可再生能源利用通用规范》GB 55015—2021，该标准全文强制，严寒和寒冷居住建筑平均节能率达到75%，其他气候分区居

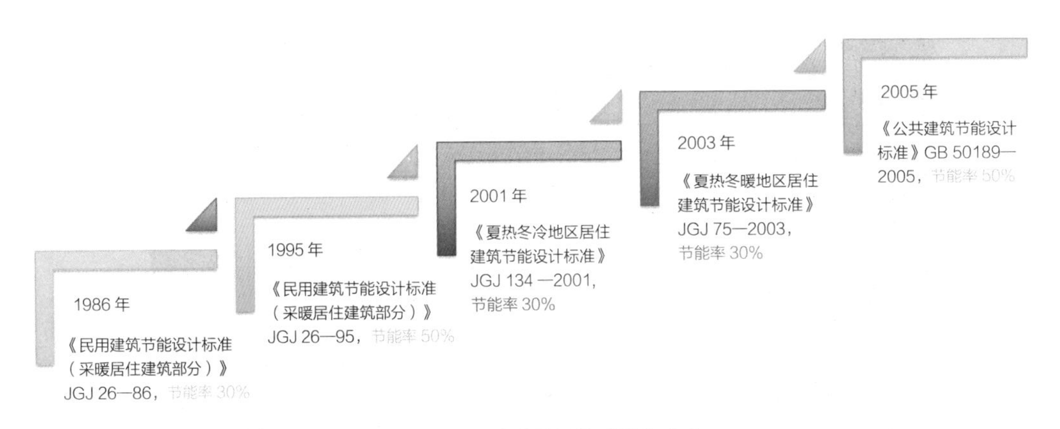

图5-16　民用建筑节能体系基本形成

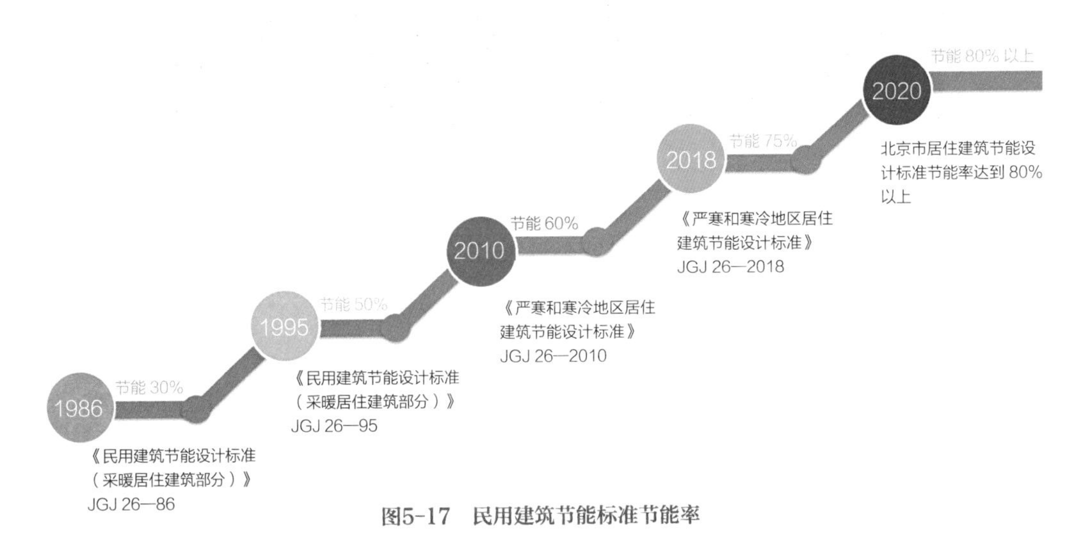

图5-17　民用建筑节能标准节能率

住建筑平均节能率为65%，公共建筑平均节能率达到72%。

随着我国建筑节能设计标准体系的建立与完善，建筑节能设计已经基本完成了“三步走”目标。在节能设计阶段，传统节能设计只能基于二维CAD平台进行工程建模与计算分析，无法智能识别图纸三维信息并分析。随着数字化平台的发展，建筑节能软件逐步可以识别CAD图纸三维信息，这大大减少了建模时间，提升节能分析的效率，并能够自动根据模型进行节能指标计算，例如建筑体形系数、窗墙面积比、窗地比等，智能判定围护结构热工指标是否满足标准要求，图5-18为BIM Base建筑模型实例。

基于BIM平台节能软件能够调用我国自主研发模拟内核DeST（Designer's Simulation Toolkit，DeST）、爱必宜（超低能耗计算软件，IBE）以及国际权威开源模拟内核DOE-2（建筑能耗模拟软件计算内核）作为节能计算引擎，通过BIM系统解决了建筑节能设计与建筑其他专业模型数据协同等技术难题，同时能处理实际工程中的各种复杂建筑，充分考虑建筑各细部对能耗的影响，依据现行实施的节能设计标准，从而快速准确地对建筑能耗做出判断分析，以促进BIM技术以及节能规范的推广实施，为我国建筑能耗控制与发展提供技术支撑。

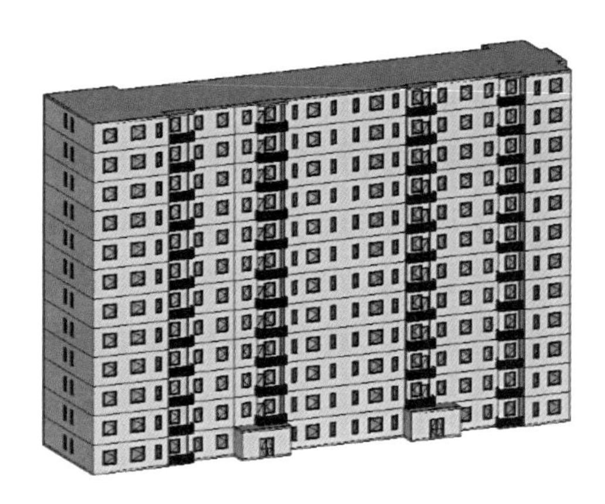

图5-18　BIM Base建筑模型实例

基于BIM平台的建筑节能设计数字化框架如图5-19所示。随着建筑节能工作的深入，提高能源利用率，促进可再生能源利用，降低建筑碳排放，营造良好的建筑室内环境，是目前制定各节能标准的基本宗旨，降低建筑能耗是中国可持续发展的战略举措，改善室内环境是建筑节能的前提条件。以BIM为数据载体，转换成节能计算所需的分析模型，包含建筑面积、户数、围护结构构件等信息，与节能计算软件应用层等进行数据交互与处理，并通过逐时动态模拟内核对围护结构负荷、建筑能耗等进行量化分析，根据国家及地方建筑节能设计标准对各指标进行优化调整。

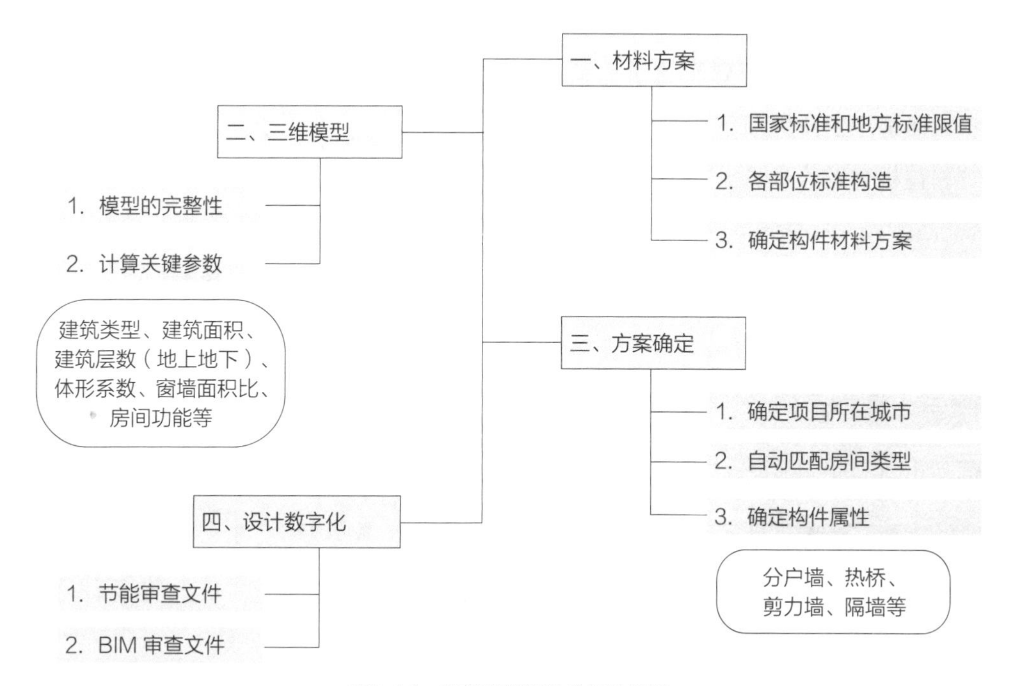

图5-19　建筑节能设计数字化框架

2．建筑碳排放的发展及设计应用

2020年9月22日，国家主席习近平在第七十五届联合国大会一般性辩论上表示，中国将提高国家自主贡献力度，采取更加有力的政策和措施，二氧化碳排放力争于2030年前达到峰值，努力争取2060年前实现碳中和。各省市也相继出台了建筑领域碳达峰行动方案，明确了绿色转型、降碳增汇的政策措施，明确在地方立法、政策制定、规划编制、项目布局中统筹考虑碳达峰、碳中和目标，落实控制碳排放的要求。优化调整能源结构，推进煤炭清洁高效利用，推广清洁能源生产使用，同时将减排降碳和增加碳汇并行推进，提升生态碳汇能力。《住房和城乡建设部国家发展改革委关于印发〈城乡建设领域碳达峰实施方案〉的通知》（建标〔2022〕53号）中提到，未来3年，城镇建筑可再生能源替代率达到8%；未来8年，建筑用电占建筑能耗比例超过65%，电气化比例达到20%，装配式建筑占当年城镇新建建筑的比例达到40%等目标。

我国《建筑碳排放计算标准》GB/T 51366—2019于2019年发布并执行，标准给出了全生命周期碳排放计算方法：（1）建材生产及运输阶段碳排放计算；（2）建造阶段碳排放计算；（3）运行阶段碳排放计算；（4）拆除阶段碳排放计算（图5-20）。在民用建筑中，建筑运行阶段碳排放占70%~80%，该范围受围护结构、空调供暖系统的设备性能、运行策略等的影响，其计算范围包括暖通空调、生活热水、照明及电梯、可再生能源、建筑碳汇系统在建筑运行期间的碳排放量。

我国目前普遍缺乏熟悉建筑双碳业务的人才，对于单一独立工程项目的设计优化，也面临全生命周期建筑碳排放来源复杂、计算缺乏全面因子库，以及供应商与租户等利益相关者信息源头繁杂、协同上下游减排困难的痛点。因此，通过打造建筑行业碳排放因子库，培养并提升双碳设计的基础能力，建立适用于我国全生命周期的碳排放分析工具和标准体系，打造建筑领域自身的技术“护城河”是核心。

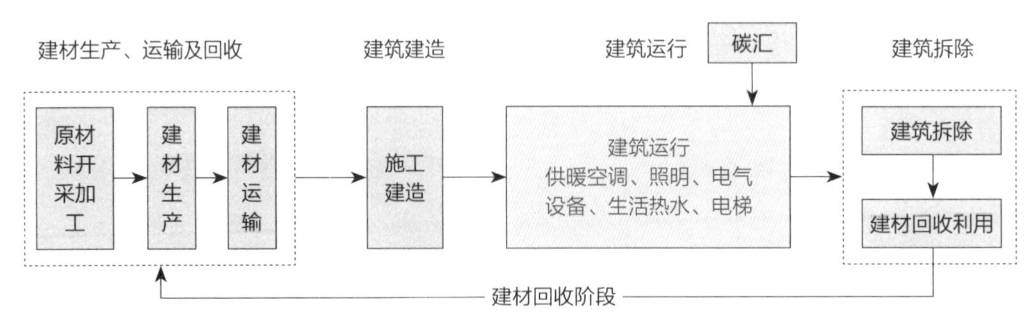

图5-20 全生命周期碳排放

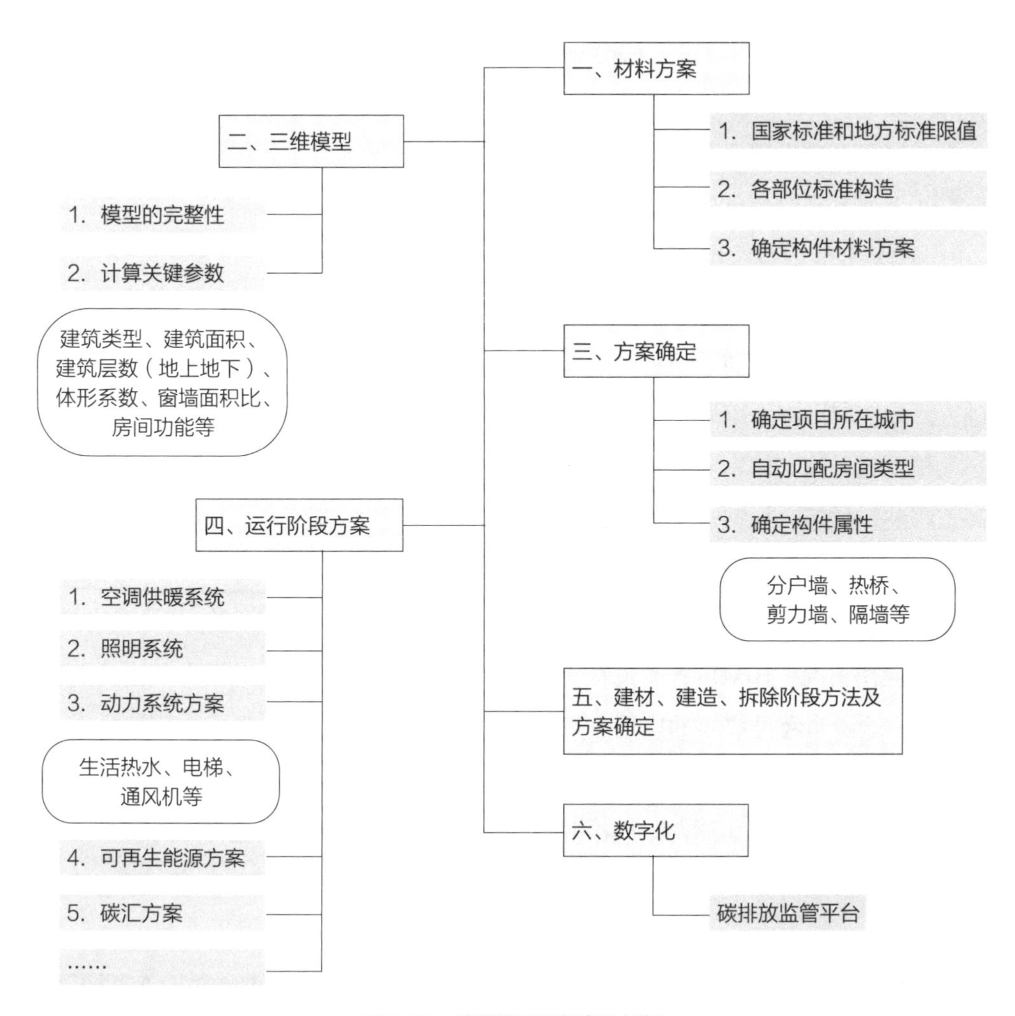

图5-21　碳排放设计数字化框架

如图5-21所示，一方面从国家强制性标准要求建筑全生命周期碳排放模拟，分别针对新建建筑与既有建筑场景进行项目级别碳排放模拟仿真，结合数字孪生手段，对设计开发建设方案进行实时优化，防患于源头；另一方面打通供应商产品碳足迹，以低碳、环保、废物再利用为核心，自动完成材料、工艺、设备选型，助推地产企业低碳供应链升级。

5.2.2　节能低碳审查数字化设计

城乡建设领域作为碳排放的主要领域之一，随着城镇化快速推进和产业结构深度调整，城乡建设领域碳排放量及其占全社会碳排放总量比例将进一步提高。2022年6月30日，住房和城乡建设部、国家发展改革委联合印发了《城乡建设领域碳达峰实施方案》，该方案提出利用建筑信息模型（BIM）技术和城市信息模型（CIM）平台等，推动数字建筑、数字孪生城市建设，加快城乡建设数字化转型。以绿色低碳发展为引领，提升绿色低碳发展质量，2030年前城乡建设领域碳排放达到峰值，2060年前城乡建设方式全面实现绿色低碳转型，达到碳中和目标。

1．BIM智能审查应用

BIM智能审查覆盖五大专业、四大专项，包含建筑、结构、给水排水、暖通、电气五大专业，消防、人防、节能、装配式四大专项。例如，在施工图管理信息系统的基础上开展BIM审查系统开发建设，可推动传统的人工二维审查升级为BIM智能化审查，大幅度提升施工图审查效率，降低漏审率，加快工程建设领域整体化进程，全面提高工程建设质量。同时也建立了BIM审查数据格式及标准体系，一键自动化审查并出具辅助审查报告。系统主要功能为智能审查引擎、数据导出插件、轻量化浏览、视图管理、规范检索、自动与人工审查批注、二三维联动等模块。通过分析施工图审查系统的应用情况，BIM审查意见被审图专家采纳，在BIM项目总数中所占比例达到80%以上。这说明经过数年的应用、行业专家的通力合作，新的技术在不断完善，新的理念在逐步被接受，新的工作模式在逐渐形成。

例如，广州市施工图三维数字化审查系统于2020年10月上线试运行（图5-22），审查系统就施工图审查中部分刚性指标，依托施工图审查系统实现计算机机审，减少人工审

图5-22　广州市BIM智能审查系统

查部分，实现快速机审与人工审查协同配合。探索施工图三维数字化智能审查系统与CIM基础平台顺畅衔接，在应用数据上统一标准，在系统结构上互联互通，实现CIM基础平台对报建工程建设项目BIM数据的集中统一管理，促进BIM报建数据成果在城市规划建设管理领域共享，实现数据联动、管理协同，为智能城市建设奠定数据基础。

2. 建筑节能审查应用

自20世纪80年代开展建筑节能工作以来，我国建筑节能行业已经历经了四个阶段的发展，全国大部分省市的节能目标达到了65%，城镇新建、改建、扩建建筑节能设计和审查均作为强制性要求。国家全文强制性标准《建筑节能与可再生能源利用通用规范》GB 55015—2021已发布实施，对建筑节能设计提出更高的要求，各省市建设主管部门也相继发布了执行通知和要求。

随着行业不断向前发展，审查机构和管理部门对建筑节能项目的数字化审查和管理需求更加迫切，目前对于节能项目的整体情况缺少相应的管理和分析工具，特别是对各个节能项目的建筑围护结构情况、外墙保温系统、窗体材料、空调系统设计参数、照明系统设计参数、可再生能源系统应用比例等，应用情况无法做出比较和统计。传统的节能审查方式无法适应当前的需求，大量的建筑纸质图档、备案文件审查、归档管理已经成为建设主管部门和审图机构亟须解决的问题之一。传统审查方式的主要问题是图档信息庞大、纸质报告书数据可修改、建筑相关信息难以统计和分析，采用数字化节能审查方式可以解决当前的难题。

搭建一套设计单位、节能审查机构、建设主管部门三者为一体的公共交互平台，采用数字化审查管理系统可以解决上述节能审查过程中的诸多弊端（图5-23）。建筑

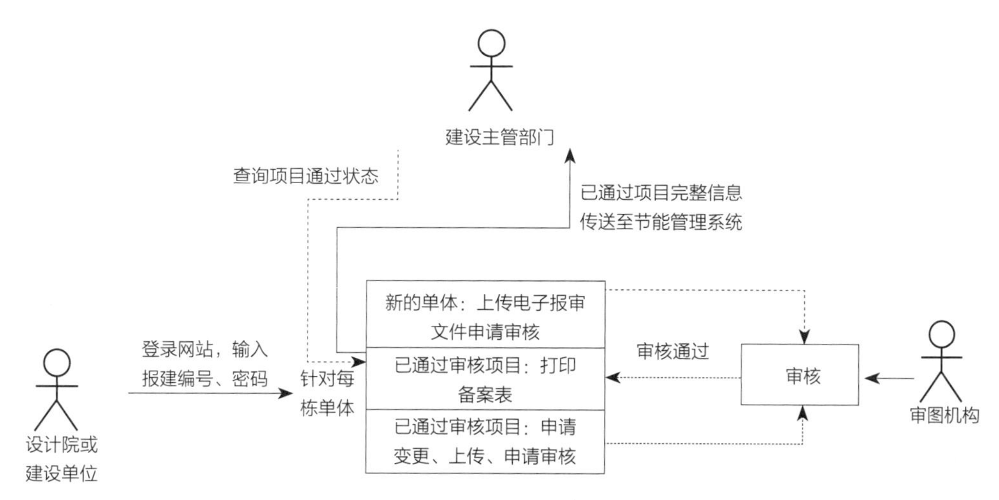

图5-23　建筑节能审查管理流程图

节能数字化审查是以特定加密的文件格式，从设计方提交给审图机构进行审查，该文件格式设计从节能软件中通过计算直接导出，设计师无法对导出的文件进行修改，保证了节能报告与审查数据的一致性。该加密文件格式包含建筑节能的各种参数信息和模拟结果，如保温材料、使用厚度、窗体材料、围护结构传热系数、遮阳系数、窗墙面积比、体形系数、空调供暖耗电量指标等，通过审图机构审查合格的报审文件则汇总到建设主管部门的服务器中，进行数据的汇总与处理，对管理部门进行标准编制、政策制定提供一定的数据基础。

3. 绿色建筑审查应用

发展绿色建筑对于改善我国居民生活水平、节省能源资源以及解决环境等问题都起到非常重要的作用。绿色建筑是建筑业发展的必然趋势，审查评价管理体系是绿色建筑研究的重要内容。绿色建筑评价标准较为复杂，需要参与审查评价的标准与单位众多，仅靠传统工具难以有效实施。随着信息技术和计算机技术的普及应用，“绿色建筑+互联网”已成为建筑行业的必然发展方向。

中国城市科学研究会绿色建筑研究中心主导开发的绿色建筑数字化审查评价系统是国内最早的标识申报、评审的系统之一。该系统是一个面向绿色建筑标识申报单位、评审机构、评审专家三方面的网络交互平台，可推动绿色建筑标识申报工作实现“信息化流程、在线化操作、规范化管理”，如图5-24所示。

目前，北京市、上海市、重庆市、河南省、江苏省等10余省市均开展并上线了

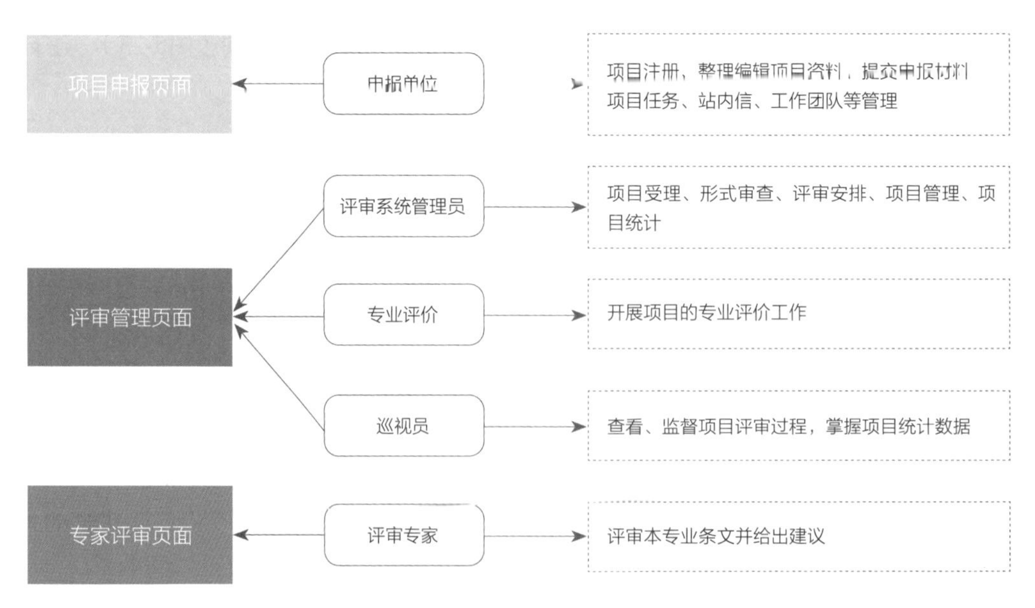

图5-24 绿色建筑信息审查管理系统架构

绿色建筑数字化审查评审系统，衔接申报单位、评审机构和评审专家的工作，为绿色建筑标识申报提供便捷、快速的通道，实现在线项目注册、资料整理、资料提交、形式审查、技术审查、邮件收发、项目管理、团队管理等绿色建筑标识申报全过程。

绿色建筑数字化审查评价系统利用互联网、大数据等信息化技术，收集绿色建筑从设计到施工再到运行管理各个环节的数据和文件，从而构建大数据库，在项目运行的不同阶段，向相关方推送有需求的数据，进行审查与管理，提高了项目流转和审查的效率。

5.2.3　管理运行数字化设计

1．管理端的碳排放监管系统应用

“十四五”是我国碳达峰的窗口期，建筑领域是我国能源消费和碳排放的三大领域之一，具有巨大的碳减排潜力和市场发展潜力。实行工程建设项目全生命周期内的绿色低碳建造，测算建筑耗能必须把建筑的整个生命周期考虑在内，除包括传统意义上的运行碳排放外，还包括设计、制造、运输、施工、拆除等各阶段的碳排放总量。设计行业下游的企业端与管理端对于碳排放的预测与管理需求也越来越多。

碳排放管控平台以电力数据为核心，汇聚了电力、能源、环境保护监测等多方数据，对规模以上企业开展碳数据采集、监测、核算和分析，实现煤、电、油、气、新能源全链贯通、全链融合和全息响应，面向政府部门、企业等不同主体对象。

面向管理部门，碳排放管控平台提供了碳全景地图、碳排放分析、碳足迹追踪、碳排放监管等模块，解析区域内碳排放强度、碳排放超标企业分布，助力各级政府全面掌握区域碳排放水平，提升监管力度，自动生成可视化碳排放报告，为政府有效监管碳排放提供了便利。

面向企业层面，碳排放管控平台通过计量企业各用电生产设备耗电情况，精准计算企业生产过程中的碳排放，并可针对企业不同生产流程提供有针对性的减碳分析和节能建议，帮助企业淘汰或改进落后技术工艺。企业端碳排放管控平台如图5-25所示。

采用产品化的开发模式，把BIM模型和能源活动实时采集的碳排放数据相互集成，对建设项目、运维项目、生产项目的碳排放水平进行智能分析，帮助区域监管单位、生产企业全面掌握自身碳排放水平，提升监管力度，发掘减碳潜力，沉淀节能减碳技术经验。

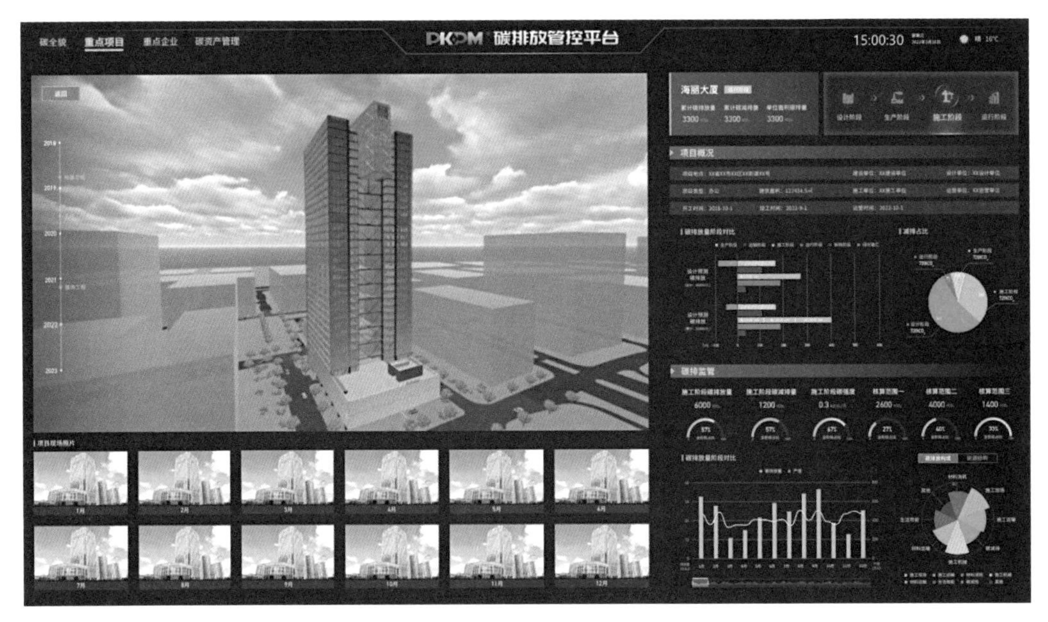

图5-25　企业端碳排放管控平台

2．绿色建筑运维系统应用

随着绿色建筑的发展，建筑运维管理水平的提升已成为绿色建筑高质量发展的关键。然而在实际运维过程中，竣工信息不全，缺少过程反馈，多系统独立运行等问题导致部分项目的运行效果未能达到设计预期。以IoT、互联网、移动互联、BIM等数字化技术为基础集成的特性为解决这类问题提供了可能性。

建筑运维监管系统以建筑运维管理业务为核心，充分结合BIM、移动互联技术、IoT、云计算、人工智能等技术，打通建筑运维过程中涉及的环境管理、能源管理、设施设备管理等诸多业务板块。系统的应用，满足公众对“绿色建筑、低碳建筑、智慧建筑”日益增长的需求，可大幅度提升物业服务的品质、提升人员的工作效率、提升业主的满意度，为建筑运行管理减员增效，提升服务品质与管理效率，服务企业对外打造高科技企业管理形象，对内实现建筑的高效运行，助力“双碳”目标，让建筑保值增值。

对已建绿色建筑项目的环境、能源、水质、空气质量等指标进行监测，通过平台收集汇聚楼宇感知设备的数据，实现对楼宇运行状态、能源消耗等指标的实时感知，再通过基于数字孪生的三维可视化渲染技术与各种方式的展示呈现，为楼宇的使用人员、管理人员、来访人员提供全局视角，为楼宇的绿色运维、健康运维提供全面的业务支撑和数据支撑。

5.3　工业化建筑设计

5.3.1　绿色建材数字化设计

绿色建材是指采用清洁生产技术，少用天然资源和能源，大量使用工业或城市固态废弃物生产的无毒害、无污染、无放射性、有利于环境保护和人体健康的建筑材料。在全生命周期内，可减少对天然资源的消耗和减轻对生态环境的影响，具有“节能、减排、安全、便利、可循环”特征的建材产品，绿色建材认证由低到高分为一星级、二星级和三星级。到目前为止，全国进行了绿色建材相关认证的有31个省市，其中前6位的是广东省、浙江省、河北省、山东省、江苏省和重庆市，广东省有197个绿色建材获得认证，浙江省是176个，河北省和山东省分别是139个和136个（图5-26）。

图5-27是绿色建材在建筑中的应用，包括保温材料、墙体产品、门窗材料、照明灯具、空调设备、光伏产品等。决定绿色建材使用的主要是政策、技术、项目需求、造价等因素，但由于项目地点不同、绿色建筑、建筑节能、建筑碳排放等各类指标要求也不同，不同的工程造价预算也不一样。由于信息不对称，在设计师使用绿建节能软件进行技术、设备、材料选型过程中，存在选型难的困扰。目前通过“建筑+互联网”结合的方式，引申出云推送新的业务场景与模式，通过大量本地化工程及产品数据的积累，算法优化，可为设计师提供准确的产品、技术服务，从而实现设计选型与厂商部品推荐在工程上的结合，帮助厂商对接在建工程、对接设计师，完成云推送的过程。

通过互联网运行模式的绿色建材数字化转型，借助大数据的匹配，能够精确筛选出符合要求的绿色建材，并完成测算。同时能够在线监测项目建材使用数据，按月、

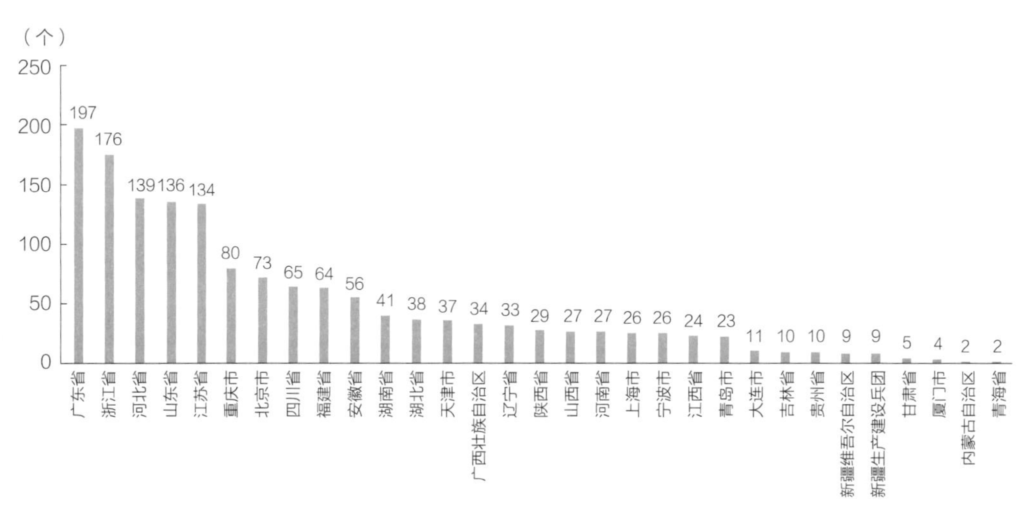

图5-26　各省市绿色建材认证分布图

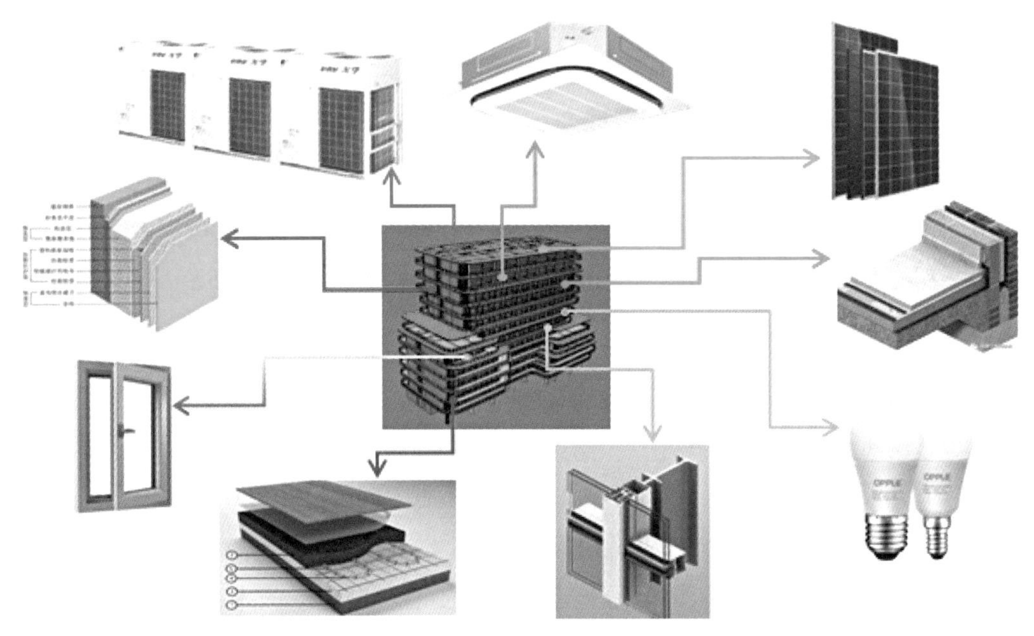

图5-27　绿色建材在建筑中的应用

按地区、按行业等不同维度进行数据分析，帮助厂商获取一个更为宏观的市场信息，更好地衡量自己的市场份额占比和发展空间，进行相关业务的规划。

5.3.2　工业化建筑智能设计

装配式建筑是新型建筑工业化的典型代表，装配式设计相对于传统现浇结构设计增加更多的设计内容，需要考虑预制构件的深化设计，设计精度要求高，设计绘图工作量大幅度增加。传统的二维CAD辅助设计很难达到设计精度的要求，而且效率低下。目前设计师普遍采用BIM技术进行装配式相关的设计，但是存在软件智能化程度不足、需要手动设计翻模的问题。智能设计是通过新技术对建筑设计阶段进行升级，包括设计工具的升级和设计逻辑的升级。

装配式建筑对设计工具的升级需要考虑精细化、一体化、多专业集成的特点，针对装配式建筑全流程设计，包括方案、拆分、计算、统计、深化、施工图和加工详图的各个阶段提供合适的工具，以提高工作效率。具体来说，像快速的拆分工具、统计工具、智能查找钢筋碰撞点、智能生成设备洞口和预埋管线、构件智能归并、即时统计预制率和装配率、自动生成各类施工图和构件详图、自动生成构件材料清单等功能可以极大地减少重复设计工作量。而这些是一般BIM软件所不具备的，需要更专业的BIM软件实现装配式建筑的深化设计。

例如框架结构装配式项目中（图5-28），预制梁的底筋避让是深化设计工作量最大的部分，常规三维模型软件虽然可以比较直观地观察到钢筋碰撞的点，但是仍然需要人工手动调整钢筋位置和弯折来实现钢筋的避让。通过设计工具的升级，不仅自动检查碰撞位置，还可以通过内置算法自动实现钢筋避让，从而达到智能设计的目的，提高设计效率。

设计工具的升级还体现在融合国家标准，将设计规则内置处理为软件的自动设计逻辑，以此实现智能设计。如图5-29所示，三一筑工科技股份有限公司（以下简称

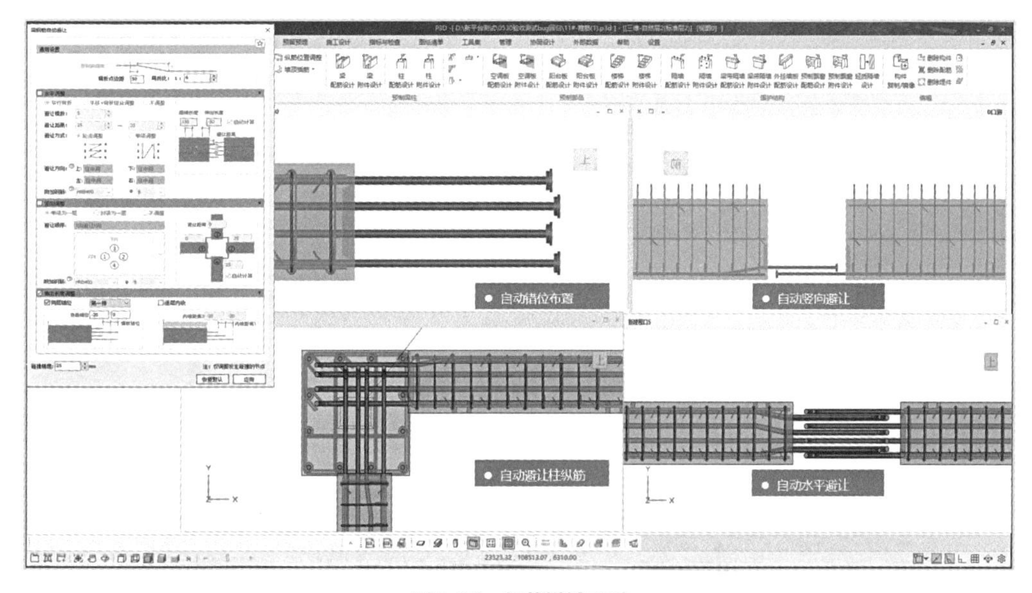

图5-28　智能设计工具

图5-29　SPCS智能设计流程示意图

三一筑工）研发的SPCS装配式体系是一种装配整体式钢筋焊接网叠合混凝土结构技术体系，主要结构采用空腔构件，设计内容更加复杂。在软件中内置SPCS技术的设计规则，快速完成从建模到深化设计的各个过程，能够有效提高设计效率。

BIM技术的发展使得建筑业的设计逻辑向制造业逻辑转变成为可能。建筑业思维逻辑转变的重要一点体现在标准化设计。标准化设计是建筑工业化的核心，是提高建筑品质、提升效率、节省工期和成本的重要方法与措施。标准化设计对装配式建筑的影响更加明显，装配式建筑与传统现场浇筑或安装的工程项目不同，装配式建筑采用搭积木的方式进行建造。目前装配式建筑标准化、数字化程度不高，成本居高不下，如何提高装配式建筑标准化、智能化程度，是装配式建筑必须解决的关键问题。

标准构件库是实现标准化设计的重要方法之一。部分企业已经根据地方特色、体系特点、工艺做法等要求，利用实践数据累积形成基于公有云的标准部品部件库平台。装配式建筑预制部品部件应用贯穿设计、生产、施工各个流程。在应用推广的过程中，各个领域、各个专业间的数据孤立会造成装配式建筑效益的降低，直接影响装配式建筑的发展。如图5-30所示，通过云部品库解决部品共享问题，设计企业、构件厂等按权

图5-30　标准部品部件库平台

限创建与使用数据，形成数据开放平台，为设计阶段、生产阶段、施工阶段提供数据取用服务，同时也有利于减少生产建造成本，推动装配式建筑建造过程的标准化。

5.3.3　工业化建筑一体化集成设计

一体化设计是设计技术更新的重要方向和发展趋势，在制造行业中已经有了广泛的实践，通过一体化设计，有效地保证部件在设计过程中，同步满足造型、布置、材料、工艺、质量等相关方面的要求，提高设计效率和质量。在建筑行业，一体化集成设计也逐渐被提及和采用，特别是在装配式建筑项目中。目前装配式建筑受传统建筑工作方式影响，设计、生产、施工阶段各自分隔，呈现出“碎片化”的特点，突出体现在设计过程对工厂加工生产和现场施工的内容缺乏考虑，导致工厂加工效率低、工艺工序复杂、资源浪费的现象。将装配式建筑当作一个整体，利用一体化集成设计和信息化手段，是必然选择的解决方案。

为解决装配式建筑一体化设计实践过程中面临的技术体系多样化、评价标准多样化、部品部件标准化程度低、设计工作量大、参与方众多并需要异地协同等重点难点问题。装配式建筑一体化集成设计不仅需要实现建筑、结构、机电、装修系统的一体化设计，同时还要实现设计、生产、施工、运维阶段的一体化集成。实现一体化集成设计的方法需要紧密结合BIM协同设计工作平台，利用BIM技术实现多方面的集成、多专业的配合，提高设计效率和准确性。

装配式建筑具有精细化、一体化、多专业集成的特点。利用BIM软件进行建筑、结构、机电专业协同设计，同时融合装配式建筑方案、拆分、计算、统计、深化等全流程设计工作。例如在设计过程中，机电管线可在预制构件上进行自动开洞及预埋计算，并生成相应的开洞及预埋提资信息，结构计算分析结果可在预制构件上自动生成三维钢筋排布等。基于BIM数据研究开发装配式建筑多专业协同设计模式，采用通用数据库技术，基于装配式建筑模型数据单元的建立，通过数据单元的数据管理与显示技术，与现有设计、生产中的数据源间数据进行交换，与多个上层应用平台的数据无缝衔接。完成项目管理、人员角色及权限管理、数据版本管理、消息通知机制，并实现基于协同工作集的工作、冲突解决机制等。

装配式EPC企业、构件生产厂商具有设计数据直接对接生产机械的需求。基于BIM软件快速完成装配式建筑全流程设计，通过智能拆分、智能统计、智能查找钢筋碰撞点、智能开设备洞和预埋管线、构件智能归并，即时统计预制率、国家标准及多地装配率等功能，自动生成各类施工图、构件详图及构件材料清单。同时设计完成后，可直接生成生产加工数据，包含构件、钢筋、预埋件等信息，对接生产管理系统及生产加工设备，指导工厂生产加工。

施工图审查是工程设计过程中的关键环节，对工程设计质量起到重要的保障作用，有效控制设计错误、疏漏，避免出现重大工程事故。目前施工图审查主要以人工审查为主，容易出现审查工作量大、审查深度不足、审查尺度差别较大等问题。特别是装配式项目持续增长的环境下，图纸数量大幅度增加，图纸审查很难做到全覆盖。在此情况下，数字审查成为一种必然选择。

装配式BIM审查系统（图5-31），可以实现针对装配式建筑的审查数据输出及与BIM审查平台的自动对接。通过建立自主可控的装配式建筑BIM审查数据标准和技术标准体系，形成以BIM审查技术标准、模型交付标准、数据标准为基础的标准体系。支持导出符合标准体系的文件格式，包含审查必要的项目信息、属性信息、模型信息和计算信息并可直接载入系统进行审查，完成后续的数据管理业务。

数字审查将装配式规范条文转换为计算机语言，实现机审系统对规范条文进行拆解形成领域规则库，对BIM模型自动提取数据形成语义模型，通过审查引擎对领域规则库及语义模型进行审查，最终得到各地装配率、预制构件标准化、安全性审查等多类审查结果。

审查系统利用数据中心统一管理装配式模型数据、审查结果及中间计算数据流。审查引擎可基于装配式建筑全专业精细化模型，根据不同地区要求对装配式建筑模型成果进行审查评价，并判断是否满足当地装配式设计要求。

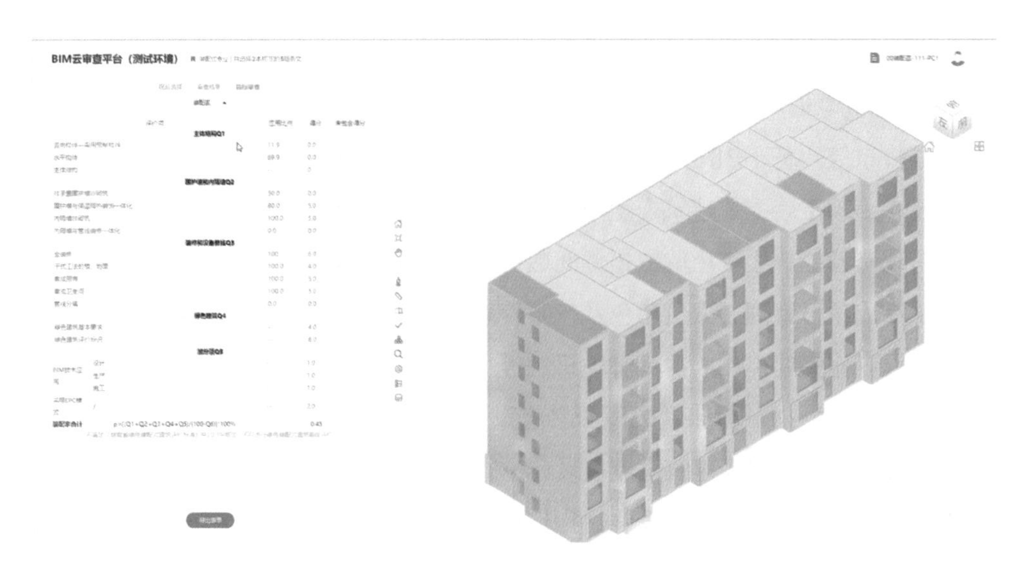

图5-31　装配式云审查平台

5.4　BIM智能审查

5.4.1　BIM审查应用目标

工程建设项目审查审批一般意义上包含立项用地规划许可、工程建设许可、施工许可、竣工验收四项内容。近年来，基于BIM的审查技术在各地政府部门、开发商、设计单位均有所实践应用。借助BIM技术可视化、参数化的特点，可以进行快速智能审查，结合管理部门审批工作，可有效提升工程建设许可、施工许可、竣工验收三大阶段审查审批效率，配合工程建设项目审批制度改革，改善现有工作流程，并对接各试点城市CIM基础平台建设，整体推动当地BIM技术发展。

BIM审查的主要目标有以下三个方面：

（1）以工程项目审批制度改革为引领，将BIM技术应用到施工图审查业务，推动BIM技术在工程建设全过程的集成应用。

（2）实现施工图审查从二维平面向三维立体模型的技术跨越和改革转型，确立科学、便捷、高效的工程建设项目审查和管理体系，提高审图效率，最大限度地消除错审漏审，全面提升项目报建审批数字化、信息化和智能化水平。

（3）结合BIM技术在工程建设项目中的实际应用情况，形成统一规范的BIM信息数据存储、交换、交付等通用标准，打通全链条数据，提升政府的规建管能力；探索BIM导入CIM平台的更新机制，为智慧城市建设提供基础支撑。

5.4.2　BIM智能审查应用内容

1. 图模一致性检查

由于BIM技术有待进一步成熟，造成目前将BIM模型文件作为交付审查文件的过程中还存在很多问题。当前多类型数字化交付成果，在工程建设的任何协同环节都是交付的核心。在BIM正向设计工作模式下，图纸与模型一致，但由于作图和建模过程独立，非常容易导致二维图纸和BIM模型存在不一致的情况。未经过一致性检验的成果，会造成各自差异和错漏，导致下游放弃承接和使用上游传递过来的模型，在交付前必须进行审查。

图模一致性检查将图纸和BIM模型进行对比，能发现图纸和模型之间存在的不一致情况，通过对施工图纸的收集、标注，运用包括图像分类、物体检测、图像分割等技术结合的施工图纸智能识别算法，在短时间内根据施工图纸内容快速精准建模。图模一致性对比可以高效地进行图纸和模型的匹配、识别、对比，有效提升审查效率。

同时，二三维联动展示可以清晰定位问题位置，直观呈现审查结果，提高审查效率和准确性。

2．规范和标准的校对审查

规范条文的监管审查是保证工程建设标准得到有效实施的重要手段。目前我国规范监管审查仍存在管理水平不一、工作量繁重、信息智能化水平低等问题。利用审查平台整合适用于BIM施工图审查平台设计方、审查方、软件方的BIM标准，将规范中的指标进行量化，转换为计算机可以处理的内容，包括属性值规则、属性值存在规则、空间构件规则、正则表达式规则、几何和距离计算规则等。同时，结构化自然语言易于人类理解，便于制定规则和确认规则的正确性。

基于BIM的规范和标准校对审查，有效推动BIM施工图审查的实施与落地，合理地整合行业BIM数据，提升数据应用与管理，提高施工图审查效率。

3．多专业协同及碰撞检查

各个专业之间，往往施工人员要到实际施工时才发现管线碰撞、施工空间不足等问题，造成大量变更、返工，费时费力。

基于BIM的多专业协同及碰撞检测能很好地解决这个问题。以三维BIM信息模型结合二维图纸，解决传统的二维审图中难想象、易遗漏及效率低的问题，在施工前快速、准确、全面地检查出设计图纸中的“错、漏、碰、缺”问题，还能够通过模型检查软件提前发现与消防规范、施工规范等冲突的问题，减少施工中的返工，节约成本，缩短工期，保证建筑质量，并减少建筑材料、水、电等资源的消耗以及带来的环境问题。

基于国内建筑本地化的规范和业务规则，对业务的处理可以具体到构件类型，不仅能检查实体碰撞，还能进行预留洞检查（直接根据模型自动生成预留洞图）、保温检查、门窗开启过程中的动态检查、净高检查、空间检查及各种设计、施工、质量验收规范检查等。

第6章 智能生产

6.1 智能生产装备与生产线

6.1.1 基本概念与应用现状

目前装配式建筑部品部件的主体以混凝土预制部件为主。国外的装配式建筑体系与国内不同，主要特点是预制构件不出筋，使其生产工艺相对标准、简单，易采用自动化生产加工装备实现高效生产，此类自动化生产装备包括：PC部品生产装备Avermann、Sommer、Elematic、钢筋部品生产装备Progress、EVG、Mbk等。反观国内的装配式建筑体系，大多为出筋预制构件，不利于自动化生产，导致国外生产装备的性能优势并未充分体现。

国内外主流PC装备控制以半自动或手动为主，生产混凝土构件所需的模具、钢筋、混凝土并没有与PC生产线自动化集成，存在等料、堆人、窝工等一系列问题，进口线针对国外体系的部件做了钢筋生产供应的集成，但不满足国内的体系要求。

我国传统的装配式建筑预制构件生产以固定模台、人工操作生产方式为主，自动化程度低。随着预制构件需求量的增加，预制构件生产工艺、设备也在不断改进，生产能力不断提升，传统的生产方式正逐步被智能化设备生产方式所代替。通过各设备之间的联动，预制构件生产的各项工序更加便捷、快速。常见预制构件生产线包括模台移动式生产线、模台固定装备移动式生产线、长线台座生产线等。但是，近几年建筑预制构件生产管理、技术工艺、预制构件设计理念、装配施工等各环节脱节问题较为严重，其智能化生产技术、高效智能装备引进及开发明显水土不服，缺乏协同适用的标准化、协同化、工具化的支撑体系，导致投入产出不平衡，不少企业陷入了进退两难的困境。因此对于新型预制混凝土构件生产工艺技术的研究及新型工艺装备的开发有必要进行系统的总结和反思。

6.1.2 生产工艺流程分析

目前，PC构件工厂中主要包括两种模式的生产线，即固定式模台生产线和流水式模台生产线。固定式模台生产线主要生产预制楼梯、预制阳台板、预制空调板等异形构件，此类型生产线所用工艺设备简单，投资小，一方面具有较强的工艺通用性，能够生产多种不同的混凝土构件；另一方面生产没有空间和时间的局限性，适合生产工序作业时间较长的构件。流水式模台生产线工艺流程较为复杂，以预制叠合板为例，在流水线上生产工艺流程如图6-1、图6-2所示，包括：①清理模台；②喷脱模剂和缓凝剂；③钢筋网片安装或手工摆放钢筋；④上层模具安装；⑤桁架筋安装；⑥预埋件安装；⑦固定钢筋网片和桁架筋；⑧模具固定；⑨隐蔽检查；⑩混凝土浇筑与振捣；⑪赶平；⑫预养护；⑬拉毛；⑭蒸养；⑮拆模。

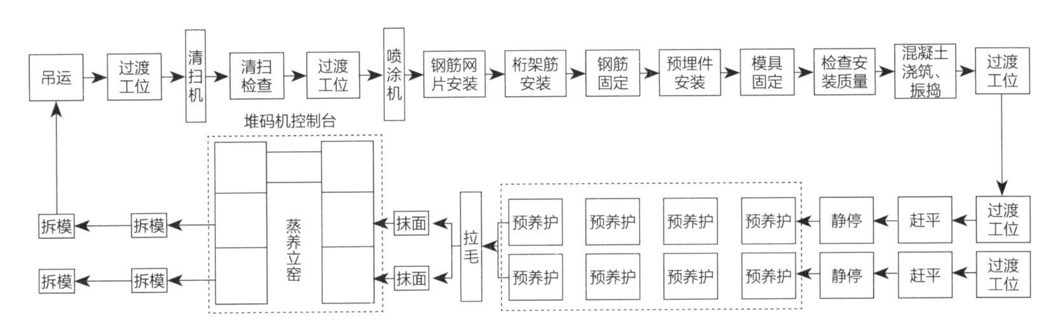

图6-1 流水线生产示意图

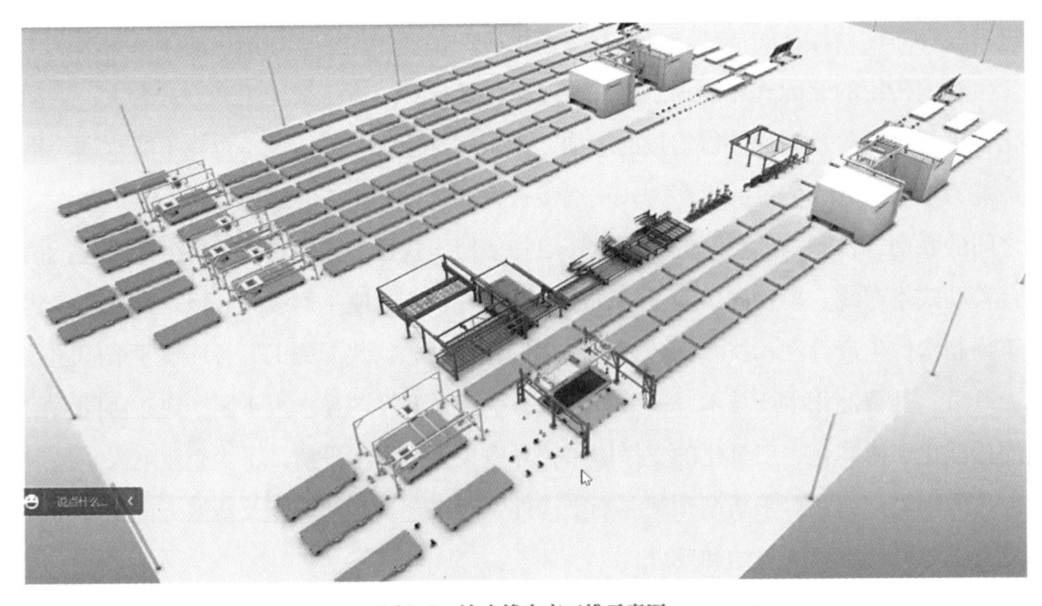

图6-2 流水线生产三维示意图

6.1.3　智能化装备与生产线

成套PC构件自动化生产装备应具备数字化、自动化、柔性化生产能力。

1．自动布模机器人系统

自动布模智能系统，以流水模台为作业载体，实现预制构件边模精准布模及辅助功能于一体，全过程无人化。该系统包含布模机器人、边模处理设备等部分。

布模机器人由数据中台驱动，计算模具需求，自动规划最优路径，多轴伺服控制，确保边模精准定位，误差不超过±1mm。配套的边模处理设备负责边模自动输送、清理、涂油、摆渡作业以及动态边模库存管理，如图6-3所示。

2．划线涂油机器人系统

划线涂油机器人，将划线、涂油两道必备前处理工序在同一设备集成。该机器人由数据中台驱动，伺服定位运行，按需定制化完成精准划线、涂油过程，无须人工干预。通过协同控制喷嘴的形状和流量、滚刷材质和滚动速度等变量，可实现高质量薄油膜涂层，绿色环保，行业领先，如图6-4所示。

3．激光融合质检系统

激光融合质检系统彻底改变隐蔽工程人工检测行业的现状，构件轮廓、预埋数量及位置信息自动激光投影至模台上，视觉系统自动识别激光线条与实物的偏差，并反馈控制系统，解决构件尺寸错误、预埋漏放的难题。质检数自动存档，构件质量可追溯，如图6-5所示。

图6-3　自动布模机器人系统

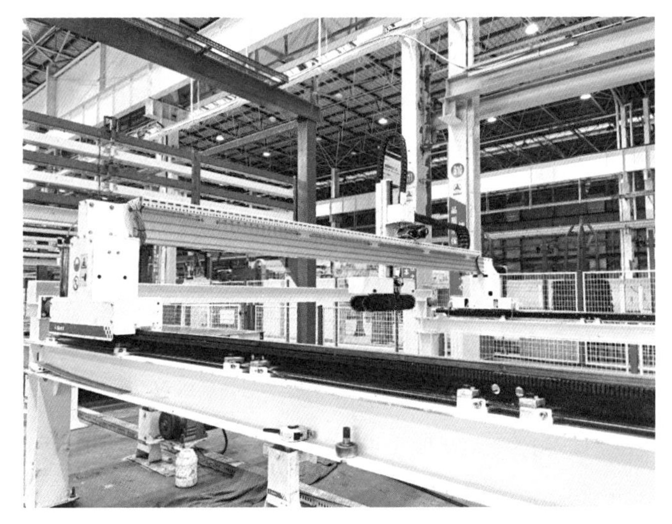

图6-4 划线涂油机器人

图6-5 激光融合质检系统

4．智能布料系统

具有自主知识产权的智能布料系统，突破行业瓶颈，实现构件的柔性、精准、均匀布料。该系统包含智能布料机、低噪振捣台及智能布料中枢。智能布料机通过数据中台获取构件尺寸、位置、方量等信息，发送混凝土需求至搅拌站，并智能规划最优行走路径。布料过程中系统自动进行重量闭环控制，实时动态调整速度、料门等参数，让混凝土均匀布放至构件区域。布料完成后，一站式启动自适应振捣作业，快速密实混凝土，保证质量，如图6-6所示。

图6-6 智能布料系统

5．自动翻转合模系统

自动翻转合模系统是空腔预制构件生产的必备条件，也是构件生产企业转型升级的必然选择。该系统综合运用多重定位、高速运行、液压保护、摇晃振捣等关键技术，将模台翻转后与另一张模台组合，实现上、下页面的高精度合模，形成构件空腔。翻转合模作业具有标准化、控制自动化、调度智能化的特点，全程仅需一名工人即可完成。空腔构件两面均贴合模台面成型，表面质量好，施工现场可实现墙面免抹灰，如图6-7所示。

6．自动堆垛养护系统

自动堆垛养护系统由堆垛机、养护窑组成。抓取式堆垛机无须等待，快速抓取模台、智能分配仓位，平均节拍不超过6 min，彻底解决了传统PC工厂生产瓶颈。养护窑外部聚氨酯材质包裹保温，内部强制热风循环，形成养护大空间稳态流场，养护条件高度均匀，温度偏差不超过5℃，提高能源利用率，节能10%以上，行业领先。堆垛养护过程均由数据中台智能调度、智能监控、自动诊断、预测性维护，提高设备稳定性，如图6-8所示。

图6-7　自动翻转合模系统

图6-8　自动堆垛养护系统

6.1.4　生产线数据采集网络

工厂现场整线基于工业以太网构建网络，实现工厂设备实时在线、互联；设备与其能耗数据通过互联网+工业网关双通路冗余方式上报平台。整体解决方案以根云平台4.0工业物联网平台为基础，聚焦生产线设备集群，开发生产线客户端的纯“软”数传终端，并设备接入协议数据化、结构化，发布协议模板，导入Excel表格即可，无须单独开发，高效上线。兼容协议10种以上，数据采集终端回传频率在1～3s，稳定可靠，如图6-9所示。

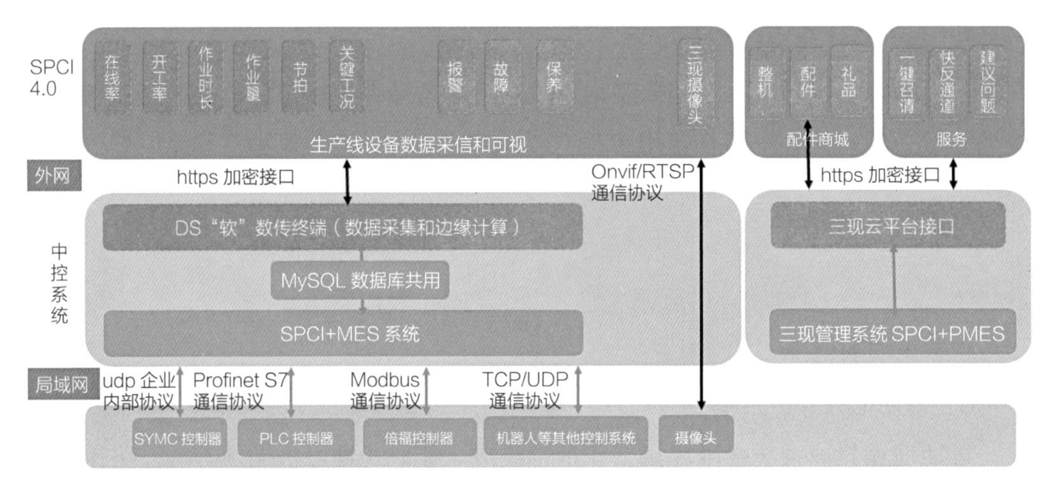

图6-9　工业以太网构建网络

6.2　增材制造技术

6.2.1　基本概念与应用现状

1. 发展现状

随着3D打印技术的不断发展，其在各个领域都有一定的应用，并取得很好的反响。目前，3D打印技术尚处在发展的初级阶段，在迅速发展壮大的过程中，因材料、打印设备等因素影响，在航空航天、车船制造、生物工程等领域的发展更加迅速，在建筑行业的发展仍存在诸多问题：

（1）面对庞大、高层以及超高层的建筑，3D打印技术不能够完全适用。

（2）3D打印技术打印出的建筑物，大多是简单的围护结构，没有稳固的建筑围护，在实际工程中并不实用。

（3）3D打印建筑结构成本比较昂贵。

（4）3D打印的建筑结构表面若出现裂缝需要如何维修改善？这些问题还有待解决。

由此可见，3D打印技术在建筑行业的发展不够成熟，需要不断的改进。

2. 关键工艺

（1）“D型工艺”

工程师把受损的支墩或支柱都用3D打印机进行了三维扫描，通过扫描之后，3D打印机的中枢控制系统即可记录下支墩或支柱的三维模型，然后打印出同样的外包加固外壳（这种技术又被称作“数字混凝土”）。

（2）“轮廓工艺”

“轮廓工艺”对建筑师来说具有强大的吸引力和诱惑力，因为未来“轮廓工艺”可以实现整个结构和附属构件的操作。而且它还能够自由地建造出单曲率和双曲率造型的建筑物，因此那些崇尚自由形式理念的建筑师们更是对“轮廓工艺”特别地追捧与青睐。

3．关键建筑材料

建筑业发展到今天，应用在建筑行业的材料种类数以万计，由于3D打印技术发展起步较晚，最近几年才将此技术应用在建筑行业，适用于3D打印技术的建筑材料凤毛麟角。在我国上海青浦工业园区，曾利用已拆除的建筑物残留的建筑材料作为3D打印机基材，通过粉碎磨细，加纤维、水泥及有机黏合剂等技术加工处理，应用在自主研发的打印机上打印出一幢两层占地240m^{2}的别墅。

目前应用在建筑行业中较多的材料有以下几类：

（1）预铸式玻璃纤维加强石膏板材料

预铸式玻璃纤维加强石膏板材料（GRG）是通过采用超细结晶石膏为原材料，将具有专用连续刚性的增强玻璃纤维与其混合制成的产品材料，如应用GRG材料加工的异形柱。这种材料具备不易形变、质量轻、高强度、防火性能好、环保、会呼吸、加工周期短等优点，常用于异形产品的加工制作。大型剧院、会展中心、报告厅、体育场等大型工程上常常应用到GRG材料，上海世博展览馆大会堂就是应用GRG材料建造的。

（2）混凝土类材料

混凝土类材料无论是在传统建筑生产中还是新兴数字化3D打印技术领域里，仍然是利用率最高的材料。这离不开混凝土材料具备的抗压强度高、耐久性好、耐火、可塑性强等优点。由于混凝土材料具有可塑性强的优点，因此在打印过程中可一体成型，不需要借助模板支模。目前在3D打印建筑行业领域，最常见的就是应用混凝土类材料作为基材并结合“轮廓工艺”，进行建筑构件的打印。

4．与建筑工业化的契合

建筑工业化在于工厂生产和现场装配，现阶段通过增材制造技术无法进行常规的全楼3D打印，核心难点在于打印机设备的研发。目前的设备不支持高层建筑的打印，其中钢筋构造、抗震计算等，都还是尚未攻克的技术难点。我们完全可以从装配式入手，首先通过3D打印技术生产构件，再运往工地现场进行安装。随着3D打印技术的日趋成熟，设备的费用随之降低，甚至可以在工地周边建立临时的“3D打印工厂”，省略长途运输的环节，更好地节约建设成本。

6.2.2 主流工艺

1．光聚合成型工艺

光聚合成型工艺为最早实用化的快速成型技术。具体原理是选择性地用特定波长与强度的激光聚焦到光固化材料（例如液态光敏树脂）表面，使之发生聚合反应，再由点到线、由线到面顺序凝固，完成一个层面的绘图作业，然后升降台在垂直方向移动一个层片的高度，再固化另一个层面。这样层层叠加构成一个三维实体。

2．选择性激光烧结工艺

选择性激光烧结工艺是指利用粉末状材料成型的工艺。其工艺流程为：将材料粉末铺洒在已成型零件的上表面，并刮平；用高强度的二氧化碳激光器在刚铺的断层上扫描出零件截面；材料粉末在高强度的激光照射下被烧结在一起，得到零件的截面，并与下面已成型的部分粘接；当一层截面烧结完成后，铺上新的一层材料粉末，选择性地烧结下层截面。选择性激光烧结工艺（SLS）最大的优点在于选材较为广泛。

3．三维粉末粘接工艺

与平面打印非常相似，连打印头都是直接使用平面打印机的。和SLS类似，这个技术的原料也是粉末状的。与SLS不同的是材料粉末不是通过烧结连接起来，而是通过喷头用胶粘剂将零件的截面“印刷”在材料粉末上面。

4．熔融沉积成型工艺

具体原理是将丝状的热熔性材料加热融化，同时三维喷头在计算机的控制下，根据截面轮廓信息，将材料选择性地涂敷在工作台上，快速冷却后形成一层截面。一层成型完成后，机器工作台下降一个高度（即分层厚度）再成型下一层，直至形成整个实体造型。工艺熔融沉积制造（Fused Deposition Modeling，FDM）是一种成本较低的增材制造方式，所用材料比较廉价，不会产生毒气和化学污染的危险。但是FDM打印成型后表面粗糙，需后续抛光处理，最高精度只能为0.1mm。由于喷头做机械运动，速度缓慢，而且同样需要支撑台。很多人认为FDM价格低廉，因此在工业中应用不高，并且相对初级，但是随着技术的不断提高，现在FDM技术同样能够制造金属零件。

5．气溶胶打印工艺

气溶胶打印工艺主要用在精密仪器、电路板的打印上。紫外固化（又称UV固化）介质从10 ~ 100μm气溶胶喷射系统分配并且瞬间完成。之后，一个金属纳米粒子油墨以精确的方式被分配/烧结在最近固化的材料，然后一遍又一遍重复，直到结构形成。该过程具有材料快速凝固的特点，它依赖于本地沉积和局部固化，并且据说可以在空间中达到最高的变形。

6.3　数字化工艺流程

6.3.1　基本概念与应用现状

工艺是指劳动者利用各类生产工具对各种原材料、半成品进行加工或处理，最终使之成为成品的方法与过程。

制定工艺的原则是技术上的先进和经济上的合理。由于不同工厂的设备生产能力、精度以及工人熟练程度等因素都大不相同，所以对于同一种产品而言，不同工厂制定的工艺可能是不同的，甚至同一个工厂在不同时期做的工艺也可能不同。可见，就某一产品而言，工艺并不是唯一的，而且没有好坏之分。这种不确定性和不唯一性，和现代工业的其他元素有较大的不同。

以上工艺问题是很多制造企业都在面临的老问题，更是当今制造业智能制造转型的核心问题，包括与建筑工业化相关的产业链上的厂家。很多企业虽然引进了自动化设备，但仍沿袭使用老旧的工艺管理模式，工艺附图和简单工艺卡片对于生产的指导作用有限，而产品数据也并没有实现与各个系统的关联和集成，因而形成数据断层，无法实时更新，在很大程度上拉低了数据的精准度和有效性。在此基础上要想实现精益制造十分困难。设计与工艺协作不畅、工艺与制造脱离、无标准可依、工艺设计及审查流程形式化等也一直是很多制造企业的通病，最后导致的结果就是设计不合理、工序和工艺路线繁冗重复、设备资源利用率低、质量控制效果不佳。另外，因为完备的支撑系统的缺乏，也使工艺知识无法沉淀传承，有经验的员工离职退休造成知识断层，企业能力提升缓慢，成本居高不下。

在数字化技术日益普及的背景下，人们的研究焦点主要在形态、结构、材料等方面，关于数字时代的工艺问题并没有引起足够的重视。数字化工艺流程的内涵及操作方式等问题需要进行深入探讨，求索数字时代设计的实施。

在国家大力发展建筑工业化的今天，装配式建筑处于风口之上，工艺流程对于智能生产的重要性也是不言而喻的。数字化工艺流程是可以带动智能生产过程并决定生产技术的。

6.3.2 工艺流程

1. 设计模型驱动PC构件生产

数据驱动生产是提高装配式建筑部品部件生产效率和质量的重要工艺流程。依据预制构件的生产工艺制定设计模型信息标准，约束设计阶段输出的模型、清单、图纸和加工数据等成果。将此类标准化设计成果导入生产管理系统，按生产工艺自动读取并解析模型数据，转化为装备可读的信息，包括构件几何信息、材料信息、数量信息等，导入生产装备中以实现预制构件的自动化生产。

2. 一件一码的构件全生命周期管理

采用一件一码的方式对构件生产过程进行全流程、全场景、全要素管理，真正实现构件信息防篡改、可追溯。创新性地打通从设计到交付数据流程，支持BIM正向设计。对上衔接BIM设计软件，实现设计成果一键导入。对内打通智能生产工业软件，根据排产驱动设备自动化生产。对下打通安装施工，做到施工、生产计划联动，实现PC的自动化生产，最小化占用运营资本。

平台化的智能生产流程信息系统创新并应用3D模型轻量化交互技术和云端物联技术，自主研发基于BIM模型的协同设计平台，打破设计院和PC工厂信息孤岛，实现云端的“异地、实时”交互、“所见即所得”的协同制造场景，打通管理流程数字化。

3. 数字中台技术

建设数字智能控制与调度中心，推动智能排程、一键驱动、生产管控、可视调度等新型管理手段落地实施，同时升级数字工厂驾驶舱，实现工厂要素和业务运营情况在线、可视、透明。

4. 数据驱动钢筋自动生产及投放

构件生产管理系统将钢筋BOM信息发送至钢筋生产管理系统，驱动钢筋网片、桁架按计划自动生产、存储、抓取、投放，支持多任务在线协同，可满足多线同时供应。全新开发的钢筋桁架机实现12m/min的高效生产，多工位摆放；钢筋桁架机械手一次抓取12根桁架，依次精准投放至对应位置。钢筋生产及投放完全实现数字驱动，全程仅需少量设备操作员。

6.3.3 关键技术

（1）生产线自适应控制技术是一种用于生产线的控制系统，它能够实时调节和优化生产线的运行状态，以适应不同的工作条件和生产任务。该技术主要基于反馈控制原理，通过不断地监测生产线状态，获取实时的运行数据和异常信息，然后自动进行相应的调节和优化。这种自适应控制能够提高生产线的生产效率和质量，同时还能够降低生产成本和能源消耗。在现代智能制造和工业4.0的背景下，生产线自适应控制技术越来越受到重视，也是智能工厂和数字化生产的关键技术之一。

（2）智能制造工具技术是指一系列支持智能制造的软件和工具。这些工具包括CAD/CAM软件、PLM系统、MES系统、ERP系统、模拟仿真软件、数据挖掘和决策支持系统等。这些工具和软件可以帮助企业在各个阶段的制造过程中实现自动化、数字化、智能化和信息化。

CAD/CAM软件主要用于设计和制造过程中的图形和图像处理。PLM系统则主要用于产品开发、协作和管理。MES系统和ERP系统则用于制造过程的生产计划和管理，以及企业的物流、财务和人力资源管理。模拟仿真软件可以帮助企业在设计和生产之前模拟与预测产品及工艺的性能和效果。数据挖掘和决策支持系统则可以帮助企业分析和处理大量的生产和管理数据，从而更好地取得商业效益。

（3）可视化工厂管理技术是指通过运用各种信息展示手段来提高工厂的生产效率和管理水平的一种工厂管理方法。可视化工厂管理技术的核心原则是通过可视化技术来加强工厂中各个环节之间的交流与沟通，使得工艺流程、生产过程、设备状态以及工作绩效等信息更加清晰、明了、直观地被大多数人所理解。

可视化工厂管理技术的应用手段包括工厂数字化建模、数字化展示屏和指示牌、动态监控报表展示、可视化地图等。这些手段可以通过简单直观的方式，清晰地展示工艺流程、生产过程、设备状态等重要信息，有利于员工对工厂的整体生产情况和各个环节的具体问题进行快速了解和处理。

可视化工厂管理技术具有提高生产效率、降低生产成本、提高质量和管理水平等优势，同时还可以增加生产过程的透明度和可控性，提高制造企业对市场的敏感度和反应速度，减少各种潜在的生产风险。

（4）生产线自动化视觉检测技术是在生产过程中采用机器视觉技术进行产品质量检测和生产过程监控的技术。它可以替代人工对产品质量和生产过程的检测，提高生产效率和产品质量，并减少因人为操作而导致的误判和漏检等问题。

生产线自动化视觉检测技术的实现需要借助计算机视觉技术，利用图像处理算法和模式识别技术对生产线上的产品进行实时检测。在该过程中，利用高速传感器和高分辨率摄像头对产品进行实时检测，采用专业的图像处理算法进行图像处理，提取产品的数字化特征，再通过模式识别技术进行分类、检测和排序等处理。此外，在生产线自动化视觉检测技术的实现中，还需要精心规划和调整算法的参数和模型，以保证检测的准确度与稳定性。此工作需要实验和数据支持，以不断优化检测算法和模型的性能。

（5）工业机器人技术是指应用于工业领域的机器人技术，主要包括机器人设计制造、控制系统、传感器、运动控制、机器视觉等方面的技术。工业机器人的主要功能是进行各种操作和生产任务，如焊接、喷涂、装配、搬运、检测等。

工业机器人技术已经成为现代制造业中应用最为广泛的关键技术之一，在企业提高生产效率、保证产品质量、降低生产成本、提高工人劳动安全等方面发挥着重要作用。当前，工业机器人已经发展到第四代机器人，主要特点是更高的智能化、柔性生产和人机协作，能够快速适应市场变化和生产需求，并与人类形成良好的配合，促进智能制造和工业转型升级。工业机器人技术的发展趋势是实现全自动化、智能化和高效化的生产模式。

（6）物联网技术是指将各种设备、物品、传感器等通过互联网连接在一起形成一个大型智能网络，实现设备之间的自动交互和信息共享。物联网技术在生产制造中的应用主要包括以下几个方面：

1）物联网传感器：通过安装各种传感器，可以采集生产过程中的各种信息，如温度、湿度、压力、流量等信息，并实时传输到云端进行处理和分析。

2）远程监控和控制：通过物联网技术，可以实现对生产线和设备的远程监控和控制，方便实现数据分析、预测、故障检测、设备调试等功能。

3）智能制造和自适应控制：基于物联网技术，可以实现生产过程的智能控制和自适应调整，根据生产数据和实时状态进行调节，优化生产效率和质量。

4）物流与库存管理：物联网技术可以方便地实现生产物料和成品的自动化管理、追踪和监控，实现实时库存管理，提高物流效率和减少成本。

智能制造推进到现在，遇到的突出问题很多，但机遇也不少。企业想从根本上优化资源配置，跟上这一波工业智能化升级的浪潮，就需要把数字化贯穿整个运营流程，将生产、设计、制造等环节与互联网、云计算、大数据、人工智能等新技术融合，形成可度量的大数据作为智能化支撑——以技术赋能产业升级，让制造业逐步数字化、智能化。工艺作为设计与生产的纽带环节，对于企业成本和产品质量的影响都是非常直接的，企业对数字化工艺的重视程度也将直接影响企业智能制造转型效果及速度，由此可见数字化工艺的必要性。现如今，工艺环节已经可以依靠工业互联网、人工智能、云计算、大数据等高新技术来赋能，我们也因此拥有了解决复杂工艺问题的能力，助力企业打通从产品设计到生产制造的全数字化过程，为企业进行智能制造产业化升级奠定坚实的基础。

6.4　工厂生产机器人

6.4.1　基本概念与应用现状

目前中国建筑产业存在劳动力老龄化、人工成本上升、安全事故频发、劳动生产率低等一系列问题，建筑工业化可以有效解决上述问题，装配式建筑作为新型建筑工业化的重要实现方式，带动了包括生产机器人在内的各种工业化生产手段的蓬勃发展，机器人以安全性、高效性、可靠性、自动化等优势成为缓解建筑产业痛点的有效途径，需求量大幅提升。

中国建筑建造机器人行业产业链下游为建筑行业终端应用领域，以装配式建筑工厂内生产线与建筑工程施工和装修现场为主。建筑建造应用终端细分领域众多，各细分领域对机器人的性能要求重合性较低，需中游机器人厂商针对各应用场景独立研发。由于建筑建造应用场景的独特性，以及目前我国可以投入市场有效作业的机器人较少，下游议价能力较低。

由于机器人及自动化成套装备对提高制造业自动化水平、提高产品质量及生产效率、增强企业市场竞争力与改善劳动条件等起到重要的作用，加之成本大幅度降低与性能的高速提升，其增长速度较快。在国际上，工业机器人技术在制造业应用范围越来越广，其标准化、模块化、智能化与网络化的程度也越来越高，功能越来越强，向着成套技术与装备的方向发展，工业机器人自动化生产线成套装备已成为自动化装备的主流及未来的发展方向。与此同时，随着工业机器人向着更深更广的方向发展以及智能化水平的提高，机器人正在为提高人类的生活质量发挥着越来越重要的作用，已经成为世界各国抢占的高科技制高点。

发展装配式建筑是引领我国建筑业从劳动密集低效型建造向现代建造技术方法转变的重要抓手，在其推广过程中面临各种各样的复杂挑战。

目前装配式建筑领域应用于建筑构件生产的机器人已较为成熟，节省大量人工。其中主要优势包括以下几点：

1. 消减重复劳动

消减重复劳动在于机械与人的区别主要在于人是需要休息的生产工具，而机械可以在能源持续供应的情况下进行无休止的生产作业，重复性的劳动不仅对工人的身心健康是较大的考验与折磨，而且在机械化广泛应用的今天，对于企业的生产能效和时间成本而言都是不利的存在。

2．提升生产频次

提升生产频次在于机械设备能够加速生产线的具体作业行为，在同样的时间内机器可以比人工做出更多的作业操作，因而在构成基础生产力的单位时间内能够生产出更多的产品，提升生产频次也是企业投入机器人能够为生产带来的比较大的优势之一。

3．集中技术资源

集中技术资源在于企业中比较有生产价值的员工往往是技术人员，掌握企业生产技术的研究人员是企业比较看重的培养资源之一，替代掉重复的人工成本后可以将其集中在技术人员的培养上，通过集中技术资源来调动企业研发更多的新产品以丰富销售产品线。

近年来，机器人的应用领域不断扩展、深化，工业机器人技术正大幅度向高性能化、标准化、智能化和节能化方向发展，以适应敏捷制造、多样化、个性化的需求并适应多变的非结构环境作业。

6.4.2 PC工厂生产机器人

在智能建造的PC构件生产领域，国内已有众多PC工厂生产机器人在工厂代替人工作业。

1．自动布模机器人系统

自动布模智能系统，以流水模台为作业载体，实现预制构件边模精准布模及辅助功能于一体，全过程无人化。该系统包含布模机器人、边模处理设备等部分。

2．布模机器人

由数据中台驱动，计算模具需求，自动规划最优路径，多轴伺服控制，确保边模精准定位，误差不超过±1mm。配套的边模处理设备负责边模自动输送、清理、涂油、摆渡作业以及动态边模库存管理。

3．划线涂油机器人

划线涂油机器人，将划线、涂油两道必备处理工序在同一设备集成，属于国际首创。该机器人由数据中台驱动，伺服定位运行，按需定制化完成精准划线、涂油过程，无须人工干预。通过协同控制喷嘴的形状和流量、滚刷材质和滚动速度等变量，可实现高质量薄油膜涂层，绿色环保，行业领先。

6.5 智能生产信息化管理

6.5.1 常用生产管理系统

ERP系统是针对企业生产资源计划、制造、财务、采购、质量等多种资源进行管理的信息化管理软件，主要面向管理层。目前已经被广泛应用在各个行业，在帮助企业精细化生产和信息化管理方面发挥着重要作用。ERP的发展始于20世纪60年代，成型于20世纪90年代，期间经历了基本物资需求计划（Material Requirement Planning，MRP）、闭环MRP、MRP-Ⅱ 以及MRP现代体系，已经形成了相对成熟的ERP管理系统。我国对于ERP系统的使用较晚，在国家政策的推动下，对ERP系统的研究也在不断迈进，并取得一定的成效。但是ERP系统在使用时无法完成与底层控制系统之间的通信。

MES系统最早是由欧美国家率先进行研究并使用的，20世纪90年代由美国先进制造研究中心（Advance Manufacture Research，AMR）正式提出，是一种面向生产现场的信息化管理系统，主要采集生产过程中的数据并记录存储，在生产中担任着重要的信息交互作用。可以作为底层控制系统与上层管理系统联系的桥梁，为管理人员提供生产资源的实时状态与反馈。一些采用MES系统的工厂反馈，该系统可有效解决PC构件工厂生产管理中存在的不足、生产过程数据混乱、生产效率低下等问题，促进了PC构件工厂信息化的发展。

6.5.2 生产管理流程

1. 生产线管理

生产部在接收构件生产信息后，根据项目的构件交付日期进行生产计划制定，安排具体某条生产线的生产计划、时间以及配备的生产班组。构件生产开始后，产业技术工人依次进行材料下料、喷脱模剂和缓凝剂、钢筋笼入模、混凝土浇筑等工艺。在生产过程中，需要对生产计划进行制定，完成对混凝土的浇筑登记、隐检登记、蒸养温控登记、出模信息登记、成品检查登记。

2. 模具管理

生产部需要在生产计划制定后，安排模具加工计划，模具加工完成并质检合格后配送至生产线，需要完成对模具信息的登记、二维码信息的打印、模具维修、报废以及统计的管理。

3．钢筋生产管理

钢筋生产包括桁架筋生产和钢筋网片生产，钢筋工在收到钢筋制作生产计划后，制定钢筋笼生产任务单，安排钢筋工对钢筋进行生产。需要完成对钢筋笼生产计划的制定，半成品以及成品的编码登记以及钢筋笼成品检测。

4．设备管理

生产部需要完成对新进设备的信息登记和资产登记，同时在使用过程中完成对设备的年度检修计划制定，以及报修、报废信息登记。

5．成品管理

成品管理需要完成对构件的出入库、发货计划以及退库、库位的信息管理。构件经质检合格后，在入库前生产部需要对库房进行库位剩余量查询，入库后生成成品入库单，并对入库时间、数量、库位进行登记。出库时，根据入库单信息查找构件，生成出库信息单。

6．物料管理

（1）物料管理分为内部物料管理和甲供物料管理两部分。

（2）需要完成对供应商的评价登记，对合格的供应商进行信息登记。

（3）材料请购、采购、检测、入库管理，生产部对所用到的材料填写请购单，由采购部门进行材料订购并生成材料订购单。材料购回之后，按照材料的类型进行主材和辅材分类登记，验收合格后，将材料、地材、小五金以及甲供材料登记入库，经过审核后，形成入库单据。主材：砂、石、水泥、外加剂、钢筋；辅材：生产辅料，如铁丝、螺钉等辅助性材料。

7．钢筋管理

钢筋作为生产中最重要的物料之一，成本部需要对其进行重要管理。钢筋管理分为库存管理、钢筋采购、合同签订、钢筋送货检测、钢筋入库登记、钢筋出库登记、退换货登记以及每月的库存盘点。

8．物料账单管理

对合同账单、入库账单进行比对、审批、入账。

9．仓储管理

仓储管理需要对各种仓库中存放的物品以及成品进行入库和出库管理。对于材料方面，需要对入库数量、种类、位置、时间、批次以及入库单上的价款进行登记，出库时，需要按照出库单上的材料编码进行库房查找，并记录材料出库数量、时间、金额，以便核对材料成本。对于构件成品方面，需要对构件入库数量、库区、位置、类型进行保管，出库前需进行二次成品检查，并做好记录，出库时记录构件编号、时间、数量，为后续构件成本核算提供依据。

10．钢筋试验管理

技术部需对进场钢筋进行外观检测和力学性能试验，外观检测有无损伤、裂纹、生锈、直径大小以及吨数等数据，并进行分类登记。力学性能试验按照标段—钢筋种类—直径—吨数，进行拉伸、弯折试验，并将结果记录在册，建立试验台账。

11．混凝土试块试验

技术部需对每一种类型的PC构件，如叠合板、外墙等，按照标段、混凝土型号进行试块抗压检测试验，自检合格后送往第三方检测平台，合格后开始混凝土浇筑。

12．生产质量检查

质监部需安排人员到不同生产线上进行构件生产中的隐检以及脱模后的成品检查。产品合格的做合格登记，并打印质量合格证；不合格的做产品返修登记。

6.5.3　生产线管理系统

1．系统特点

生产线管理系统（以下简称SPCI-PMES）融合混凝土预制技术、物联网技术、工业4.0思想，采用数字化、信息化的智能设备，严格按照JIT准时生产模式，实现混凝土构件从BIM模型到成品的高效自动转化，提高了建筑标准化部品生产线的自动化和信息化程度；同时，减员增效，降低成本，为建筑产业化赋能。基于工业4.0思想的PC生产线的智能化发展跑道图，如图6-10所示。

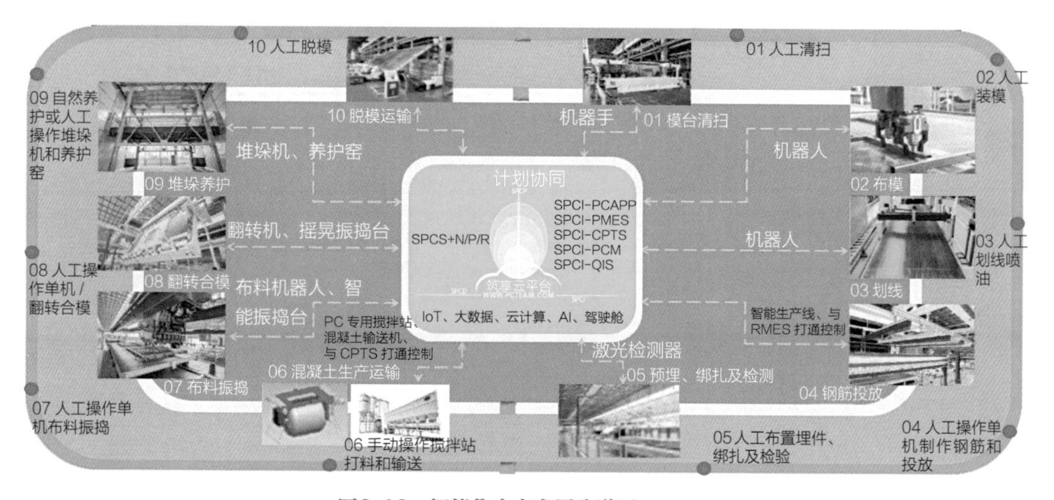

图6-10　智能化生产发展跑道图

SPCI-PMES在划线、拆/布模、布料、振捣、堆垛、养护、翻转、质检等主要环节都进行了智能化管理，如图6-11所示。

2．系统功能

（1）数据管理

SPCI-PMES目前已实现兼容ZDPC、CAD、PKPM、PlanBar多种构件图纸的解析技术，对接多层次构件数据。能够实现BIM模型数据一键导入解析转化成构件生产数据，并能重现构件2D和3D图形、钢筋与预埋件相关数据，如图6-12所示。

（2）排产管理

以往构件拆模、布模主要靠手工操作，自动化程度低，并且存在工位分散、效率

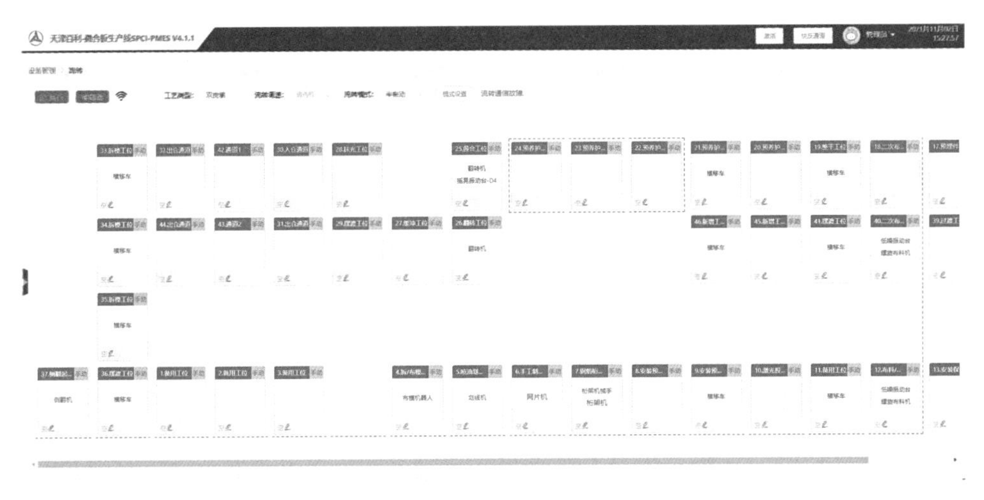

图6-11　SPCI-PMES系统界面图（一）

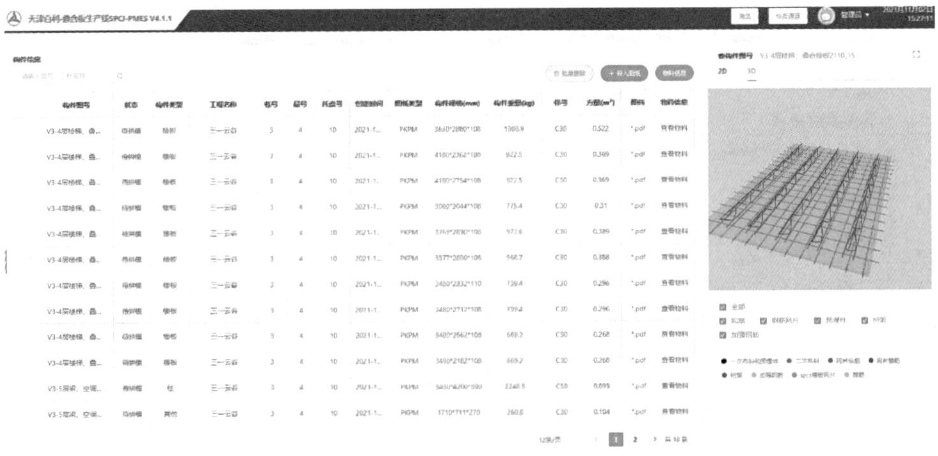

图6-12　SPCI-PMES系统界面图（二）

低的情况。SPCI-PMES集划线、拆/布模功能于一体的机器人，如图6-13所示，采用激光扫描边模识别感知技术、复杂环境的机器人路径规划和避障技术，集机器人本体、边模输送清理机、摆渡机和模台清理机于一体，实现了拆装智能化、工位集成化。激光扫描边模识别感知技术是机器人带动线激光匀速进行一次性扫描，高帧率相机提取激光图像，同时视频实时处理技术解析三维坐标，边模图形识别算法解算边模精确位置，正确识别率可达99.5%以上。机器人根据构件图纸形状和尺寸解算出最优边模拼接组合，并根据图纸信息、当前边模库数据，以及负载变化将安全区域与危险区域实时耦合，解算出最优路径规划，自动避开障碍区到达目标位置，如图6-14所示。国外企业虽然在拆/布模环节也推出了机器人，但都是单工序的，拆、布模为两套机器人。

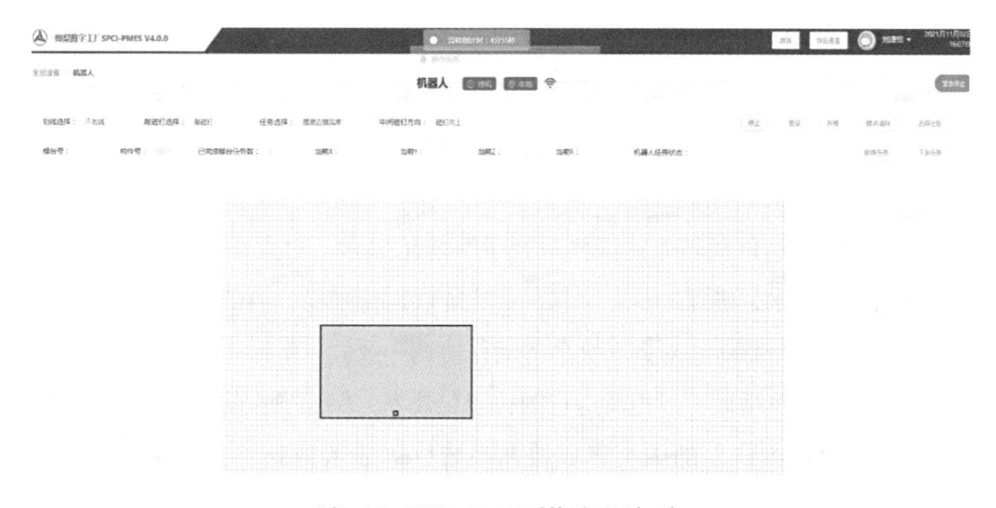

图6-13　SPCI-PMES系统界面图（三）

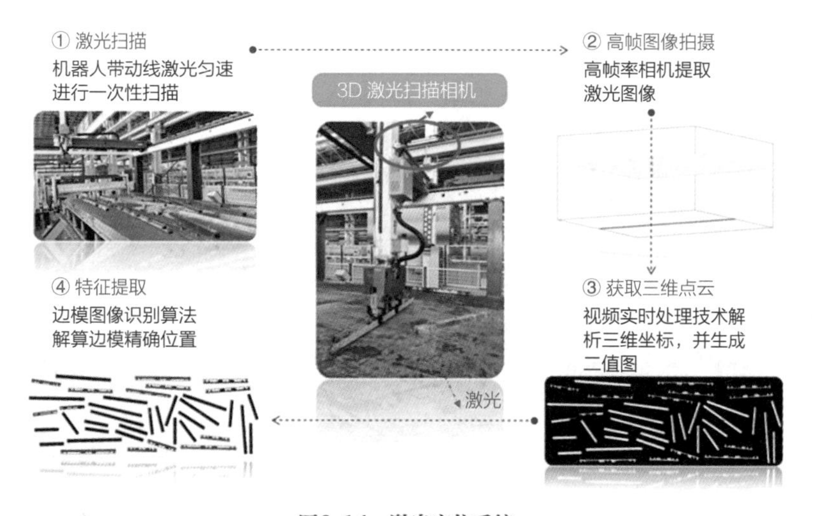

图6-14　激光定位系统

（3）质检管理

在质检环节，SPCI-PMES的激光投影自动质检系统无须人工操作，自动投影模台上的构件信息，可分构件、分层投影，高效、准确地实现构件轮廓、预埋件等位置检测，提高质检效率，如图6-15所示。

（4）设备管理

SPCI-PMES的智能布料、振捣系统基于BIM数据转化后的生产数据，能实现自动行走定位，自动设定行走轨迹和速度，定位精度≤1mm；此外，系统采用重量闭环控制，自动控制布料速度，实现精准布料，重量精度≤1%。根据混凝土的布料情况，系统自动控制振捣频率和振捣时间，达到最佳振捣效果。

SPCI-PMES的智能堆垛、养护系统通过智能控制堆垛机与流水线、养护系统的联动，实时记录窑位及养护状态，自动判别养护需求。自动判别流水线状态，智能分配存取窑位，实现高效流转、安全运行。堆垛机智能化全自动运行，全程无须人工值守，高构件智能并仓，提升架升降速度智能切换。对养护窑同样采取智能温湿度控制，可远程精确控制窑内温湿度。

SPCI-PMES对构件翻转系统同样进行了智能化探索。对大车行走、翻转机构采用变频曲线控制技术，确保起步、平移、停止能够运行平稳；内部、外部动作互锁，确保卷扬提升、模台翻转、对齐、夹紧等动作协调一致。以上操作都支持三种运行模式：自动、半自动、微调，以提高运行的智能化效率，保证操作的便利性。

SPCI-PMES自主研发的中央集成控制系统，集成了视频总控系统、激光质检

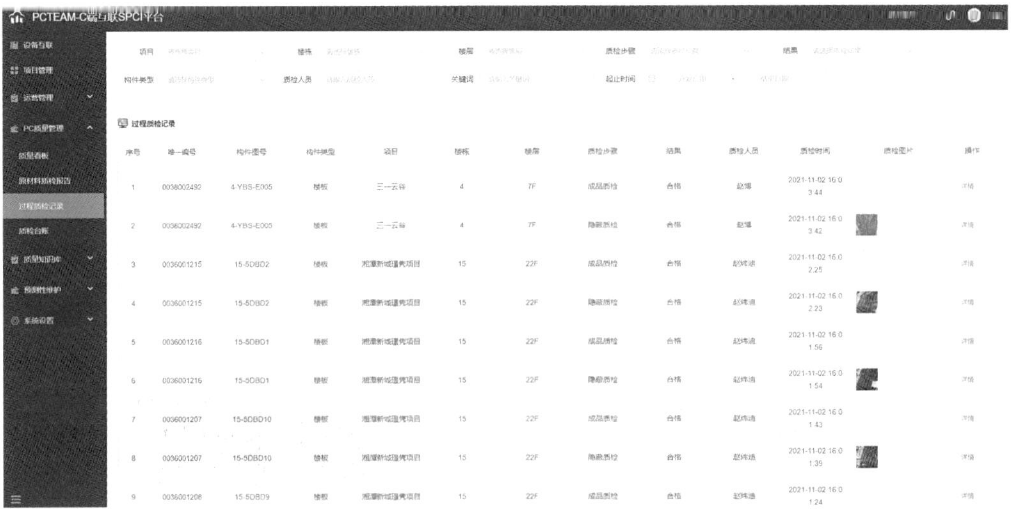

图6-15　SPCI-PMES系统界面图（四）

分析系统、工位作业辅助信息系统等，可以实现对流水线、划线机、布料机、振动台、堆垛机、养护窑、翻转机等设备的全智能全过程控制；实现全方位信息管理、构件全生命周期管理。生产线各设备智能互联互通，高效协调运行，构件生产节拍≤8min，处于国内领先水平。

SPCI-PMES实现了构件生产的全自动化运行，使生产节拍时间短、周转效率高，经济效果明显。智能生产也确保了构件质量，降低了产品成本，并通过信息化手段，实现了生产过程的透明可控，规范了生产过程，改善了管理现状。

6.5.4　构件管理系统

1．系统特点

PCM筑享云构件管理系统是面向PC工厂生产管理的轻量化应用，为项目管理、生产管理、仓储管理和发运管理，提供线上台账和单据功能组合，生产管理流程如图6-16所示；建立健全构件标识体系，让数据绑定构件实体，记录从生产到质检、仓库、运输再到交付的每一个环节；集成商务智能、数据分析，为管理者提供运行分析、订单跟踪、项目结算、劳务结算、运输结算等全面业务支持；电脑端+手机端的组合，可灵活应对不同的使用场景。力求以最简单的功能助力一线人员，以最小的管理代价让生产行为有迹可循，以最真实的数据反馈生产状态，以最直观的方式支持工厂决策。

（1）计划驱动生产，让生产环节可控

装配式建筑行业正处在飞速发展阶段，供需之间很难达成稳定均衡。工厂需要灵活的生产人员配置，以应对生产需求的剧烈变化。因此，劳务外包成为当前环境下的生产常态。装配式构件生产模式介于细胞生产和流水线生产之间，生产班组具有较高的生产灵活性。

限制生产班组的随意性，全盘考虑生产顺序问题，实现生产、堆放、运输充分协同，达到整体效率最大化，是当下工厂管理的重中之重。

PCM让计划驱动生产，用质检放行工艺，将生产情况及时反馈给管理人员，保证生产

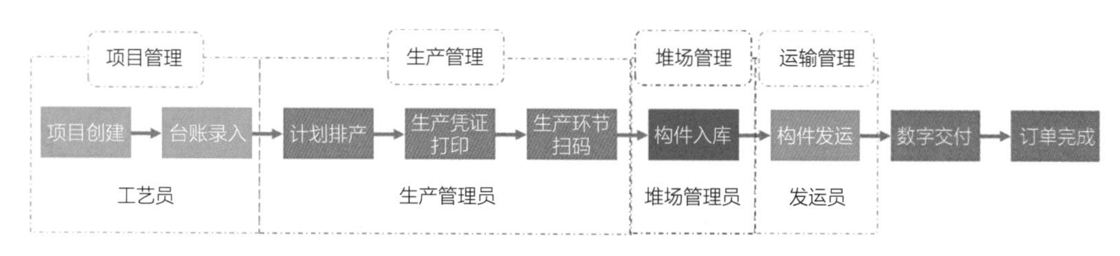

图6-16　生产管理流程示意图

计划和产品质量的严肃性。通过生产管理模块，PCM将生产计划和产品质量牢牢地控制在工厂经营者手中，遏制班组随意安排生产任务、跳过质检环节等不规范生产行为，为运营提供管理抓手。经营者通过生产管理模块影响班组的生产行为，实现整体效率最大化。

（2）建立健全标识体系，构件全程可视化、可数字交付

装配式工厂构件标识体系尚不健全，大多数工厂沿用深化设计构件编码作为构件标识。通过构件表面涂写或粘贴标签的方式，进行标识与构件的绑定。标签损毁，生产记录、质量资料散落，甚至构件遗失的现象频发。

PCM建立健全构件标识体系。采用一件一码的方式，将构件在订货阶段的同一性，转变为生产、堆放、运输阶段的唯一性，让构件生产、质检、堆放、运输全程可视。彻底消除构件生产记录、质量资料散落、构件遗失等生产弊端。通过PCM约束标签打印行为，最大限度地降低标签漏打、打重的可能性，确保标识体系准确性。

（3）运行数据汇总，工厂状态随时掌握

传统单据、台账的汇总方式导致了严重的时间延迟和巨大的数据处理工作量，造成了统计成本和决策迟滞。

PCM依靠生产管理、堆场管理和运输管理模块中积累的基本运行数据，进行自动化的数据汇总工作，将数据汇总周期精确到天，将数据延迟缩短到秒。

（4）构件状态汇总，订单进度实时跟踪

装配式工厂通过多张表格实现订单进度跟踪，分别是一张项目进度表和多张排产计划表。根据排产计划的执行情况，完成项目进度表的更新。3～5个项目穿插，每天生产200多块构件的常规生产负荷将给项目进度表的更新工作带来巨大压力。项目生产进度信息，是结算、排产、堆方、发货等环节的重要决策依据。

PCM按项目、楼栋、楼层、构件类型进行构件状态汇总。按照工地施工安装顺序，绘制订单进度表，将汇总周期精确到分钟，将数据延迟缩短到秒。让工地施工安装进度、订单的供货能力、订单造成的成本和库存压力等信息一目了然，方便结算、排产、堆放、发货业务部署。

（5）跨单据数据归集，支持各类结算业务

单据是各类结算的有效凭证。定期结算，致使对单据的反复核算和数据汇总，造成较大的工作压力。

PCM支持跨生产任务单和跨发运单的项目数据汇总及工程量统计，极大地降低了结算带来的数据统计工作量。将劳务结算、运输结算和项目结算建立在真实的业务数据基础之上，实现按劳定酬、按质定酬，帮助工厂营造公平、正向的工作生产氛围。

2．系统功能

（1）项目管理

项目管理模块服务于订单数据的维护，如图6-17所示。工厂拿到订单项目，便可在系统内创建同名虚拟项目，并写入构件BOM数据。自设计端生成构件唯一码，并在BOM清单录入PCM系统时同步生成构件唯一身份标识，从根源上避免错漏，为后续质检、库管环节提供基础。

（2）生产管理

生产管理模块服务于工厂生产任务下达与执行，如图6-18所示。可根据项目要货计划、模具模台占用情况、工厂产能情况等，进行生产计划的合理分配，省去烦琐的

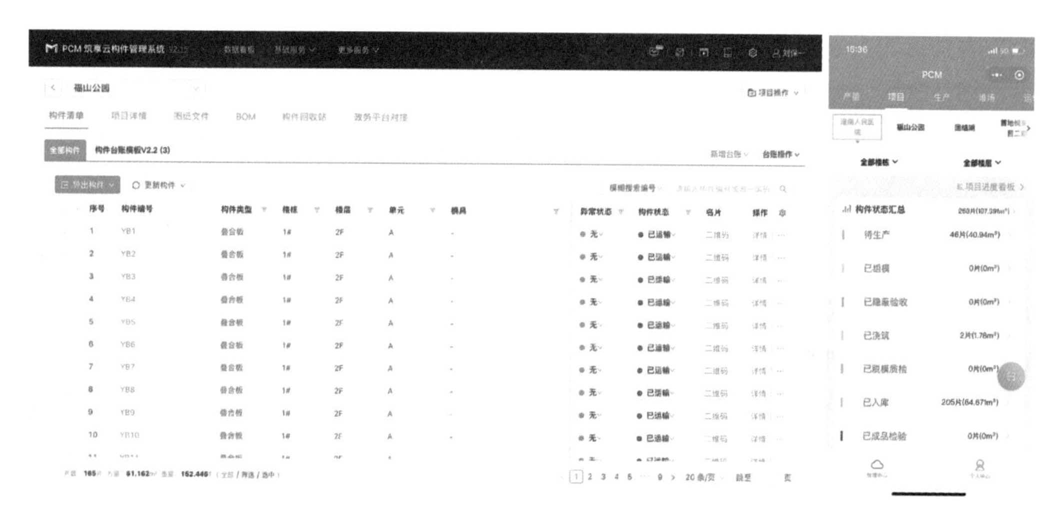

图6-17　PCM系统界面图（一）

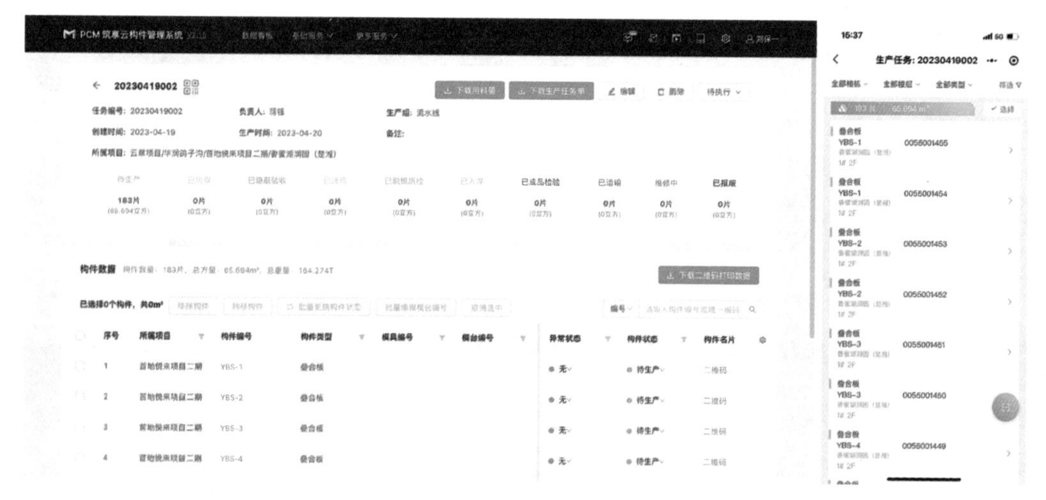

图6-18　PCM系统界面图（二）

统计核对工作的同时平衡生产效率和堆场压力。可根据实际生产进度情况进行构件生产状态及质量状态精准报工，及时同步生成进度，杜绝生产信息割裂情况的发生。同时，生产任务文件与生产U/P文件可同步至SPCI系统，驱动装备进行运转。

（3）堆场管理

堆场管理模块服务于构件出入库及盘库，如图6-19所示。用标签管理体系保证账、物对应，用二维码技术提高构件识别的工作效率。针对进出库记录的管理流程，做到进库、出库有记录，从管理模式上杜绝随意进出库，可对堆场进行周期性盘库，保证堆场管理的有效运转。

（4）运输管理

运输管理模块服务于构件发货及项目退货，如图6-20所示。通过建立完善的运输单据管理体系，对要货计划、运输计划、吊装、装车核对、工地签收、项目退货进行单据记录和合理跟踪。

（5）钢筋管理

钢筋管理模块服务于钢筋下料、钢筋打包配送、钢筋生产拿取及钢筋采购，如图6-21所示。通过获取ZPDC生成的构件BOM明细，输出生产单据、打包单据和用料统计表，实现从钢筋生产、分拣及配送，到钢筋采购再到成本管理全流程的业务支撑。

（6）部品部件质量管理

基于装配式建筑部品部件质量管理系统（QIS），实现PC部品、钢筋部品质检数字化记录、管理和分析，涵盖了原材料、生产过程、成品全过程的质检数据，自动生成部品的合格证书、第三方或者甲方要求的质检记录表，如图6-22所示。在生产过

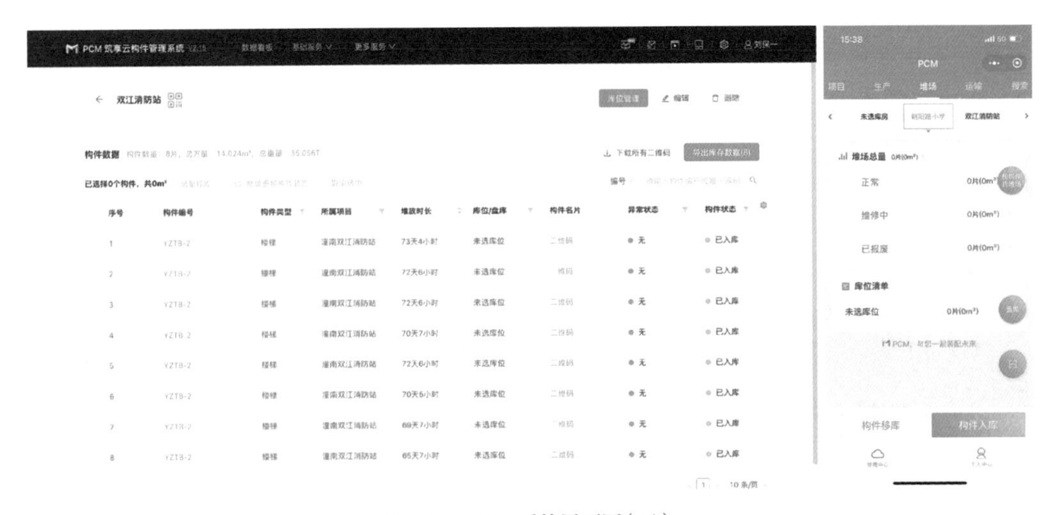

图6-19　PCM系统界面图（三）

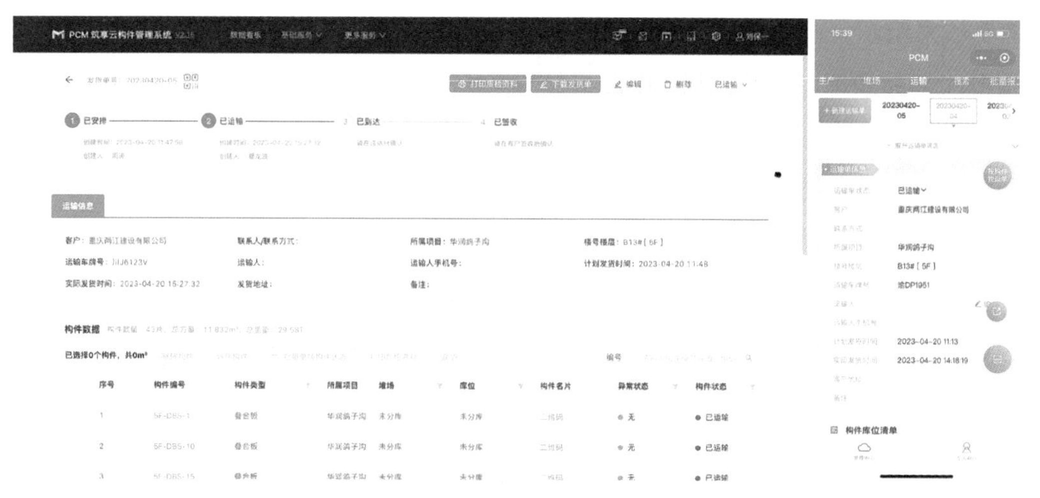

图6-20　PCM系统界面图（四）

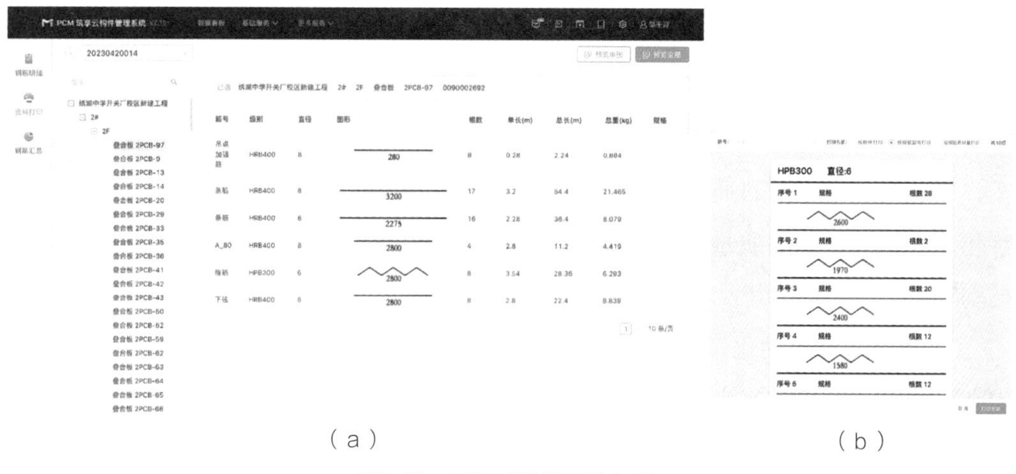

（a）　　　　　　　　　　（b）

图6-21　PCM系统界面图（五）

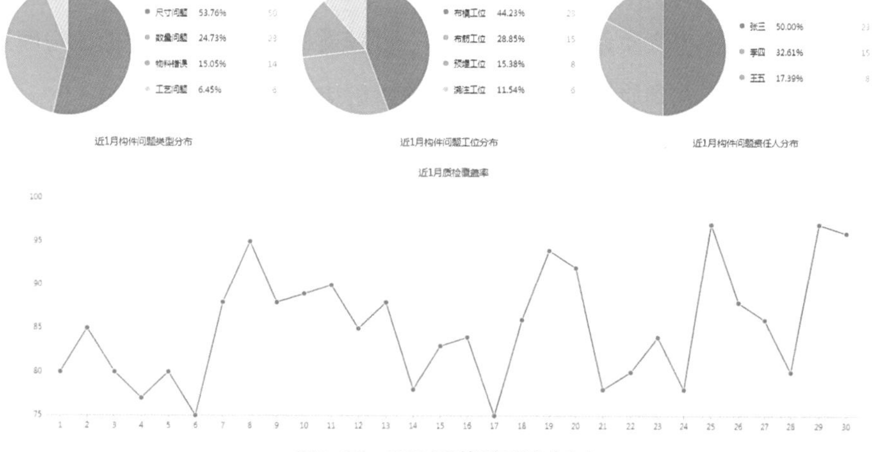

图6-22　PCM系统界面图（六）

程中，采用图像视觉识别技术自动检测PC部品预埋、钢筋、ALC板材开裂等质量问题，帮助PC工厂建立质量体系和数字化工具，为后续上传到建筑质量监管数据平台奠定基础，如图6-23所示。QIS系统数据与PCM进行秒级互通，报工结果将对接至PCM的隐蔽验收、成品检查工序。

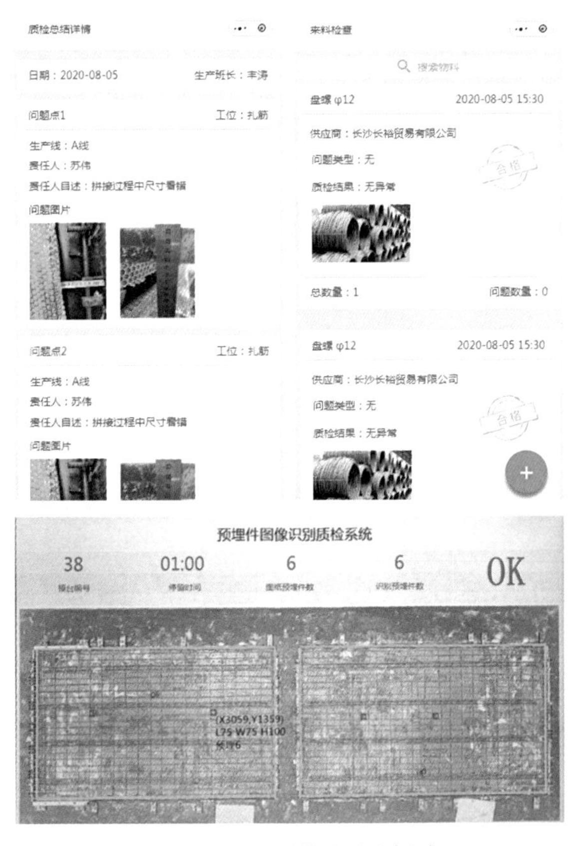

图6-23　PCM系统界面图（七）

1）原材料质检移动端（App）化：对PC部品生产所需的原材料，进行移动端化严格质检，方便边检边记录，无须事后处理。自动将第三方送检的原材料质检数据存档备案，每批次入库原材料质检记录数字化，为后续的成品质量分析做数据基础。

2）过程质检自动化：采用视觉识别技术，对接ZDPC设计模型输出的构件设计图样，在PC生产过程中，质检工序的摄像头自动拍照比对预埋位置、数量等，进行浇筑前的自动化质检和拍照存档，消除了生产线上大量的人工质检工作。

3）质量分析智能化：以质量缺陷分类，自动生成每天的质量看板，方便工厂运营人员随时随地把控生产质量，联动原材料、过程质检、设备运行数据，帮助用户追溯并分析质量原因，找到质量问题点，快速改善解决。

4）质量报表个性化：用户可根据工厂需求自定义质量报表，自动生成满足建设单位、监理单位、政府主管部门等不同部门要求的质量记录表，大幅度减少了人工处理的工作量。

6.5.5　构件施工管理系统

1．系统特点

装配式施工管理与传统的施工管理模式不同，参与方更多，更加考验总包单位对整个施工流程的协同管理，总包单位需要一个平台集成参建各方统一管理。作为供货方的构件厂，需要做到合理排产，既能保证现场的施工进度，又能较好地控制成本。而作为组织者的总包单位，需要将自己的施工计划及时、准确地通知各参建方。无论是现场施工还是工厂生产，都需要通过编制进度计划来保证生产施工有条不紊地进行。因此，筑享云平台是三一筑工打造的建筑工业化平台，肩负着装配式建筑全生命周期管理的重要使命，装配式施工管理系统（PCC）作为平台中的重要一环，连接着工厂生产和工地施工，为整个装配式建筑产业赋能。

PCC以吊装施工为核心，提供基于构件数据的施工模拟、要货协同、进场验收、吊装施工、一件一码吊装记录、施工验收与整改等施工全过程管理，实现构件全生命周期追踪溯源与BIM孪生交付。

2．系统功能

（1）计划管理

PCC微信小程序中的施工计划由施工单位编制，包括要货计划、吊装计划和进场检验三部分，此三部分对应统一的构件清单且编制完成后可自动通知工厂发货员、吊装队伍班组长、质检员等，实现信息共享和施工任务的统筹协调，如图6-24所示。工厂可以根据构件级的施工计划进行排产，吊装队伍可以根据施工计划安排施工人员、准备工具。质检员可以根据施工计划准备进场检验资料。保证构件到场之后高效组织进场，快速进行安装。此外，PCC系统还与SPCP计划管理系统打通，实现施工计划一键同步，帮助建设单位更加便捷直观地管控施工进度。

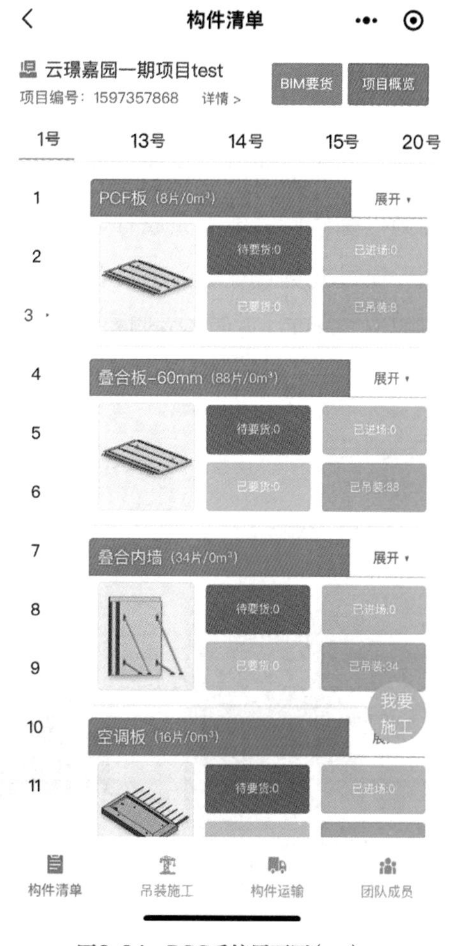

图6-24　PCC系统界面图（一）

（2）运输管理

PCC微信小程序打通了工厂生产管理系统PCM，可实时同步运输单，如图6-25所示。工厂根据施工计划安排发货之后，施工单位可在易吊装实时掌握运输车辆行驶轨迹并了解车辆即将到达时间。工厂也可通过运输跟踪功能更有力地掌握物流公司，更便捷地完成运输车辆的调度管理。总包单位根据车辆运输轨迹，在构件即将到达时通知监理单位进行验收，准备施工。

（3）现场吊装管理

可通过PCC微信小程序在数字图纸扫码快速掌握构件的吊装位置，如图6-26所示。在构件起吊过程中，可快速到达计划吊装位置进行准备，避免时间的浪费。在进行下一块构件扫码吊装时，上一块构件吊装完成并统计吊装用时，帮助施工单位在施工完成后进行吊装施工效率分析。

如果没有构件级的施工管理需求，吊装员可通过施工计划的开始和完成进行施工进度的展示。在易吊装的项目概览模块，根据施工计划的完成情况，直观地展示整个项目精确到楼栋楼层的施工完成日期和计划完成日期。项目概览直观地为项目各方展示了该项目的施工进度，方便各方调整施工生产安排。

图6-25 PCC系统界面图（二）

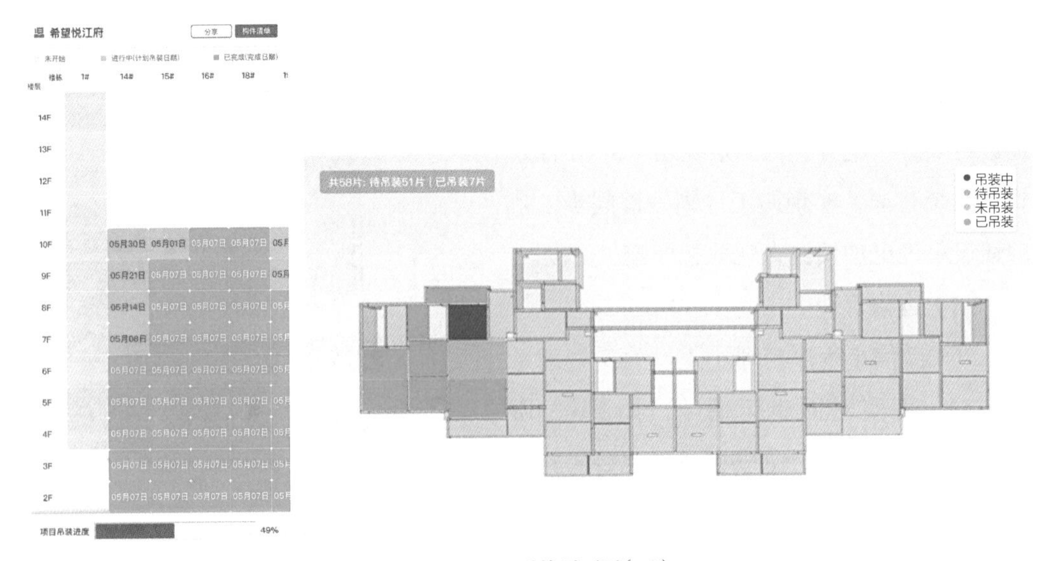

图6-26 PCC系统界面图（三）

6.5.6 工厂管理系统

1．系统特点

企业内部管理采用ERP系统支撑企业的产销协同、成本核算精细化、产品质量管理线上化等管理需求的生态化、信息化系统，实现各个业务领域数据的透明化、可视化，顺应信息化、智能化、数字化的企业转型趋势，支撑企业未来长期的稳健发展，如图6-27所示。

2．系统功能

（1）销售管理

销售活动是企业经营活动的起点，对企业的技术、采购、生产、财务等各项管理都有决定性作用。销售管理系统是对销售报价、销售订单、仓库发货、销售退货处理、客户管理、价格及折扣管理、订单管理等功能综合运用的管理系统，通过对销售全过程进行有效控制和跟踪，实现缩短产品交货期、降低成本、提升企业经济效益的目标，如图6-28所示。

主要价值实现：

1）实现销售订单、发货、出库管理，并可按客户的实际业务进行审批流程配置。

2）实现销售价格的管控，可设置低于销售单价不允许下订单或发货。

3）实现在销售订单或发货通知环节，可用库存不足设置预警提醒。

4）实现按部门、业务员、客户、产品等不同维度分析销量、毛利润情况。

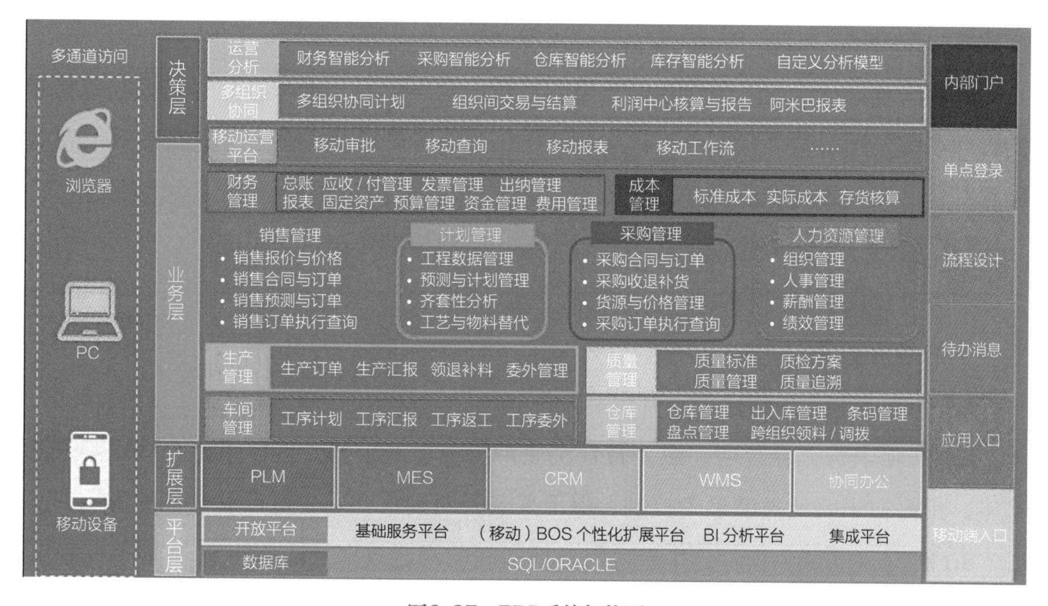

图6-27 ERP系统架构图

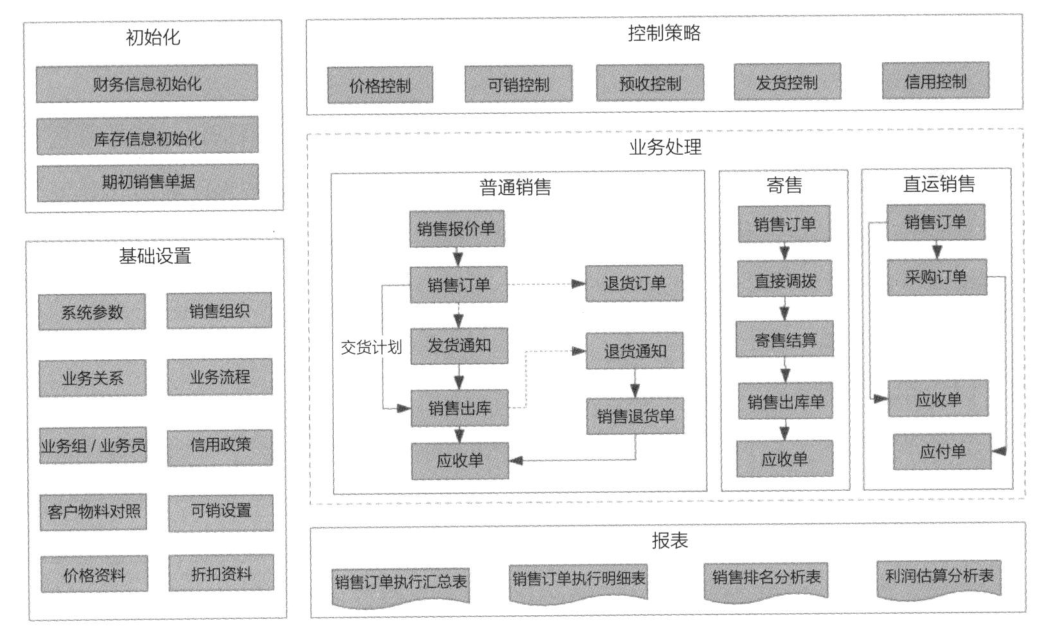

图6-28　销售管理模块架构图

5）提供销售订单全程跟踪，真实、快速掌握订单执行进度，提升企业销售环节的应变能力，提升服务质量。

（2）采购管理

采购管理就是在正确的时间、以合适的价格、恰当的数量和良好的质量采购原材料、服务和设备。在大多数企业中，采购物料和服务的成本大大超过劳动力或其他成本，所以改进采购职能可以长久地控制成本。

采购管理系统是通过采购申请、采购订货、仓库收料、采购退料等关键业务处理的管理系统，通过对采购业务过程中物流、信息流和资金流的全过程进行有效的控制和跟踪，实现完善的企业供应信息管理。该系统可以与销售管理系统、库存管理系统和应付款管理系统集成应用，共同构造企业内部供应链系统，提供完整、全面的企业业务财务一体化管理平台，如图6-29所示。

主要价值实现：

1）实现企业从采购计划、订单、入库到付款结算全流程管理。

2）加强采购流程管理，建立符合企业市场环境的采购管理体系，合理控制采购成本，提高对采购业务的事中控制，保证采购及时到货，减少对后续业务的影响。

3）提高采购部、仓管、生产、财务部门间的沟通效率及协作能力。

4）实现采购付款精细化管理。

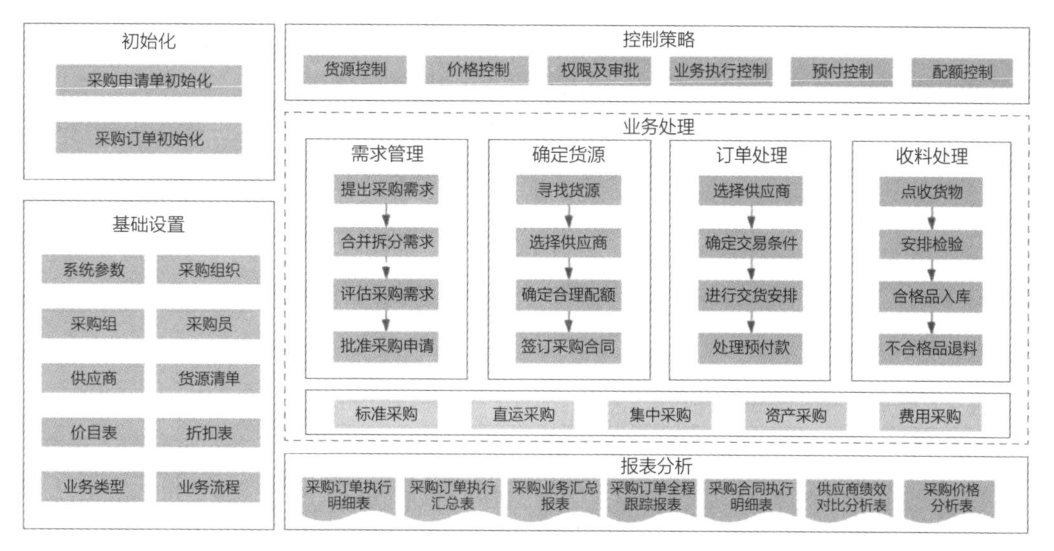

图6-29　采购管理模块架构图

（3）库存管理

库存管理主要围绕企业的采购、销售、生产等经营业务提供出入库业务管理，提供库存查询、库存预留等功能辅助业务执行，同时帮助企业库管人员管理在库库存，提供调拨、库存盘点、库存调整、关账功能，对于需要分批管理和进行有效期控制的物料，提供批号管理和有效期管理的功能，帮助企业提升库存管理水平，如图6-30所示。

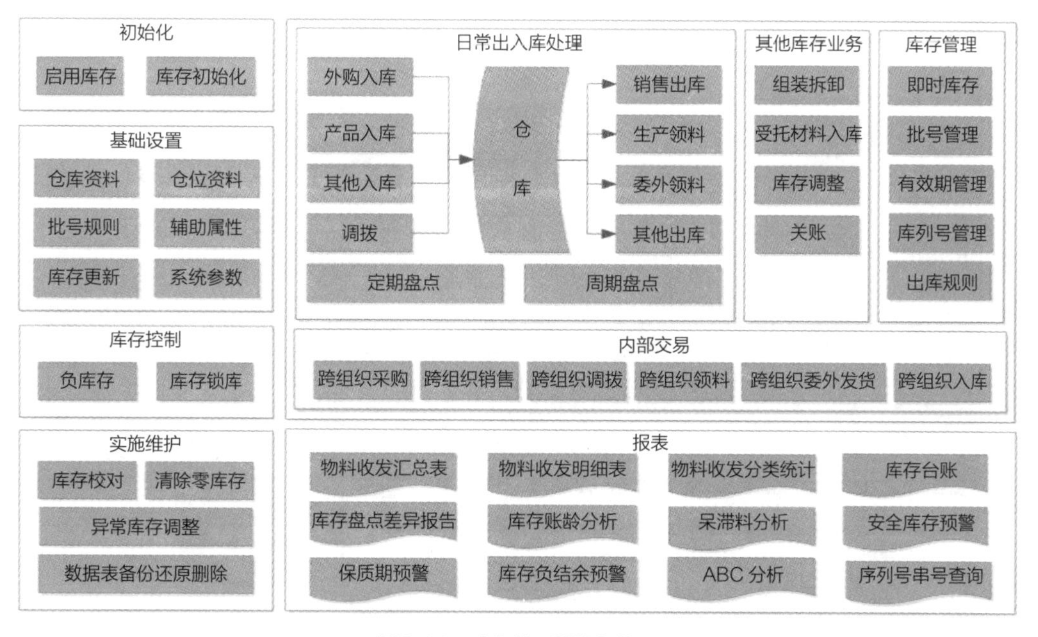

图6-30　库存管理模块架构图

主要价值实现：

1）统一基础数据编码和名称，规范并统一仓库的管理。

2）对日常出入库进行规范化、标准化管理，提高仓库运作效率。

3）通过安全库存、最高库存、最低库存预警，防止不合理库存，保证供给，减少积压。

4）通过批次管理、库龄管理、预警管理等全面的库存管理手段，提高企业库存管理的效率和质量。

（4）集成数据与数据驾驶舱

浙江筑工科技有限公司以根云平台4.0工业物联网平台为基础，针对各类生产线独特属性，利用工厂生产线边缘端的纯“软”数传终端，将设备协议数字化、模板化，于平台端完成设备机理模型建模、关键指标分析、健康模型组建。目前兼容SYMC、PLC、Modbus等10种以上协议，数据采集终端实现1～3s频率稳定回传，数据上报后自动匹配各类模型完成实时计算和离线分析，支撑平台各类业务，具体如图6-31所示。

PC工厂数据主要通过边缘端的DS数据网关、PCM平台等调用平台端Kafka接口上传大数据应用，大数据应用分别根据Topic和数据特性进行处理，业务数据进行入库，工况和应用行为数据基于Flink进行初步清洗和实时指标计算，并将数据复写到以下三个部分：

1）原始数据写入HBase做数据存档。

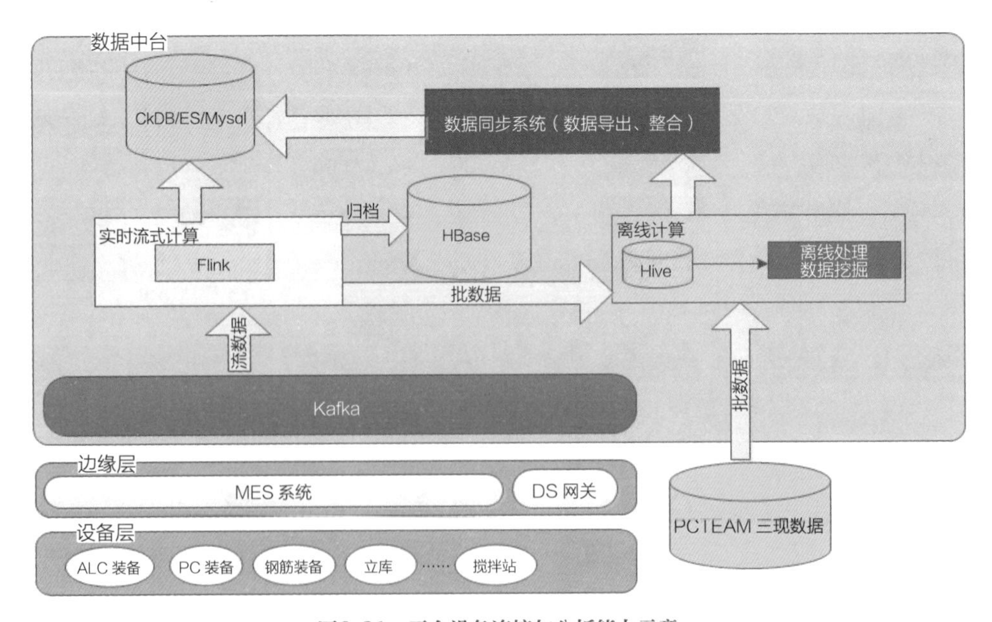

图6-31 平台设备连接与分析能力示意

2）实时指标计算结果写入CKDB/ES/Mysql等，以支持低时延要求应用。

3）通过数据处理成批数据，写入Hive，供离线计算和AI模型训练使用。训练好的AI模型部署后通过API方式供Flink计算调用。

最终，PC工厂通过驾驶舱的方式呈现整个工厂“人、机、料、法、环、测”+能耗的统筹分析结果。

（5）能耗管理

能源综合管理监测系统通过工厂部署前端智能水电气表采集设备，基于树根互联IoT接入平台为底座，通过API接口的方式获取工厂能耗信息，对工厂作业时能源消耗情况进行实时监测，如图6-32所示。

通过对采集的能耗信息进行数据梳理、数据分析，动态规划合理阈值，对于超出阈值的能耗情况进行预警，便于及时发现漏水、漏电、漏气等异常情况，有效降低安全风险。

1）数据采集

通过智能网关设备，采用TCP/IP通信协议自动并实时上传给IoT平台，以保证数据得到有效的管理和支持高效率的查询服务。系统能够实现准确采集，安全传输、汇总，并具有较快的刷新频率，如图6-33所示。

2）实时监测

展示实时计量数据，以及历史数据全面展示。实现能耗在线监测，采用直观的图形化界面来分析展示能耗数据。可支持通过日、周、月、年进行能耗数据的历史查

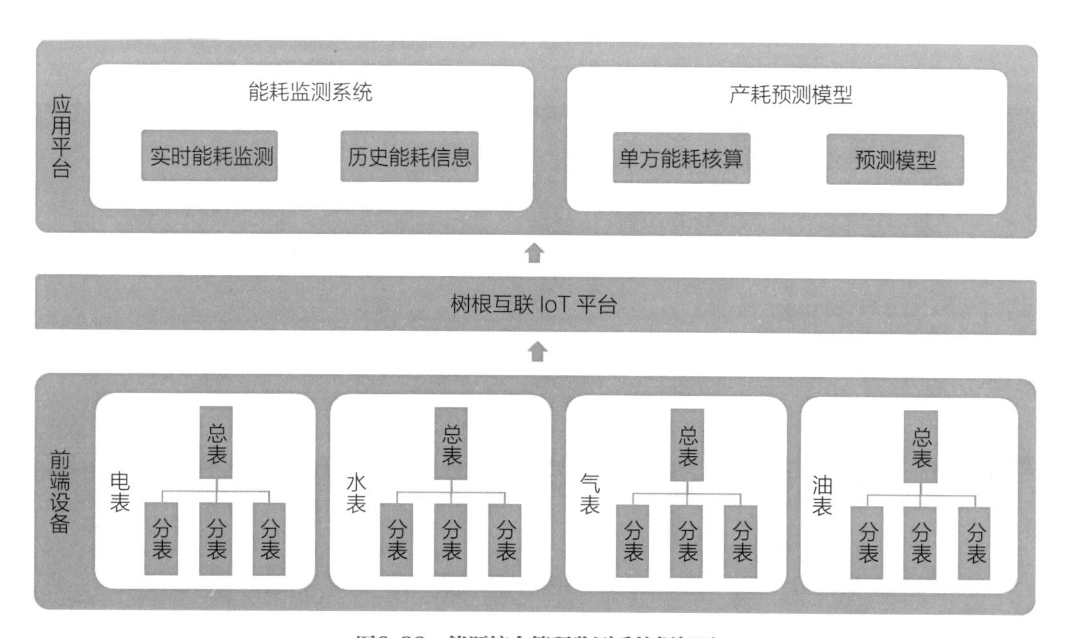

图6-32　能源综合管理监测系统框架图

询，并能以多种图表格式显示，如图6-34所示。

（6）产耗预测模型

通过前期对工厂能耗信息的采集和管理，结合工厂产能情况，实时计算出单方产成品的能耗信息，可为折算单方产成品的成本、工艺改进降低能源消耗提供数据支撑。

通过原始数据的积累，应用大数据分析模型，可对工厂后续生产过程的产耗信息进行预测，为管理者安排工厂生产提供数据模型依据。系统通过工厂能耗趋势图、产能趋势图，对工厂历史产能及能耗信息进行对比，并计算出单方能耗信息，为工厂分析能耗成本数据提供多种查询条件，生成丰富多样的图形和报表，进行数据分析，以折线图、柱状图、饼图、二维表等形式体现。

图6-33 工厂实时能耗信息

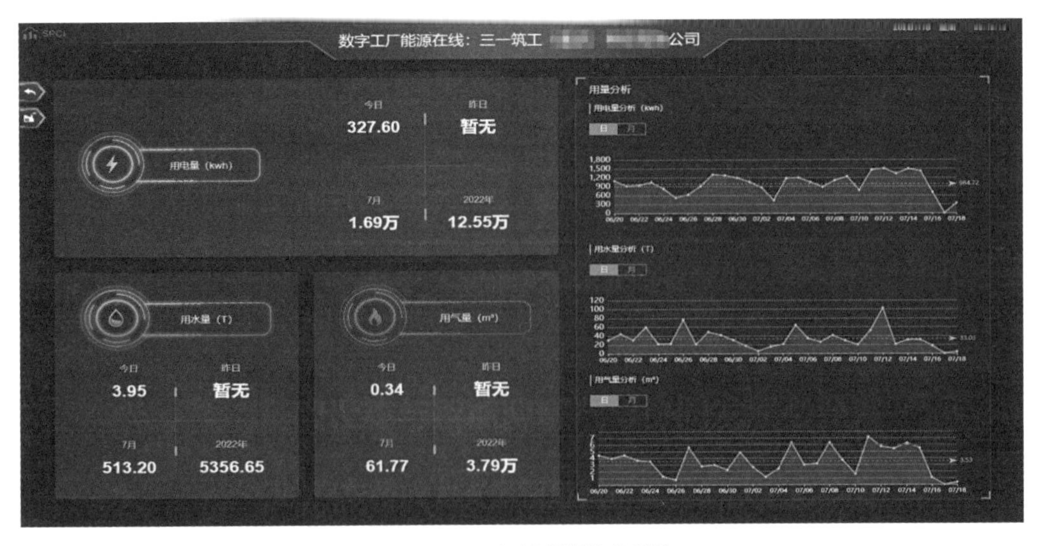

图6-34 工厂历史能耗信息看板

第7章

智能施工

7.1 基于BIM技术的数字化施工应用

BIM以可视化技术，将传统的二维图纸通过计算机图形学和图像处理技术将数据转换成图形或图像在屏幕上显示出来。施工中的各种工作团队皆可以直接浏览每个空间，并且使用此模型进行沟通讨论与分析。这种方式降低了工程人员空间想象力门槛，给团队赋予了拟真环境中发现设计问题的条件，并且可以利用BIM参数化的优势实现“一点优化，全局协调”，减少了数据协调失误的风险。

7.1.1 深化设计

1. 结构工程深化设计

采用BIM技术建立虚拟模型，对项目土建结构进行深化设计，如图7-1所示，创建可参变的集水坑族、电梯基坑族、柱墩族模型，对多坑连接的部位进行深化，提前

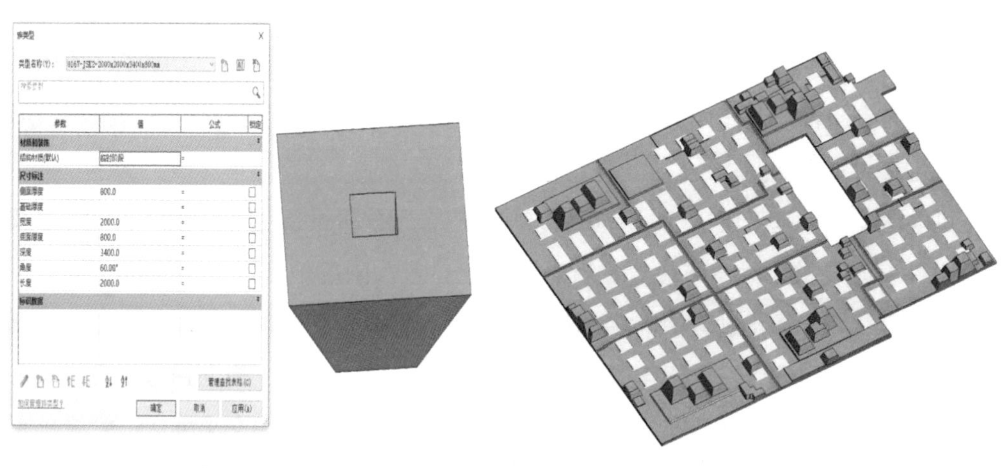

图7-1 土建结构深化

发现问题，减少拆改返工。模板及支撑工程在现浇钢筋混凝土工程中是不可或缺的关键环节，模板支撑工程的费用及工程量占据较大的比例，模板及支撑工程费用一般占结构费用的30%～35%，用工数占结构总用工数的40%～50%。传统的模板及支撑工程设计耗时费力，技术人员会在模板支撑工程的设计环节花费大量的时间和精力，不但要考虑模板支撑工程的安全性，同时还要考虑其经济性，计算绘图量非常大，然而最后的效果往往不尽如人意。因此在模板及支撑工程设计环节引入BIM来进行计算机辅助设计，以寻求有效且高效的解决途径，可以有效提升项目效益水平。使用BIM技术辅助完成相关模板的设计工作，主要有两条途径可以尝试，一是利用BIM技术含有大量信息的特点，将原本并不复杂但是需要大量人力来完成的工作，设定好一定的排列规则，有效利用BIM信息使用计算机编制程序自动完成一定的模板排列，以加快工作进度，从而达到节约人力并加快进度的效果；二是利用BIM技术可视化的优点，将原本一些复杂的模板节点通过BIM模型进行模板的定制排布，并最终出模板深化设计图。同时BIM模型的运用也有利于打通建筑业与制造业之间的通道，通过模型更加有效地传递信息。模板施工质量的好坏对结构混凝土的外观质量有着非常重要的影响。在现场通过对模板板材优选和质量控制、模板脱模剂的优选和使用控制、模板设计中的刚度和强度控制、模板节点设计中对拼缝和穿墙螺栓孔的位置优化，可以达到对混凝土颜色、表面气泡数量、光洁度、平整度等观感效果的控制，进而实现工程的质量目标。

2．机电工程深化设计

机电工程专业分包多，综合性强，复杂性与专业性突出，综合管理协调难度极大，基于BIM管线综合深化模型，制定管线综合排布规则，优化管线顺序，对管线进行综合排布，将净高低、管线密集区域进行优化排布，最大限度地增加建筑使用空间，协调机电各专业有序施工，减少由于管线冲突造成的二次施工，为施工、使用、维修创造有利条件。基于BIM技术，将既有建筑的机电管道、设备形成综合模型，形成数字化交付资产。

机电深化设计基于便于检修和安装原则，应合理分析设备基础位置，结合管道及管道附件安装要求，对设备位置进行合理优化，最大限度地增加人工作业和检修空间。机房管线综合优化过程中应在确保整体设备、管线、管道附件及人工作业空间充足的前提下，依照管线综合优化避让原则排布管线，统一位置、高度翻弯。机房、泵房位置大多为管线密集处，在管线综合优化过程中尽量避免管线交叉翻弯、管线排布多层导致的整体美观性差和人工作业空间不足的情况。

在管线深化前，需要对设计单位提供的图纸进行核查，查看平面图、系统图及大样图中设计信息表达的完整性和一致性。例如，平面图中的管道规格是否与系统图中相对应管道规格一致，各图中管线路由是否吻合，以及管道附件的位置和数量是否相同。若图纸中发现此类问题，应及时提出问题与相关单位沟通并得到准确回复，以免管线综合后的管线再次修改。需要认识到设计图纸是否完整、准确是BIM工作开展的充分条件但不是必要条件。

在管线较为密集、管道附件较多的机房内经常会发生平面图纸上安装空间较为充足，但在BIM实施过程中或在实际安装中出现安装空间不足的现象。即在BIM深化过程中需注意管道附件的实际尺寸及安装空间问题，在无法确定阀门真实尺寸时，大多数参考普遍使用的各个阀门尺寸。附件安装时应严格按照施工验收规范要求，进行模型深化，确保现场施工落地实施。BIM深化过程中，套管的大小、数量按设计单位提供的图纸建模即可，套管的高度和具体位置则需要在管线综合排布优化后进行调整。机房区域存在截面尺寸较大的结构梁。在一些项目中，会出现机房中有大梁的情况，一般只有一根或两根大梁。大梁位置会导致机房内净高下降或大梁位置局部净高下降，大梁位置管线整体翻弯会影响整体美观性和净高空间。在这种情况下可以跟设计单位沟通，是否可以优化结构梁。

在管线综合排布结束的基础上，应进行综合支吊架的深化设计工作。项目前期策划时需建立标准支吊架构件族库，根据机电管线综合深化模型，建立综合支吊架BIM模型（图7-2）。在深化设计时，须考虑支吊架的实体模型排布，还须考虑在支吊架布

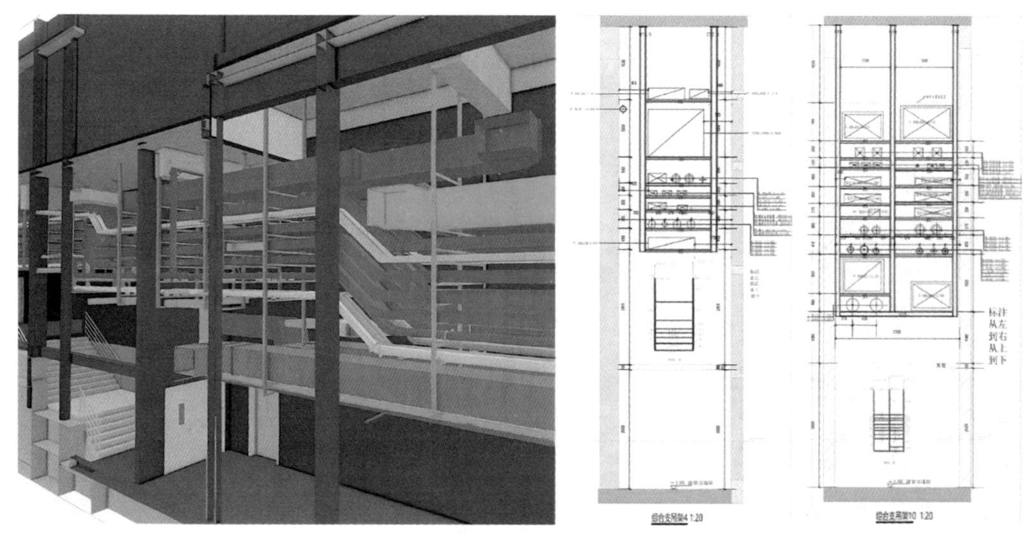

图7-2　支吊架深化

置完毕和位置确认后，对支吊架选型进行校核计算，所选支吊架须满足管道荷载要求，充分减少对房间和走廊的空间占用。现场施工时宜采用综合成品支架，成品支吊架安装速度快，施工周期短，保证了支吊架安装的时效性；标准化支吊架构件族库的建立如图7-3所示，为日后类似项目的应用提供参考，实现资源的有效传递和沿用。

为充分利用吊顶内空间，保证楼层内使用空间最大化，在管线综合排布结束的基础上进一步对结构留洞和套管设置进行深化设计。通过深化设计后的管线位置确定套管和留洞位置，并复核原设计套管做法是否满足规范要求。特殊复杂的管线还可以与结构工程师协商在结构墙、梁上预留孔洞，以满足设计净高要求。

3．施工措施优化

施工措施包括工程设备、临时建筑、脚手架等，通过BIM建立场地各阶段场地布置模型（图7-4），对施工各阶段的场地地形、既有建筑设施、周边环境、施工区域、

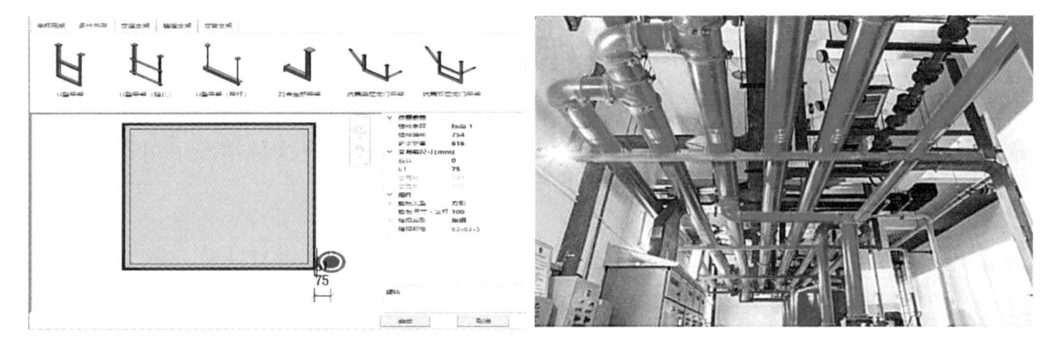

图7-3　支吊架深化及现场实物

图7-4　场地布置模型

临时道路、加工区域、材料堆场、临水临电、施工机械、安全文明施工设施等临时设施进行模拟布置和优化，实现施工平面的科学布置。通过模型模拟主体施工等不同阶段对施工场地布置进行协调管理，检验施工场地布置的合理性，并辅助模拟塔基受力点布置，模拟塔式起重机的设置及使用覆盖范围，优化群塔设置方案。基于BIM技术进行施工现场布置、划分功能区域，便于进行场地分析。合理安排塔式起重机、办公区、库房、加工场地和生活区等的位置，尽量减少占用施工用地，使平面布置紧凑合理，通过与建设单位沟通协调，对施工场地进行优化，选择最优施工路线，生成施工总平面图。通过模型交底，能让现场人员更直观地了解各自的工作界面划分以及相关区域的使用情况，减少因为互相占用场地导致的纷争以及施工延误。同时现场管理人员也可以通过对模型和现场情况的比对，更加清晰地判别现场场地空间使用状况，及时对使用不当处进行整改，保证项目顺利实施。

利用BIM技术建立脚手架深化模型，实现脚手架最优排布，创建支撑体系和不同加固体系之间的连接件，生成脚手架平面、立面、剖面施工图和节点详图，统计各种构件的数量和规格。脚手架施工是确保工期的主要因素，应尽可能优化脚手架施工方案，为工期提供保障。通过二维图纸建立三维模型，在该模型的基础上使用BIM相关软件快速建立脚手架模型，最后通过软件自动计算脚手架工程量，并自动生成脚手架搭接施工二维图纸。

4．主要专业工程深化设计

基于BIM技术的钢结构工程深化，可提高信息的共享效率，实现对项目全过程的管理与控制。BIM构建的模型呈现三维立体性，具有可视化的优点，能够较好地对不同构件之间的互动与反馈进行模拟。同时，基于BIM技术的钢结构工程深化设计应用能够减少不同设计师带来的各个专业施工图纸交叉问题，真正意义上在设计阶段就不同专业之间相互碰撞检测和专业协调做出贡献，最大限度地减少投资，提高项目的施工效率。

基于幕墙设计图纸，建立完整的幕墙模型，开展幕墙深化工作，可指导施工安装定位并确保安装精确无误。相对于传统的幕墙设计和安装过程中各个专业之间的冲突很难避免，造成施工效率低、施工进度慢、材料浪费等现象，幕墙深化BIM应用可将幕墙施工各个专业信息集成在一起，能够通过各专业间的碰撞检测发现设计中的冲突，从而及时修改设计，提高幕墙设计及施工效率。

BIM技术在室内装饰装修设计中，主要有室内的间隔墙、墙体、地板、顶部等三维模型，施工人员通过观看三维模型，便可以领会设计者的设计理念，大大缩短了设计师与施工人员的磨合期。BIM应用进行室内装饰装修参数化设计（三维建模）、虚拟现实展示、碰撞检测和材料统计等一体化设计，大大提高了室内装饰装修设计的效率，减少错漏风险，最大限度地保证施工的可能性。将BIM技术运用到室内装饰装修设计中，无论是隔断还是墙面、地面、吊顶的设计，都对其内部构造及材质进行了详细记录。通过绘制室内三维模型的同时，也可生成详细的明细表、施工图、详图。使用BIM技术创建装饰装修深化设计模型如图7-5所示，可以及时发现存在的隐患问题，装饰装修模型深化设计时在做好平面尺寸定位和立面装饰定位的基础上，对一些不同材质的收口或有造型的部位进行细化，才能准确指导施工。同时标出预先留好的收口位置，确定精装施工的先后顺序，确保施工工艺的合理化，并充分考虑各种影响工期的因素，如材料性能、规格和施工工艺工法的选用、成本预算，有针对性地提出合理的调整、解决方案，避免设计与施工脱节，加快施工各方的协作沟通，在很大程度上节省时间、物力、人力，有效提升整体工程进度。

管线综合设计是指道路横断面范围内各专业工程的布置位置和竖向高程相协调的工作。合理的管线综合可以减少道路的二次开挖，维护人们的正常生活，避免人力、物力的浪费。布置形式主要包括管道直埋或部分共沟方式、综合管沟方式，根据市政管线模型与大市政接驳管位置、标高、材质及管径等信息进行三维碰撞检测。在市政施工期间，为保证接驳管位置准确，应用三维模型生成市政管网图纸。在采用管网数字化管理系统的基础上，利用开发的PDA手持设备可以实现管井数据的快速采集、日常管理的信息维护和巡检的自动考核管理。管网内安置的传感器收集管道信息，通过

图7-5 装饰装修深化设计模型

GPRS与管理中心实时通信，在GIS界面上实现实时监测、快速报警和远程控制报警开关的功能，达到远程实时监控与管理的目的。

7.1.2 施工方案模拟

利用BIM技术三维拟真的特性，将虚拟和现实相互结合，实现数字世界对物理世界的镜像模拟，在施工前就看到施工过程中和施工完成后的建筑状态，可以事前预测施工过程中可能发生的风险，避免可能发生的事故、问题。

1. 危险性较大的分部分项工程方案模拟

通过BIM模型模拟梁板构件的属性信息进行超限梁板的筛选，提高对属于危险性较大的分部分项工程的梁板的数据整理效率，直观可视化展示项目危险性较大的分部分项工程的具体情况，便于技术人员更快地对各种超限梁板进行专项分析，更加快速地进行梁板模架支撑体系的设计。

2. 质量样板模拟

运用BIM手段建立施工工艺三维样板，进行三维交底（图7-6），直观地观察整个施工工艺流程，及早发现施工中可能存在的风险和缺陷，从而优化工艺达到减少风险、缩短工期、减少成本、提高安全防范意识的目的。

根据样板策划方案创建样板模型，模型审核通过后，通过模型制作全景图（图7-7）完成虚拟样板制作。虚拟样板不仅可以降低样板制作成本，相比传统实物样板更便于查看、参照；可以减少土地、材料、能源等资源的浪费，实现节能减排，有利于环境保护，同时相比传统实物样板更便于查看，可以让质量样板发挥更大的作用。

采用虚拟质量样板，该类工程实物样板展示的工艺成熟，施工复杂程度一般，虚

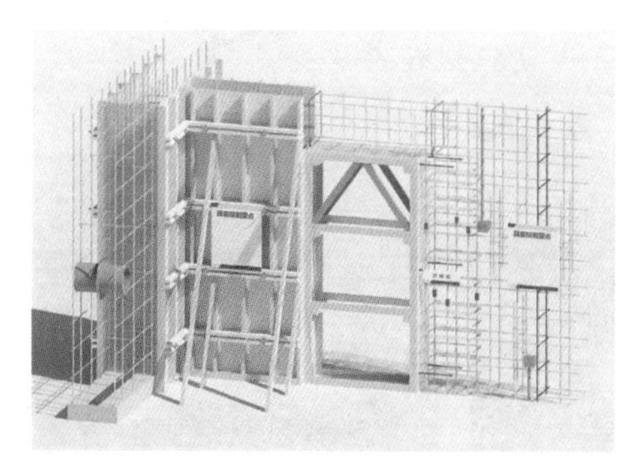

图7-6 剪力墙样板

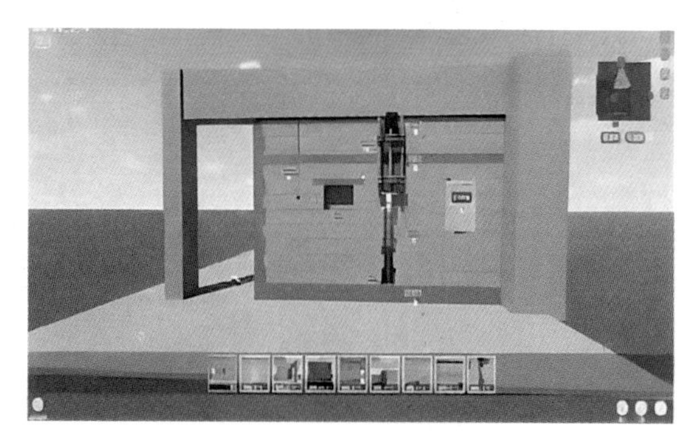

图7-7 装配式建筑结构

拟质量样板完全可以达到预期的效果，利用数字化技术，方便在移动端随时查看样板模型，并附有电子版的相关规范标准，指导施工作业，在企业、集团及整个建筑行业具有推广意义。

建立质量样板如图7-8所示，根据实际需要创建其他质量节点虚拟模型，辅助实体样板优化及制作，对工艺流程控制点中相对重要的节点进行检查，查看其控制措施的落实情况，验证其控制措施是否有效、有否失控，同时还可通过对其质量指标的测量，判断其数据是否满足规范规定，有效辅助项目施工工艺提升，降低成本，提高工程质量，提升生产效益。

3．施工工艺模拟

施工工艺模拟是通过BIM技术，根据设计图纸及相关规范、图集要求创建施工工艺模型，并根据施工流程制作工艺动画，将工艺要求等内容在模拟动画中进行展示，更清晰、明确地让施工作业人员及项目管理人员了解新工艺的操作流程及施工要求，降低质量风险，避免因质量问题造成的返工。依据工艺模拟动画展示的制作过程，对项目人员进行直观培训。例如某项目后浇带模板采用独立支撑体系的施工方案，从模架参数确定到施工工艺优化再到模架全面搭设，传统方式方案论证需要经历漫长的优化过程。项目技术人员根据方案要求创建BIM模型，并建立方案模拟（图7-9），经项目管理人员对方案模拟安装视频的反复比选与优化，最终确定采用“快拆、托顶式后浇带独立支撑”施工方案。这个过程直观、快速，大幅度提升了工作效率。

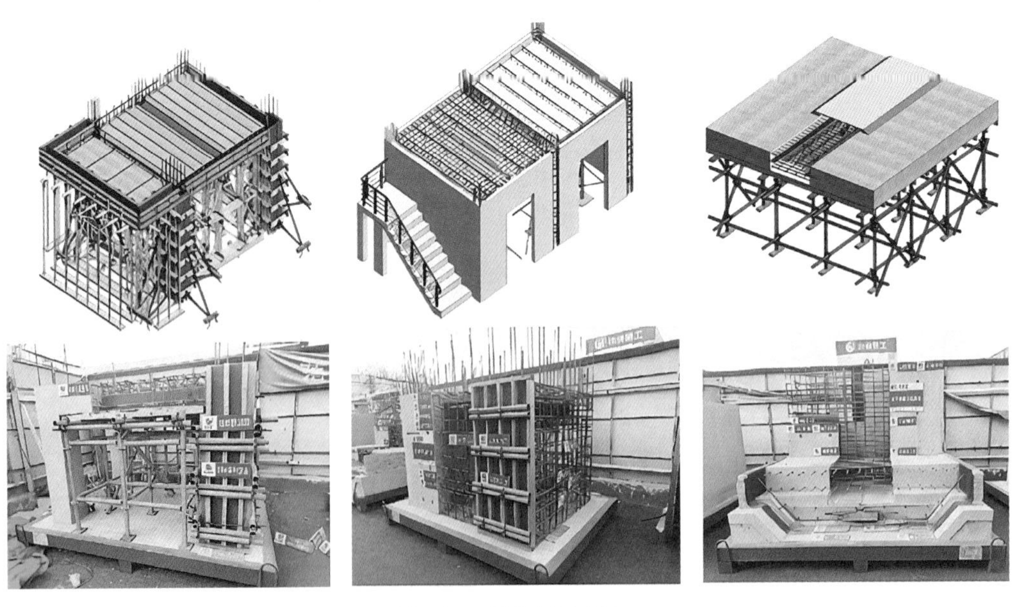

图7-8　质量样板展示图

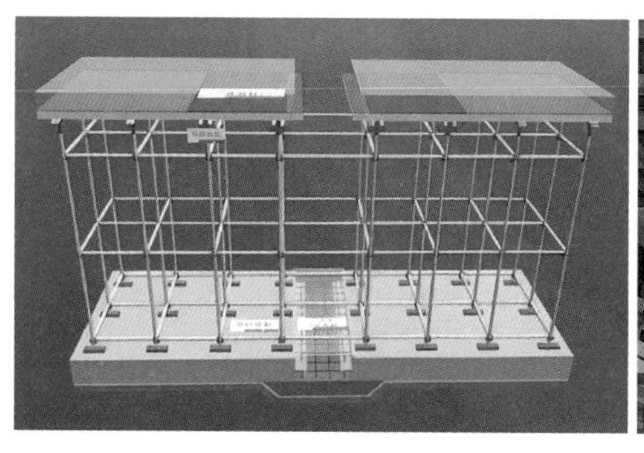

图7-9　BIM方案比选

4．土方施工方案模拟

基坑施工本身具有复杂程度高、危险性大等主体结构施工所不具有的特点。基坑工程中，竖向构件与水平构件交叉分层布置导致施工过程中出现很多技术难题。对于复杂节点，二维图纸是借助平面视图、投影等关系来对深基坑的外形及结构进行描述，根本无法得到三维轴测视图，也不能得到深基坑土方开挖图，这给施工现场管理人员指导施工带来很多问题，BIM的出现为改变当前现状提供了解决方案。BIM技术最突出的特点是三维可视化，具有立体性、直接性，主要借助三维实体造型对深基坑的外形及结构进行表现，所见即所得。三维可视化技术能够完全表达复杂几何形体的立体效果，必将为深基坑工程施工带来革命性的变化。

同时针对体量大、专业多、施工周期紧的工程，现场施工涉及分包单位和多个施工段同时施工，基于BIM模型划分施工区域并生成作业面图，直观展示同一区域同时施工的专业和工人数量，以此判断交叉作业的可行性，辅助施工组织计划的制定。通过对基坑开挖施工模拟，分解开挖次序，对施工工序进行合理排布，为方案制定的科学性、合理性提供依据。同时利用可视化的动态展示，对施工人员进行交底和沟通。在确定施工方案前，先收集图纸及地质勘察报告等材料，明确勘察现场、周边环境和具体施工过程中的各种细节。例如挖掘机之间、挖掘机与卡车之间、卡车与卡车之间的协调工作，施工车辆的调度、土方挖运的先后顺序、坡道位置及坡度等施工环节。与真实施工过程紧密联系，将项目中复杂的空间立体关系，通过三维动态可视化技术形象地展现，根据现场环境布置临时设施，形成三维综合施工现场模型，最终确定施工方案。在确定基坑支护方案后，进行支护桩、锚杆、冠梁模型的创建，通过模型检查交叉位置锚杆碰撞问题，提前调整锚杆排布，避免施工过程中发现问题造成返工等损失。在基坑施工阶段，坡道的位置选择不仅涉及出土车辆上下行路线的选择、后期土方处理方法，还关系到土方出土速度。综合周边环境，项目通过BIM技术进行坡道方案比对，从而确定最优方案。

5．结构施工方案模拟

运用BIM三维模型进行施工方案真实模拟，从中找出实施方案中的不足，并对实施方案进行修改，最终达到最佳施工方案（图7-10）。利用BIM施工方案模拟辅助沟通，减少各方的理解歧义，快速理解工作面交接，以便达成共识。同时为了使施工人员对施工流程更加直观，制作BIM动画演示装配式视频作业指导书，实现“所见即所得”，确保施工过程中的可靠性和准确性，更全面地发现装配式工程施工过程中可能遇到的难点，更高效、准确地组织劳动力以及物资的投入。

在某工程地下车库施工中，通过BIM技术提前进行施工模拟（图7-11），将各工序衔接准确交底到管理人员和作业班组，技术部提前进行了施工方案模拟，并进行了视频模拟交底，确保了变截面大体积混凝土浇筑顺利。

传统CAD二次结构排砖效率低，方案比对不直观，方案交底只是通过纸质版签字，许多工人都是自己干而不会考虑设计方案。通过BIM技术在施工前进行砌体结构的相关工作，快速分析方案的合理性，同时方便方案交底，如图7-12、图7-13所示。

6．钢结构施工方案模拟

钢结构屋面安装方案模拟。利用BIM技术进行钢结构和金属屋面分段精细化深化设计和受力分析。结构变形控制分为加工厂预起拱和现场预起拱两种形式，将竖向位

图7-10　其他结构施工方案模拟

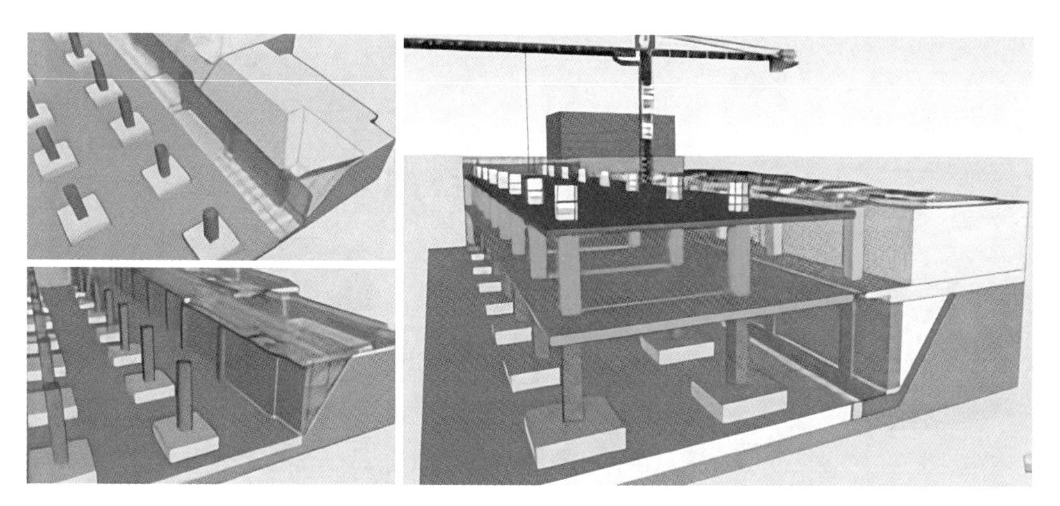

图7-11　车库基础施工方案模拟

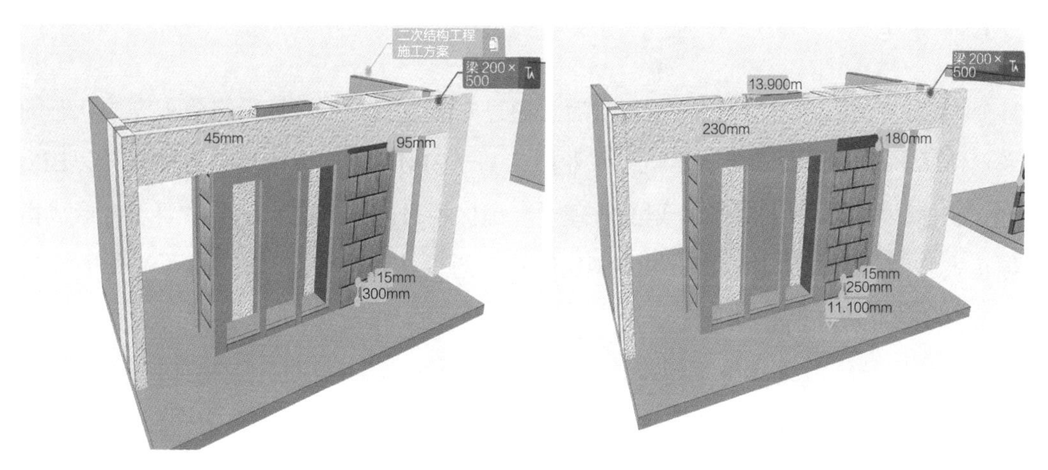

图7-12　300高蒸压加气混凝土砌块（左）；250高蒸压加气混凝土砌块（右）

图7-13　乙户型客厅模型（左）；现场施工完成效果（右）

图7-14　屋面安装方案模拟

移变形超设计要求的杆件进行预起拱后，通过安装方案模拟计算最终施工完成状态的变形值达到设计要求。在主要施工作业前，基于BIM模型、方案模拟等成果，以BIM方式表述、推敲、验证进度计划的合理性，确保项目施工进度满足业主要求，形成指导正式施工的实体质量样板，如图7-14所示。通过“先试后造”、三维可视化方案交底等，切实提升工程建造质量。

钢结构异形构件4D施工模拟技术应用。采用4D施工模拟技术的原因在于钢结构施工中存在复杂异形构件和空间大跨度结构，若按照不恰当的顺序或传统的方法进行施工，可能会对钢结构的安装精度和性能甚至是结构安全造成不可逆的影响。若采用4D施工模拟的方法，将整体空间异形结构和大跨度结构的施工过程先进行模拟，选出恰当的安装顺序和方法，再进行施工，则会得到事半功倍的效果，更能够严格控制施工质量和安装精度，保证钢结构异形构件的安装效果。

7．幕墙施工方案模拟

通过对幕墙安装工序进行动态模拟（图7-15），分解安装顺序，可以给工人进行可视化技术交底，使工人更加有针对性地了解幕墙安装施工技术要求，快速掌握施工技能。施工方案编制完成后、项目施工前运用BIM建模技术，提前模拟幕墙安装排序，通过不同方案比选出最优方案，做好事前控制。同时制定详细的建模、模拟计划，确保项目与BIM的顺利实施，避免重复建模现象发生，提高工作效率。期间发现施工模拟中工序错漏及时与编制人员联系，迅速加以改进。

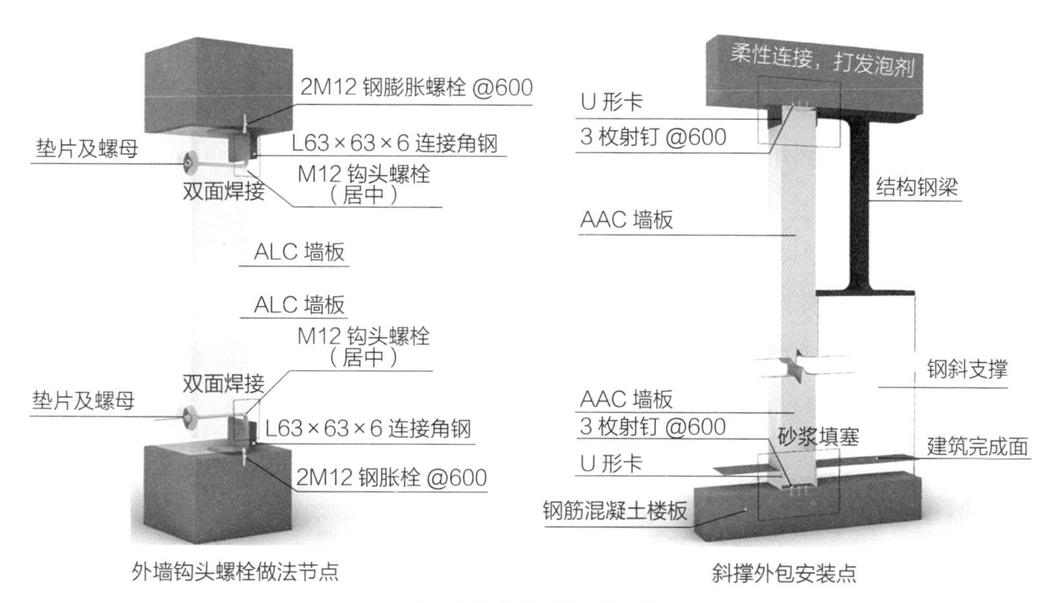

图7-15　幕墙安装工艺做法模拟

8. 精装修方案模拟

项目施工中因为存在审美差异，而施工图纸并不能将其建筑效果或装修效果表现出来，最终导致业主使用时发生分歧。为解决这种抽象的问题，通过BIM+VR技术的结合，3D眼镜可以身临其境地感受工程建成后的效果，在入住前就可以完整地体现社区形态、周边的配套及户型的风格，让业主走入设计效果样板间看效果。通过与业主、设计、监理等沟通，采用精装修效果图展示，利用方案模拟调整，达到节约成本和加快施工进度的目的。通过智能建造技术在建设过程中创建三维楼书，辅助业主选房。一方面，在施工阶段建立虚拟样板（图7-16），进行方案论证审核，再建立实体样板，从而节约项目成本；另一方面，结合VR技术，全面展示户型特点，方便业主尽早了解建筑效果。

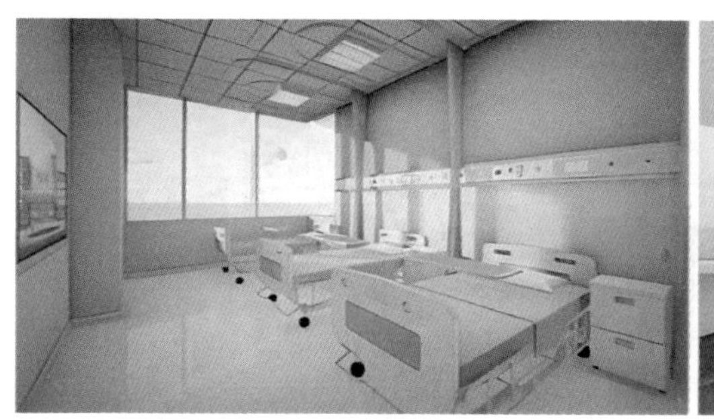

图7-16　医院内虚拟样板间

目前三维楼书也是BIM在装饰装修交付中的一种应用，其具有直观性好、体验性好、传播快等特点，如图7-17所示。较传统纸质版本楼书具有较多优点，如视觉冲击强、信息容量大、制作成本低等，用户足不出户即可沉浸式体验楼盘信息，并且可以带来强烈的品牌感染力。

9．场地布置模拟

利用BIM的三维可视化、施工模拟等功能，真实反映出设备与现场的状况，作为管理人员沟通和决策的依据，根据阶段变化、专业衔接对现场平面进行管理，合理有效地安排场地。通过创建的场布模型（图7-18）、深化设计模型、施工工艺模型等均

图7-17　三维楼书效果

图7-18　项目场地平面布置

导出效果图或全景图并添加需传递的其他信息作为三维交底的素材。施工作业人员及管理人员可以直接查看图片、打开全景图链接或观看模拟动画获取交底内容。所有可视化交底均在现场有二维码展示，方便工人用手机扫码查阅。在施工过程中，可通过模型对临建布置方案进行比对，快速调整布置方案，通过三维模型观察布置的合理性，辅助确定临建方案。通过模型动态模拟按地下垫层浇筑施工、主体施工、装饰装修施工等不同阶段对施工场地布置进行协调管理，检验施工场地布置的合理性。

塔式起重机布置方案模拟。塔式起重机在工程施工中的合理布置与定位对工期及生产效率至关重要，是施工部署阶段的核心内容之一。应用BIM辅助进行塔式起重机定位布置与选型，主要体现在BIM模型还原施工场景，反映塔式起重机作业空间关系（图7-19），以此直观地进行塔式起重机作业分析，决策塔式起重机定位、大臂长短等。运用BIM软件进行塔式起重机碰撞分析及模拟，辅助编制塔式起重机排班计划，确保班组合理调用。同时利用智能塔式起重机排布进行复盘与优化。利用BIM技术辅助模拟塔基受力点布置，动态模拟塔式起重机的设置及使用覆盖范围，优化了群塔设置方案。

运输车流规划。传统二维平面图难以对复杂的现场状况考虑周全，极易导致现场布置不合理，造成拥堵和二次倒运。利用BIM技术模型的可视化特性，模拟不同施工阶段场地布置，与现场始终保持一致。在桩柱地下连续墙及主体、装修施工阶段，大批分包单位、大量材料和机械同时进场。根据不同分包单位的场地需求和使用计划与

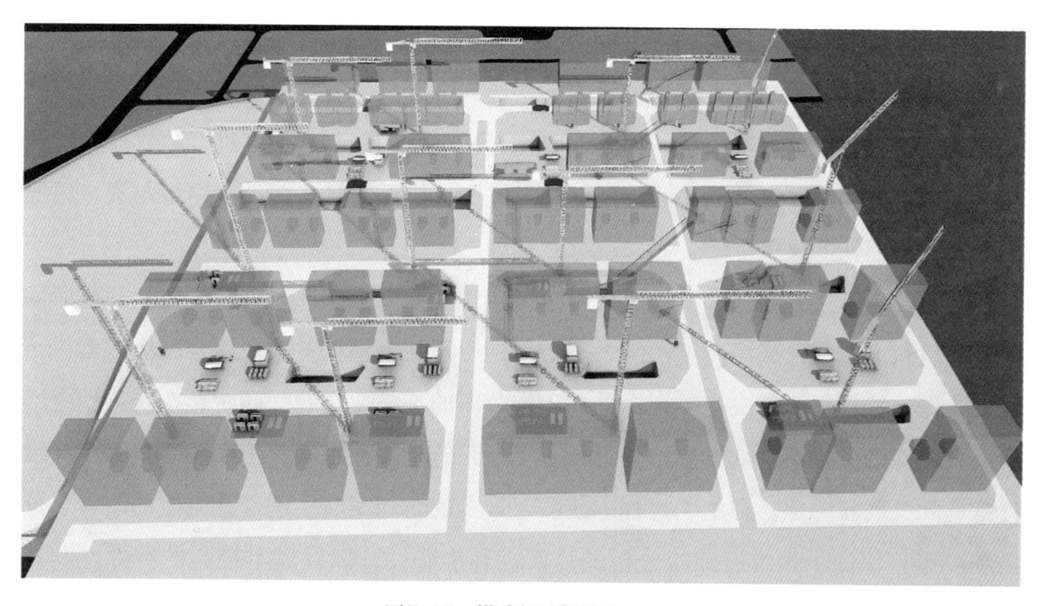

图7-19　塔式起重机排布方案

模型挂接，能够直观地看到各分包单位需求区域是否合理，包括冲突位置及解决建议，并将成果反馈至生产部门让其合理安排，最终达到场地的合理利用。通过提前模拟材料进场、堆场情况，减少了物资的二次倒运，探索了以模型为核心的现场物资管理机制，为利用模型进行动态的现场管理提供了有益的经验积累。

7.1.3 工程算量与成本管控

建筑工程项目通常具备诸多施工环节并且影响因素具有高度复杂性，如果其中任何一项因素存在问题，将有可能影响整体施工。为了使建筑工程管理的科学性得到提升，使建筑工程算量的精细化水平得到提高，需要应用BIM技术对施工过程中的人、机、物等诸多要素进行精细化管理，利用BIM技术进行自动化跟踪并进行有效配置。在结合建筑成本管理以及成本控制原理的基础上，构建优质BIM模型，以此添加各类时间数据，确保不同时间点工作中存在的问题能够在模型中予以体现，使管理人员能够对各要素变化所产生的影响进行及时判断。此外，在具体施工过程中，可以通过BIM技术对时间节点、成本损耗等诸多数据进行详细分析，并且进行有效控制，另外，在BIM技术使用过程中，能够对某一时间周期之内以及与工程量相关的详细资料进行有效查询，以此使工程在开展中各个阶段的成本能够具备高度可视化的内容，使当前施工的综合进程得到加快，提高整体施工效率。

在工程前期，现阶段清单工程量在一定范围内可直接对接预算数据，支持结算等工作，确保了施工现场与BIM商务人员模型统一、信息统一、工程量统一。通过共享参数的形式，将工程量信息注入模型中，BIM平台可以通过进度管控模块动态模拟，查看项目施工进度及计划，将物资采购计划作为资源与各流水段各工序相关联，让软件自动分析该计划的成本曲线，辅助调整物资采购计划，利用软件进行运算分析，观看未来进度模拟，了解不同采购计划对项目进度、机械安排、劳动力组织与资金情况的影响，从而辅助决策。

在整个施工过程中，BIM的精确构件属性，使招标采购部门可以快捷地获取所需的各类材料净量，形成净用量明细表和清单，用于与概预算复核及综合分析成本，将复杂工作前置，提前解决拖累招标采购工作节奏的不必要问题。同时，在统一的三维模型数据库的支持下，从最开始就进行了模型、造价、流水段、工序和时间等不同维度信息的关联和绑定。在施工过程中能够以最少的时间实时实现任意维度的统计、分析和决策，保证了多维度成本分析的高效性和准确性，以及成本控制的有效性和针对性。

BIM竣工模型信息计算快速精确。在竣工阶段，BIM竣工模型集合丰富的参数信息和多维度的业务信息，提高了不同阶段和不同业务的成本分析和控制能力。BIM竣工模型计算功能包括信息收存和信息计算两个方面。一方面，BIM竣工模型中的任意构件，包含全部构件的信息，BIM竣工模型存储所有定额信息、市场价格、已有类似项目数据，存储了所有已有成本计划和市场价格，并已将全部项目计价结果存储在BIM模型中。BIM竣工模型可保存从决策阶段到竣工验收的全部项目信息，以及全过程各项构件在各个阶段的价格，使项目建造阶段的价格调整变得清晰透明，使项目竣工结算更加高效和准确。

1．基于数字化模板的模板算量

通过建立BIM精准化模型开展深化设计、推敲和优化技术方案，在BIM三维模型基础上进行模板的深化设计，使每块单元模板的加工切割程序与二维码标识对应管理，从而在软件上提前获得深化设计部位需要的模板使用量，如图7-20所示。

将每一块模板原材进行合理化排版，优化布局，可以大幅度提高每一块模板的使用率，减少原材料浪费，并生成数字化设备路径传输文件，为后续的数字化加工切割、模块组拼提供重要依据，从而有效减少住宅工程材料浪费、人员返工、质量缺陷修补等造成的各项损失，节约工期。根据高精度的深化设计模型，通过软件计算获得的数据更接近真实的模板工程量数据，结合项目实际情况为项目部采购模板材料提供量的依据，基于数字化技术有效控制和节约了成本。

依托高标准的土建模型创建，通过拆分流水段后的BIM模型，利用专业软件进行BIM图形模板工程量计算，对结构构件的工程量等进行汇总，搭建及拆分结构模型，满足生产部报量需求，为数字商务提供高效管理，在项目中进行创效辅助生产报量，多维度保障项目算量准确。

编码名称	合计	编码名称	合计	编码名称	合计	编码名称	合计
F200	6	F485-120L	7	F405-120	3	Y250	3
F310	2	F505-110	3	F405-120L	3	Y250L	3
A-110	64	F505-110L	3	F950	3	Y260	2
A-120	120	F505-120	3	F950-2	3	Y260L	2
F630	6	F505-120L	3	F950L	3	Y300	3
F690	1	F525	9	T270	3	Y300-2	3
F690L	1	F525L	9	T270-2	3	Y300L	3
F1200	5	F530	2	T450-2	3	Y300-2L	3
D1-180	18	F530L	2	T450-3	3	F300	3
D2-180	6	F540	1	F225	3	F300L	3
D3-180	24	F545L	1	F225L	3	Y400	3
D4-180	16	F550	3	T450-1	6	Y400L	3
D5-200	24	F550L	3	T211	3	Y420	2
F300	3	S600	5	T211-02L	3	Y420L	2
F300L	3	S600L	5	T211-3	3	Y430	3
F335-110	3	S690-400	1	T211L	3	Y430L	3
F335-110L	3	S690-400L	1	F405	1	Y444	3
F335-120	3	S690-1815	1	F405L	1	Y444L	3
F335-120L	3	S690-1815L	1	F500	3	Y510-110	3
F413	3	S1200-400	5	F500L	3	Y510-110L	3
F413L	3	F350	2	Y300	1	Y510-120	3
F425	3	F350L	2	Y300L	1	Y510-120L	3
F425L	3	F450	3	Y211-110	9	Y511L	12
F450-110	2	F450L	3	Y211-110L	9	Y520	12
F450-110L	2	F480	3	Y211-120	14	Y540	3
F450-120	11	F480L	3	Y211-120L	14	Y540L	3
F450-120L	11	F1200	1	Y220-150	6	Y550	3
F475	3	F1200L	1	Y220-150L	6	Y550L	3
F475L	3	F4575	1	Y226-110	4	总计	709
F485-110	9	F4575L	1	Y226-110L	4		
F485-110L	9	F315	2	Y225-120	6		
F485-120	7	F315L	2	Y225-120L	6		

图7-20　深化设计模型与工程量统计示意图

利用BIM技术生成的模板清单，依托高质量模型，将模型量与商务量进行对比，有效为商务确定材料量提供依据，通过工程量对比分析及时发现问题、辅助决策。

2．基于BIM模型的混凝土量

在BIM技术应用过程中，与传统模式相比，该技术的自动化特征较为明显，并且在应用过程中其精准率较高。工程量清单编制是最高投标限价制定的重要条件，而在运算过程中会涉及诸多元素。同时，其计算工作也更具复杂性，造价管理人员受到自身能力、专注度等因素影响导致运算出现各类问题，使得计算的准确性以及后续的各项计算工作受到负面影响。如若对大型工程进行算量工作，或者对工程设计相对复杂同时规则性较低的工程开展各类运算时，失误等诸多问题的发生概率相对较高。由此，为减少计算工作的外部影响因素，工作人员需要应用BIM技术，并且进行智能化计算（图7-21）。通过开展基于BIM技术的工程算量工作，能够获得更为可靠且客观的数据，通过建立立体模型的方法对工程量进行计算，以此种模式开展预算编制工作，最终结果受外部因素的影响相对较低。

利用场地布置模型、结构模型、砌体结构、装修模型，通过建立材质提取明细表及插件进行工程量统计，形成工程量清单，工程量信息通过管理平台进行流转，工程

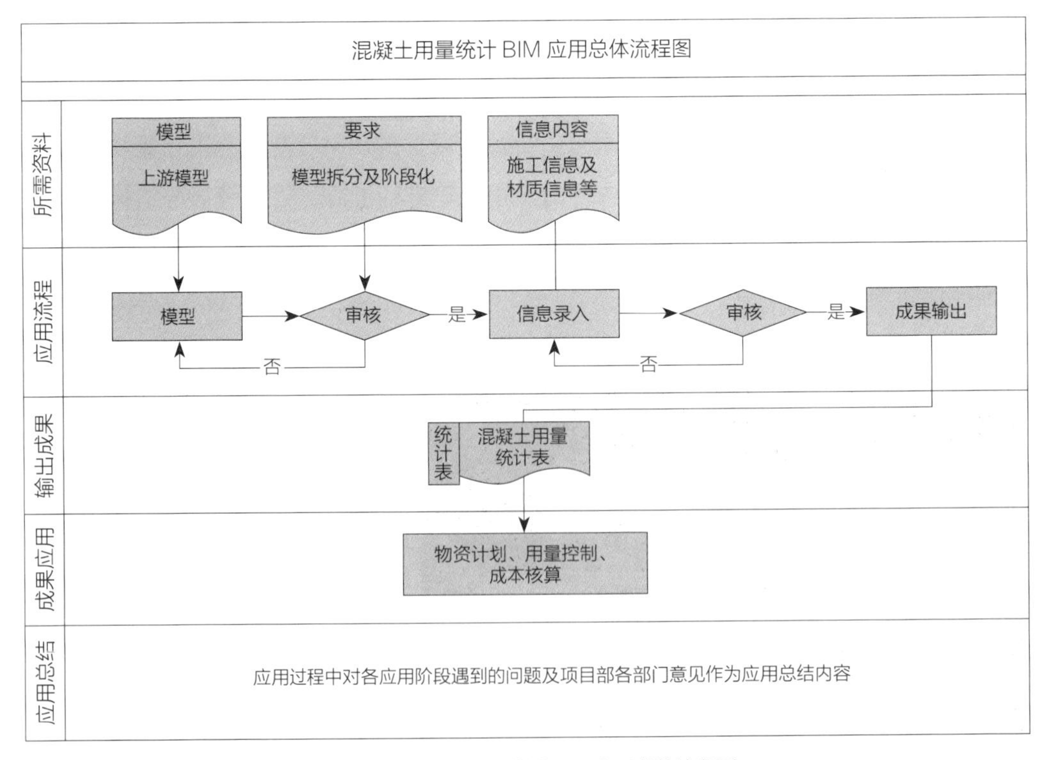

图7-21　混凝土用量统计BIM应用总体流程图

管理人员可随时提取所需工程量信息。项目工程部门通过各流水段提取的工程量信息提取物料，并与实际工程用量进行对比，从而实现物料管理。商务部门通过工程量进行有效成本管控，做到有据可依。

3．基于BIM模型的钢筋算量

对于施工项目中地下室现浇部分剪力墙边缘构件钢筋复杂、深化难度大、工程量难统计，采用基于BIM的钢筋深化功能，如图7-22所示，可以对现浇部分进行深化与算量。利用模型及软件优势快速翻样料单，解决钢筋深化工程量大、难度大的问题，相比于手工算量，通过BIM模型及软件进行算量提高了算量的准确度及速度，有效提高深化与提量工作。钢筋工程量一般按照构件内钢筋的质量计算，单位为 t ，计算规则本身似乎并不复杂，但是在计算过程中需要注意的问题很多，需要根据建筑物的抗震等级等信息，依据建筑物的结构施工图，根据图纸上以平面整体表示法标注的钢筋信息，以及根据构件结构类型遵守构件钢筋的排布规则，综合以上各方面的知识，工程造价人员将构件中各种钢筋分别绘制钢筋形状简图，并根据构件在结构图中的尺寸具体计算钢筋简图中各部位钢筋的长度，以及该类型钢筋在构件中的数量，在计算出钢筋总长之后，还需要将构件内钢筋的总长乘以该型号钢筋的理论重量，得出钢筋的质量并换算成单位t，整个计算过程较为烦琐，并且要求工程人员具有建筑结构、平面整体表示法识图以及施工现场钢筋排布等方面的综合素质，这对工程造价人员来讲是一项综合性较高的能力要求。而基于BIM技术的钢筋工程量计算，能将上述钢筋工程量计算过程中所需要的各种计算规则以及构件构造要求内置在软件中，因此，工程造价人员在计算工程量时，只需要在软件中设置好相关信息，并通过在软件中“抄图”，即抄写图纸中构件的平面整体表示方法的集中标注和原位标注等信息，以及通

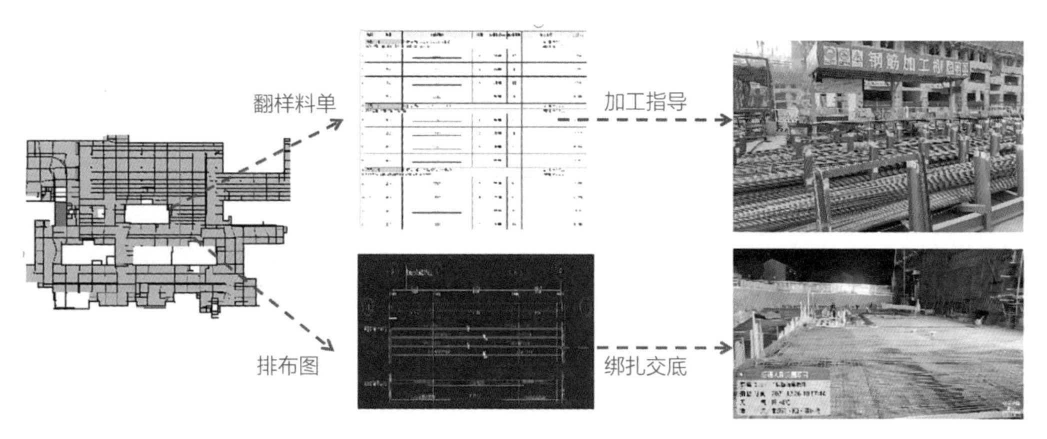

图7-22　钢筋深化BIM应用

过“导图”，即将CAD图纸或者基于Revit软件设计的图纸直接导入基于BIM的钢筋工程量计算软件中，通过相关的操作进行整理，便可以实现构件钢筋工程量的计算，不再需要费心费力记忆相关标准和规范，从而从繁重的钢筋工程量计算中解脱出来，极大地提高了工作效率。

4．基于BIM模型二次结构算量

对深化后的建筑模型进行砌筑墙体用量、门窗工程量统计工作。施工精细化模型辅助生产报量和商务对量，多维度保障项目算量准确，利用软件自动输出工程量明细表，辅助商务算量对量工作。砌筑墙体及门窗的算量为采购材料提供了数据支持，能够提高项目部对于采购环节的有效控制。

5．基于BIM模型的机电算量

利用插件导出机电全专业的工程量清单，全面解决机电BIM人员在施工前期、中期及后期物料采购、进度提量、商务组价等方面的问题，通过BIM技术模型延展到商务应用领域，辅助决策。BIM模型根据施工现场中的实际施工工艺和相关规范进行建模模拟，完成建模后统计出的工程量，直接指导物资采购。针对项目需要对局部进行的精细化算量，可以为诸如管件、保温、管道等材料用量给予指导。通过建立的BIM机电模型，导入MagiCAD中匹配项目信息及卷规则，将模型与清单子目进行匹配映射，同时检查模型的完整性以避免工程量误差。通过软件将工程量计算结果以报表形式输出，并通过Excel表格的形式输出清单工程量。

同时具备区域下料提量的能力，如图7-23所示，利用区域工程量统计功能，精确统计区域内所需的工程量，并及时输出相关工程量，为不同施工节点、流水段工程量核算提供精确的数据支撑。

6．基于参数化的工程量计算方法

通过参数化建模，模型被赋予了项目最为关心的参数信息，结合设计、施工、运维的实际需要，不断丰富和过滤模型的有效信息，并加以利用。充分发挥BIM信息模型的优势，进行工程算量、成本分析、物资采购等应用，并利用这些数据来辅助工程动态管理。加入混凝土强度等级、厂家信息等参数的模型量统计基于协同平台的构件信息数据库，快速提取整体材料净用量和考虑施工工艺工序的局部精细算量。

结构混凝土工程量统计前需要对模型按施工缝、不同材质交接位置进行拆分，并添加施工阶段、材质、施工流水段等信息。为提升模型处理效率，新编制了“流水段拆分”（可保留构件信息）、“墙柱水平施工缝拆分—底部”“结构连梁混凝土强度设置”Dynamo脚本（图7-24），模型处理完成后通过“批量导出明细表—加汇总”脚本可以

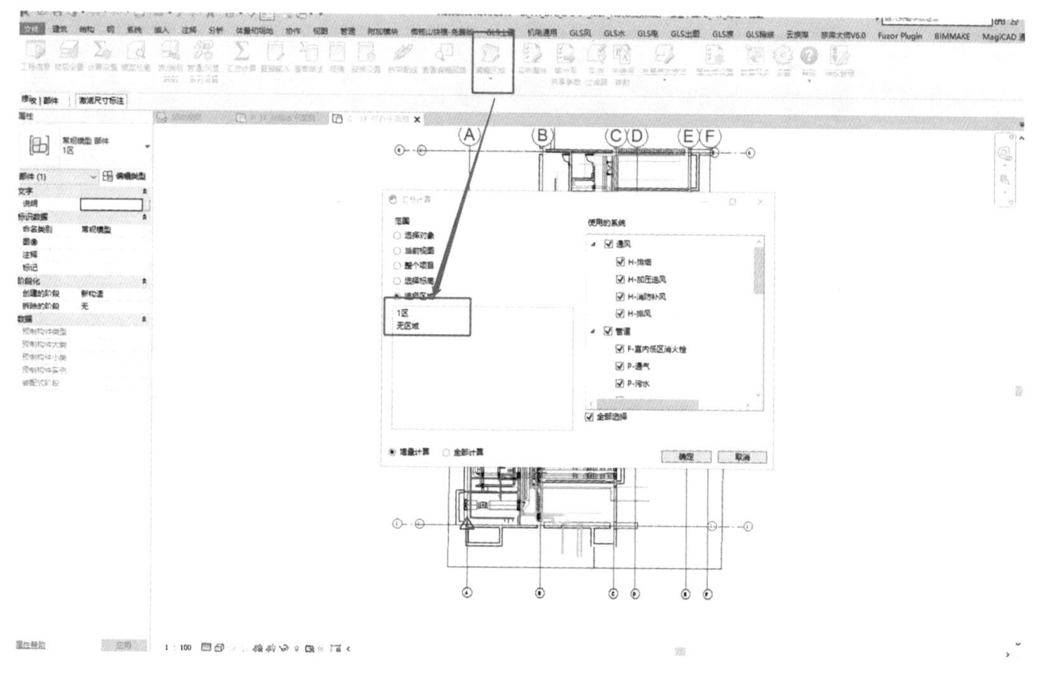

图7-23　机电区域下料提量

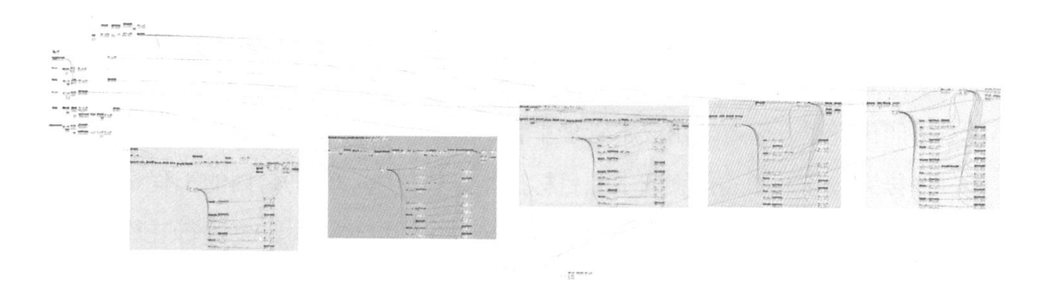

图7-24　参数化Dynamo脚本

一键导出工程量统计表。

7．基于三维激光扫描技术的算量

利用BIM技术、三维倾斜摄影、三维扫描等技术对工程质量提取检测并统计模型中各种建筑构件的数据，确保在施工中统计各个阶段的土方项目量。传统的土方计算方法存在计算量大、计算精度不高、数据量大等缺点，通过BIM技术能够实现快捷精确的计算，并且能做到“实际与模型的精确对应”与“所见即所得”，人工成本与时间成本都将大大降低，同时测量精度也会比传统测量方法高，如图7-25所示。

利用Civil3D对不同开挖回填区域进行精细计算，比对土方的调运路线进行探索和分析，力求达到土方挖填平衡，从而节省土方成本。项目管理人员根据得到的各区

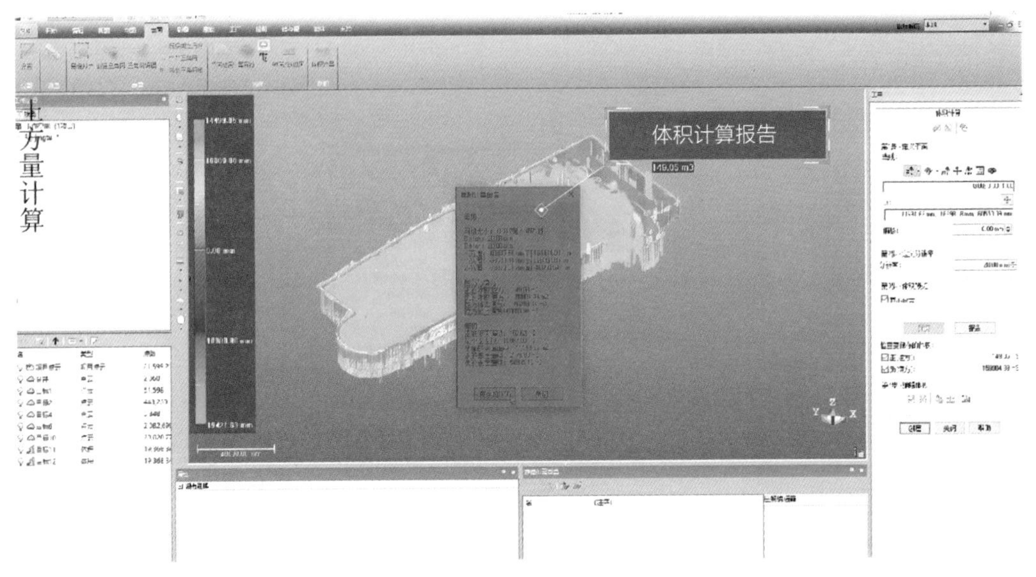

图7-25　土方算量

域土方挖填量，结合项目场地布局，设计出最优土方运输方案，提高成本管控的效率和精度。

8．基于成本管理平台的成本控制

成本智能化管理，通过应用成本管理平台，将基础字典库作为成本归口转化的基础，通过挂接模型分别形成预算成本和目标成本，将成本管理平台内的工程量清单与模型进行挂接。将采购后的工程量小票上传平台形成实际成本，最终进行三算对比。

采用成本管理平台，施工技术人员、生产管理人员可在施工开始前，对可能遇到的技术难点提早准备应对预案，合理安排施工计划，优化施工步骤，极大地减少了因管线排布不合理等因素造成的停工、窝工现象，一方面压缩了时间、人工、物料成本，另一方面减少了因拆改造成的工程质量下滑。生产统计人员可提前设置报量周期，将三维模型导入算量软件，软件可以按计划时间自动计算当期完成实体费用，且多期报量内容可合并导出，便于查看多期报量的汇总。预算人员可以按照圈定的模型区域对比收入、目标成本和实际成本，计算区域范围内的盈亏和节超。

7.1.4　施工总承包管理

1．质量管理

目前施工总承包质量管理采用以视频监控为主、配备多种物联网手段数字化质量管理方法。如工程项目通过视频监控，落实岗位职责，管理人员能很大程度上敦促施工人员的责任心和工作积极性，促进其规范操作意识。施工过程被录像存储备份，可随时查看监控信息，如遇到质量问题，可以落实追本溯源。

同时，项目还通过系统将施工过程中的质量问题集成在BIM模型上，直观了解现场质量问题整改及分布情况，实现对质量问题的PDCA管理（全面质量管理体系），提升现场管理水平。通过质量整改情况，形成分包单位排行榜，为分包单位评价提供数据支撑。此外，一些项目还可以根据实际需要创建质量节点虚拟模型，辅助实体样板优化及制作，对工艺流程控制点中相对重要的节点进行检查，查看其控制措施的落实情况，验证其控制措施是否有效，通过对其质量指标的测量，判断其数据是否满足规范规定，有效辅助项目施工工艺提升，降低成本，提高工程质量，提升生产效益。

2．人员管理

施工现场智慧工地平台通过在现场和生活区之间设置具有人脸识别功能的闸机，无接触完成进出现场人员考勤，实时推送考勤至系统。利用安全教育箱对进场工人进行入场、专项教育和考核，通过系统自动判卷，提高培训效率。所有劳务数据集成到平台内，形成劳务数据库，以便在移动端、PC端中查询人员基础信息，实时掌握用工情况，规范劳务用工管理，风险控制关口前移，贯穿劳务管理全流程。

3．机械设备管理

施工现场智慧工地平台可以依据现场监测设备对司机信息、机械设备运行状态信息、使用时间、使用频次、利用率、报警信息等数据进行统计分析（图7-26），设备进出场信息、设备维修保养记录、设备安全检查记录在系统中留痕，应用数据保存至工程竣工。

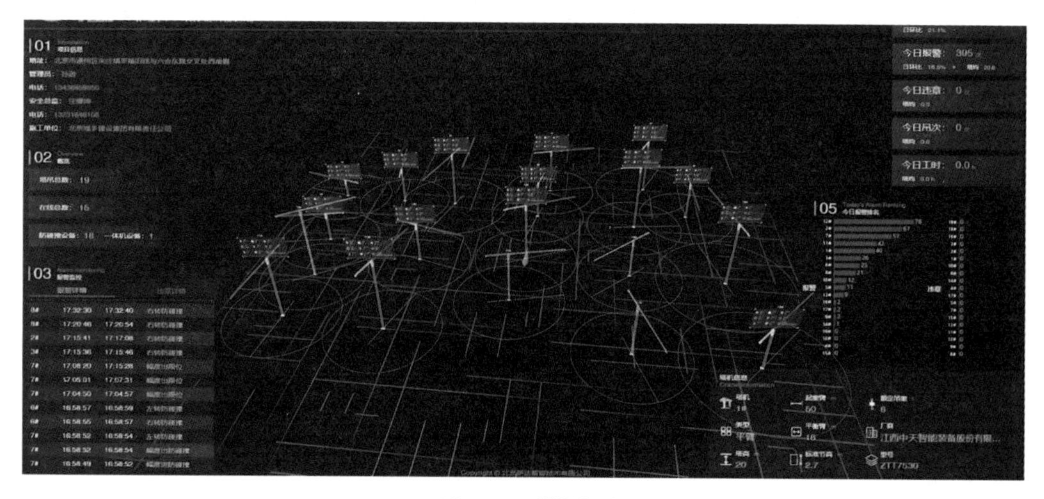

图7-26　群塔监测

4．物料管理

大宗物资进出场管控是工程物资管控的重点，如钢筋、商品混凝土。通过物料验收系统结合现场地磅、红外对射、工控机等硬件的应用，实现对钢筋、商品混凝土等大宗主材的进出场管理、库存管理、跟踪管理等，自动统计进场混凝土方量并上传系统，全方位监管收发料现场，并对异常物料数据进行报警提示，派专人进行核查，汇总各项数据后得出各供应商供货偏差分析，提供有效的结算依据，节约人员精力，节约项目成本。物料验收系统可收集基础信息、入库信息、出库信息、使用信息、库存信息等数据，进行供应商供货偏差、收料、发料等数据统计分析。当库存量与物料配套计划用料不匹配时，系统提示至相关负责人；车辆进出场时，数据与后台设置的偏差进行比较，若存在出入库数量偏差超限，发出系统提示；进出场车重异常，如车辆皮重异常、出场时间过快等问题，发出系统提示。数据与其他业务模块进行自动同步，数据实时采集自动存储至工程竣工，支持查看导出。

5．进度管理

进度管理是建筑工程施工阶段的重要内容，施工管理人员利用生产管理软件或系统对工程进行WBS划分、工程量计算、劳动力和机械台班资源的计算，标明各工序的逻辑关系和工作时间。施工负责人通过生产系统下发任务工单，并可以在移动端对人员、机械、材料以及现场形象进度等进行管理和查看，实现及时调整施工计划、工序、分配施工资源。将进度计划上传至平台，任务工期与模型关联，三维可视化展示形象进度，项目管理层可实时直观地查看项目动态，通过针对延期类型做分析，辅助管理者做出科学合理部署，降低了项目成本，提高了进度管控，达到良好的社会效益（图7-27）。

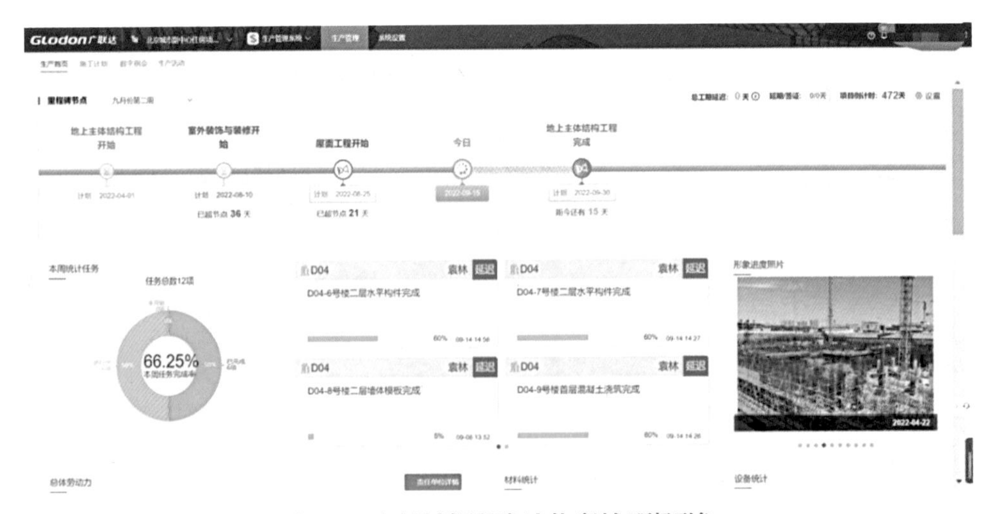

图7-27　生产计划里程碑/人数/机械/现场形象

在生产系统中的数据会自动同步到数字项目管理平台中，为各业务部门协作提供数据支持，数据实时采集自动存储至工程竣工，支持查看导出。周信息自动汇总、召开例会，可以通过网页端直接召开周例会，网页端呈现本周任务的完成情况分析、质量、安全问题及整改情况，以及下周工作进度计划。工作过程数据留痕，避免工长和分包单位“扯皮”现象的发生，提高开会效率，自动生成汇报PPT以及Word周报，减少岗位层整理汇报文件工作。

6．数字化加工管理

数字化指导加工是行业的大势所趋，以数字化模板加工为例，利用模板数字化加工管理平台，工人将生成的各版块二维码打印后，粘贴在加工版块指定位置，以引导作业人员码放、组拼及现场安装，项目管理人员利用配套的手机App进行扫码录入，收集信息后进行后台数据分析。通过建立BIM精准化模型开展深化设计、推敲和优化技术方案，在BIM三维模型基础上进行模板的选型、分缝、碰撞试验，将梁墙结合处、墙顶（地）交界处、复杂构造处进行有针对性的组拼分解，从而引导精准化配模工作，为后续的数字化设备加工切割、模块单元化组拼、安装提供精准化依据，有效杜绝材料加工尺寸偏差及构件碰撞带来的返工损失，提高施工效率。

通过熟悉施工技术及生产安装工艺，技术人员对照BIM单元组拼模块深化设计模型（图7-28），将每个户型、每面墙、柱进行立面分解，对施工区域和分解后的单元模块进行编号汇总。为保证统计数据真实可靠，项目通过深化设计成果管理，使每块单元模板的加工切割程序与二维码标识对应管理，在加工过程中严格遵守一板一码原则，应用模板数字化加工管理平台直接打印二维码后，赋予每块板材独立的二维码标识，项目管理人员及时利用手机App进行扫码录入，收集信息后进行后台数据分

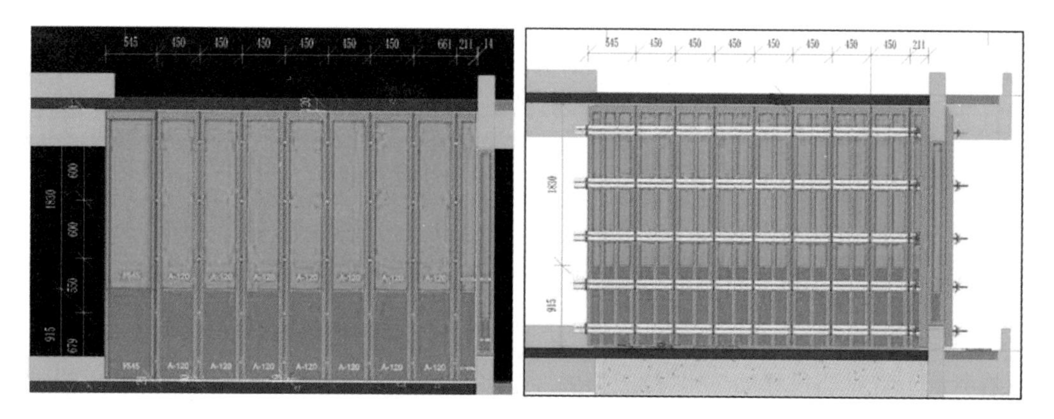

图7-28　模拟模块单元组拼模型

析。加工系统由数控切割设备、除尘设施、供电设施、数字化控制设施等组成，通过CAD导出的路径传输文件，进行数字化精准切割加工，可以有效杜绝因加工尺寸偏差导致的合模拼缝不严、尺寸不符等现象，从而将精益化管理的思想切实融入实际施工中，提高混凝土观感质量，如图7-29所示。

图7-29　无尘化数控机床设备与后台加工及组拼

7.2　基于物联网的智慧工地技术应用

“智慧工地”作为现阶段广泛应用的智能施工管理平台，主要是指在工地实施过程中，综合运用物联网、移动互联网、云计算和智能设备等软硬件信息化技术，做好施工现场中机械设备、材料以及环境等的管理工作，并且在建设过程中结合智能信息采集、数据模型分析、管理高效协同以及过程智慧预测等措施，做好施工场地的立体化模型建设，使具体操作过程以及全过程监管过程形成一个相连接的数据链条，将施工中云数据以及互联网等信息技术相结合，进一步对施工过程中的工程造价进行控制，提高工地现场的生产效率、管理效率和决策能力等，提升工程管理信息化水平。当前阶段，从广义上智慧工地是智能建造在施工建造阶段的能力体现；从狭义上智慧工地是施工阶段数据采集的关键手段。

智慧工地应用最新的信息技术，以一种“更智慧”的方法来改进工程各干系组织和岗位人员相互交互的方式，以便提高交互的明确性、效率、灵活性和响应速度。信息技术应用的重点包括：一是要采用物联网技术，将感应器植入建筑、机械、人员穿戴设施、场地进出关口等各类物体中，并且被普遍互联，形成物联网，再与互联网整合在一起；二是通过移动技术并通过移动终端的使用，直接在现场工作，实现工程管理关系人与工程施工现场的整合，保证实施协同工作；三是集成化的需求和应用，企业和项目部都有对工地现场进行统一管理和监控的需求，因此，在规范不同系统的标准数据接口的基础上，建立集成化的平台系统，实现智慧工地监管系统。智慧工地监管系统还要保证与现在的管理体系、现有的管理系统等进行无缝整合，其主要系统包括劳务系统、视频监控系统、物资管理系统、质量管理系统、环境管理系统等。

7.2.1　劳务实名制系统

在智慧工地现场施工中，由于劳务人员较复杂，队伍素质良莠不齐，缺乏有效的组织，给企业的用工管理带来极大难度的同时还存在极大的风险。在传统的劳务管理模式中，没有对劳务人员的资料进行有效整合，劳务进出频繁而导致的劳务人员综合信息合同备案混乱、工资发放数额不清等难题经常引起各种劳务纠纷，给企业和项目带来损失。为了规范劳务管理，保障劳务人员的合法权益，同时降低企业风险，现阶段项目施工现场采用劳务人员管理系统，从而实现劳务人员的考勤、定位、工资发放、安全预警和安全教育等功能，如图7-30所示。除此之外，通过平台对劳务人员信息数据进行有效整合，不仅能够实现劳务人员信息管理系统化，通过劳务人员的考勤信息直观了解各劳务人员出勤情况，分析劳务用工的效率和工种组合的合理性，还可以实现安全教育信息管理从批次管理到个体针对管理的跨越。在人员管理信息化上，进行智慧工地人员管理，主要利用物联网、互联网等技术，有效整合无线通信、数据采集、人脸识别、人员活动状态监测等相关模块，将相关数据传输到工地人员管理系

图7-30　实名制闸机

统，实现人员管理和监控。

智慧工地还会利用柱式人脸识别门禁管理系统提升安全管理功能。众所周知，建筑工地的施工作业会伴随某些不可预知的风险，因此很多建筑工地都规定非施工人员不可进入，而采用柱式人脸识别门禁管理系统则可远程控制外来人员的进入。智慧工地还适宜配合LED大屏展示系统进行实时人员动态监测。部分智慧工地会通过无人机实时拍摄工地作业人员的施工状态，并且将拍摄的画面传回至管理中心，如此管理者无须出门便可瞬时了解现场人员的动态。对进入现场的工人进行实名制信息采集，并将相关信息输入系统，随后向工人发放一卡通，详细记录工人的基本信息。施工场地LED显示屏能实时统计出现场员工人数、员工上班时间、各个工作岗位人数等。建筑工人进入施工现场需要佩戴安全帽，并在闸口对建筑工人进行人脸识别，通过安全帽记录建筑工人的基本信息。

在项目中通过劳务管理移动端设备录入人员信息完成进场登记，通过人脸闸机实名制考勤，如图7-31所示，对项目出勤进行管控。通过数据调取，对出勤率较低的分包单位进行审查，减少窝工问题。在管理上优化了项目部对场内人员的管理，人员花名册以及班组信息一目了然，工人出勤信息可查询导出，通过人员管理的应用提升了管理效率，节省了劳务员时间，保障建筑劳务人员的合法权益，同时满足地方政府和公司的监管要求。

智慧工地之所以有如此强大的监测功能，是因为它拥有非常强大的互联网监测系统。它实现人员信息管理的方式主要通过设定安全帽实名以及人员定位系统实现，智慧工地提前对建筑工地的施工人员进行分区域登记，并为每一区域的人员设置相应的定位系统。

管理人员借助安全帽中的智能芯片，能够对建筑工人的工作状态、安全位置、活动轨迹等进行定位与跟踪，及时掌握建筑工人的安全状态，从而实现对建筑工人的全方位监控。另外，利用人工智能技术，可以将建筑工人的位置、活动轨迹等数据实时更新到现场员工管理系统中，并通过现场员工管理系统进行建筑工

图7-31　某工地人员实名制通道实拍图

人统计分析，全面掌握建筑工人的地域分布和工作状况。鉴于此，工地管理人员可以借助大数据技术，在保证施工质量、进度、安全的前提下，抓住建筑工人分布的热点和劳动力的高峰，进一步合理安排现场各工种的劳动量，最大限度地提高生产效率，减少窝工损失，实现建筑项目的施工质量、进度、安全等综合目标。

7.2.2　视频监控系统

项目现场安装高清摄像监控系统，对于提高项目安全监控能力、日常巡视管理、各项数据分析和总结等领域，起到较强的支撑帮助。

配备智能化的现场监控系统，对项目施工区域、办公区域、生活区域进行全覆盖（图7-32），24h进行监控，保障项目生产与生活工作的顺利进行。配备智能化摄像头，可以对局部区域进行放大查看，还可以调节摄像头的查看范围、方向。

公共区域安装视频会议系统，实现远程会议，尤其是突发公共卫生事件期间，施工现场可组织召开危险性较大的分部分项工程专家论证会，确保施工现场可以继续推进施工。

长期保存的录像资料，既可以方便施工结束后资料的存档，同时对新入职的应届毕业生起到一个很好的指导作用，对一些用文字和语言难以表述清楚的施工工序等，可以通过影像资料清晰地展现出来。

在施工现场安装视频监控，对现场施工情况进行全方位监管，间接地端正了施工

图7-32　视频监控画面

人员的工作态度，规范了施工行为，既保证施工质量，又减少安全事故的发生。

通过安装球机以及枪机对现场大门、加工区、办公区、生活区、施工现场等进行全方位监控。通过光缆、网桥、光纤进行数据传输，最后汇总到项目数据中心平台。部分摄像头支持手机端、计算机端远程实时查看和回放，即使不在现场，也可以通过在线监控实现可视化管理。

摄像头+AI技术，实现隐患自动识别（图7-33），减轻项目安全人员巡检压力。采用图像处理、模式识别和计算机视觉技术，有效进行事前预警、事中处理、事后及时取证的全自动、全天候、实时监控的智能管理。现场出现抽烟、不佩戴安全帽等工人违规情况，系统会自动发出警报声进行提醒，同时系统后台利用延迟摄影技术对违规行为进行摄影记录。对于一些常规的违规作业巡查，不必像以往一样安排专人进行巡视。项目管理人员不必亲自进入施工现场，通过监控画面就可实时了解现场具体情况。每天的生产例会，通过监控画面显示场景，对现场生产工作做出安排。能够清晰了解现场生产完成情况，能够将每一项生产任务细化到每一个节点，精确到每个人。

将智能监控系统的画面存储至云盘，形成长期资料。针对农民工恶意讨薪事件，可实时查看录像，还原现场画面，为相关部门提供判断依据。同时配合劳务管理实名制系统，实名制登记、考勤记录、突发公共卫生事件防控大数据筛查、安全技术交底、分包单位综合评价、特种人员信息、工资发放管理、劳务人员黑名单、人员奖惩记录等功能，不仅可以提高项目现场劳务用工管理能力，还能辅助提升政府部门对劳务用工的监管效率，避免恶意讨薪现象。

突发公共卫生事件防控期间，借助人脸识别和人体测温技术同时完成实名制考勤与体温测量，员工实名考勤和测温结果在大屏同步显示并自动上传云端后台，自动统计分析数据，满足劳务实名制管理和疫情防控的需要。

图7-33　安全隐患识别

人脸识别的闸机系统功能有：检测施工场内人员体温，对体温异常人员及时进行跟踪预警；通过现场监控系统分析现场人员未佩戴口罩与人员聚集等危险行为，如图7-34所示；通过智能化语音播报，进行突发公共卫生事件防控教育，提高突发公共卫生事件防控安全意识。

现场车辆视频监控。现场出入口安装、使用高压洗车台及车辆号牌识别系统，对车身覆盖及车辆清洗进行监控预警，如图7-35所示。

对渣土运输车辆进出场进行智慧管理，解决安全生产监管痛点：人工无法24h不间断进行视频监控、人工监督无法全覆盖、视频监控与业务系统脱离、不及时预警。

加强物资进出场全方位精益管理，运用物联网技术，通过地磅周边硬件智能监控作弊行为，自动采集精准数据；运用数据集成和云计算技术，及时掌握一手数据，有效积累、保值、增值物料数据资产；运用互联网和大数据技术，多项目数据监测，全维度智能分析；运用移动互联技术，随时随地掌控现场、识别风险，零距离集约管

图7-34　视频监控识别

冲洗时长：60秒　　冲洗结果：未冲洗干净

图7-35　车辆监控画面

控、可视化决策。

7.2.3 质量管理系统

智慧工地质量管理应包括施工方案及技术交底信息、施工过程质量控制信息、质量验收信息、质量评价信息。项目应用信息化手段对工程质量进行管理，包括施工方案管理、技术交底管理、过程质量控制管理、质量验收管理、质量评价管理、数据采集、数据传输、数据存储、数据应用、实施效果、拓展应用与科技创新等。

在项目施工过程中应用信息化手段对工程质量进行管理（图7-36），项目在施工过程中编写质量智慧管理专项方案，明确在质量管理中需要的设备，形成技术应用方案。项目施工应用质量监测系统，通过质量检测系统，根据相关资料管理要求，将工程质量验收资料电子化。同时通过质量检测设备自动感知、采集质量安全案例信息数据，提高质量管理效率，提升质量管理水平。项目部管理人员可以通过使用移动终端，提高管理效率。移动端与平台端联动，使用质量检测平台手机端，应用质量管理系统进行质量管理，实现线上与线下的联动管理，实现管理人员无论何时何地都能了解工程质量状况，提高管理效率的同时也提高了质量管理效率。项目需要委派专人在实际质量检查过程中，通过智能设备随时记录并上传质量检测系统，平台端、移动端

图7-36 可视化质量管理

都可以通过质量检测系统及时查看，能够实现质量检查人员随检、管理人员随查、施工人员随改，极大地提高了质量管理效率，同时也提高了工程质量。

工程关键工序可视化追溯管理。以混凝土施工为例，施工过程中对混凝土浇筑、混凝土取样、制样及送样、土方回填、防水工程和外墙保温工程等关键工序进行可视化追溯管理，通过可视化设备加强施工过程中的影像留存。项目可根据相关采集数据对同类型的施工作业提高借鉴性，也可作为可视教育，通过视频向施工人员展示施工做法，利用采集数据支持项目的生产质量管理，达到施工现场生产作业有迹可循的管理要求。

隐蔽工程全程留存资料。通过在隐蔽工程位置处安装视频监控摄像头，并将数据实时传输到智慧工地管理平台，依托视频监控和延时摄影进行隐蔽工程的视频影像资料记录，为后续因质量问题而进行返工等事项提供基础数据资料，便于进行隐蔽工程的质量检查及验收。运用智能传感器，在施工过程中全程采集与分析使隐蔽工程不再成为“黑盒子”，将传感器埋入隐蔽工程内使工程更加透明，极大地提高了在工程施工过程中、施工结束后对于隐蔽工程的质量检测。

利用智能设备三维激光扫描仪、智能靠尺、智能角尺、智能回弹检测仪、智能水平仪对工程质量实测实量。利用三维激光扫描技术虚拟部件拼装过程（图7-37），避免出现大型构件在施工现场无法安装的情况；在施工过程中，通过三维激光扫描仪跟踪扫描异形结构与关键构件施工，全过程扫描施工过程，实时评价构件的位置偏差和安装精度，提升工程质量。三维激光扫描结合BIM模型，有效测量实际与计划的施工质量对比，为质量管理提供了数据支撑。

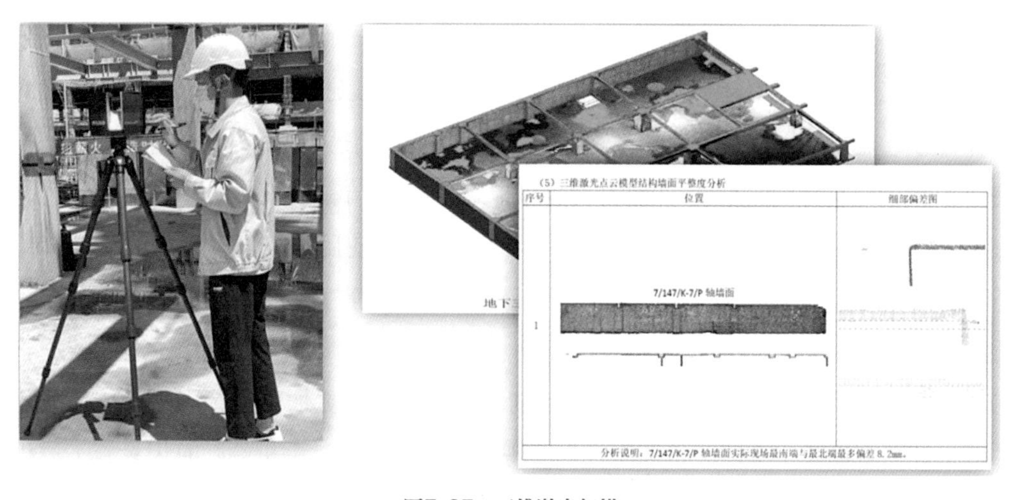
（5）三维激光点云模型结构墙面平整度分析

序号	位置	细部偏差图
1	7/147/K-7/P 轴墙面	
分析说明：7/147/K-7/P 轴墙面实际现场最南端与最北端最多偏差 8.2mm。		

图7-37　三维激光扫描

三维可视化交底辅助质量管理。针对施工过程中关键部位、容易出现问题的部位，通过BIM技术可视化手段，将施工构件展现出来。通过三维模型提高施工人员及管理人员对于部位的理解，从而提高施工质量。如将钢筋搭接节点通过可视化手段展示给施工人员，不仅解决了施工人员对于钢筋节点的理解，同时也提高了钢筋节点的施工质量，有效的理解才是施工质量提升的更好依据。

BIM施工工艺模拟是通过虚拟仿真技术提前模拟施工过程，并将项目实施过程中的重要数据指标伴随施工进度动态显示的动画模式，能够充分展示投标单位在项目实施各个阶段的技术水平及BIM应用深度，全面提升投标档次，为技术标增分加色。BIM施工动画直观地将施工过程展现出来，让施工人员可以清楚地了解施工难点。通过施工工艺模拟将工序工艺完整地通过虚拟技术展现给施工人员，对于工艺难度大、工艺复杂的工作，施工工艺模拟能够提高工程质量。三维模型配合施工顺序形成施工模拟，通过空间及动作的呈现，给人直观式的感受。三维模型配合施工顺序可将工地现况在计算机中进行展示，通过施工模拟找出施工中可能会产生的问题，在开工前召集各承包商对预先模拟出的冲突问题进行讨论，在正式开工前对方案进行调整，保证工程最终的质量目标。

应用可视化装备辅助质量管理。采用VR、AR等可视化装备辅助质量管理，通过VR设备对工艺质量进行培训，对工艺进行沉浸式动态体验，在虚拟空间将施工工艺完整地操作一遍，提高施工人员对工艺的认识度从而提高工程质量。项目部可根据可视化数据对施工作业进行管理，利用采集的数据支持项目的生产及质量管理，达到提升项目管理效率和生产效率的目标，并满足质量管理要求。

7.2.4 进度管理系统

在施工生产实践中基于智慧工地项目管理平台，可以打通项目总、月、周、日的工作任务，建立计划管控支撑体系；建立周生产任务责任人制度，并进行任务跟踪，完善了移动端任务跟踪体系，管理人员可以通过网页端和手机端的持续信息录入，在数字项目平台积累了丰富的数据资料，便于后期的使用，实现了生产进度精细化管理。同时可基于数据对现场的劳动力、材料、设备等趋势进行分析，生成数字周报及施工相册，便于信息存储和共享。信息平台集中生产进度、质量、进度数据管控（图7-38），实现对项目的动态管理控制，使项目进度更加可控，同时运用信息化手段，针对现场各个工序上传进度计划。现场管理人员通过手机端随时记录施工过程中进度完成情况、质量情况，及时发现质量问题及进度偏差，以便及时进行调整。

生产管理系统可以收集相关任务信息，把任务情况直观地呈现出来，协助管理人员及时了解生产信息、各环节任务执行情况以及安全质量的问题状态，及时做出纠偏指令。

项目还可以将Project文件上传至平台（图7-39），将计划工期与实际工期进行对比，直观地掌握整个项目实施全局，明确工期提前或滞后工序，可以在相应的时间节点制定对应的施工准备工序，通过进度动画掌握整个项目的进程。

利用BIM模型颜色进行虚拟现实模拟显示，通过甘特图来对实际施工进度与计划进度进行比对，提醒施工进度延期或提前，准确掌握施工进度情况，导出施工计划表，便于管理人员对进度进行分析并决策，提前规划下一阶段进度计划。

图7-38　生产管理

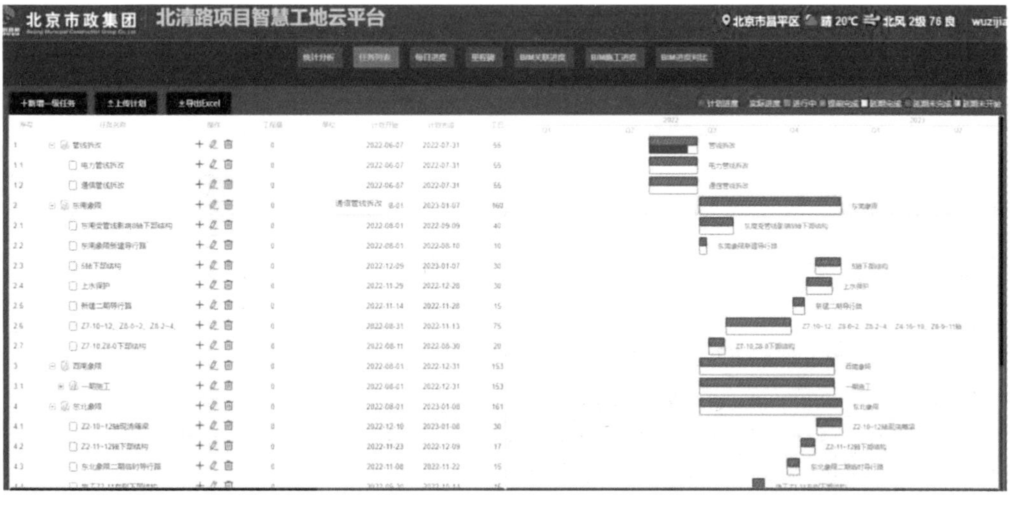

图7-39　进度管理

7.2.5 环境与绿色管理系统

建设项目扬尘噪声可视化系统可以通过监测设备（图7-40），对建设项目施工现场的气象参数、扬尘参数等进行监测与显示，并支持多种厂家的设备与系统平台的数据对接，可实现对建设项目扬尘监测设备采集到的PM2.5、PM10、TSP等扬尘、噪声、风速、风向、温度、湿度和大气压等数据进行展示，对以上数据进行分时段统计，并对施工现场视频图像进行远程展示，从而实现对项目施工现场扬尘污染等监控、监测的远程化、可视化。

图7-40 环境数据采集设备

设备终端可以根据设定的环境监测阈值，与施工现场的喷淋装置联动，在超出阈值时自动启动喷淋装置，实现喷淋降噪的功效。

智能水电能耗监测系统（图7-41），采取有效的手段，适当采取节水和节电的措施，既减少了浪费，体现了绿色施工的理念，又能为项目管理带来客观的利润。利用无线智能电表和水表系统，可以自动采集和统计各线路的用水和用电情况，既减轻了人的劳动强度，又为项目的动态管理提供可靠的数据支撑。

建筑专用塔式起重机喷淋降尘系统是指在塔式起重机安装完成后，通过塔式起重机旋转臂预设的喷水系统，根据在建筑工地的实际情况通过加压泵加压，或在施工现场地下的三级沉淀池里安装水泵，通过水泵将水送到塔式起重机顶部的塔臂上，水经过加压通过喷头喷出，形成雾状、细雨状，借助塔式起重机吊臂旋转在工地大范围均匀落下，达到降尘等效果。

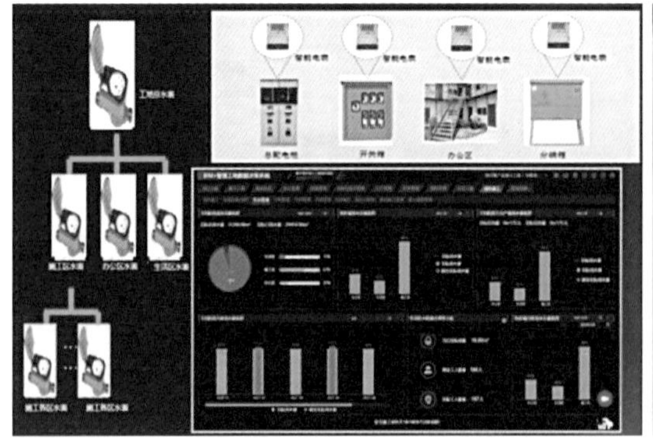

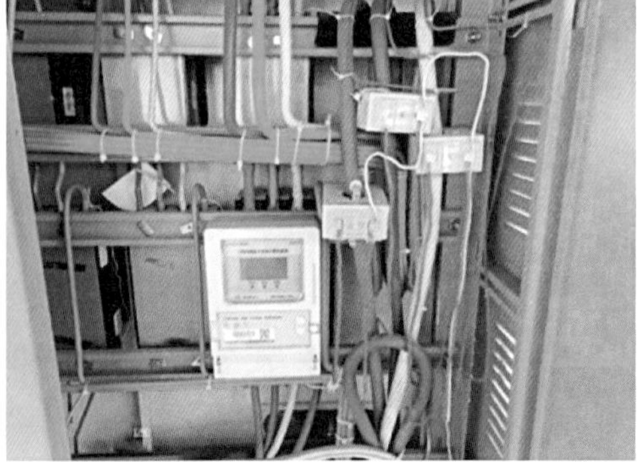

图7-41 智能水电能耗监测系统

塔式起重机喷淋降尘系统是一种新型的喷雾降尘系统，它的原理是利用高压泵将水加压经高压管路送至高压喷嘴，形成飘飞的水雾。这些水雾粒径的大小都是微米级别的，它能够吸收空气中的杂质，营造良好清新的空气，如果再加上药水的话，就具有了一定的消毒效果。而且系统运行维护成本低，经济实用，控制系统可实现无人自动控制（图7-42）。此外，喷淋降尘也是一种新型的降尘技术，其原理是利用喷淋系统产生的微粒，由于其极其细小，表面张力基本为零，喷洒到空气中能迅速吸附空气中的各种大小灰尘颗粒，形成有效控尘，对于大型开阔范围的控尘降尘有很好的效果，特别适用于建筑工地。

图7-42 自动化喷淋降尘系统

7.2.6 物资管理系统

智能物料管理系统运用物联网技术，通过地磅周边硬件智能监控作弊行为，自动采集一手精准数据；通过数据集成和云计算，有效积累、保值、增值物料数据资产；同时应用互联网和大数据，支持多项目数据监测、全维度智能分析；移动应用随时随地掌控现场、识别风险，实现零距离集约管控、可视化决策的目标。

物资采购需有经过审批的项目物资需求计划，按企业规定的物资管理程序购买，物资采购与现场生产相互协调、沟通。材料进场时，第一时间必须组织质检相关人员一并检查材料，并准确清点数目，送试块进行试验，当天做出台账，以便需要时随时可以查到资料。项目通过地磅硬件与物料管理软件结合使用，对混凝土进出场称重进行全方位管控，监察供应商供货偏差情况，实现原材料精细核算，从而达到节约成本、提升效益的目的。

通过安装智能物料管理系统并要求车车过磅（图7-43），可将车辆进出场重量进行自动计算，数据回传到物料管理系统，每一车次的重量、材料规格、供应商、换算系数、运单量等基本信息和分析数据保存至工程竣工，对现场进场称重材料进行实际重量与运单重量对比分析，并对异常物料数据进行报警提示，同时汇总各项数据后得出各供应商供货偏差，提供有效的结算依据，不仅节约人员精力，还有效节省物料成本。

图7-43　物料验收系统、地磅、工控机

智能物料管理系统提高了物资部对物料的管理效率，通过平台预估可增效30%，通过物料管理平台对库存量实时把控，且过磅数据一键导出，便于物资对账查询。对供应商付款时进行车前车后相应量的扣减，从监管上给予供应商威慑，从而达到对供应商合格供方的有效监管。

7.2.7　机械与设备监测系统

升降机运行监控。现场安装施工电梯监测系统，司机通过人脸验证上岗。准确监测每一台电梯轿厢倾斜角度、运行高度、电梯门锁状态、运行次数以及司机工效情况，一旦监测值超过额定值，一方面现场真人语音报警，提示司机规避风险，另一方面自动推送报警信息给管理人员，及时督促整改，辅助管理人员进行电梯安全监测，提高安全管理水平。

塔式起重机安全监控（图7-44）。司机刷脸进行身份确认，持证上岗后方可启动。将现场塔式起重机的幅度、高度、起重量、倾角等运行数据实时集成到BIM+智慧工地数据工地决策系统中的塔式起重机模型上，实现塔机运行的全面可视化、运行状态数字化，便于远程监管和信息留存，高效管理塔式起重机。定期对塔式起重机的预警/报警数量进行统计，项目管理人员对塔式起重机的安全运行状况进行判断，并及时采取对应措施消除潜在隐患。项目管理人员对塔式起重机的工作饱和度进行分析，及时对现场施工计划进行优化；并根据违章数量，及时对塔式起重机司机及相关人员进行安全教育，规避严重的安全问题。

吊钩可视化技术应用。将摄像机安装在塔式起重机大臂的最前端或者吊钩上方，拍摄区域不会被其他物体遮挡，解决了高层塔式起重机吊距超高、视线存在盲区的问题；镜头可自动追踪吊钩，自动对焦，司机在几十米甚至上百米高的高空驾驶室里就可以清晰地看到吊钩实时状态，材料是否绑好、周围是否有人、吊装周围是否有障碍

图7-44　塔式起重机安全监控设备

物，结合信号员的引导达到双保险的效果。塔机安全监测系统之吊钩可视化，通过在塔机吊钩上安装摄像头，实现吊钩位置智能跟踪，智能控制高清摄像头自动对焦，实时监控塔机位置和高度等，跟踪拍摄无盲区，险情随时可见，降低安全隐患。

深基坑全自动信息化监测。预应力鱼腹式钢支撑系统的变形监测与基坑监测同步进行，监测内容为构件轴力变化。该套系统采用电测传感器、数据处理和无线通信技术，完全实现了基坑安全关键部位监测点的数据自动采用、存储、发送、处理、预警与整改通知的远程化、网络化运行。钢绞线拉力监测：采用表面应变计直接布置于钢绞线上，通过传导电缆线将变形应力进行集成。钢支撑轴力监测：采用弦式反力计直接布置于钢支撑构件主要受力点，通过传导电缆线将变形应力进行集成；基坑开挖过程中采用全自动信息化监测，使基坑在整个施工过程中处于安全可控状态。

7.2.8　安全管理系统

1．高支模监测系统

高支模安全事故主要由于高支模在荷载作用下产生过大变形或过大位移，诱发系统内钢构件失效或者诱发系统的局部或整体失去稳定，从而发生高支模局部坍塌或整体倾覆，造成施工作业人员伤亡。通过对混凝土浇筑过程中的高支模监测系统进行系统监测（图7-45），采取强有力的技术保障和管理监督措施，协助现场施工人员及时发现高支模系统的异常变化，及时分析和采取加固等补救措施，当高支模监测参数超过预设限值时，及时通知现场作业人员停止作业、迅速撤离现场，预防

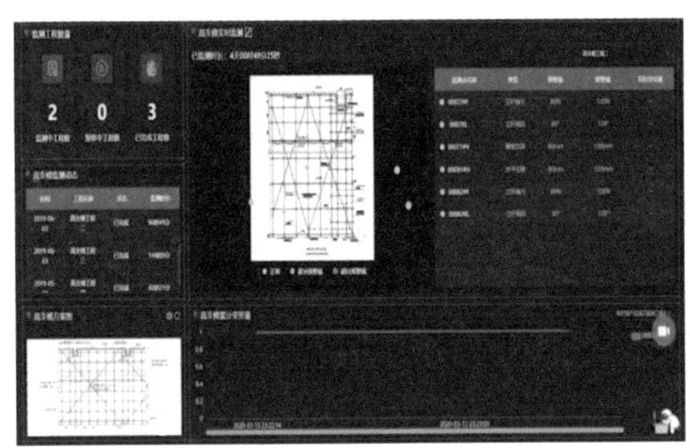

图7-45　高支模监测系统

和杜绝支架坍塌事故的发生。因此，在混凝土浇筑过程中对高支模的监测是十分必要的。

采用实时监测方式，监测项目主要是支架位移/沉降、倾斜、应力等。测点选择内部且受力条件薄弱、易倾覆的位置布设一个监测剖面，每个监测剖面布设支架位移变形、倾斜、轴力传感器。安排专人在首层外围采用自动化采集仪，在高支模预压、浇筑混凝土及混凝土初凝过程中实施实时监测，监测频率不低于30次/min。当监测数据接近报警值，自动加密监测，组织各参建方采取应急或抢险措施。达到报警值时，自动触发预警系统，通过声光方式报给现场各参建方。

2．VR安全体验教育

工程搭建安全体验培训基地，设有VR安全教育体验、洞口坠落、安全带体验等16个项目。通过最真实的模拟施工现场危险源导致的安全事故伤害，让体验者亲身感受不安全操作行为和设施缺陷带来的危害，了解安全施工的重要性，提高从业人员的安全生产意识。新型的科技体验激发了工人参加安全教育的兴趣，工人对安全事故的感性认识也会增强。虚拟场景建设不再受场地限制，可模拟真实场景下的安全事故和险情。利用VR安全体验教育（图7-46），可体验高空坠落、机械伤害等16个项目，让工人切身体验安全的重要性。通过软件设计，结合VR眼镜实现了动态漫游，改变了传统体验式安全教育的开展形式，使作业人员身临其境地融入事故环境，深刻感受安全事故带来的巨大伤害，提高安全意识，掌握作业技能。让进场工人通过视觉、听觉、触觉来体验不安全操作方式可能引发的严重后果。

3．创建安全项目库

依据规范建立安全检查项目库（方便新人快速学习成长），逐项检查，检查内容更全面、更客观，安全检查分为随机检查、分项检查、专项检查、安全标准化检查。

图7-46　VR安全体验教育

安全验收依据规范建立安全验收项目库，依据验收内容自动生成资料表单；质量验收系统把检验批都内置到App里，选择对应的检验批开展现场验收，针对每个检验批有主控项目和一般项目，全部列出来一项一项地选择，检查条目实现标准化，系统自动判断是否超出规范的允许偏差，自动计算统计合格率，减少整理内业资料的时间，提升工作效率。将存在的安全问题责任明确到具体人员，形成整改记录，责任落实明确。通过安全问题的分类统计，及时对现场施工安全做出分析和整改，为项目的安全管理信息化升级提供保障。

4．安全管理系统

安全管理系统及时提示不完整方案、交底、安全巡检信息未闭环管理、危险动作、危险事件等内容，规避了安全隐患的发生。针对安全问题，形成从问题发起—整改—复查—完成整改一套整改流程，完善了PDCA循环，有效解决了现场执行情况不清晰、落实不清楚、责任不清晰的问题，显著提升了安全管理水平。项目上采用基坑监测、塔式起重机监测、施工电梯监测等多种智能硬件，进一步保障现场安全可控，实现安全技控。

7.3　基于智能装备的施工自动化应用

随着我国工业化、信息化水平的整体提升，普及智能化装备是实现智能施工的硬件基础。当前智能施工装备呈现自动化、集成化、数字化、绿色化的发展趋势。自动化体现在施工装备能根据用户要求完成建造施工过程的自动化，并逐渐提升对各种类型建筑和建造环境的适应性，实现施工建造过程的优化；集成化体现在生产工艺技术、硬件、软件与应用技术的集成及设备的成套组合，以及人工智能、新材料等的集成，从而使建造装备不断升级；数字化体现在将BIM技术、传感技术、计算机技术、软件技术“嵌入”建造施工装备中，实现装备的性能提升和“智能”；绿色化主要体现在从设计、制造、运输、使用到报废的智能施工装备全生命周期中，对环境负面影响极小，使企业经济效益和社会效益协调优化。

7.3.1 施工机器人

机器人对于智能建造的重要性在此前的章节已经有过介绍，本小节不再赘述。仅以目前施工阶段有一定实用性的机器人工作场景进行介绍。

1. 焊接机器人

焊接机器人（图7-47）是从事焊接（包括切割与喷涂）的工业机器人。根据国家标准《机器人与机器人装备 词汇》GB/T 12643—2013将工业机器人定义为：自动控制的、可重复编程、多用途的操作机，可对三个或三个以上轴进行编程。它可以是固定式或移动式。在工业自动化中使用。为了适应不同的用途，机器人最后一个轴的机械接口，通常是一个连接法兰，可接装不同工具或称末端执行器。焊接机器人就是在工业机器人的末轴法兰装接焊钳或焊（割）枪，使之能进行焊接、切割或热喷涂，焊接机器人是集机械、计算机、电子、传感器、人工智能等多方面知识技术于一体的现代化、自动化设备。焊接机器人主要由机器人和焊接设备两大部分构成。机器人由机器人本体和控制系统组成。焊接设备以点焊为例，则由焊接电源、专用焊枪、传感器、修磨器等部分组成。此外，还有相应的系统保护装置。

针对项目现场焊接的特点，选用锂电有轨焊接机器人进行大截面箱型柱厚板焊接作业。基于焊接机器人自身的特点，其可以24h运行，这极大地提高了生产效率。同时项目作业面高，高空焊接作业的工作环境和安全性无法得到保障，利用焊接机器人代替人工作业可以有效保障安全。采用高效数字化焊接小车用于超高独立柱和超大面

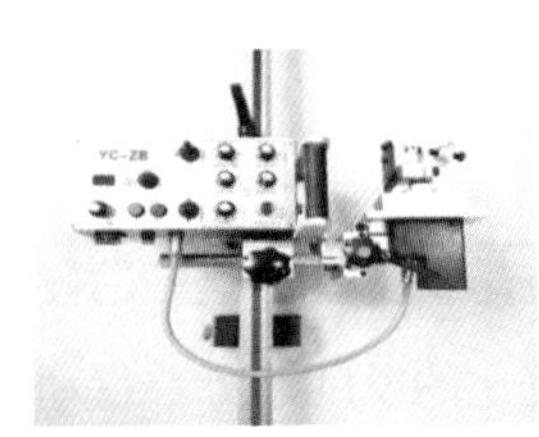

图7-47 焊接机器人

积、宽幅钢板墙的焊接，提高了焊接效率及焊接合格率。

焊接机器人对钢结构进行焊接施工，减小劳动强度，改善作业环境，提高工作效率，避免人为因素造成的焊缝质量不良，具有自动化程度高、确保焊接质量稳定性等优点。

2．3D打印机器人

3D打印是一种处于探索和发展阶段的建造技术，3D打印机器人（图7-48）是3D打印建筑实践中的关键设备。其工作流程为建模→编程→调试→打印→养护，技术管理人员建立建筑（构件）三维模型，之后将三维模型转换为机器人可识别的程序语言，然后将程序录入系统，进行空走调试，结束调试后可进行建筑实体的打印，最后对打印成型的建筑进行维护保养。从构造的全过程来看，此种方式人工参与少、智能化程度高，建筑3D打印技术在整个建筑行业掀起了一场革命，它将设计、施工、机械、新型材料和应用融合为一个新的体系。

图7-48　3D打印机器人

7.3.2　自动化施工装备数字化改造

以地面整平机器人（图7-49）为例，利用高精度的激光标高控制系统和测量系统，将抹平找平设备融合，动态调整并精准控制执行，集成了测量、刮平及收面的功能，在主体结构施工阶段就可以达到找平层的平整度要求，实现楼地面一次成型。采用激光地面整平机器人具有简单操作、施工质量好、施工效率高、灵活多变等优势，使混凝土振捣密实，减少施工工序，节省人工投入，提升了现场施工质量。

激光摊铺机（图7-50）实现了激光在桥梁混凝土铺装层的运用。主要优势为全幅一次成型、无施工缝；减少用工量和标高带施工，提高施工效率，降低施工成本；机械化程度高，新技术含量高，进一步创新施工工艺，实现自动化调整，减少人为调整

控制方式	遥控或自主导航
施工效率	300~350m²/h
激光探测精度	2mm
施工速度	0~0.5m/s

激光地面整平机技术参数

激光地面整平机现场应用

图7-49　地面整平机器人

图7-50　激光摊铺机

的误差，提高了桥面铺装的精度。同时还解决了桥梁在曲线弯道或匝道桥面的铺装问题，能有效把控桥面铺装的质量，满足曲线桥平、纵、横的精度要求。

7.4　高精度测量技术应用

7.4.1　三维激光与实测实量

三维激光扫描技术具有非接触性，应用于建筑测绘中，既能节省人力、物力，保证工作人员安全，还能减小对建筑的损害；三维激光扫描技术又被称为实景复制技术，是测绘领域继GPS技术之后的一次技术革命。它突破了传统的单点测量方法，具有高效率、高精度的独特优势。三维激光扫描技术能够提供扫描物体表面的三维点云数据，因此可以用于获取高精度、高分辨率的数字地形模型；它利用激光测距的原理，通过记录被测物体表面大量的密集点的三维坐标、反射率和纹理等信息，可快速复建出被测目标的三维模型及线、面、体等各种图件数据。由于三维激光扫描系统可以密集地大量获取目标对象的数据点，因此相对于传统的单点测量，三维激光扫描技术也被称为从单点测量进化到面测量的革命性技术突破。该技术在土木工程中进行了诸多应用，例如校对施工构件偏差、空间净高控制、基坑土方量控制等（图7-51），对于建设质量的管理有着很强的辅助性。

在项目中，通过激光扫描地下室结构及地上钢结构进行精准复核，为后续的精装修深化、座椅深化提供了良好的参照。通过激光扫描与BIM模型的比对，发现施工偏差，发现部分实际竣工空间更为狭小，对机电安装和净高控制已造成影响，及时调整了管线综合成果，避免后期的返工。在基于BIM模型进行先试后造的模拟预拼装和全过程施工预演，安装完成后通过三维扫描技术对钢结构构件进行扫描，生成钢结构安

基坑点云模型

土方开挖量计算报告

土方开挖量报告

图7-51　三维激光扫描土方测量

全精度的分析报告。项目利用三维扫描技术辅助实测实量，在土方护坡阶段、结构施工完成阶段，采集施工现场点云数据，通过坐标与施工模型拟合，进行结构实体偏差数据分析、土方量测算等应用；同时校核施工模型和现场一致性，为机电管线安装提供实体数据空间结构，验证深化设计成果可行性。

在复杂的旋转坡道处，应用三维扫描实景复制技术，获取坡道基坑周边点云数据和BIM模型进行拟合，分析坡道周边和坡道空间关系，辅助坡道处架体搭设数据分析和施工技术交底，如图7-52所示。

采用三维激光扫描安装精度控制技术，钢结构拼装全过程采用三维激光扫描技术精确控制定位。网壳滑移就位后，三维激光扫描成果将作为阶段性成果移交幕墙单位，作为幕墙深化加工及安装的参考依据。

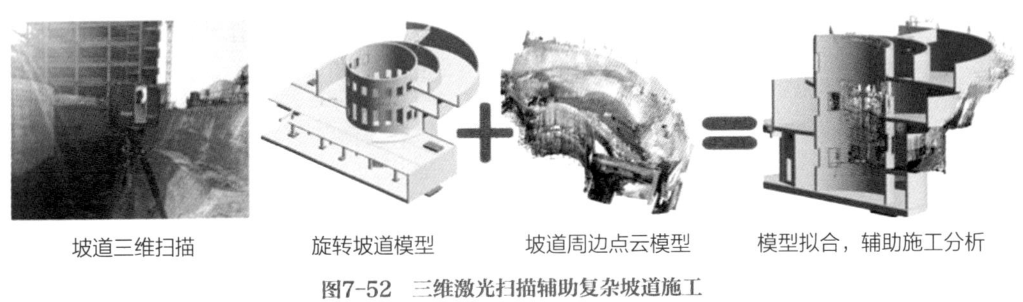

图7-52　三维激光扫描辅助复杂坡道施工

7.4.2　无人机的土方平衡计算

通过对三维数据模型的表面进行开挖，查看地下管线等设施的状态，实现地上地下一体化检测。查看三维模型，可直观地观察室外地沟附近的地形地貌，同时计算沟底与地面高程差，查看已挖部分是否到位。通过高程差值对比，查看已挖部位地形起伏变化，分析是否需要二次作业。放管时，通过透视分析，生成管道及地面高程剖面图，直观地观察已安装管道的倾斜度，对于不符合要求的管道进行调整。管沟回填时，任何点位都带有坐标及高程，可画出等高线生产DEM，计算回填土方工程量。

第8章 智慧运维

8.1 建筑数字孪生

8.1.1 数字孪生可视化技术结构与特征

从政策层面来看，数字孪生成为各国推进经济社会数字化进程的重要抓手。国外主要发达经济体从国家层面制定相关政策，成立组织联盟，合作开展研究，加速数字孪生发展。美国将数字孪生作为工业互联网落地的核心载体，侧重军工和大型装备领域应用；德国在工业4.0架构下推广资产管理壳（AAS），侧重制造业和城市管理数字化；英国成立数字建造英国中心，瞄准数字孪生城市，打造国家级孪生体。

《中华人民共和国国民经济和社会发展第十四个五年规划和2035年远景目标纲要》又将数字孪生纳入新兴重要技术应用领域，作为建设数字中国的重要发展方向。工业互联网联盟也增设数字孪生特设组，开展数字孪生技术产业研究，推进相关标准制定，加速行业推广。

从行业应用层面来看，数字孪生成为垂直行业数字化转型的重要使能技术。数字孪生加速与DICT领域最新技术融合，逐渐成为一种基础性、普适性、综合性的理论和技术体系，在经济社会各领域的渗透率不断提升，行业应用持续走深向实。工业领域中，在石化、冶金等流程制造业中，数字孪生聚焦工艺流程管控和重大设备管理等场景，赋能生产过程优化；在装备制造、汽车制造等离散制造业中，数字孪生聚焦产品数字化设计和智能运维等场景，赋能产品全生命周期管理。智慧城市领域中，数字孪生赋能城市规划、建设、治理、优化等全生命周期环节，实现城市全要素数字化、全状态可视化、管理决策智能化。

从企业主体层面来看，数字孪生被纳入众多科技企业战略大方向，成为数字领域技术和市场竞争主航道。数字孪生技术价值高、市场规模大，典型的IT、OT（运营技术）和制造业龙头企业已开始布局，阿里巴巴（中国）有限公司聚合城市多维数据，构建“城市大脑”智能孪生平台，提供智慧园区一体化方案，已在杭州市萧山区落地；华为技术有限公司发布沃土数字孪生平台，打造5G+AI赋能下的城市场景、业务数字化创新模式。

1．数字孪生五维结构

数字孪生强调虚实交互，由PE、VE、SS、DD、CN五维结构构成，数字孪生技术综合利用感知、计算、建模等信息技术，建立与现实世界实时映射、虚实交互的虚拟世界。如图8-1所示，数字孪生需要具有五维结构：物理实体（Physical Entity）、虚拟模型（Virtual Entity）、服务（Services）、孪生数据（DT Data）和连接（Connection）。

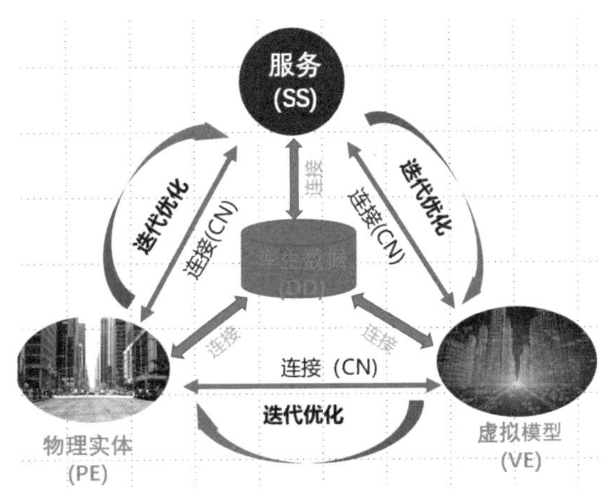

图8-1　数字孪生五维结构图

（1）物理实体：物理实体是数字孪生的基础，通过在物理实体上部署传感器等基础设施，监测其环境数据和运行状态。

（2）虚拟模型：物理实体的虚拟化数字镜像，通过几何、物理、行为、规则等多种模型相互加成以表现物理实体实时状态及变化。

（3）服务：集成各类信息系统，为物理实体和虚拟模型提供智能计算、运行和管控服务。

（4）孪生数据：是建立虚拟孪生体的核心，包括以上三维度所有信息数据，并随着物理实体的运行实时更新，推动整体数字孪生体系运转，也是数字孪生系统的核心驱动。

（5）连接：将各维度之间彼此连接，进行有效的实时数据传输，实现一一映射。

数字孪生逐渐落地各行各业，可以实现精准管控，降低运行成本，提升管理效率。随着信息技术的发展，数字孪生逐渐被应用于制造业、交通、医疗等多个领域。物联网、大数据等前沿技术的发展打破了数据孤岛，把物理世界的数据快速传递到数字孪生世界，帮助数字世界快速优化、意见反馈。数字孪生成为数字化浪潮的必然结果和数字化的必经之路。数字孪生强调通过管理与现实世界一一映射、实时交互的虚拟世界来实现现实世界的高效运行。越复杂的系统越适合使用数字孪生技术进行管理，可通过虚拟孪生体快速高效反映物理实体实时状态，监测其运行情况，精准管控，节省成本；同时通过虚拟孪生体进行决策预演、模拟规划等，帮助决策顺利执行。

2．数字孪生典型特征

数字孪生是一种“实践先行、概念后成”的新兴技术理念，与物联网、模型构建、仿真分析等成熟技术有着非常强的关联性和延续性。数字孪生具有典型的跨技术领域、跨系统集成、跨行业融合的特点，涉及的技术范畴广，自概念提出以来，技术边界始终不够清晰。但是，与既有的数字化技术相比，数字孪生具有四个典型的技术特征：

（1）虚实映射

数字孪生技术要求在数字空间构建物理对象的数字化表示，现实世界中的物理对象和数字空间中的孪生体能够实现双向映射、数据连接和状态交互。

（2）实时同步

基于实时传感等多元数据的获取，孪生体可全面、精准、动态反映物理对象的状态变化，包括外观、性能、位置、异常等。

（3）共生演进

在理想状态下，数字孪生实现的映射和同步状态应覆盖孪生对象从设计、生产、运营到报废的全生命周期，孪生体应随孪生对象生命周期进程而不断演进更新。

（4）闭环优化

建立孪生体的最终目的，是通过描述物理实体内在机理，分析规律、洞察趋势，基于分析与仿真对物理世界形成优化指令或策略，实现对物理实体决策优化功能的闭环。

8.1.2　数字孪生可视化技术体系

如图8-2所示，数字孪生可视化运维是利用数字孪生技术，以数字化方式创建城市物理实体的虚拟映射，借助历史数据、实时数据、空间数据以及算法模型等，仿真、预测、交互、控制监管物理实体全生命周期过程的技术手段，通过构建物理对象的数字化镜像，描述物理对象在现实世界中的变化，模拟物理对象在现实环境中的行为和影响，以实现状态监测、故障诊断、趋势预测和综合优化。

1．数字孪生业务应用架构

为了构建数字化镜像并实现智慧运维管理，需要IoT、建模、仿真等基础支撑技术通过平台化的架构进行融合，搭建从物理世界到孪生空间的信息交互闭环。整体来看，完整的数字孪生系统应用体系应包含以下四个实体层级：

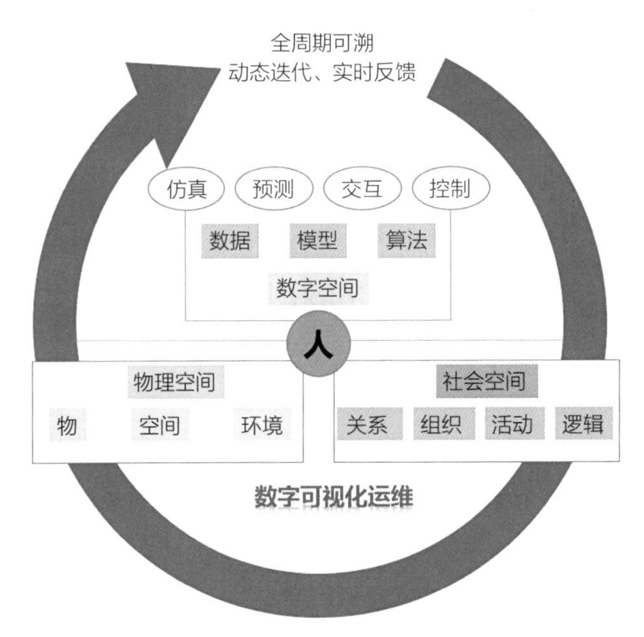

图8-2　数字孪生可视化运维概念模型

1）数据采集与控制实体

主要涵盖感知、控制、标识等技术，承担孪生体与物理对象间上行感知数据的采集和下行控制指令的执行。

2）核心实体

依托通用支撑技术，实现模型构建与融合、数据集成、仿真分析系统扩展等功能，是生成孪生体并拓展应用的主要载体。

3）用户实体

主要以可视化技术和虚拟现实技术为主，承担人机交互的职能。

4）跨域实体

承担各实体层级之间的数据互通和安全保障职能。

如图8-3所示，在通过各实体层级数字孪生所构建的运维体系基础上，依托信息基础设施实现数据的汇聚、传输以及处理，形成数据资源，在通用服务能力的支撑下进一步融合数字孪生技术，形成能够对外提供的数字孪生服务，并通过交互服务实现与上层应用场景的融合。聚合建筑行业全要素，构建数字平台，提供贯穿产业全链条、连接工程全参与方的技术、应用和平台服务体系，支撑和赋能建筑行业数字化服务。可总结为“五横·两纵”结构，自底向上分为网络感知层、基础数据层、能力平台层、孪生业务层及应用服务层“五横”平台架构层，以及标准规范、安全运维保障

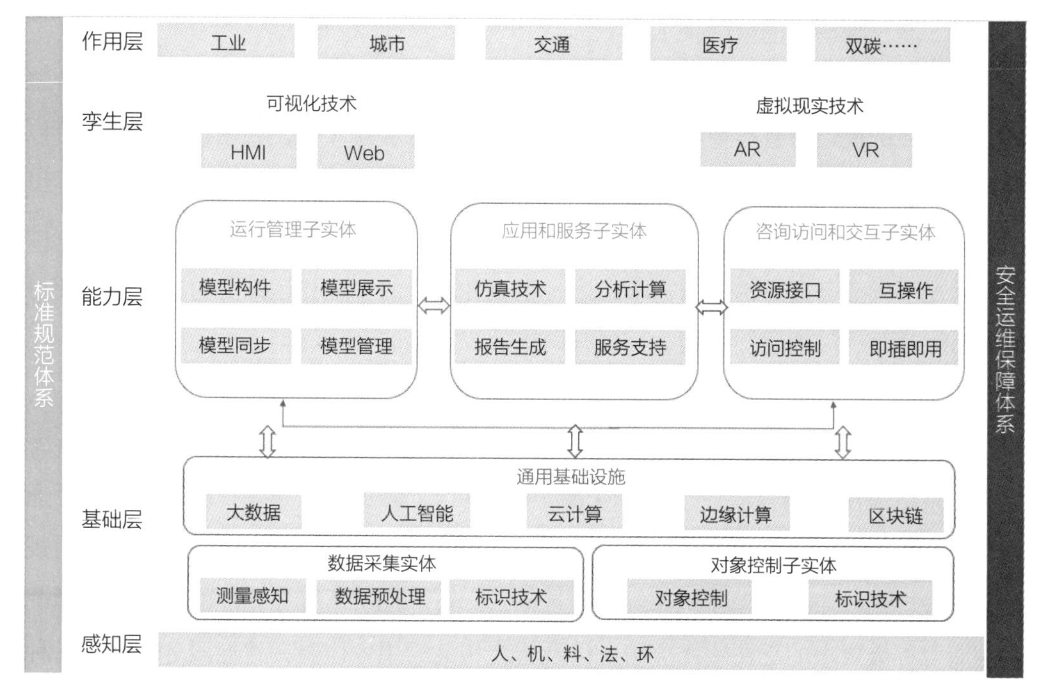

图8-3　数字孪生技术架构

“两纵”基础保障体系。

网络感知层：感知是数字孪生体系应用支撑中的底层基础，提供感知、连接、存储以及计算能力的数字化基础设施，在一个完备的数字孪生系统中，对运行环境和数字孪生组成部件自身状态数据的获取，是实现物理对象与其数字孪生系统间全要素、全业务、全流程精准映射与实时交互的重要一环。建立全域全时段的物联感知体系，并实现物理对象运行态势的多维度、多层次精准监测，同时需考虑感知数据间的协同交互，明确物体在全域的空间位置及唯一标识，从而实现实体的可信可控。

基础数据层：是整个应用体系架构的基础设施，可以对物理运行环境和数字孪生组成部件自身信息交互进行实时传输，实现物理对象与其数字孪生系统间全时全量数据资源构成数字孪生的关键构成。伴随物联网技术的兴起，通信模式不断更新，网络承载的业务类型、所服务的对象、连接到网络的设备类型等呈现出多样化趋势；同时，伴随物理运行环境对确定性数据传输、广泛的设备信息采集、高速率数据上传、极限数量设备连接等需求愈加强烈，这也相应要求物理运行环境必须打破以前“黑盒”和“盲哑”的状态，让现场设备、机器和系统能够更加透明化、智能化地实现智慧化运维。

（1）基于现场网的组网技术

现场网是用于现场设备之间、现场设备与外部设备之间，以及设备与业务平台之间数据互通的通信与管理技术。行业近端网、组网需求碎片化，利用行业现场网可以为相关设备提供在近端通信域互操作的手段，实现现场异构网络的互联互通、柔性组网。可服务于行业生产现场，满足各类业务差异化需求。现场网与5G协同，一方面能够满足不同业务监管的通信需求，进一步提升网络的管理和运维能力；另一方面可结合边缘计算、算力感知等能力，提升网络的智能化能力。

（2）基于SLA服务的QoS保障

结合不同等级的SLA服务对网络可靠性的需求，保证网络业务用户体验是数字孪生网络重点关注的内容之一。基于SLA服务的QoS架构及能力分级管理方法，就是通过构建全流程、一体化的网络可靠性参数集、资源分配策略，包括端到端QoS映射规则、配置规则、监测及保障机制等，实现高效、可靠的SLA服务管理的增强，以承载各种能力等级要求的泛在感知应用，以及与之相关的用户体验一致性服务。作为一种服务质量增强技术，可以将包括用户服务质量请求在内的SLA请求参数高效传递给抽象后的网络管理虚拟化节点，并且逐步根据QoS服务的共性特征，形成API封装的平台级能力。

能力平台层：能力平台层汇聚异构数据、多源模型、行业知识、专用技术和业务系统等关键资源要素，提供数据使能、图形使能、业务使能等专业服务，以及人工智能、大数据、机器人、CIM等新技术融合赋能服务，为上层的应用服务层提供共性技术支持和应用开发服务等。数据使能平台是面向建筑信息全面数字化需求，提供全过程、全专业数据分级分类存储管理的主要载体，包括汇聚空间数据、工程数据、住房数据、物联网数据等多渠道多类型数据的数据湖体系；图形使能平台是集成BIM平台的几何造型、布尔运算、图形渲染、模型可视化、数据互联互通等三维图形能力，搭建与现实世界精准映射的统一信息模型，实现建筑全生命周期业务协同的关键核心；业务使能平台是围绕用户差异化业务需求，通过整合各类共性业务组件、搭建统一应用开发环境等，提供多专业模型集成、BIM模型轻量化、跨平台协同管理、计算性能分析、辅助优化设计等服务，实现项目集成化、精细化、专业化管理。

孪生业务层：数字孪生可视化应用重点研究数字孪生建模和在线数字仿真可视化表达两个维度，作为数字孪生可视化技术的核心有效支撑各类型业务应用。

应用服务层：应用服务层提供保障城市数字孪生应用及服务的基础能力，主要聚焦智能建造装配式建筑、数字城市等场景，提供建筑全生命周期BIM应用软件，以及面向工业、城市、医疗、交通、绿色建造等典型应用场景的数字化应用解决方案。全面支撑和服务建筑工程形成全产业链、全过程融合一体的数字建筑应用服务体系。从应用层面可分为通用服务、计算服务和交互服务。

通用服务为城市数字孪生提供基础共性能力支撑。其中数据服务是对数据资源利用提供的通用支撑服务。

计算服务包括但不限于任务调度、资源管理、性能监测。智能服务包括但不限于模式识别、统计分析、知识图谱等。

交互服务是指提供多种类型的能力开放界面，通过统一规范的交互界面实现跨系统数据互通以及服务调用，通过提供平台化、轻量化数据、API、消息、应用等集成能力，第三方应用可以对功能组件进行灵活组合，实现业务逻辑和技术逻辑的分离。

（3）数字化建模

建模是将物理世界的对象数字化和模型化的过程。通过建模将物理对象表达为计算机和网络所能识别的数字模型，对物理世界或问题的理解进行简化和模型化。数字孪生建模需要完成从多领域多学科角度模型融合，以实现物理对象各领域特征的全面刻画，建模后的虚拟对象会表征实体对象的状态，模拟实体对象在现实环境中的行为，分析物理对象的未来发展趋势。

如图8-4所示，通过实现划分，物理对象的建模可以包含以下几个步骤：抽象模型、模型表达、模型构建、模型运行。其中抽象模型实现对物理对象的特征抽象，模型表达对抽象后的信息进行描述，模型构建阶段会实现模型的校验、编排等，模型运行提供虚拟模型运行环境。

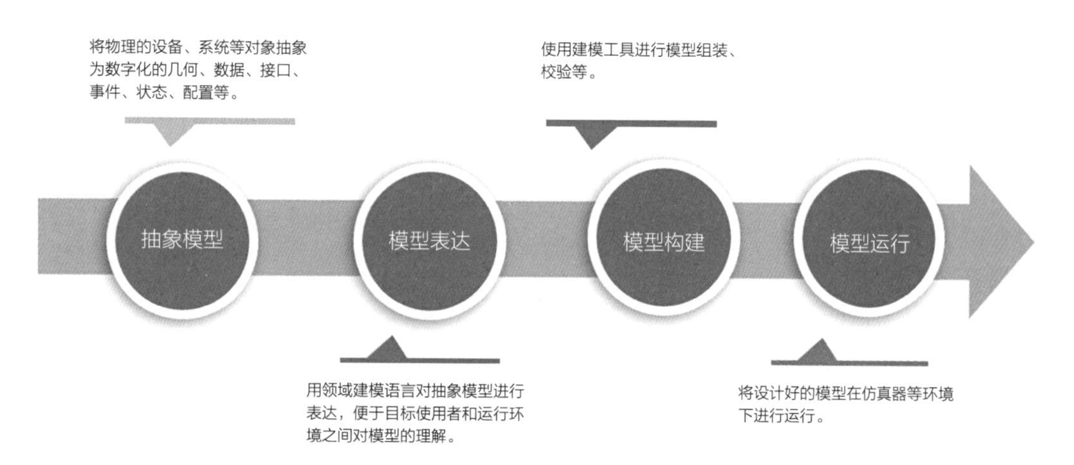

图8-4　数字孪生模型构建流程

从不同层面的建模来看，可以把模型构建分为几何模型构建、信息模型构建、机理模型构建等不同分类，完成不同模型构建后，进行模型融合，实现物理实体的统一刻画。针对不同领域的多种异构模型，需要提供统一的协议转换和语义解析能力。

（4）可视化仿真

在模型完整创建以后，伴随模型携带的输入信息和环境数据，可以基本正确地反映物理世界的特性和参数，验证和确认对物理世界或问题理解的正确性和有效性。可视化仿真强调物理系统和信息系统之间的虚实共融与实时交互，是贯穿全生命周期的高频次并不断循环迭代的仿真过程，并进行可视化表达。基于数字孪生可对物理对象通过模型进行分析、预测、诊断、训练等（即仿真），并将仿真结果反馈给物理对象，从而帮助对物理对象进行优化和决策，是创建和运行数字孪生体、保证数字孪生体与对应物理实体实现有效闭环的核心技术。

2．数字化基础设施

数字孪生的本质是技术集成。数字孪生的实现需要依赖诸多基础数字技术的融合创新，正是这些基础数字技术的蓬勃发展，数字孪生才有机会从小尺度到大尺度都有了更多的应用场景，并变成新的融合贯通式的数字化基础设施。

（1）数据采集

物联网（IoT）是指通过智能传感器、射频识别设备（RFID）、卫星定位系统等信息传感设备，按照约定的协议，把各种设备连接到互联网进行数据通信和交换，以实现对设备的智能化识别、定位、跟踪、监控和管理的一种网络。

物联网的技术构成主要包括感知与标识技术、网络与通信技术、计算与服务技术、管理与支撑技术四大体系。感知与标识技术是物联网的基础，负责采集物理世界中发生的物理事件和数据，实现外部世界信息的感知和识别，包括多种发展成熟度差异性很大的技术，如传感器、RFID、二维码等；网络是物联网信息传递和服务支撑的基础设施，通过泛在的互联功能，实现感知信息高可靠性、高安全性传送；海量感知信息的计算与处理是物联网的核心支撑，服务和应用则是物联网的最终价值体现。

（2）5G通信网络

5G即第五代移动通信技术，具有高速率、低时延和大连接特点的新一代宽带移动通信技术，是实现人机物互联的网络基础设施。国际电信联盟（ITU）定义了5G的三大类应用场景，即增强移动宽带（eMBB）、超高可靠低时延通信（uRLLC）和海量机器类通信（mMTC）。5G具有大容量、高速率、低延时和高移动性等典型特性。

大容量。可提供1km²范围内超过百万设备的海量连接能力，为万物互联提供通信基础。

高速率。单用户峰值速率超过1Gbit/s，可满足工业等客户对于高速数据采集、传输需求，例如高清晰度视频信息的传输。

低时延。超高可靠与低时延的通信，可将传输时延控制在10ms，甚至在1ms之内，可以满足工业场景下的实时控制类应用。

高移动性。发挥移动通信无线及漫游切换的优势，为生产区域的无线化、动态化、个性化、广域化发展趋势提供可靠的网络保障。

5G为工业互联网、物联网和数字孪生提供了海量设备的高带宽低延时双向通信能力，有了这个通信能力，才能真正实现万物互联和实时感知控制。

（3）云计算

云计算（Cloud Computing）是网格计算、并行计算、网络存储等传统计算机技术和网络技术发展融合的产物。云计算的快速发展，为各行各业提供了分布式可扩展的数据存储和计算能力，有效整合了各类设计、生产和市场资源，促进产业上下游的高效对接和协同创新，大幅度降低建设投入成本和数字化技术门槛，使得技术资源配置方式发生了重大变革。云计算可以说是数字化改革最重要的底层技术基础设施。云计算也是一种新型的数据密集型的超级计算方式，运用了虚拟化技术、数据存储技术、数据管理技术、编程模型等关键技术。

1）虚拟化技术。虚拟化是针对计算元件的运行基础而言，区别于原始计算模式，云计算主要以虚拟基础作为运行基础而不是真实硬件基础，能够更好地了解用户需求，更快地整合资源信息，同时也提高了资源利用率、运行系统的可靠性和自愈性。

2）数据存储技术。云计算在数据存储方面主要采用分布式存储的方式。分布式存储是较为灵活的存储方式，主要是冗余存储，将同一份数据存储多个副本，具有安全性和可靠性特点。

3）数据管理技术。要想用户能够体会到高效、快捷的服务体验，关键步骤是对存储信息进行科学管理，目的是使用户能够在大量数据库中快速找到自己想要了解的信息，由此基础上发展出大数据技术。

4）编程模型。云计算中的编程模型不需要太复杂，这样反而不利于后台任务的并行执行。简单、易操作是云计算中编程模型的主要特点。

（4）人工智能

数字孪生是以数字化方式创建物理实体的虚拟实体，借助历史数据、实时数据以及算法模型等，模拟、验证、预测、控制物理实体全生命周期过程的技术手段。数字孪生作为一项关键技术和提高效能的重要工具，可以有效发挥其在模型设计、数据采集、分析预测、模拟仿真等方面的作用，助力推进数字产业化、产业数字化，促进数字经济与实体经济融合发展。

如图8-5所示，数字孪生依托知识机理、数字化等技术构建数字模型，利用物联网等技术将物理世界中的数据及信息转换为通用数据，并且结合AR/VR/MR/GIS等技术将物理实体在数字世界完整复现出来。在此基础之上，利用人工智能、大数据、云计算等技术做数字孪生的描述、诊断、预警/预测及智能决策等共性应用赋能给各垂直行业。

人工智能作为数字孪生生态的底层关键技术支撑，主要体现在海量数据处理和系统自我优化两个方面。如何在海量的数据中通过高效的挖掘方法实现价值提炼，如何通过数字孪生信息分析技术，通过AI智能计算模型、算法，结合先进的可视化技术，实现智能化的信息分析和辅助决策，实现对物理实体运行指标的监测与可视化、对模型算法的自动化运行，以及对物理实体未来发展的在线预演，最终以关键数据聚类分析结果优化物理实体运行，构成了数字孪生信息中的智能引擎。

（5）仿真建模

仿真是理论和实验之外认识世界的第三种手段，可以不受时空的限制，观察和研究已经发生或者尚未发生的现象，极大地拓展了人类认识和改造世界的能力。构建数字孪生的第一步是创建高保真的数字孪生体虚拟模型，真实地再现物理实体的几何图

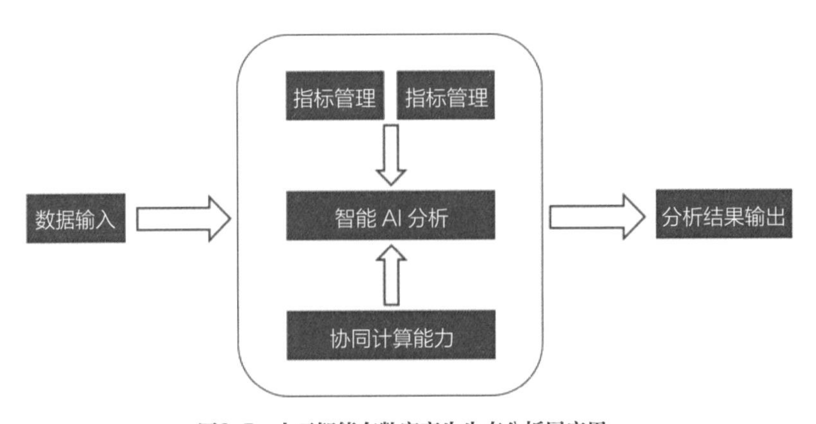

图8-5　人工智能在数字孪生生态分析层应用

形、属性、行为和规则等。数字孪生体模型不仅要在几何结构上与物理实体保持一致，更重要的是要能模拟物理实体的时空状态、行为、功能等。目前，大多数仿真建模方法都存在灵活性差、配置复杂、易出错等缺陷，要实现高置信度的数字孪生体模型，还需要在高保真建模仿真技术上取得进一步发展。

（6）地理信息系统（GIS）

地理信息系统（Geographic Information System，GIS）是在计算机软硬件系统支持下，对整个或部分地球表层（包括大气层）空间中的有关地理分布数据进行采集、存储、管理、运算、分析、显示和描述的技术系统。随着新兴智能技术的发展，三维GIS应用成为当下GIS领域中的主流，弥补了二维GIS在空间中表达的缺陷。实现三维空间中对各个部分和细节进行精准的刻画，促使数字可视化和智能化发展。

（7）建筑信息模型技术（BIM）

BIM（Building Information Modeling）是继CAD之后整个工程建设领域的第二次数字革命，对建筑行业的生产组织模式和管理方式产生了深远的影响。BIM的核心是通过建立虚拟的建筑工程三维模型，利用数字化技术，为模型提供完整的、与实际情况一致的建筑工程信息库。该信息库不仅包含描述建筑物构件的几何信息、专业属性及状态信息，还包含非构件对象（如空间、运动行为）的状态信息。

（8）数据可视化

数据可视化，是近年来大数据领域各界关注的热点，属于人机交互、图形学、图像学、统计分析、地理信息等多种学科的交叉学科。在信息管理、信息系统和知识管理学科中，最基本的模型是“数据、信息、知识、智慧”（Data、Information、Knowledge、Wisdom，DIKW）层次模型。在DIKW模型所定义的数据转化为智慧的流程中，可视化借助于人眼快速的视觉感知和人脑的智能认知能力，可以起到清晰有效传达、沟通并辅助数据分析的作用。数据可视化技术综合运用计算机图形学、图像处理、人机交互等技术，将采集或模拟的数据变换为可识别的图形符号、图像、视频或动画，并以此呈现对用户有价值的信息。通过对可视化的感知，可以提高阅读和理解数据的效率，并进一步提升为智慧，让数字化价值看得见。

3．数据中台

数据中台是面向建筑信息全面数字化需求，提供全过程、全专业数据分级分类存储管理的主要载体，包括汇聚空间数据、工程数据、住房数据、物联网数据等多渠道多类型数据的数据湖体系，多源数据库访问、跨网段数据通道、数据交易确权等数据开放体系，核心数据全链路监控、数据看板、数据安全等数据管理体系，以及数据检索、数据交换、数据门户等数据服务体系。

可视化图形使能平台是集成BIM平台的几何造型、布尔运算、图形渲染、模型可视化、数据互联互通等三维图形能力，搭建与现实世界精准映射的统一信息模型，实现建筑全生命周期业务协同的关键核心，在支撑BIM行业应用软件开发过程中也发挥了重要作用。BIM三维图形平台正与物联网、GIS等加速融合，为智慧城市建设提供信息整合、空间管理、智能运维、数字孪生等技术支撑。业务使能平台是围绕用户差异化业务需求，通过整合各类共性业务组件、搭建统一应用开发环境等，提供多专业模型集成、BIM模型轻量化、跨平台协同管理、计算性能分析、辅助优化设计等服务，实现项目集成化、精细化、专业化管理。

数据能否产生价值是很多组织关心的问题。当前社会已经进入数字经济时代，很多企业都面临数字化转型，政府也在积极推进数字化改革。数字化转型和数字化改革不仅要解决数据量爆发式增长带来的技术挑战和成本压力，更重要的是如何管理、治理并利用数据为组织带来更多的价值。相对于传统的信息化系统，数据从产生到价值化的链路是比较长的，要构建高效的数据平台和数据应用系统，需要解决数据在采集、同步、存储、清洗、加工、挖掘、服务、应用等数据价值化链条上各个环节的挑战。

数据中台概念的提出，就是希望基于新的分布式技术和数据化管理理念，帮助企业更好地解决这些挑战。数据中台涉及的技术链条非常长，需要进行合理的分层架构设计，并且站在全域的角度统一数据建模，通过共享的公共数据服务避免垂直烟囱式架构带来的重复建设和数据孤岛问题。数据中台，也可以说是一种构建全域化、规范化、实时化、智能化的数据处理架构，目标是为前台的数据应用提供高效的数据共享服务能力，针对业务系统抽象出各个业务域的共享服务中心，以微服务的方式对前端业务界面应用提供服务，赋能前端业务界面应用快速创新试错。

数据在业务中台、数据中台和数据智能应用之间流转的关系，可以简单地用图8-6、图8-7表示。

（1）数据同步

数据中台的目标是对全域数据进行资产化和服务化处理，包括但不限于业务数据、运维数据和设备数据等。这些数据来源多样，结构各异。因此，针对全域异构数据的采集，需要一个分布式批流一体的数据同步引擎，同步引擎最好支持插件式架构，可以针对新的数据源快速地定制开发读写插件，以满足新的异构数据源的接入。数据同步引擎的任务是解决好数据从源端到数据中台的通路问题。

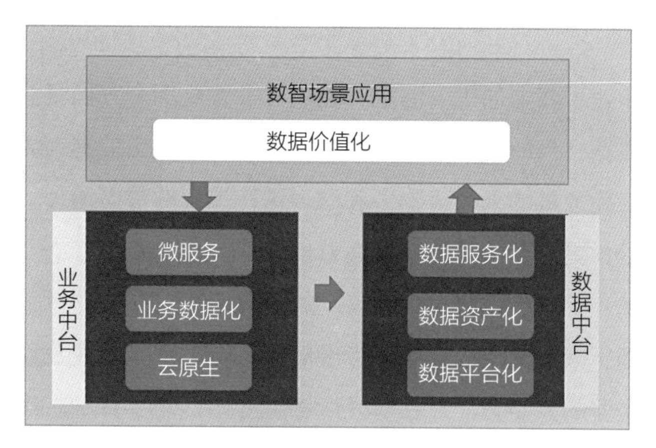

图8-6　数据中台流转关系

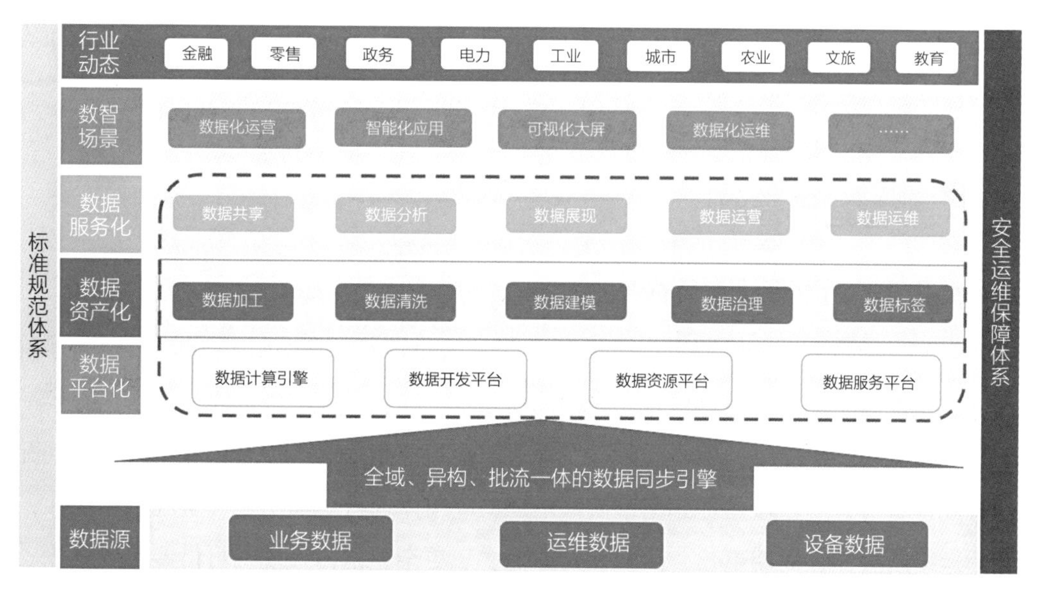

图8-7　数据中台架构

（2）数据开发

数据平台化提供了从数据存储和计算、数据开发、数据资产到数据服务的云原生一站式技术平台。数据平台化为企业落地数据中台提供了一整套标准的生产力工具，降低了实施数据中台的技术难度和成本。数字平台主要提供了计算和存储能力。对于数据处理和数据治理来说，统一的数据开发工具是降本增效的关键，也是数据中台最核心的入口级工具，根据不同的场景可以进一步区分为离线数据开发、实时数据开发和智能算法开发。

（3）数据资产

数据资产化涵盖了数据加工、清洗、建模、标签化等全方面沉淀数据资产的方法和过程，是构建数据中台的核心环节。从相对混乱无序的源数据，到清晰可用的数据资产，这个过程需要大量的人力、物力和财力进行持续的数据治理。数据资产化不是静态的一次性项目，更需要动态的持续运营。

（4）数据服务

数据服务化基于数据资产构建统一标准的服务能力，是企业建设数据中台的价值体现。数据作为企业的核心资产，在对外服务过程中，需要有细粒度的安全管控、详细的使用日志和高效的服务能力。这些都需要构建数据服务平台来落地。例如数据共享API，提供了将资产数据通过配置的方式对外提供微服务的能力，涵盖了从使用方申请、提供方审批和使用过程中管控的整体解决方案，可以加速数据资产对业务和伙伴的开放能力建设。

8.2 智慧运维管理

8.2.1 运维现状与目标

目前，BIM等数字化技术在国内的兴起是从设计行业开始，逐渐扩展到施工阶段。究其原因，无非是设计领域与BIM的源头——BIM模型，BIM建模软件比较容易上手，建模也相对简单；到施工阶段发现实际落地应用很难，涉及领域更广，协同配合难度也更大；进一步延伸到运维阶段的BIM应用体现得更加明显，实施困难更大，因为运维阶段往往周期更长，涉及参与方更多、更杂，国内外现存可借鉴经验更少。造成这种局面的原因很多，但是整体的BIM应用市场不成熟可谓是重要原因之一。整体市场不成熟，没有相应的指导性规范，没有成体系的匹配型实施人才，没有明确的责权利细分规则，没有市场角色定位，更没有相关的市场运营机制，这就在所难免地导致运维市场的混乱。因此，研究数字化技术和推行数字化技术在运维阶段的应用是关键。

数字化技术在公共建筑智能化运维系统中的应用较少。对建筑智能化技术在运维阶段可实现建筑节能、品质提升和管理高效等。

1．建筑节能

节能减排是建筑运维的重要内容，在中共中央制订的“碳达峰”和“碳中和”战略目标中，建筑业中特别是建筑运维环节设计和指定建筑节能减排策略首当其冲。作为建筑智慧运维系统中重要应用之一的智慧节能策略，必须做到以人为本，将人与建筑进行融合，深挖机电风机系统的运行数据，探寻建筑与环境、人员流动、各生产要素之间的微妙逻辑关系。利用能源大数据让设备自主调控还处于探索阶段，但目前仍然可针对某一特定场景进行应用。

2. 品质提升

品质包含安全管理和健康舒适，其中，安全管理可进一步分为消防安全和建筑安防。消防安全主要需要通过感应器读取环境信息实现火灾风险监测、火灾报警以及火灾处理，包括指引人群疏散一系列流程的自动化处理；建筑安防主要通过智能摄像头和门禁系统来识别外来人员，并且自动发出警报给安保人员，实现快速处理园区以及楼栋外来人员带来的安全隐患。健康舒适主要通过环境感应器监测空间环境参数指标，当指标值与舒适指标不符时，需自动调节控制环境要素指标的设备，一般有中央空调、新风系统、窗帘等。

3. 管理高效

利用BIM技术提升楼宇运维可视化能力，包括空间可视化和设备可视化；还可以对人员、车辆以及楼宇自控形成实时集成化管理模式，有利于及时解决管理工作中出现的问题。

8.2.2　智慧运维技术应用

根据现阶段的BIM技术、GIS技术、激光扫描技术、物联网技术、人工智能技术、大数据技术、云计算技术、虚拟现实和增强现实技术等数字技术，可以更好地实现智慧运维场景。

1. BIM技术可视化和数据集成应用

BIM技术可以集成和兼容计算机化的维护管理系统（CMMS）、电子文档管理系统（EDMS）、能量管理系统（EMS）和建筑自动化系统（BAS）。虽然这些单独的FM信息系统也可以实施设施管理，但各个系统中的数据是零散的，而且在这些系统中，数据需要手动输入建筑物设施管理系统，这是一种费力且低效的过程。

设施管理处于项目的最后一个阶段，同时也是时间最长、费用最高的一个阶段，需要项目设计阶段和施工阶段的很多信息，设施管理本身也会产生很多信息，因此信息量巨大、信息格式多样，而传统的设施管理方法无法处理如此庞大的信息。将BIM运用到设施管理中，构建基于BIM的设施管理框架构件的核心就是实现信息的集成和共享。

在设施管理中，管理者们使用BIM不仅可以有效地集成各类信息，还可以实现设施的三维动态浏览。相较于之前的设施管理技术，BIM技术有以下优势：

（1）实现空间和设备信息集成与共享

BIM出现的目的很大程度上是要解决建筑全生命周期中信息不流通的问题，从而实现建筑设备信息在建筑全生命周期中不断创建、使用，并不断积累、丰富和完善。BIM技术可以整合设计阶段和施工阶段的时间、成本、质量等不同时间段、不同类型的信息，并将设计阶段和施工阶段的信息共享，准确地传递到设施管理中，还能将这些信息与设施管理过程中产生的信息相结合。BIM模型中包含了海量的数据信息，这些数据信息可以为建筑后期的设备运维管理提供数据分析和管理策略。从前期流转至运维管理阶段所需的BIM模型，包含了建筑设备从规划设计、建造施工到竣工交付阶段的绝大部分数据信息，而这些数据信息相互关联并且能够及时更新。包含丰富信息数据的BIM设备模型是实体建筑设备在虚拟环境中的真实呈现，因此BIM不仅是建筑信息的载体，其价值进一步体现在信息的集成和共享方面。

（2）实现设施的可视化管理

三维可视化的功能是BIM最重要的特征，即将过去的二维图纸以三维模型的形式呈现。可视化的设施信息在建筑设备运维管理中的作用非常大，相比传统方式更加形象、直观。因为BIM模型中的每一台设备、每一个构件都与现实建筑相匹配，在日常设备维护中省去了由二维图纸等文档资料转换为三维空间设备模型的思维理解过程，在模型中定位的每一个设备都可以在现实建筑中找到，BIM具有的三维可视化是一种能够同设备及其构件之间形成互动性和反馈性的可视。当设备发生故障时，通过三维模型可视化，可以迅速定位和查看设备空间分布，方便运维人员开展进一步的维修保养工作。

（3）定位建筑构件

设施管理中，在进行预防性维护或者设备发生故障进行维修时，首先需要维修人员找到需要维修构件的位置以及该构件的相关信息，现在的设备维修人员常常凭借图纸和自己的经验来判断构件的位置，而这些构件往往在墙面或地板后面等看不到的地方，位置很难确定。准确的定位设备对新员工或紧急情况是非常重要的。使用BIM技术，不仅可以直接在三维模型中定位设备的位置，还可以查询该设备所有的基本信息及维修历史信息。维修人员在现场进行维修时，可以通过移动设备快速地从后台技术知识数据库中获得所需的各种指导信息，同时也可以将维修结果信息及时反馈到后台中央系统中，对提高工作效率很有帮助。

（4）建筑设备工程量统计

工程量统计是通过BIM软件明细表功能来实现的，通过创建和编辑明细表，运维人员可以从建筑设备模型中快速获取维修、保养等业务执行所需的各类信息，所有信息应用表格的形式直观地进行表达。例如统计建筑内所有风管设备的信息，在生成的明细表中，可以查看所有风管的几何信息、属性。

2．物联网技术在设施管理中的智能化应用

基于上述物联网技术，以及物联网和BIM技术的结合，物联网在设施管理中的具体应用分析如下。

（1）设备监控

物联网的传感器、RFID技术可以使监控或者调节建筑物恒温器这样的事情远程完成，甚至可以做到节约能源和简化设施维修程序。这种物联网应用在于，它很容易实施，容易梳理性能基准，并得到所需的改进。基于物联网运维系统，管理人员可以实时查看设备的运行情况，一旦发现异常即可进行远程控制。系统中的中央空调模块，可通过监测空调出风量的大小和供水回水的温度发现异常，及时进行调整；管理人员还可以根据室外天气光照亮度情况，分楼层、分区域开启或关闭全部或局部照明设备等。

（2）设施故障的高效反馈和维护

基于物联网的运维系统，承担运维部门的调度指挥功能，可对系统内各类设备进行24h不间断实时故障监测，一旦发生故障就会发出声光警报，设施管理人员可立即发出维修指令。通过这种方式，后勤管理人员可以在用户报修以前得到故障信息、确认故障原因并立即排除，从而达到防患于未然的效果。对于用户报修的故障，建立高效维修管理机制，及时获取报修信息，确保现场与后勤服务双方的有效沟通，并实现维修过程全程监控，便于追踪查询维修完成情况。产生多维度统计报表，便于管理者从维修情况了解设备实际情况，客观反映维修人员工作业绩。

（3）基于物联网的智能化运营管理

后勤智能化管理系统具有自动化控制、能耗监测及统计分析的功能。通过物联网技术实现设备实时监控，包括对中央空调设备、锅炉设备、照明设备、电梯设备、生活冷热水设备、集水井设备、空压机设备、负压机设备、变配电设备和计量设备等运行状态监控，实现能源计量、数据分析、数据上报和系统管理等功能。后勤智能化管理系统包括监控中心、监视模块、信号收发器、无线功率传感器、无线设备和报警模块等。系统在设备上安装具有无线射频通信功能的无线功率传感器或无线设备标签，需要监控设备的地域安装位置监视器，利用通信功能的信号接收器，把无线功率传感器或者无线设备标签发出来的设备运作状态及其位置信息转发到控制中心。

（4）基于物联网的智能化维护

①维修模块。整合监控中心与维修中心，设立统一的后勤服务调度中心，24h不间断运行。设置专职调度员实时接收来自各种渠道的报修和设备监控系统的报警，调度中心通过平台系统进行任务发布与进度追踪。所有报修可通过电话、PC客户端、微信等多种渠道一站式报往调度中心，后续由调度中心发往各班组，并进行完工反馈，实现全流程闭环管控。由后勤服务调度中心发往各班组的维修信息通过班组内接报分屏实时滚动提示，涵盖接报时间、故障区域、故障内容、派工时间与人员、其他班组协助需求等主要信息。有需求的部门通过内网可随时查询高度透明化的进程信息，可清晰地了解后勤部门对服务需求的响应情况、工作进展或导致无法及时完成的客观原因。

②巡检模块。后勤设备管理中电力系统、暖通系统、供水网络、消防系统、监控系统等涵盖的现场设备种类繁杂、数量庞大，安全巡检工作极为重要。巡检模块的建成，通过传统模式向移动端转型，提高了巡检效率与后续管控力度。在需要巡检的重要设施设备附近张贴二维码，做到重点部位全覆盖。巡检人员每次巡检时通过对现场设备二维码扫码定位，即可快速在移动端（手持式PDA设备）录入巡查信息，巡检完成后连接内网上传数据至信息管理平台。未按计划完成的巡检点位，系统将以红色条目警示管理者，确保巡检到位。

（5）设施的信息追踪和库存管理

把传感器安装在各个设施上、运输的各个独立部件上，从一开始中央系统就追踪这些设备的安装直到结束。在设施管理中，在设备上安装传感器或者RFID Tag，设施管理者可以清楚地知道设备的状态和使用情况。在库存管理过程中，用RFID Tag帮助设施管理人员知道库存的多少；在维修和使用阶段，快速告知现场管理人员进行采购和补充货物，从而降低损失和节约成本。

3．人工智能技术在应急管理中的应用

（1）人脸识别

目前，安防系统中人脸识别系统主要是基于对监控视频内动态的人脸进行检测、识别、报警、查询的系统，主要应用为身份确认、实施对比报警、静态库或身份库的检索和动态库的检索等。现阶段生物特征的身份识别技术受到各国的极大重视，国内外很多科研院所和公司对动态人脸身份识别技术正在进行深入研究，但由于人脸识别技术对图像质量的要求较高，人脸识别视频监控产品在准确性和实时性方面尚存有难度，无法达到100%的准确。

（2）语音识别

在建筑安防管理中，声纹识别技术可在以下场景中有进一步的拓展和应用。

1）智能、便捷地识别工作参与者的身份

在建筑运维管理工作中，基层运维人员具有高流动的特性。在传统运维管理过程中，管理者大多用不同账号区分不同工作人员，也因此带来账号管理混乱、违纪倒班等一系列问题。因此在实际的工作分配及交流过程中，如何快捷地识别参与者成为一个难题。

通过声纹识别技术，无须特殊的设备，在运维工作中工作人员在手机、麦克风等终端通过语音交流时即可实时识别参与者的身份，管理者在分配工作时能够方便快捷地进行确认，而不必二次确认工作人员的身份。例如，中控室内工作人员在视频监控系统中发现一处异常区域，通过对讲系统发布任务后，相关的工作人员可以在同一任务工单中通过语音沟通现场情况，并根据语音分析出工作人员身份，极大地提高了总控室与现场人员的沟通效率。

2）门禁身份验证

声纹门禁就是利用声音来控制门的出入权限，每个人利用自己的声音做钥匙，利用声纹识别技术，特定人员对着语音采集仪说出预先录制的语句，就可以实现身份识别，从而允许用户出入。声纹具有不易遗忘、防伪性能好、不易被盗、随身“携带”和随时随地可用等优点，与门禁系统相结合可以有效地提高门禁系统的安全性和便利性。例如，某一公司在声纹识别内核基础上开发出来的一款声纹识别门禁产品，具有易操作、安全性强、识别速度快、抗噪能力强等优点，主要功能包括以下两个方面：

①声纹预留。使用声纹门禁的第一个步骤是要进行声纹预留，这里要求用户首先念一段至少15s的语音，用于训练一个唯一表示用户身份的声纹模型，以便后续进行声纹验证使用。

②声纹验证。在这个步骤用户要说一段至少3s的语音，这段语音要在先前预留的声纹模型上进行声纹验证，用于判定这个人是不是其声明的身份，如果验证通过，则允许用户进入。

3）与室内定位系统相结合的智能巡更、巡检管理

理想的巡检系统，可以有效提升特定区域、厂区、建筑、设备和货物的安全系数，不过目前仍有许多企业采用比较传统的巡检方式：巡查人员在巡查点的记录本上

签到，以此进行巡检管理。这种方式很容易受气候条件、环境因素、人员素质和责任心等多方面因素的制约。将声纹识别技术和GPS定位、室内定位系统相结合，有效提高巡检质量，提升巡检对象的安全系数。

例如，在建筑内部巡检过程中，传统的方式需要楼巡人员提前熟记巡检路线和巡视检查项，并在有经验的师傅带领下熟悉一段时间。采用新技术后，通过室内定位系统可以明确楼巡人员所属的位置，智能终端通过语音提示楼巡人员下一步巡视路线和巡视检查项，楼巡人员通过语音对讲明确检查结果。该系统不仅降低了对人员培训的投入，还利用声纹识别技术从技术上杜绝了补签、冒签等弊端，切实提高了巡检的质量。

4）异常事件参与者身份确认旁证

在日常运维管理工作中，如果现场发生人员纠纷时，需要保安人员、运维人员及时到达现场进行调解和疏导，如何保证保安人员和运维人员的调解和疏导规范有效，引发争议如何明确责任也是运维工作中的一个难题。

通过保安人员和运维人员智能终端设备传回至中控室的声音数据，结合现场视频监控画面可完整地还原现场发生的状况，并通过声纹识别技术明确参与者身份，若后期产生更大的纠纷，可作为旁证提供给司法机关。

5）远程授权

在运维管理工作中，重要机房的门禁、重要指令的发布、关键的操作命令等敏感操作若使用密码确认、ID卡确认则存在泄露风险，而无论是人脸识别还是指纹识别，则均需要相关人员在现场进行确认，在很多时候造成了极大的不便。利用声纹识别技术则可以在保证安全的同时支持远程授权的操作。

（3）机器人

安防机器人的应用方向：

①巡检安保方面：由于智能巡检机器人在环境应对、性能强大等方面具有人力所不具备的特殊优势，越来越多的智能巡检机器人被应用到安防巡检、电力巡检、轨道巡检等特殊场所，并且轻松完成任务。安保机器人作为新兴的产品，既可以代替人们完成重要场合的监控保安工作，还可以实现数据收集，构成完整的监控系统，在安全性上具备绝对优势。因此安保机器人具备市场需求的必要性。

②视频监控方面：机器人在建筑室内能够移动，更加灵活、更加智能化、更加友好，还可以集成更多功能。机器人还可以进入室内建筑，提供更加全面的视频监控服务；它们不仅是物业的好帮手，同时监控机器人在公司、网吧、超市巡逻、看死角以

及动力、通信、电力环境监控、化工远程操控等场所都有广泛的应用。

③智能监测方面：安防机器人可以通过高清摄像头观察这个世界，当前已经具备人脸检测和识别能力，也可以通过声音提供语音报警、听音辨向、远程对讲与喊话等听说能力。对于周围的环境监测，可以按需选配各种传感器，常用的室内环境温湿度监测、PM2.5气体监测、烟雾监测、危险气体监测等都可内嵌。

④突发应对方面：频繁爆发的突发安全案件对事前安防、事后防暴处置都提出了很高的要求，如异常声音报警、夜间值守等安保功能。安防机器人将会在其中充当重要角色，为人们破解危险，保障人身财产安全。它不仅可以和人员进行智能语音交互，同时选配带电防暴叉、电击枪或致盲强光等设备，能有效威慑危险分子，针对突发安全问题，可以抵3个民警的警力。白天可作为客服导览为顾客办理业务，夜间又可化身安保人员，启动安保模式，自主安防巡检，当发生危险时，管理人员可远程控制机器人主动出击，有效威慑和制服危险分子，防患于未然。

4．大数据技术算法分析应用

在数字化的运维管理中，结合物联网技术的运维管理，不断收集大量的传感器数据，这些数据结合不断累积形成运维数据，例如能耗数据、维护数据记录等，基于大数据的算法进行分析，找到资产设施的高效运营模式，从而提高管理效率。

5．云计算技术应用

建筑运维私有云业务应用体系分为基础设施层、虚拟化运维云平台服务层、建筑运维业务系统服务层、建筑运维业务云应用层和终端接入层五层。将基础设施层虚拟为虚拟化运维云平台服务层后提供IaaS服务，建筑运维业务系统服务层通过整合所用建筑机电设备系统并建立BIM数据系统提供PaaS服务，而用户可以通过各种终端设备接入建筑运维业务云应用层获取SaaS服务。

①基础设施层。基础设施层是整个架构的基础，其性能决定了建筑物联网和BIM运维系统的服务能力和范围，为整个云平台提供IT资源。

②虚拟化运维云平台服务层。基于虚拟化技术的运维云平台服务层将基础设施层虚拟化为计算、存储、网络、桌面和安全五大虚拟资源池，建立资源按需分配、统一部署的云计算平台。

③建筑运维业务系统服务层。建筑运维业务系统服务层是从各建筑机电设备系统、物联网系统和BIM数据管理系统等的业务需求出发，为合理地从虚拟化运维云平台服务层动态分配计算、存储及网络等资源而创建的虚拟服务器层，提供信息化应用系统服务（智能卡系统、物业管理系统、建筑资产管理系统、专业业务系统等）、

信息设施系统服务（公共广播系统、公共信息系统、时钟系统等）、建筑设备管理系统服务（照明系统、空调通风系统、供配电系统、能源管理系统、建筑物联网系统等）、公共安全系统服务（火灾自动报警系统、视频安防监控系统、出入口控制系统、入侵报警系统等）以及数据管理服务等后台服务器。

④建筑运维业务云应用层。建筑运维业务云应用层直接与用户接触，它是面向智慧建筑和运维云的核心部分，实现运维云的核心业务逻辑，能够最真实地反映用户体验。除了提供各种应用服务外，建筑运维业务云应用层还提供整个平台的交互接口。

⑤终端接入层。终端接入层是指用户获取建筑运维业务云应用服务所使用的计算机端、移动端（手持PDA设备）和智能手机等设备。

6．知识图谱技术设备管理应用

知识图谱是通过将应用数学、图形学、信息可视化技术、信息科学等学科的理论与方法以及计量学引文分析、共现分析等方法，把复杂的知识领域通过数据挖掘、信息处理、知识计量和图形绘制的手段而显示出来，它揭示了知识领域的动态发展规律，为学科研究提供切实有价值的参考。通过对设备、空间、人员分类处理，搭建运维知识图谱，实现数据资产的结构化、网状化关联，当设备故障或报警时，实现维修方案或处理办法的精准推送，降低对运维人员的要求。通过构建的典型应用场景知识图谱，实现基于知识图谱的语义搜索、知识推送、知识推理、知识问答和知识可视化等功能。通过建立设备全生命周期电子档案，包括设备巡检、维修、维保信息以及设备运行状态，建立专业设备数据库；通过定义设备关系，对设备的各类运行数据进行统计分析，预测设备故障频次，制定科学合理的维修计划，提升设备维保效率。

第9章 新型建筑工业化

9.1 装配式混凝土建筑

装配式混凝土建筑将传统建造模式中大量的现场湿作业工作转移到工厂内进行标准化生产，可实现主体结构系统、外围护系统、设备与管线系统、内装系统的集成，兼顾生产与施工一体化设计，有利于工厂化、机械化、信息化与智能化的发展，为混凝土建筑建造方式的变革奠定了重要基础。装配式混凝土建筑主体结构体系主要包括装配整体式混凝土剪力墙结构、装配整体式混凝土框架结构、装配整体式混凝土框架—现浇剪力墙结构、装配整体式混凝土框架—现浇核心筒结构等。其中，装配式混凝土剪力墙结构体系在我国的住宅建筑中应用广泛，可分为装配整体式混凝土剪力墙结构体系以及装配式多层混凝土剪力墙结构体系两大类，通常采用的预制构件类型包括预制夹心保温外墙板、预制内墙板、叠合楼板、预制阳台板、预制空调板、预制楼梯等，预制阳台板可采用叠合或全预制构件，预制空调板及预制楼梯通常采用全预制构件。我国的装配式混凝土框架结构体系通常用于公共建筑中，按照结构整体性及预制构件连接的特点，可分为装配整体式混凝土框架结构体系及装配式多层混凝土框架结构体系两大类，常采用的预制构件类型包括预制柱、叠合梁、叠合楼板（或全预制板）、预制楼梯等。

9.1.1 装配式混凝土剪力墙结构体系

1. 装配整体式混凝土剪力墙结构体系

装配整体式混凝土剪力墙结构体系是我国多层和高层住宅建筑的主流体系，如图9-1所示，利用钢筋连接技术，通过后浇节点区域以及叠合楼板的后浇混凝土，将预制构件进行连接，可保证结构的整体性能，设计中采用与现浇混凝土剪力墙结构相同的方法进行结构分析，即“等同现浇”设计。按照墙板结构构造的不同，装配式混

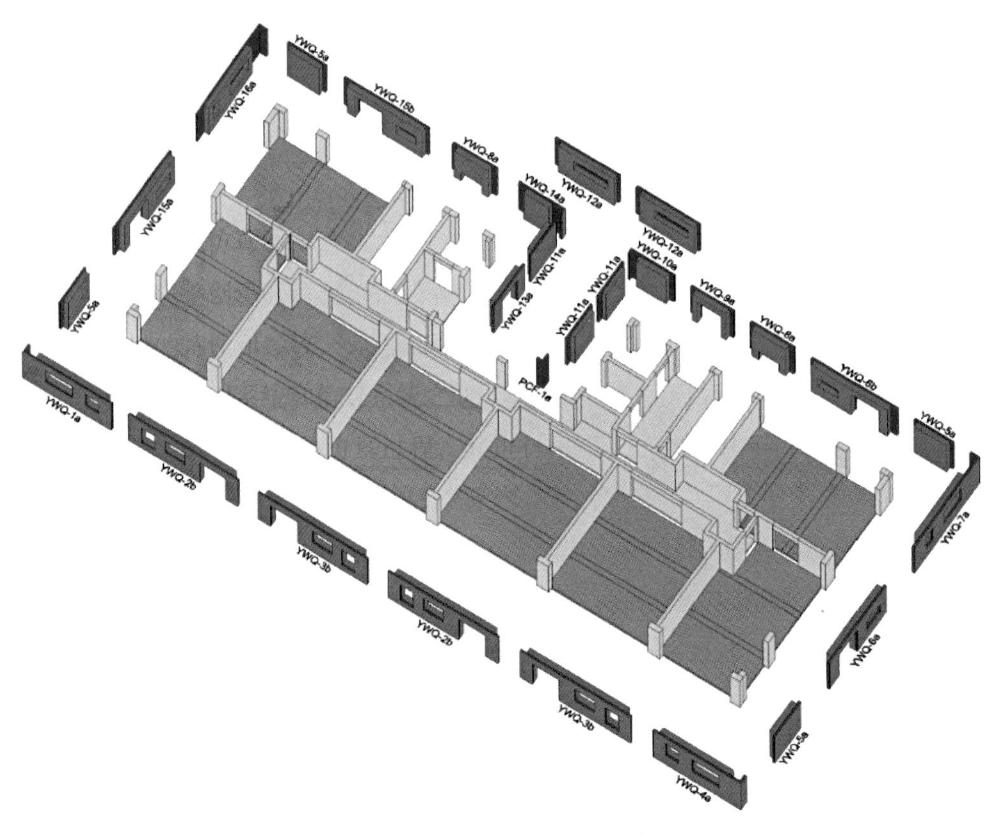

图9-1　装配整体式混凝土剪力墙结构示意图

凝土剪力墙结构体系可分为实心剪力墙结构体系及叠合剪力墙结构体系。

（1）实心剪力墙结构体系

实心剪力墙结构体系在预制实心墙板［图9-2（a）］中留设连接件，通过湿式或干式连接技术连接成为整体，搭载套筒灌浆连接技术的实心剪力墙结构体系是我国目前应用最为广泛的结构体系。

套筒灌浆连接技术在美国与日本已有40余年的应用历史，采用该技术的建筑也经历了多次地震的考验，包括大震的考验，是一项成熟可靠的技术。该技术在我国也有多年应用历史，但在施工现场实施操作中，易出现套筒浆料填充不饱满的情况，国内外学者为此提出了一系列的无损检测方法及装备对其质量进行监控和检查，主要包括电阻测试法、钢丝拉拔法、振动传感器法、X射线法、冲击回波法和超声波法等。钢筋套筒灌浆饱满度监测器作为一种简易有效的监测工具，已在全国范围广泛应用。同时，各地监督机构也出台了加强钢筋套筒灌浆饱满度的质量管理文件，套筒灌浆操作过程中灌不满、漏浆的问题得到了控制与解决。

（a）　　（b）

图9-2　预制剪力墙板构件图

（a）预制实心剪力墙板；（b）叠合剪力墙板

（2）叠合剪力墙结构体系

叠合剪力墙结构体系结合了预制结构与现浇结构的优点，在预制墙板［图9-2（b）］中留设后浇腔体，通过后浇混凝土叠合层连接形成整体，该体系具有以下特点：①构件重量轻，便于运输与吊装；②钢筋连接方式普遍采用搭接连接，可靠易检；③通过墙板空腔及后浇段的后浇混凝土，有效保证墙板竖向和水平拼缝的防水性能；④钢筋连接及后浇混凝土的工艺工法与现浇结构近似，更适应我国目前施工行业的整体水平，施工质量更易控制。

叠合剪力墙主要分为双面叠合剪力墙、单面叠合剪力墙两类。近年来，我国学者研发了局部设置空腔叠合剪力墙，空腔的形式可为圆柱体、矩形柱体等，如装配式空心板剪力墙、纵肋叠合混凝土剪力墙等。双面叠合剪力墙最早源于德国，在欧洲已有一定的研究与应用基础，但与我国的使用要求和地域特点有所不同，引入我国后，我国学者开展了一系列叠合剪力墙抗震性能相关的研究，包括墙板平面内与平面外抗震性能、T形与L形以及工字形截面整体抗震性能、水平与竖向连接、叠合面抗剪性能的研究等。

由于叠合剪力墙结构的整体性及防水性能良好，也可应用在地下室外墙中，提高建造质量与效率。

2．装配式多层混凝土剪力墙结构体系

从建造提效的角度考虑，装配式多层混凝土剪力墙结构体系墙板间的连接采用了构造相对简单、施工便捷的湿式连接节点或干式连接节点，其刚度及整体性相比现浇结构虽有所降低，但可满足多层结构受力的需要，近年来在多层住宅建筑中逐渐得到应用。

该体系中通常采用的做法包括钢筋套筒灌浆连接、浆锚搭接、水平钢锚环灌浆连接、柔性钢丝绳连接、硬质套环连接、螺栓连接、预埋钢板焊接等。水平钢锚环灌浆连接是指在两侧预制墙体中伸出钢锚环，在锚环中部插入纵向钢筋，最后在竖缝后浇高强灌浆料，钢锚环连接可保证连接处在水平荷载作用下有效传递内力，典型连接节点见图9-3。柔性钢丝绳连接是采用钢丝绳套在拼接缝处搭接锚固，然后在套环内部后插纵筋，最后浇筑混凝土，抗剪承载力主要由界面摩擦力和软索连接的销栓作用提供。

螺栓连接一般采用定型产品，不同产品的构造有所区别，有盒式连接、螺栓直接连接等多种连接形式。盒式连接是指由钢板制成盒形螺栓连接器，通过锚筋与高强螺栓保证上下层预制墙体的可靠连接；螺栓直接连接主要依靠高强螺栓连接实现内力传递，通常设置钢板以避免连接处的局部承压破坏和冲切破坏，典型螺栓连接形式如图9-4所示。焊接连接可采用钢筋与预埋钢板焊接的连接形式，也可采用墙板预埋钢板、现场附加钢板或角钢焊接的形式，典型钢板焊接连接形式如图9-5所示。

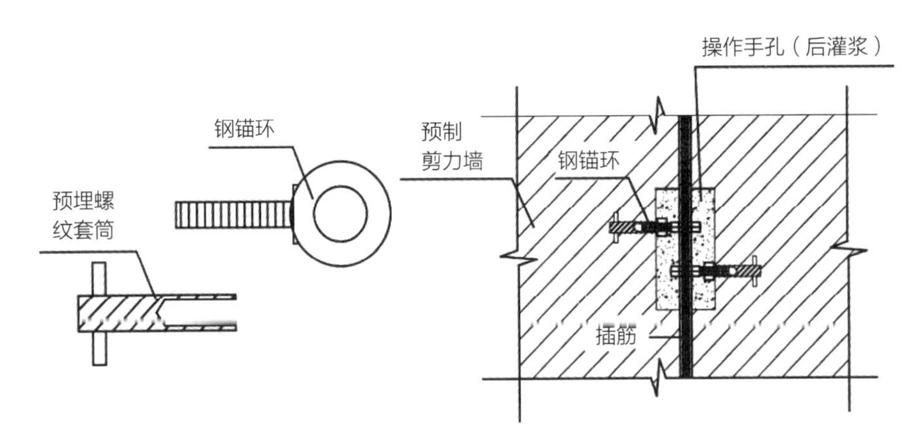

图9-3　水平钢锚环灌浆连接示意图

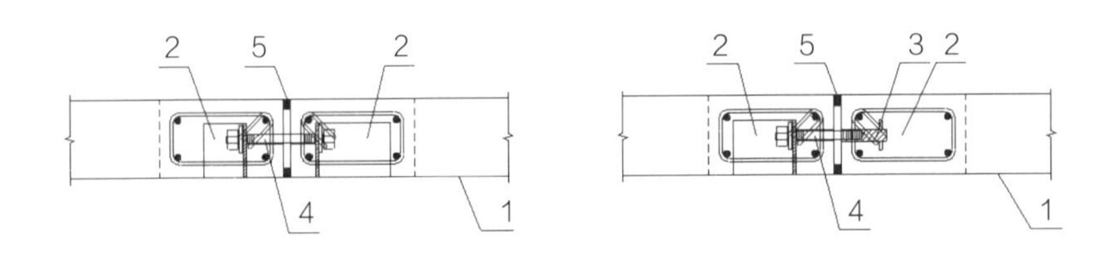

图9-4　典型螺栓连接示意图

1—墙板；2—预留手孔；3—预埋螺纹套筒；4—连接螺杆；5—预留安装间隙

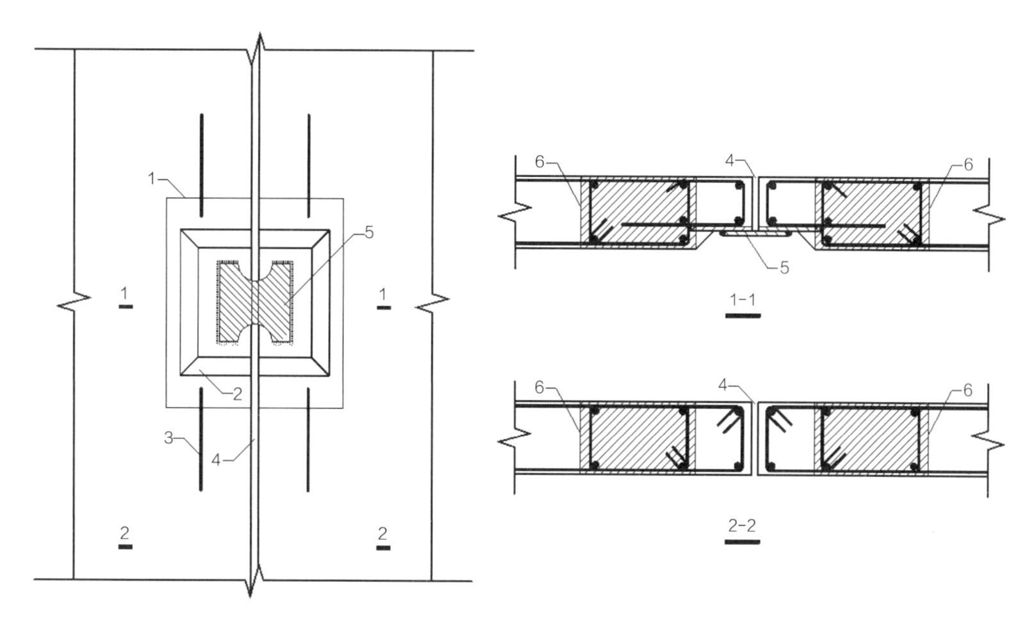

图9-5　典型钢板焊接连接示意图

1—预埋连接钢板；2—凹槽；3—锚筋；4—安装缝隙；5—后焊连接钢板；6—构造柱

9.1.2　装配式混凝土框架结构体系

1. 装配整体式混凝土框架结构体系

装配整体式混凝土框架结构体系通过后浇混凝土及可靠的受力钢筋连接技术，保证了结构具有与现浇混凝土结构等同的延性、承载力及耐久性。该体系在日本已有数十年应用经验，按照预制部位的不同可大体分为两大类：①梁、柱构件预制，在节点核心区部位进行整体式连接；②梁、柱与节点核心区预制，在节点核心区外进行整体式连接。在我国的装配整体式混凝土框架结构体系实践中，考虑构件的制作与运输方便，通常采用将梁、柱进行预制，在梁柱节点核心区进行湿式连接的做法，在钢筋连接技术中，套筒灌浆连接技术的应用最为广泛。

预制构件的连接是装配整体式混凝土框架结构体系的关键，包括预制柱的连接、框架梁与柱的连接、主次梁的连接、叠合梁与叠合板的连接等。其中，框架梁柱节点按照梁底纵筋连接位置的不同，可分为梁柱节点外连接与梁柱节点内连接两类。梁底纵筋在梁柱节点外连接（图9-6）可降低梁柱节点内复杂度，有效改善在节点内连接时出现的不易施工的问题，但施工现场支模及湿作业工作量较大；还可采用梁端留设U形槽，采用钢筋搭接连接的方式，可有效避免梁柱节点处钢筋碰撞问题，同时可相对减少现场作业量，但构件生产工艺相对复杂，且在运输中需加强防护措施以避免构件端部损坏。

梁底纵筋在梁柱节点内的连接（图9-7）可有效缩短预制构件钢筋伸出长度，降

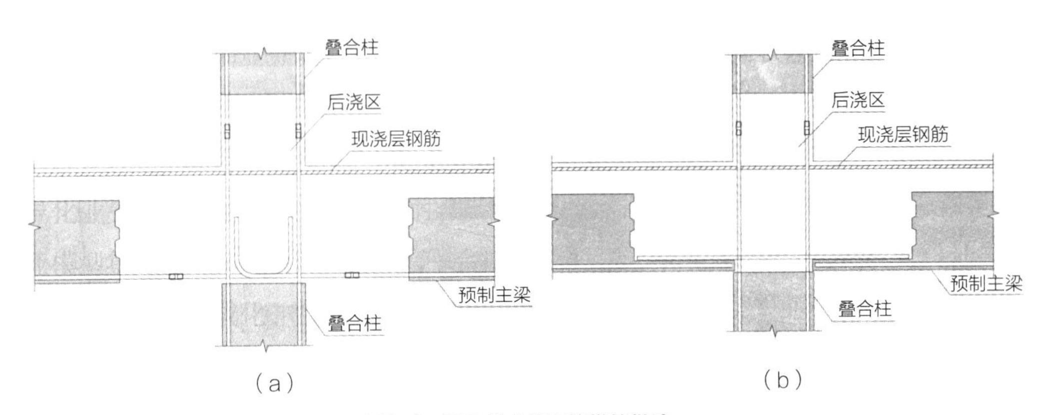

图9-6　梁柱节点外钢筋搭接做法

（a）梁底纵筋机械连接做法；（b）梁底纵筋搭接做法

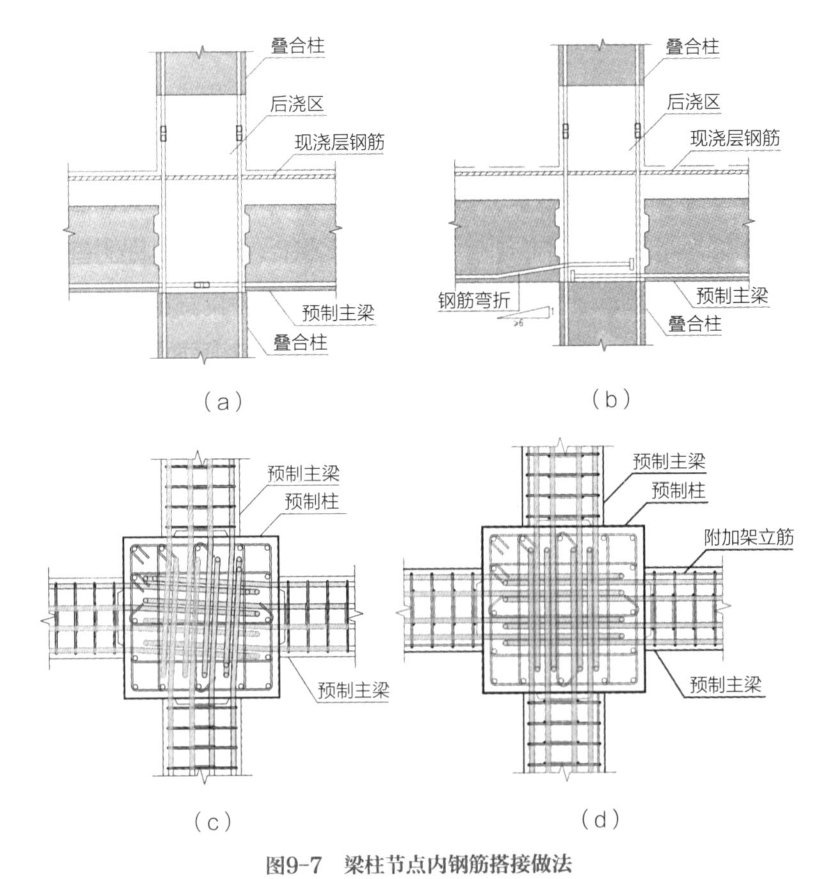

图9-7　梁柱节点内钢筋搭接做法

（a）节点内机械连接做法；（b）节点内锚固板锚固做法
（c）水平弯折避让做法；（d）钢筋水平偏置避让做法

低预制构件生产过程中的钢筋处理难度，但通常梁柱节点处配筋较为密集，现场施工作业难度较高，且此种连接方式对构件加工精度及现场施工精度要求较高，容错率较低。在该种连接方式中，钢筋避让是关键，采用智能化设计技术进行钢筋碰撞的自动检查碰撞与避让是有效的设计手段。

2．装配式多层混凝土框架结构体系

装配式多层混凝土框架结构体系通常采用构造简单、施工便捷的湿式连接节点或干式连接节点，梁柱节点可设计为刚接、半刚接或铰接，柱脚一般采用刚接节点与基础进行连接。相比湿式连接，干式连接利用螺栓、焊缝等传递内力，不依靠后浇混凝土后灌浆料进行内力传递，通常采用的干式连接节点类型包括插销杆连接、焊接连接、螺栓连接、预应力连接、混合连接等。“十三五”期间，国内学者对采用干式连接的新型高效装配式框架连接节点与结构体系进行了较为广泛的研究，我国的干式连接混凝土框架结构体系主要用于多层装配式框架结构中，已有一定数量的工程应用。

《装配式多层混凝土结构技术规程》T/CECS 604—2019中介绍了一种典型的梁柱节点螺栓连接形式，梁柱节点设置明牛腿或暗牛腿，当采用全预制梁时（图9-8），可在梁顶和梁底设置螺栓连接器与节点内的预埋钢筋连接；当采用预制叠合梁时，可在梁底设置螺栓连接器与节点内的预埋钢筋进行连接，梁的上部纵筋可采用螺纹套筒等机械连接形式与节点内的预埋钢筋连接。

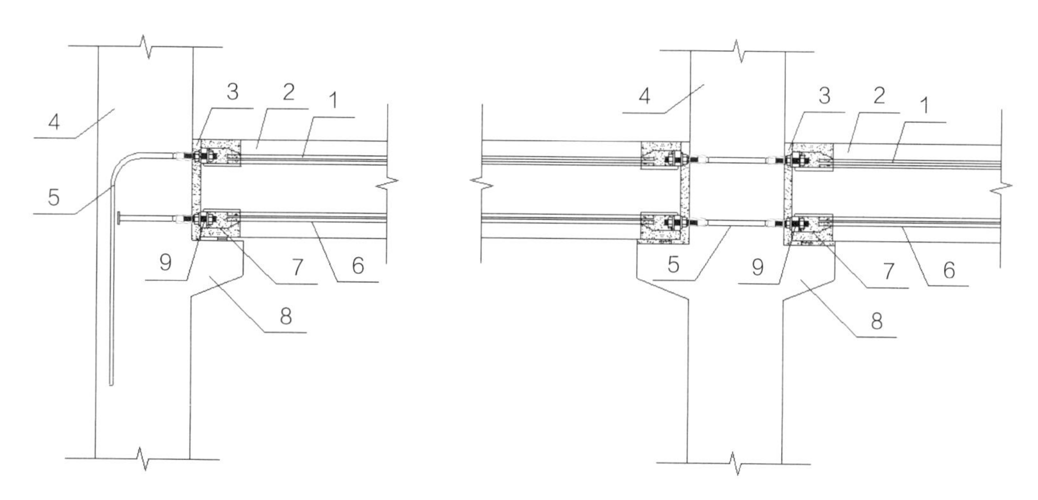

图9-8　典型梁柱节点螺栓连接示意图

1—梁上部纵筋；2—后浇层；3—钢筋接头；4—预制柱；5—节点内预埋钢筋；6—梁下部纵筋；7—螺栓连接器；8—牛腿；9—连接螺栓

9.1.3 装配式混凝土建筑外墙围护体系

装配式混凝土建筑中，外墙围护体系可分为预制外墙、现场组装骨架外墙、建筑幕墙三大类，主要类型划分如表9-1所示。

装配式混凝土建筑外墙围护体系主要类型 表9-1

<table>
<tr><th>构件</th><th colspan="5">分类</th></tr>
<tr><td rowspan="10">预制外墙</td><td rowspan="3">整间板体系</td><td rowspan="2">预制混凝土外墙板</td><td>普通型</td><td colspan="2">预制混凝土夹心保温外挂墙板</td></tr>
<tr><td>轻质型</td><td colspan="2">蒸压加气混凝土条板</td></tr>
<tr><td colspan="2">拼装大板</td><td colspan="2">在工厂完成支撑骨架的加工与组装、面板布置、保温层设置等</td></tr>
<tr><td rowspan="7">条板体系</td><td rowspan="6">预制整体条板</td><td rowspan="4">混凝土类</td><td rowspan="2">普通型</td><td>硅酸盐水泥混凝土板</td></tr>
<tr><td>硫铝酸盐水泥混凝土板</td></tr>
<tr><td rowspan="2">轻质型</td><td>蒸压加气混凝土板</td></tr>
<tr><td>轻集料混凝土板</td></tr>
<tr><td colspan="2" rowspan="2">复合类</td><td>阻燃木塑外墙板</td></tr>
<tr><td>石塑外墙板</td></tr>
<tr><td colspan="3">复合夹心条板</td><td>面板＋保温夹心层</td></tr>
<tr><td rowspan="2">现场组装骨架外墙</td><td colspan="5">金属骨架组合外墙体系</td></tr>
<tr><td colspan="5">木骨架组合外墙体系</td></tr>
<tr><td rowspan="4">建筑幕墙</td><td colspan="5">玻璃幕墙</td></tr>
<tr><td colspan="5">金属板幕墙</td></tr>
<tr><td colspan="5">石材幕墙</td></tr>
<tr><td colspan="5">人造板材幕墙</td></tr>
</table>

1．预制混凝土夹心保温剪力墙板

预制混凝土夹心保温外挂墙板是将内叶板、保温层及外叶板在工厂一次加工成型，通过可靠的连接件进行连接，形成一个整体，无须再做外墙保温，并且保温层和外饰面与结构同寿命，在装配整体式混凝土剪力墙结构体系中广泛应用。内叶板作为结构剪力墙构件及建筑的主体外围护墙体，可采用实心墙板也可采用叠合墙板；保温层由于两侧有内叶板和外叶板保护，可采用B1级保温材料集成，减少了墙体总厚度也降低了外墙围护体系的综合成本；外叶板仅起围护和装饰作用，为建筑立面实现丰富多彩的外观效果提供了可能性，常见清水、涂料、反打等装饰工艺。

2．预制混凝土外挂墙板

预制混凝土外挂墙板安装于主体结构外侧，作为非结构承重墙，主要起外围护作

用和装饰作用，主要应用于装配式混凝土框架结构体系，可分为单层外叶板外挂墙板、夹心保温外挂墙板等。夹心保温外挂墙板由内叶墙板、外叶墙板、中间保温层和拉结件组成，可实现保温与装饰一体化。其与主体结构的连接通常采用干式连接，通过预埋件采用螺栓连接或焊接形式与主体结构相连。

3．蒸压加气混凝土条板

采用蒸压加气混凝土条板作为建筑外围护非砌筑墙体，首先形成封闭界面，之后采用幕墙系统作为外围护保温、装饰一体化系统的组合方案，是近年来较为常见的装配式公共建筑外围护系统。蒸压加气混凝土材料是以水泥、石英砂、石灰和石膏为原料，以铝粉（膏）为发气剂，经磨细、浇筑、发气、切割、预养、蒸压养护而成的多孔硅酸盐材料，可分为砌块和条板两类，具有稳定耐久、防火性能好、有一定的自保温特性、隔声性能好、自重轻等优点。其中蒸压加气混凝土条板作为一种性能良好的非砌筑墙体被广泛应用于装配式建筑的外围护和内隔墙部分，具有诸多材料及构造方面的优点，符合装配式建筑对外围护体系预制生产、装配安装的特点。

4．单元式幕墙

单元式幕墙体系是高度集成化的建筑外围护构件，利用钢框架根据立面造型组成幕墙骨架体系，将保温、保护层、外墙装饰材料、门窗等统一在工厂安装形成典型单元，运输到现场直接与结构预埋连接件相连的一种体系，具有精度高、装饰性强、标准程度高等优势和特点，单元式幕墙分层构造示意图见图9-9。该体系针对部分具有

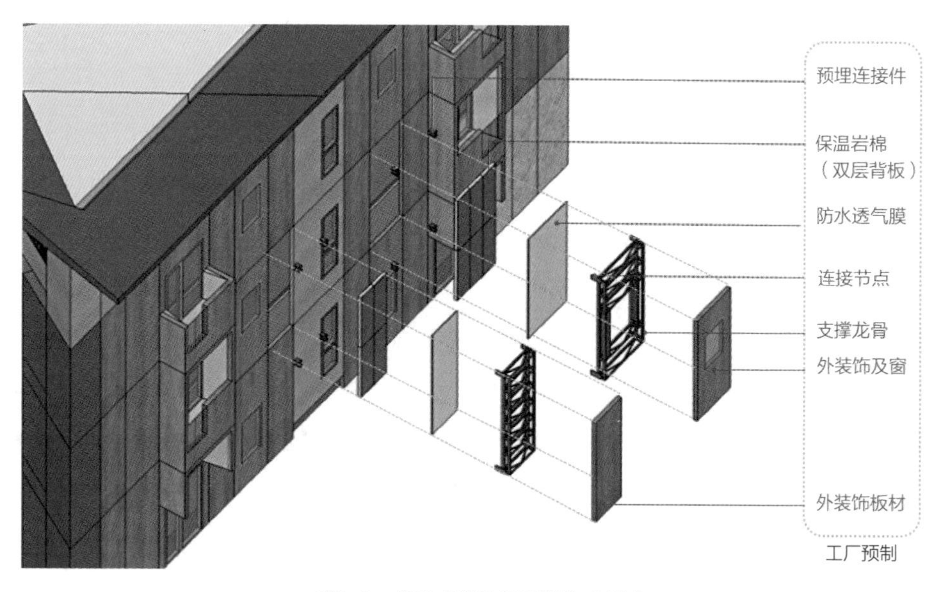

图9-9　单元式幕墙分层构造示意图

标准化单元模块形成立面的项目，有着较强的优势，单元幕墙在前期设计阶段需要投入较大的设计资源，但工厂生产后运输到现场安装可以大大缩减施工周期，减少建设成本。

9.2 装配式钢结构建筑

近年来，我国积极探索发展不同结构形式的装配式建筑。钢结构建筑因其抗震性能好、工业化生产建造程度高、施工周期短、节能环保等优势，成为带动装配式建筑整体发展的重要载体。钢结构在国外建筑业早已广泛应用。在发达国家，钢结构已成为主导的建筑结构形式。其中，高层钢结构已经有110年的发展历史。在欧美国家，钢结构住宅建筑已占到全部建筑总量的65%左右，在日本占到50%左右，目前我国钢结构主要用于工业厂房、大跨度和高层民用建筑中，钢结构住宅在全部建筑中的应用比例非常低，还不到百分之一。主要是现有钢结构体系与市场主流户型匹配度不高，多数设计未采用标准化，构件截面种类多、数量多，没有充分考虑与建筑门、窗施工的结合，后续产生诸多问题，影响施工效率；外墙保温、墙板开裂、防火处理、墙体隔声、耐久性等问题突出。

自2015年以来，国家层面多次出台政策，制定装配式钢结构建筑发展目标，划定重点区域并制定相应鼓励政策，引导国内装配式钢结构建筑因地制宜地健康快速发展。《钢结构住宅主要构件尺寸指南》已于2020年8月20日正式发布。根据《住房和城乡建设部标准定额司关于开展〈钢结构住宅评价标准〉编制工作的函》（建司局函标〔2020〕77号）的要求，《钢结构住宅评价标准》编制组成立暨第一次工作会议于2020年7月8日举行。2020年12月21日召开的全国住房和城乡建设工作会议提出，加快发展“中国建造”，推动建筑产业转型升级。加快推动智能建造与新型建筑工业化协同发展，建设建筑产业互联网平台；完善装配式建筑标准体系，大力推广钢结构建筑。2021年10月中共中央办公厅、国务院办公厅印发的《关于推动城乡建设绿色发展的意见》文件中指出：重点推动钢结构装配式住宅。2022年七部委联合印发的《绿色建筑创建行动方案》（建标〔2020〕65号）提出，到2022年，当年城镇新建建筑中绿色建筑面积占比达到70%。方案提出要大力发展钢结构等装配式建筑，新建公共建筑原则上采用钢结构。编制钢结构装配式住宅常用构件尺寸指南，强化设计要求，规范构件选型，提高装配式建筑构配件标准化水平，推动装配式装修，打造装配式建筑产业基地，提升建造水平。

装配式钢结构体系发展至今，根据不同建筑高度、功能等衍生出多种结构体系，传统意义上的钢结构建筑体系主要有五种：钢框架结构体系、钢框架—支撑结构体系、钢框架—延性墙板结构体系、钢框架—核心筒结构体系、轻型冷弯薄壁型钢结构体系等。

9.2.1　钢框架结构体系

钢框架结构是由钢梁、钢柱在施工现场通过连接而成的具有抗剪和抗弯能力的装配式钢结构体系，属于单重抗侧力结构体系。目前钢框架结构主要应用于办公建筑、居住建筑、教学楼、医院、商场、停车场等需要开敞大空间及相对灵活的室内布局的多高层建筑。钢框架结构体系可分为半刚接框架和全刚接框架，可以采用较大的柱距并获得较大的使用空间，但由于抗侧力刚度较小，因此使用高度受到一定限制。在住宅应用方面，钢框架结构柱网排布规整，变化形式多样，可以适应不同形式的住宅平面。隔墙可拆可建，空间划分自由，也便于标准化生产加工。梁和柱对空间利用的束缚影响小，但会有梁和柱突入室内空间的问题。而通过调整框柱间距，容易形成大空间，适宜的柱距也有利于提高框架结构空间的适应性能力。目前钢框架结构体系朝着全装配钢框架建筑体系发展，如图9-10所示。全装配钢框架梁、柱、墙面、楼板及屋面均实现螺栓连接，操作简单便捷，有效缩短施工工期。主体结构和围护墙板及水暖电管线等均为一体化设计，户型均为模数化设计，可依据客户需求调整建筑尺寸，室内使用功能灵活多变，为客户提供更多选择。

钢结构节点连接对保证钢结构的整体性和可靠度、制造安装的质量和进度、整个

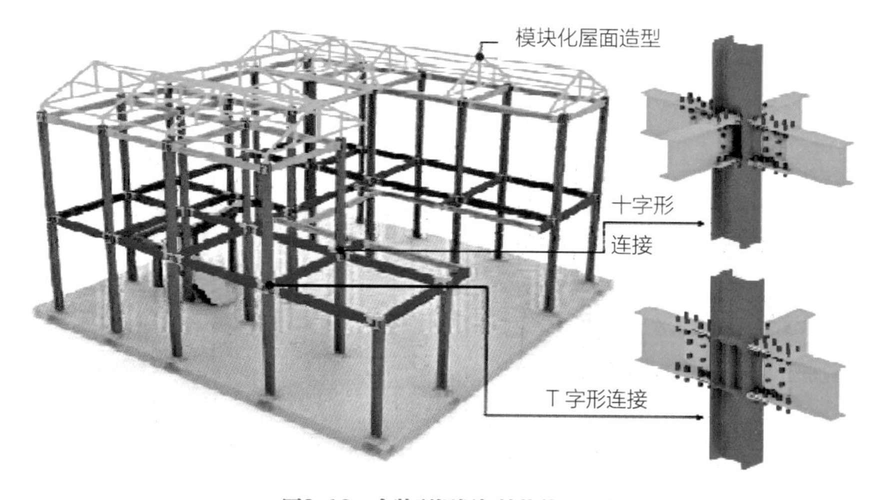

图9-10　全装配钢框架结构体系示意

建设周期和成本有着直接的影响。全螺栓连接节点是目前最符合钢结构新型工业化的节点形式，而对于常规的螺栓紧固件，安装时需要在一侧夹紧螺母或螺栓头，从另一侧用扳手拧紧螺栓头或螺母。通常安装人员能够接触到被紧固物体的两侧，但对于特殊场合，例如封闭的管状结构或一端不易触及的结构，普通螺栓的使用受到很大限制。高强度自锁式单向螺栓克服了传统螺栓不能直接用于钢管等闭合截面的缺点，可以很好地解决构件与封闭构件之间的连接问题，具有单边拧紧、无须特殊工具、施工快捷的优点。据测算，单向螺栓的安装时间为焊接的1/4，提高施工效率75%。典型高强度自锁式单向螺栓示意图见图9-11。

除此之外，节点连接件的研发创新也取得了突破性进展。其中操作方便，效率高、噪声低、抗震性能好的高强度环槽铆钉的研发，如图9-12所示。相比高强度螺栓，高强度环槽铆钉具有防松性能好、轴力一致性高和抗疲劳性强等优势，是目前有效解决高强度螺栓松动、断裂的可行方案，有效提高了结构可靠性和降低后期维护成本。

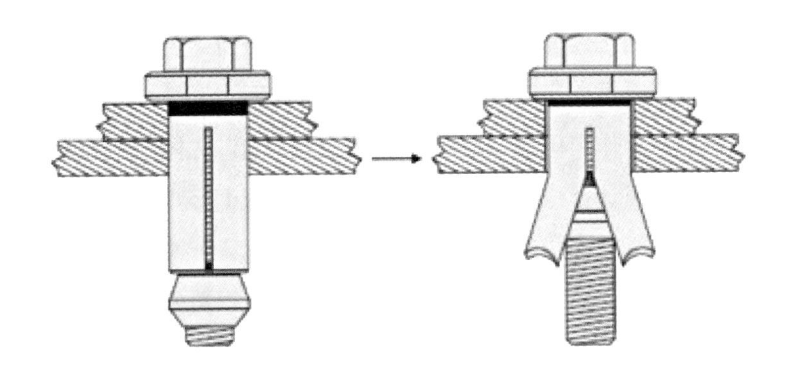

图9-11　高强度自锁式单向螺栓示意图

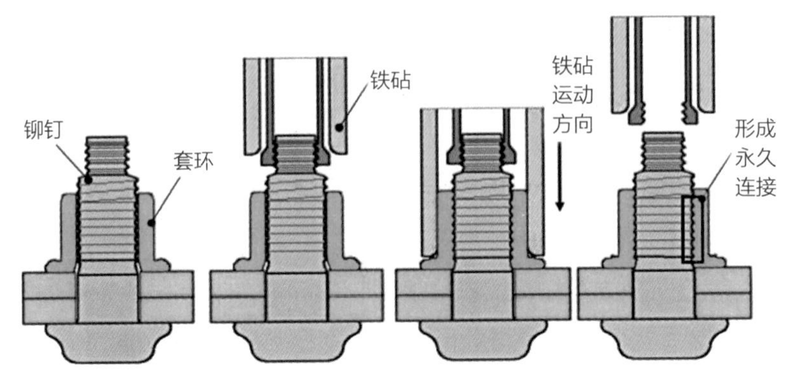

图9-12　环槽铆钉示意图

9.2.2　钢框架—支撑结构体系

钢框架—支撑结构体系是由钢梁、钢柱、钢支撑在施工现场通过连接而成的能共同承受竖向、水平作用的装配式钢结构体系，属于双重抗侧力体系，如图9-13所示。钢支撑可分为中心支撑、偏心支撑、屈曲约束支撑等。由于支撑的存在，相比纯框架建筑，钢框架—支撑结构体系抗侧力能力有显著增加。柱长细比限制较纯框架结构有较大优势，截面尺寸可有效减小，建筑层数和建造高度有较大提升。其缺点是内部布置受斜杆的限制多，且节点设置比较复杂。钢框架—支撑结构体系时间成本低，经济性较好，装配化程度高，是目前多高层建筑应用较多的一种结构体系。

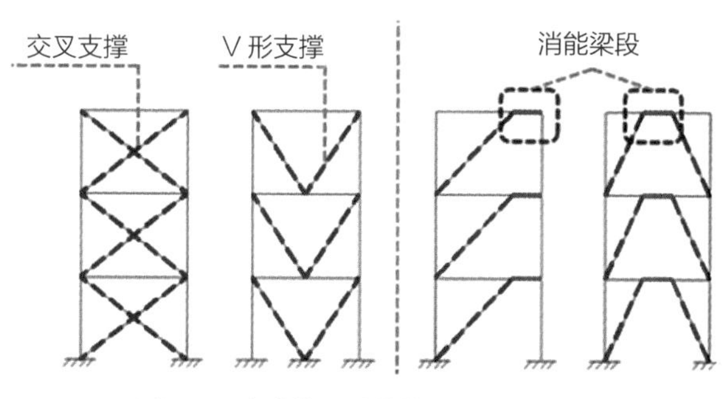

图9-13　钢框架—支撑结构体系示意图

针对当前装配式钢框架—支撑结构体系建筑在应用中存在的梁柱外露、结构（尤其斜撑）不易布置、工业化程度低、施工复杂等问题，众多学者和专家提出多腔柱钢框架—支撑、多腔体框架—钢板组合剪力墙、新型框架—核心筒以及钢管混凝土组合异形柱框架结构等新型钢框架结构建筑体系，并对新体系建筑中的关键技术开展深入研究和工程应用，提高了我国装配式钢结构建筑的技术和应用水平，有力地促进了我国建筑工业化的发展。

9.2.3　钢框架—延性墙板结构体系

钢框架—延性墙板结构是由钢梁、钢柱、延性墙板在施工现场通过连接而成的能共同承受竖向、水平作用的装配式钢结构体系，属于双重抗侧力体系，如图9-14所示。具有良好的延性，适合用于抗震要求较高的高层建筑中，延性墙板有带加劲肋的钢板剪力墙、无粘结内藏钢板支撑墙板、屈曲约束钢板剪力墙等。

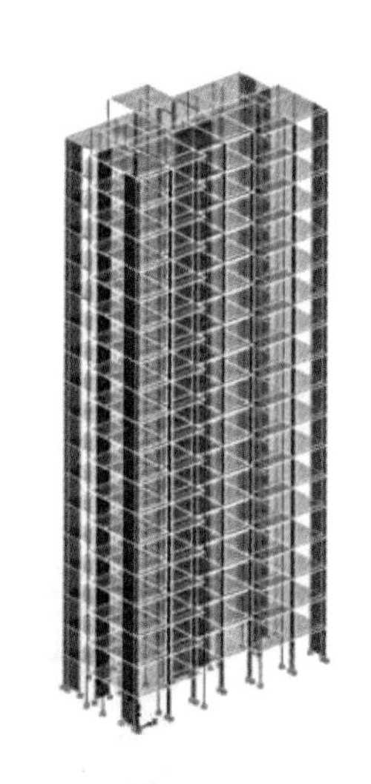
图9-14　钢框架—延性墙板结构体系示意图

9.2.4　钢框架—核心筒结构体系

钢框架—核心筒结构体系是以卫生间（或楼、电梯间）组成四周封闭的现浇钢筋混凝土核心筒，与热轧H型钢框架结合成组合结构，如图9-15所示。钢框架—核心筒结构体系的受力特性与钢筋混凝土框剪结构体系相似。其特点是结构受力分工明确，核心筒抗侧移刚度极强，主要承担水平荷载（占结构抗侧移总刚度的90%以上）；钢框架主要承担竖向荷载，可以减小钢构件的截面尺寸，国内已有较多的应用经验。

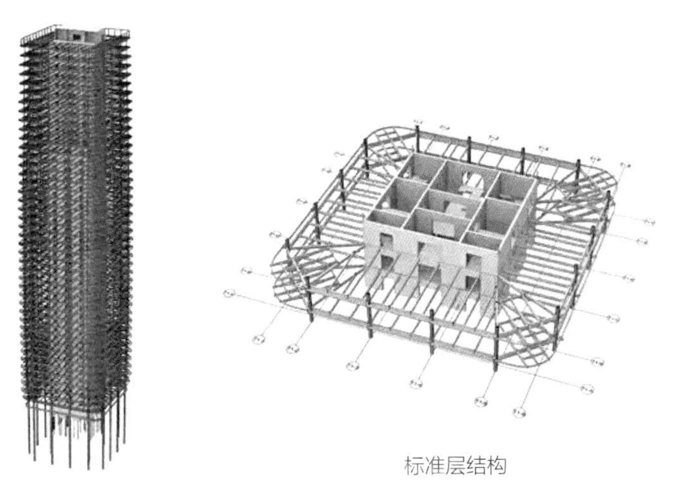

图9-15 钢框架—核心筒结构体系示意图

9.2.5 轻型冷弯薄壁型钢结构体系

冷弯薄壁型钢住宅在北美应用较多，目前已经达到商品化生产的程度。该体系是以冷弯薄壁型钢作为结构的受力骨架，以自攻螺钉连接节点的铰接体系，如图9-16所示。其优点是自重轻、抗震性能好、施工速度快、绿色环保，由于材料本身和建筑体系技术开发不够完善，基本只限于低层住宅或联排别墅，在多层和高层建筑中应用不多。

图9-16 轻型冷弯薄壁型钢结构体系示意图

9.2.6 新型装配式钢结构体系

在传统钢结构体系研究的基础上，国内的研究机构和众多学者开始尝试开发集成化程度更高、设计周期更短、可操作性更强的新型装配式钢结构体系。具有代表性的是以下几种：模块化建筑结构体系、集装箱、交错钢桁架结构体系（图9-17）、钢异形柱、钢框架双钢板组合剪力墙体系、波形钢板组合剪力墙体系等。

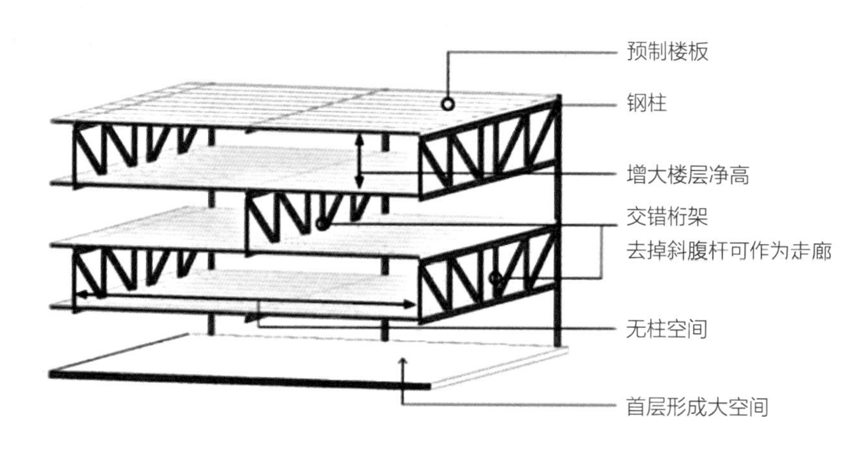

图9-17 交错钢桁架结构体系示意图

9.2.7 装配式钢结构建筑外墙围护体系

装配式外墙体系是除钢结构主体、设备与管线系统和内装系统之外的又一项关键技术，对建筑美感和使用功能起着决定性作用。既要满足轻质高强的要求，又要起到绿色节能的作用，还需具有足够的刚度和强度以及良好的密封性能、隔声性能、热工性能和装饰性能等，除此之外外围护体系还需与钢框架协调工作，确保钢结构建筑的安全。

装配式钢结构住宅外围护结构体系包括钢结构内外墙体系统、楼屋盖系统及门窗系统等。楼屋盖系统作为结构承受竖向荷载的构件，大多采用现浇整体钢筋混凝土楼板、压型钢板组合楼板、预制预应力混凝土叠合楼板、轻钢楼板、自承式钢筋桁架混凝土叠合楼板和纤维水泥压力板等楼板。门窗系统大多采用铝木复合门窗、彩色塑钢门窗、镀膜玻璃、太阳能窗系统等门窗。而装配式钢结构建筑部品中，外墙占很大比例，配套的装配式墙体产品种类单一（如玻璃幕墙）、技术研究滞后直接影响了装配式钢结构建筑的推行与发展。亟须研究具有可靠连接性、抗变形开裂、高效保温、防火、耐久性好、装饰性强、施工便捷、可实现装配化的新型“墙板”材料。

装配式钢结构建筑提倡采用非砌筑墙体，采用工厂预制墙板。根据围护体系的构成形式和主要构成材料，分为预制混凝土复合墙板、轻钢龙骨类复合墙板、灌浆墙、蒸压加气混凝土条板、金属面板夹心墙板等。

其中蒸压加气混凝土条板凭借重量轻、隔声效果好、成本低、安装工艺简单、工期要求低、生产工业化、标准化、安装工业化等优点，成为当前装配式钢结构建筑最佳配套部品之一，如图9-18所示。

图9-18　蒸压加气混凝土条板示意图

9.3　装配式木结构建筑

装配式木结构建筑是指建筑的结构系统由木结构承重构件组成的装配式建筑。装配式木结构建筑应符合建筑全生命周期的可持续性，并应满足标准化设计、工厂化制作、装配化施工、一体化装修、信息化管理和智能化应用。现代木结构建筑是绿色建筑，在建筑全生命周期内，最大限度地节约资源、保护环境和减少污染，为人们提供健康、适用和高效的使用空间，与自然和谐共生。

装配式木结构建筑按承重构件选用的材料可分为方木原木结构、轻型木结构、胶合木结构以及木混合结构。每一种结构体系都有着独特和较为严格的构造与定义，结构选型和相关设计可根据《木结构设计标准》GB 50005—2017、《多高层木结构建筑技术标准》GB/T 51226—2017、《胶合木结构技术规范》GB/T 50708—2012执行。

9.3.1　方木原木结构体系

方木原木结构体系，如图9-19所示，是指承重构件主要采用方木或原木制作的单层或多层建筑结构，常用结构形式包括穿斗式结构、抬梁式结构、井干式结构、木框架剪力墙结构和传统梁柱式结构等。

图9-19　方木原木结构示意图

9.3.2　轻型木结构体系

图9-20　轻型木结构示意图

轻型木结构体系，如图9-20所示，是一种现代梁柱的结构，且所用材质全部为木料，一般采用间距为410～610mm的木构件，所用的尺寸都相对较小，然后将这些木构件按照规定的距离排列，利用相对原理，使其形成骨架结构，从而完成梁柱搭建。轻型木结构主要采用单层或多层建筑结构，具有施工简便、材料成本低，抗震性能好的优点。轻型木结构可分为平台式骨架结构和一体通柱式骨架结构。

9.3.3　胶合木结构体系

胶合木结构体系，如图9-21所示，可分为层板胶合木和胶合板结构两种形式。层板胶合木是由20～50mm厚的木板经干燥、表面处理、拼接和顺纹胶合等工艺制作而成的，用木板或小方木重叠胶合成矩形、工字形或其他截面形式的构件以及由此组成的结构。层板胶合木的优点是不仅可以小材大用、短材长用，而且还可将不同等级（或树种）的木料配置在不同的受力部位，做到量材适用，提高木材的利用率。但这种构件在少量生产的情况下，其价格要比普通木料高，只有在成批生产或大量利用废料时才能收到良好的技术经济效果。可应用于单层、多层以及大跨度的空间木结构建筑。

胶合板结构，是用胶合板为镶板、普通木材或胶合木为骨架的胶合结构。按胶合板受力状态的不同分为两类：一类是以胶合板主要承受剪切应力的结构，如工字形和箱形截面的梁、拱和框架及褶板；另一类是以胶合板主要承受正应力的结构，如屋面板、墙板、壳体和管结构等。胶合板的优点在于板面宽大，又具有较好的匀质性。因此，适应性强，用作承重结构容易满足建筑设计的要求，正交胶合木一般采用厚度为15～45mm的木质层板相互叠层而成的木制品，力学性能优越，且适合工业化生产，主要应用于多层和高层木结构建筑的墙体、楼板和屋面板等。

图9-21　胶合木结构示意图

9.3.4 木混合结构体系

图9-22 木混合结构示意图

木混合结构体系，如图9-22所示，是木结构构件与钢结构构件、混凝土结构构件等其他材料构件组合而成的混合承重的结构形式，主要包括上下混合木结构建筑、混凝土核心筒木结构建筑等类型。如商场、餐厅厨房、车库等需下部大空间或对防火有较高要求的建筑物，可采用上下混合形式的木结构建筑结构，将钢筋混凝土结构用于建筑物下部，而上部则采用木结构，这种结构形式可有效地在保证建筑可靠性的基础上减轻上部自重，从而减小下部混凝土的用量。对于多层和高层木结构建筑，由于整体建筑结构承受的荷载增大，可采用其他材料的结构构件承受一部分荷载。例如在混凝土核心筒木结构中，核心筒周边等次要结构可采用木框架结构、木框架支撑结构等。在混凝土混合结构体系的基础上，充分利用我国发达的工业体系基础，工业化制作结构构件，以缩短建筑工期，节约人力等成本。

9.4 新型建筑工业化技术

9.4.1 减隔震技术

减隔震技术是通过在建筑结构的适当部位设置消能阻尼装置或隔震装置，耗散地震能量或减少输入结构中的地震能量，有效地降低结构响应，从而保护主体结构安全。减隔震技术应用于装配式建筑时，可提高主体结构的整体性及抗震性能，通过合理的设计可进一步提高构件标准化程度，同时能够缩短施工周期，达到提质增效的目的；当应用于既有建筑改造时，相比传统加固方式，具有加固效果显著、施工效率高、对主体结构影响小等优势，因此在新型工业化背景下具有较好的应用前景。

1. 传统减隔震技术

消能阻尼装置主要可分为三大类，位移型减震消能装置、速度型减震消能装置以及复合类减震消能装置。具体分类见表9-2。其中，位移型减震消能装置的耗能与其自身变形及相对滑动位移有关，速度型减震消能装置的阻尼特性与加载频率有关。

工程常用消能阻尼装置类型　表9-2

产品	分类	特点
位移型减震消能装置	金属消能器	以形状记忆合金为材料的消能器，具有高阻尼、大变形和超弹性特性。地震作用下，金属阻尼器比主体结构构件更早进入塑性状态，耗散大部分地震能量，耗能能力强，滞回曲线饱满。如软钢阻尼器和屈曲约束支撑
	摩擦消能器	通过相对转动来耗散能量的轻便式阻尼器，其滞回曲线可看作矩形，能提供较大的附加阻尼。由于构造简单清晰、制作方便容易，因此应用更加广泛
速度型减震消能装置	黏滞阻尼器	通过阻尼器中的黏性介质与阻尼器结构部件相互作用来耗散地震能量的阻尼器。当活塞和汽缸产生相对运动时，流体从活塞的小孔内通过，对两者的相对运动产生阻尼，从而消耗能量。如杆式黏滞阻尼器和黏滞阻尼墙
	黏弹性阻尼器	对震动产生的加速度和位移进行全面控制的阻尼器。在建筑物结构发生层间变形时，固定在上下梁间的阻尼器钢板中间所夹的黏弹性体产生剪切应变，将建筑物的震动能量转化为热能，从而达到实现抑制建筑物震动的目的
复合类减震消能装置	将两种以上的耗能元件或耗能机制结合形成的耗能装置，如铅—黏弹性耗能器，铅—约束屈曲支撑，钢屈服—摩擦耗能器等	

综合来看，由于摩擦消能器摩擦力稳定性差、黏弹性阻尼器中黏弹性材料耐久性差，限制了两种阻尼器的发展。通过工程实践检验，现阶段常用的阻尼器主要有黏滞阻尼器（如杆式黏滞阻尼器和黏滞阻尼墙）和金属消能器（软钢阻尼器和屈曲约束支撑）。

隔震支座根据其特性不同可分为叠层橡胶支座和滑动支座两大类，见表9-3。其中，叠层橡胶支座包括天然橡胶支座、高阻尼橡胶支座及铅芯橡胶支座等；滑动支座包括滑板支座、摩擦摆支座及滚动支座等。

工程常用隔震支座类型　表9-3

产品	分类	特点
叠层橡胶支座	天然橡胶支座	具备较好的竖向刚度，水平刚度呈线性特征，不提供阻尼，实际工程中，多与阻尼器混合使用
	高阻尼橡胶支座	力学性能与天然橡胶支座类似，但是高阻尼橡胶支座可提供阻尼
	铅芯橡胶支座	具备较好的竖向刚度，水平刚度呈双折线特征，具备一定的初始刚度，同时能提供一定的阻尼
滑动支座	滑板支座	具备较好的竖向刚度，滑块与滑板间摩擦系数较小。滑板支座本身不具备自复位能力，通常需与橡胶隔震支座混合使用
	摩擦摆支座	具备较好的竖向刚度，滑块与滑动曲面间摩擦系数小。摩擦摆支座具备自复位能力，其复位能力大小与滑动曲面的曲率有关
	滚动支座	具备较好的竖向刚度。该类支座利用钢球在直线轨道上的滚动，摩擦系数极低。滑轨支座没有自复位能力

2．减隔震技术发展

目前，建筑抗震“延性设计”理念主导了科学研究方向并在工程中广泛应用，自2003年Bruneau等学者提出抗震“韧性设计”的理念以来，地震工程领域的研究正由“延性设计”向“韧性设计”转变。基于延性设计的结构震后修复仍较为困难，韧性设计理念预期实现震后可快速修复结构并恢复建筑功能的目标，消能减震技术因其可提高抗震性能、施工效率高、产品可靠等特点，成为实现建筑抗震韧性结构及震后快速修复的重要技术。

通过消能减震技术实现抗震韧性的技术路径主要有三个方面：

（1）在地震作用下结构易形成塑性铰的部位设置可更换的消能减震装置，如在框架结构中，可通过BRB将柱和桁架梁连接，震后更换BRB实现结构的快速修复（图9-23）；

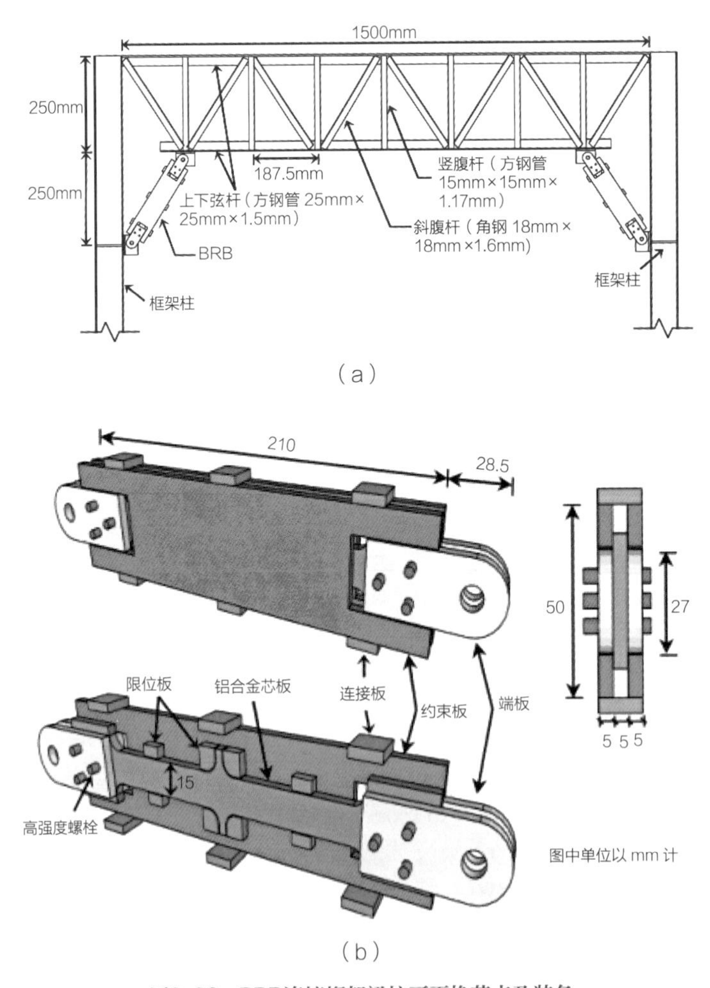

图9-23　BRB连接桁架梁柱可更换节点及装备

（a）BRB 桁架梁柱连接示意图；（b）铝合金内芯 BRB 详图

（2）采用具有自复位功能的阻尼器，其中最为典型的是SMA阻尼器，如图9-24所示；

（3）采用各类竖向连续刚性单元和消能减震装置组合形成抗震韧性减震结构体系。

目前建筑结构隔震技术已经有较为成熟的技术产品和工程应用，已广泛应用于住宅、医院、学校、博物馆和图书馆等建筑中。随着2021年《建设工程抗震管理条例》（国务院令第744号）的颁布，预期隔震技术将有更广阔的应用场景。隔震建筑也将逐步从低层、简单建筑结构向高层、复杂建筑结构的方向发展。目前常用的隔震装置存在抗拉能力不足、对竖向地震或竖向环境震动减震效果不足、控制频宽窄、适应性不足以及使用状态和损伤状态难以监测等问题。为此，众多学者针对以上问题进行了深入研究，开发了抗拉隔震支座、三维隔震（振）支座、半主动隔震支座和隔震支座的健康监测系统，为扩展隔震技术的应用范围提供了解决方法。目前，相关研究偏重新型隔震装置的性能研究，未来应全面考虑新型隔震装置对于建筑的影响，提出配套的设计方法，并进行示范性工程应用，加快隔震技术的推广。

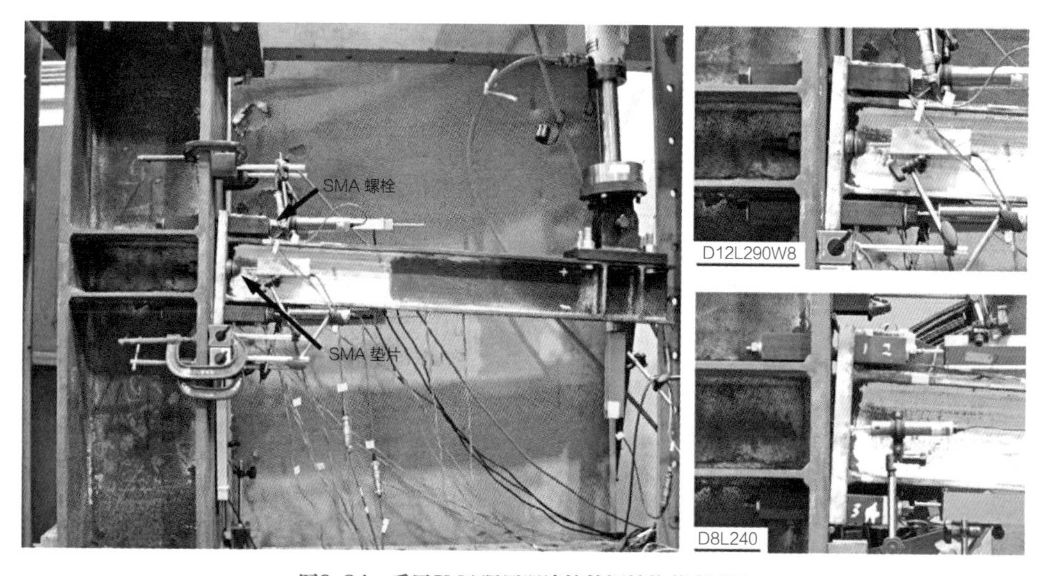

图9-24　采用SMA阻尼器连接的钢结构节点试验

9.4.2　预应力技术

预应力技术与装配式建筑技术相结合，可提升结构承载力及抗震性能，提高生产与施工效率，充分发挥装配式建筑的优势，在装配式建筑领域有较好的应用前景。目前，预应力技术主要在装配式框架结构以及预制混凝土楼盖中应用，当应用于装配式框架结构时，可提高结构构件承载力，能够使结构具有低损伤、自复位等优良抗震性能，且具有施工周期短、劳动生产效率高、现场湿作业少等优点；应用于预制混凝土楼盖时，可实现楼盖的大跨度，能够满足建筑设计具有更加灵活的空间、保留更大的后期改造可能的需求，同时相比非预应力楼板，具有用钢量省、抗裂性能好、承载能力高、减少现场施工支撑数量、安装方便等优势。

1．预应力装配式框架结构技术

预应力装配式混凝土框架结构按照施工工艺的不同，可分为先张预应力装配式混凝土框架及后张预应力装配式混凝土框架。目前，工程中主要针对梁构件采用先张预应力技术，通过先张预应力，可减小构件截面尺寸，提高梁的抗裂性能，减少施工阶段临时支撑的数量。法国世构（SCOPE）体系是一种较为典型的先张预应力装配式混凝土框架结构体系。

采用“等同现浇”理念的湿式连接装配式混凝土框架在我国工程应用中占据主导地位，连接通常采取两种方式：梁、柱预制构件在梁柱节点部位连接；梁柱节点预制，成为带伸臂梁段的预制柱，在其伸臂端部与预制梁构件连接。前者可使构件规则，便于生产运输，因此在项目中应用较多，但梁柱节点部位钢筋密集，施工难度大，质量较难保证，且工期较长；后者连接构造简单，施工效率高，但构件生产及运输困难，在我国应用较少。后张预应力连接作为一种高效安装的干式连接方式，可提高构件的生产运输效率，减少施工现场作业量，提高连接节点的施工质量，具有较好的发展潜力。

自20世纪90年代，通过后张预应力筋将梁柱构件压接装配的方式逐渐发展，先后有日本研发的有粘结预应力装配技术、美国研发的Hybrid Frame及UMN-GAP无粘结预应力装配技术，以及美日联合在PRESSS项目中研发的改进型无粘结预应力装配技术等。近年来，我国学者对预应力压接装配式混凝土框架技术也开展了较多研究，并实现在项目中的实施应用。

可恢复功能结构是指设防或罕遇地震后不需修复或稍许修复即可恢复其使用功能的结构，自复位钢结构是可恢复功能结构的一种形式，通过施加预应力使梁柱构件连接是实现钢结构自复位的关键技术。1997年，Garlock等进行了自复位预应力钢框架节点的试验研究，随后国内外学者针对自复位预应力钢框架结构开展了广泛研究，典型的自复位预应力钢框架结构梁柱连接节点见图9-25，预应力筋沿梁通长分布，通过施加预应力将梁与柱构件紧密连接，通常在梁上下翼缘部位设置角钢连接，承担竖向剪力的同时也起到耗能的作用。也可结合消能减震技术，采用耗能棒耗能、翼缘上下摩擦耗能、下翼缘摩擦耗能和腹板摩擦耗能等不同的耗能装置，增加节点的耗能能力。

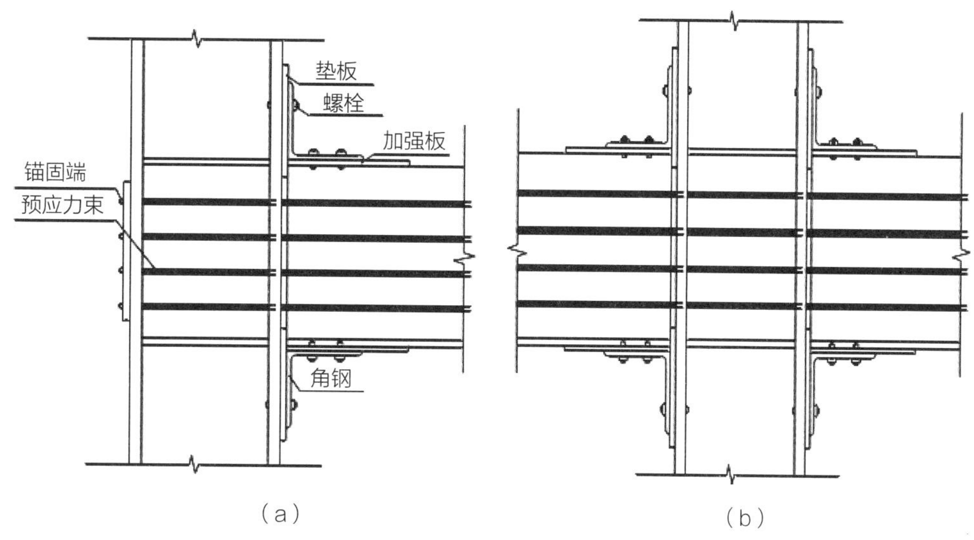

图9-25 典型自复位预应力钢框架结构梁柱连接节点

(a)边柱连接节点；(b)中柱连接节点

2. 预应力预制混凝土楼盖技术

预应力混凝土楼盖按照是否叠合可分为全预制预应力混凝土楼板及预应力混凝土叠合楼板两大类。

全预制预应力混凝土楼板具有适用跨度大、承载力高、施工效率高等优点，常应用于工业厂房、体育场馆、立体车库、医院、学校等建筑中，其根据截面形式可分为实心板、槽形板和空心板。全预制预应力实心板的适用跨度一般较小，相比槽形板、空心板及叠合板无明显优势，较少在工程中应用。槽形板由面板及通长肋组成，其截面高度大，在各类板型中可实现的楼板跨度最大，双T板是一种典型的槽形板，其适用跨度可达30m。预制混凝土空心板在楼板截面中部设置了孔洞以减小自重，同时具有较高的强度及较好的经济性，可用于较大跨度的楼板中，其适用范围相比双T板更为广泛，也有应用于居住类建筑的工程实例。常见的预制混凝土空心板类型有GLY板和SP板，适用跨度均可达18m。GLY板是根据我国国情研究开发出的一种新型高强大跨预应力空心板；SP板源自美国，在世界范围得到广泛的应用，进入我国建筑业市场后也有一定的生产线市场规模。

与全预制板相比，叠合板的结构整体性和抗震性能更优，因而在装配式建筑中得到广泛的应用。在大跨度楼板的结构设计中，挠度和裂缝控制成为设计的难点，特别是长度超过6m的预制底板，在构件预制脱模、工厂转运和现场起吊安装的过程中，容易出现预制构件开裂，预应力混凝土叠合板技术的引入很好地解决了以上问题。目前在工程中常用的预应力混凝土叠合板主要有钢筋桁架预应力叠合板、预应力混凝土钢管桁架叠合板、预应力混凝土薄板叠合板等。

通过在板面沿板跨度方向增设混凝土肋板、钢筋桁架或钢管桁架，在提高板的承载能力的同时，也增大了板的刚度，使得反拱易于控制，为其在大跨度的应用提供了可靠保证，也有效解决了生产、运输、安装过程中板容易产生裂缝的问题。预应力筋通常采用消除预应力钢丝或螺旋肋钢丝，施加预应力可提高板的承载能力及适用跨度，减少用钢量，能有效控制板裂缝的展开，且能在施工阶段实现免支撑或少设支撑的安装方式，提高安装效率，节约人工成本及工期成本。

通过合理设计与可靠的构造措施，单向预应力叠合板可实现双向受力，解决了单向密拼板接缝部位的开裂、反拱问题。预制底板采用模数化、标准化设计，可组合形成多种板宽尺寸，满足工程应用的需要，配合长线法先张预应力工艺，能大幅提高生产效率。

9.4.3 高精度模板

高精度模板是在工厂加工，按照结构特点在工厂内通过高精度机械制造而成的供现浇混凝土浇筑用的模板，将传统建造方式中大量的现场配模作业转移到工厂进行，可提高生产与建造效率，减少建筑垃圾。其以高精度组合铝合金模板为代表，具有以下特点：①强度高、重量轻、组装便捷，使用时不需要机械设备辅助，大大节约了人工成本，加快了施工进度，施工效率可达4层/天；②施工质量高、精度高，拆模后拼缝少，表面平整度高，光洁度好，可实现免二次抹灰，节约成本，节能环保；③可多次周转使用且回收使用，周转次数可达250～300次。

浙江省、山东省、陕西省等多地区在各地的装配式建筑评价标准中，均将采用高精度模板纳入评价得分体系中，湖南省编制了地方标准《高精度模板建筑设计标准》DBJ43/T 023—2022，于2022年7月发布，进一步规范并推广了高精度模板在工程中的应用。

9.4.4 成型钢筋制品

装配式建筑组合成型钢筋制品技术可广泛适用于各类装配式混凝土建筑工程，特别适用于需要钢筋大量集中加工的大型工程，是新型建筑工业化与绿色建造的重要组成部分。成型钢筋制品在工厂制作，生产中采用具有信息化生产管理系统的专业化钢筋加工装备，可实现钢筋大规模工厂化与专业化生产，形成二维或三维成型钢筋制品，配送至现场后进行安装。该技术具有以下特点：①加工效率高，可满足大规模工程建设中对于钢筋加工的需求；②采用工厂化、自动化、智能化的加工方式，保证钢筋制品的品质与制作效率；③结合二维码等物联网技术，每批成型钢筋制品均有完整的生产、检验信息，质量可追溯；④绿色环保，减少了施工现场钢筋加工带来的噪声和环境污染；⑤提高施工效率，成型钢筋制品可实现提前加工，运输至现场后直接安装，缩短了工期。

2015年，行业标准《混凝土结构成型钢筋应用技术规程》JGJ 366—2015出台。近年来山东省、浙江省等地将成型钢筋制品的应用纳入装配式建筑评价体系中，以加分项或直接作为评分项的形式进行评价，推动了成型钢筋制品的应用。

第10章

绿色建造

10.1 绿色建造关键核心技术

如图10-1所示，推进绿色建造要遵循以“五化”为特征的发展路径（以绿色化为根本目标，以信息化为技术手段，以工业化为生产方式，以集约化为管理风格特色，以产业化为整合供应链的过程），依靠技术创新和管理创新，通过策划、设计、采购、施工和交付建造五个过程的活动，为人类生存和发展建造五种产品（绿色建筑、绿色基础设施、绿色生态社区、绿色城乡、绿色自然环境），实现城乡生态环境资源再生、环境美好、健康高效的愿景。

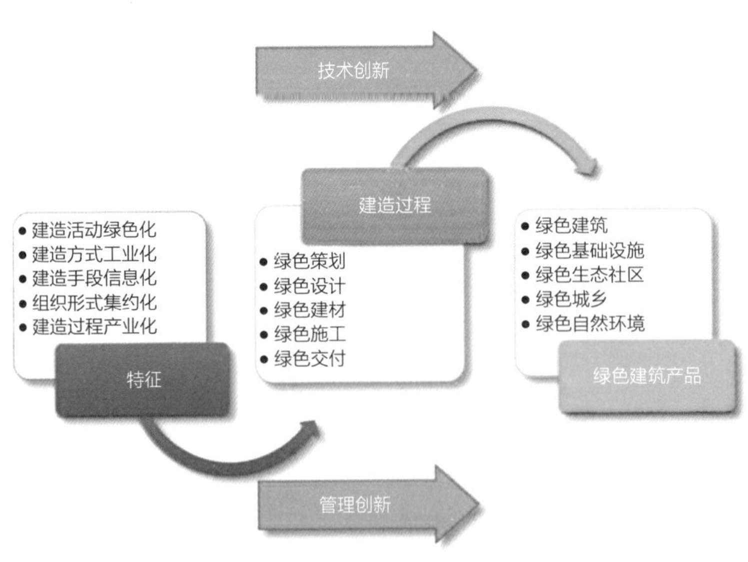

图10-1　绿色建造核心技术

10.1.1　建造活动绿色化

如图10-2所示，通过策划、设计、材料使用、施工、工程交付等建造过程的绿色化，促进建筑及基础设施全生命周期资源节约、环境保护、健康舒适。

（1）理念上要形成对绿色建造的系统认识，通过系统梳理绿色建造的内涵，以清晰的理念指导工程实践，完善建造管理体系，向绿色建造的更高形态升级。

（2）目标上要突出工程建造综合效果最优，从全生命周期出发，统筹考虑项目建设各个目标，系统策划实施，追求综合效益最优。

（3）要提升全产业链水平，以建筑与基础设施项目为载体，带动包括绿色设计、绿色施工、绿色建材等产业链环节，优化配置人、机、料、法、环等产业要素，有效支撑绿色建造实施。

（4）解决绿色建造项目孤立分散、系统性投入产出不匹配的问题，打通绿色建造工程项目与项目之间、绿色建筑与基础设施之间、项目与相关产业协调发展的通道。

（5）在公共管理和企业、项目层面深化改革，构建、完善符合绿色发展的制度体系，建立符合我国国情的绿色管理制度。

图10-2　绿色施工发展路径

10.1.2　建造方式工业化

如图10-3所示，建造方式工业化包括建筑设计体系标准化、构配件生产工厂化、现场施工装配机械化和工程项目管理信息化。一是完善装配式建筑的产品及技术体系；二是提升装配式建筑产品的品质，进一步强化协同设计和标准化设计，强化设计与施工的一体化，科学确定建造工艺，打造高品质产品；三是提高装配式建筑的技术经济协调程度，切实把品质提升和经济合理作为工程建造的根本准则。

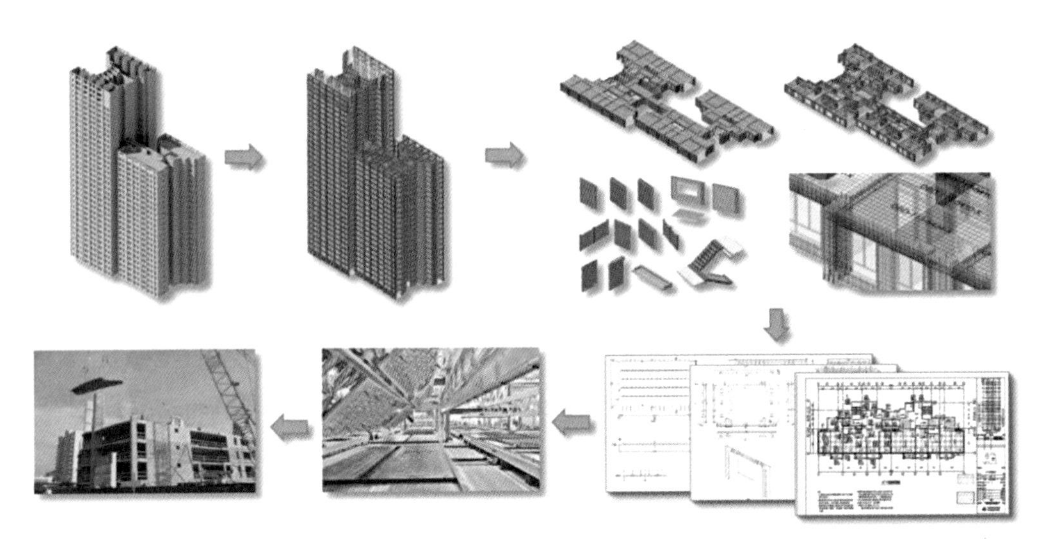

图10-3　工业化建筑

10.1.3　建造手段信息化

如图10-4所示，建造过程信息化覆盖建筑、基础设施等土木工程各个领域，影响工程建造各个环节，不仅变革建造模式，还将改变企业运营乃至行业管理，是数字化

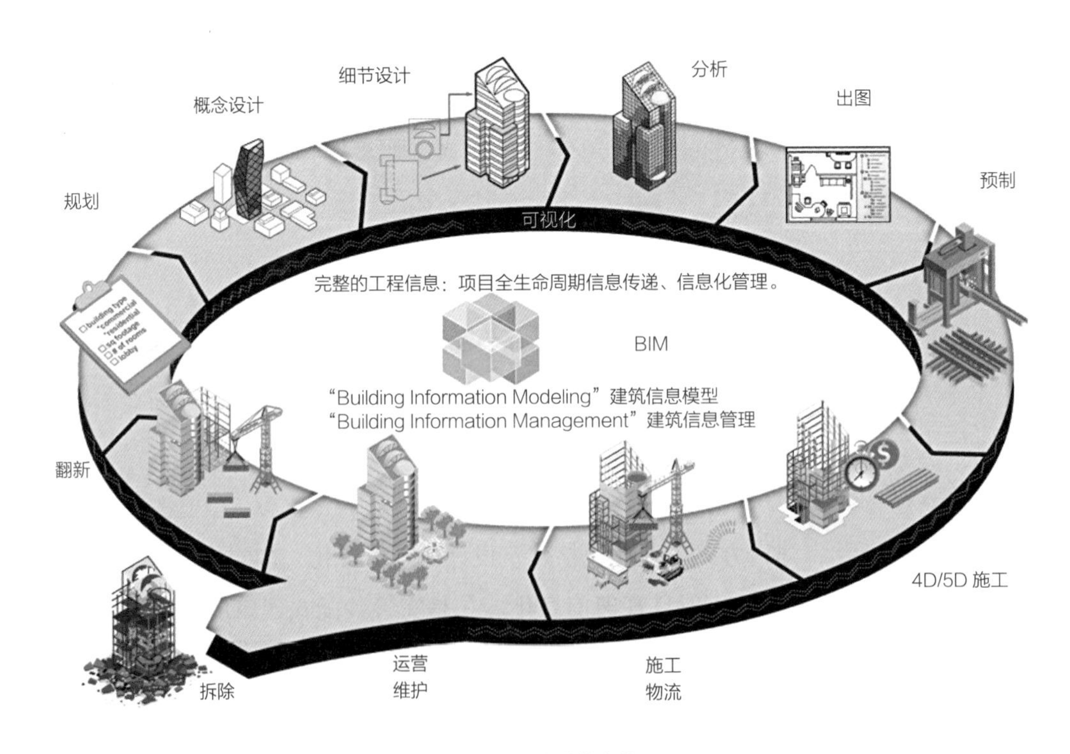

图10-4　建造信息化

的新型建造方式。一是以全过程集成应用为主导，打造优势。探索新型设计组织方式、流程和管理模式，构建智慧工地基础平台和集成系统，打造项目多方参与协同工作平台，拉通建造的全生命期和全产业链，开拓“平台＋服务”的工程建造新模式，推动智慧设计、智慧工地和智慧企业发展。二是以自主研发BIM基础平台为支撑，补齐关键软件短板。目前，我国缺失具有自主知识产权的BIM基础平台。为此要加大基础平台的研发投入，重点解决三维图形引擎等关键技术，建立国家标准，加快突破智慧建造自主发展的技术瓶颈。三是以服务智慧城市建设为方向，拓宽智慧建造领域。通过现代科技的集成创新，将建筑和基础设施的系统、服务、管理等基本要素进行优化重组，开拓智慧建筑、智慧社区、智慧交通、智慧电力等新业态。

10.1.4　组织形式集约化

1．加快推进工程总承包

发挥责任主体单一的优势，明晰责任。由工程总承包方对工程的资源节约、环境保护、质量、安全负总责，在管理机制上保障环境友好、质量、安全管理体系的全覆盖和严落实；借助于BIM技术的全过程信息共享优势，统筹安排设计、采购、加工、施工的一体化建造，有效避免工程建设过程中的“错、漏、碰、缺”问题，减少返工造成的资源浪费；打通项目策划、设计、采购、生产、装配和运输全产业链条，建立技术协同标准和管理平台，从资源配置上形成工程总承包统筹引领、各专业公司配合协同的完整绿色产业链，有效发挥社会大生产中市场各方主体的作用，并带动社会相关产业和行业的发展。

2．推广全过程工程咨询

通过打通项目规划、勘察、设计、监理、施工各个相对分割的建设环节，对项目全过程整体统筹、统一管理和负责，综合考虑项目质量、安全、节约、环保、经济、工期等目标，在节约投资成本的同时缩短项目工期，提高服务质量和环境保护品质，激发承包商的主动性、积极性和创造性，促进新技术、新工艺和新方法的应用以及工业化与信息化的融合，提升投资决策综合性工程咨询水平。

3．推行建筑师负责制

由建筑师统筹协调建筑、结构、机电、环境、景观等各专业设计，包括参与规划、提出策划、完成设计、监管施工、指导运营、延续更新、辅助拆除等多个方面，在此基础上延伸建筑师服务范围，按照权责一致的原则，鼓励建筑师依据合同约定提供项目策划、技术顾问咨询、施工指导监督和后期跟踪等服务。

4．推行政府投资工程集中组织建设

将政府投资工程的所有者权力和所有者代理人的权力分开，投资决策与决策执行分开、政府公共管理职能与项目业主职能分开。政府投资工程由稳定、专业的机构集中统一组织实施，进行相对集中的专业化管理，通过相对稳定的机构和管理人员，代表政府履行业主职能，落实工程质量终身责任制以及环境友好的职责。

10.1.5 建造过程产业化

1．结构设计体系化

适应建筑产业化的发展，研究符合产业化建造要求的结构体系，如装配式和钢结构体系。

2．部品尺寸模数化

模数化是实施标准化的前提，各类部品之间、部品与建筑之间的模数协调、配套和通用，是实现部品系列化、商品化生产供应的前提条件，是机械化装配施工的保证，是建筑物得以实现产业化设计和建造的关键。

3．结构构件标准化

结构构件标准化的优劣对于实现大规模工厂化生产有着重要的关系。应对不同的结构体系，基于已有工程实践的分析比较，提出标准化、系列化的结构构件系列，实现用最少种类的标准“积木”搭建尽可能形式多样的建筑。

4．加工制作自动化

为了实现新型建筑产业化建造在生产方式和技术发展上与传统的大批量生产有质的变化，需要对不同的体系建筑研制数字化信息控制的高度自动化（无人或少人）的生产系统，并逐步发展为可自律操作的智能生产系统。

5．配套部品商品化

利用互联网、物联网提高流通和应用效率，减少库存和损耗。各类部品研发时，应以模数化技术解决部品的通用性问题，以标准化实现部品的产业化生产，以系列化应对建筑个性化的要求，以集成化满足现场安装的需要。

6．现场安装装配化

针对成熟部品和产业化建筑体系研制装配专用设备，实现装配工艺的优质性、高效性。

7．建造运维信息化

采用信息技术建立全过程信息化管理平台，包括设计、建造、安装、装饰、运行、维修等建筑全生命周期的信息体系，实现建造全过程信息的交流和共享，提高运维管理的效率。

8．拆除废件资源化

在设计、建造和部品制备等环节中都应考虑整个建筑拆除后废件资源化利用的可能性、整体的可拆除和可更换性，提高建筑部品利用效率，减少资源浪费。

10.1.6　关键技术

如图10-5所示，绿色建造关键技术主要有以下方面：

1．装配式建造技术

如图10-6所示，装配式建造技术是指将建筑构件在工厂中进行预制，然后再运输到现场进行组装，不用受气候环境的影响，可以有效缩短施工工期，并且还能节省人工成本，提高劳动生产效率。

2．信息化建造技术

建筑信息化已经成为建筑业转型升级的核心引擎。建筑信息化对设计、建造、运维三个阶段都提出了新的要求。设计阶段利用信息化建造技术集成各参与方的需求和

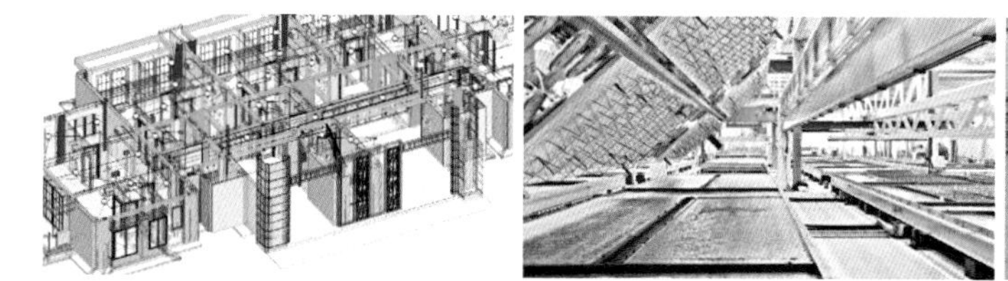

图10-5　绿色建造关键技术

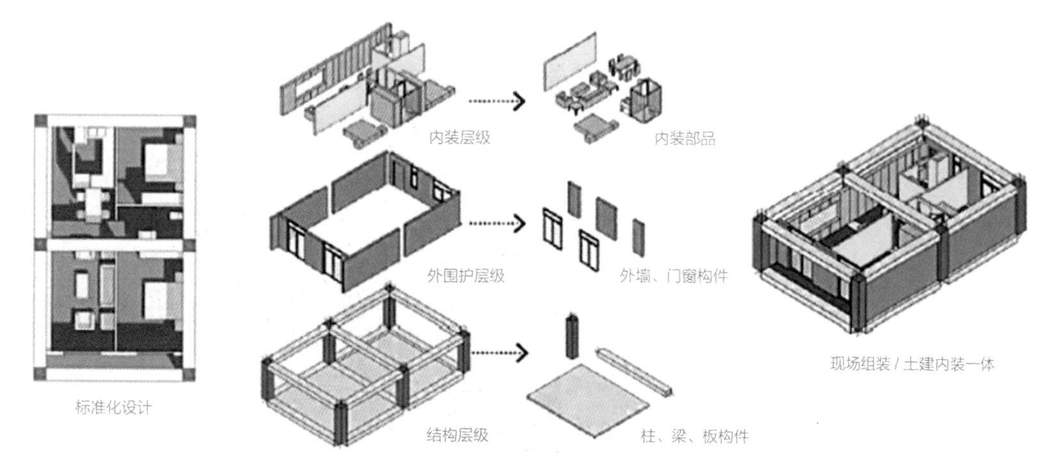

图10-6　装配式建造技术

项目生产要素，通过数字化模拟，分析可能出现的各种工程风险，实现设计方案、施工组织方案和运维方案的优化与统一。建造阶段推进工业化建造，实现“全过程装配”理念。在运维阶段推行信息化管理，基于BIM模型的设备基本信息和维修信息及时更新。

3．地下资源保护及地下空间开发利用技术

开发利用地下空间可针对解决城市规模不断扩大、人口聚集及土地资源紧张等问题。地下空间开发利用需要掌握系统性即与城市经济发展规划、城市人防系统、基础设施建设相关规划协调连接，并需要对地下空间资源评估，重视对地下空间的主要系统严格控制及适当引导，为城市未来发展留有余地。通过地下空间开发技术实现城市整体建设的规划统一、绿色发展。

4．楼宇设备及系统智能化控制技术

楼宇自动化控制系统汇集了信息技术、计算机技术、微电子技术的大量科技成果。对于绿色建筑，可以有效利用设备的同时，做到统一规划机电设备管理，减少日常的维护成本，并确保所有设备的安全运行。

5．建筑材料和施工机械绿色化发展技术

新建建筑施工过程中存在大量的材料垃圾，绿色施工节材措施重点减少建筑垃圾，并对材料垃圾加强回收利用，是绿色建造过程中必须考虑的一个问题。同时，施工机械的发展有助于在工程建设中保证质量、安全的基本前提下，最大限度地节约资源，减少环境对施工人员及施工活动的负面影响。

6．高强钢与预应力结构等新型结构开发应用技术

预应力加固技术相比传统钢结构加固技术更加节省成本。如图10-7所示为预应力结构现场照片，在不卸载的情况下施工不会增加工作人员的额外工作，也不会耽误施工进度，并可以节省加固钢结构的费用，省去不必要的步骤，节省资源。另外，在使用预应力加固技术时，使用可靠锚固和拉杆极大地提高了钢结构的稳定性。可靠锚固在剥离粘贴界面的时候，只对剥离对象有影响，减少波及范围，在一定程度上增强结构的安全性和可靠性，实现

图10-7　预应力结构

绿色建造。

7．多功能高性能混凝土技术

高性能混凝土是一种选用基本材料和工艺加工，具备混凝土结构所需的各项力学性能，具备高使用年限、高流动性、高体积适用性的混凝土。高性能混凝土的使用年限长，针对有些特护项目的特定部位，控制结构设计的并非混凝土的硬度，而是使用年限。可以使混凝土结构安全稳定地工作50～100年是高性能混凝土适用的关键意义。科学合理地完成结构性能指标需求和施工工艺需求，较大限度地增加混凝土结构的使用年限，削减工程造价，节约建材与成本，实现绿色建造。

8．施工现场固体废弃物减量化及资源化技术

固体废物处理方法是从固体废物中回收和利用资源的工程技术方法。根据固体废物的来源、性质、特点及其对环境的危害，固体废物的处置、回收和利用技术是环境工程中极其重要的一部分。它是指不断采取改进设计、使用清洁的能源和原料、采用先进的工艺技术与设备、改善管理、综合利用等措施，从源头消减污染，提高资源利用效率，减少或者避免生产、服务和产品使用过程中污染物的产生和排放，以减轻或者消除对人类健康和环境的危害。

9．清洁能源开发及资源高效利用技术

在能源的生产及其消费过程中，选用对生态环境低污染或无污染的能源，如太阳能利用、太阳能光伏发电、风力发电、生物质能技术等，实现温室气体排放控制。

10．人力资源保护及高效利用技术

建筑业是劳动密集型产业，劳动强度高、作业条件差是其重要特点。围绕改善施工现场作业条件、减轻劳动强度进行技术研究，提升现场机械化程度，推进智能化建造，对劳动保护措施强化和人力资源高效使用至关重要。

10.2 绿色建材

我国早在20世纪90年代就开始对绿色建材进行全面研究，在2013年国务院办公厅发文《绿色建筑行动方案》中提出大力发展绿色建材，研究建立绿色建材认证制度及编制绿色建材产品目录的要求。2013年9月，国家高度重视发展绿色建材，绿色建材推广和应用协调组成立；2014年5月～2015年10月，住房和城乡建设部、工业和信息化部先后印发了《绿色建材评价标识管理办法》《促进绿色建材生产和应用行动方案》《绿色建材评价标识管理办法实施细则》和《绿色建材评价技术导则（试行）》，

并针对导则涉及的预拌混凝土、预拌砂浆、砌体材料、保温材料、陶瓷砖、卫生陶瓷、建筑节能玻璃等7类产品开展了试评价工作。2016年3月，“全国绿色建材评价标识管理信息平台”正式上线运行，绿色建材标识评价工作正式启动，并于2016年5月发布了第一批绿色建材评价标识，共32家企业、45种产品。全国各省市也陆续按照两部委的统一部署开展绿色建材评价工作。例如北京城市副中心、雄安新区建设中要求全部使用绿色建材，各省市也根据地方特点不同程度地响应了国家的绿色建材政策。

10.2.1 绿色建材的概念及特点

绿色建材，是全生命周期内可减少对天然资源消耗和减轻对生态环境影响，本质更安全、使用更便利，具有“节能、减排、安全、便利、可循环”特征的建材产品。绿色建筑材料是指采用清洁生产技术，少用或者不用天然资源，多数使用工农业或者城市固态废弃物生产的无毒害、无污染、无放射性，并且在达到使用周期后可进行材料回收利用的、有利于环境保护和人体健康的建筑材料。目前，绿色建筑材料主要有纤维强化石膏板、陶瓷、玻璃、管材、复合地板、地毯、涂料、壁纸等。其中，绿色建筑材料的特点有以下几点：

（1）绿色建材生产所用的原材料是利废的，主要原材料使用的一次性资源最少，在原材料采集过程中不会对环境或生态造成破坏。

（2）绿色建材生产过程中所产生的废水、废渣、废气符合环境保护的要求，同时生产加工过程中的能耗尽可能少，高能耗材料的生产不符合绿色建筑的要求。

（3）绿色建材使用过程中的功能齐备（如隔热保温性能、隔声性能、使用寿命等），具有健康、卫生、安全、无有害气体、无有害放射性等特点。

（4）绿色建材在使用寿命终结之后，废弃时不会造成二次污染，并可以再利用。

10.2.2 绿色建材的应用

1．墙体建筑材料的运用

目前，从选用墙体环保材料的角度，大多数墙体材料的选择为粉煤灰、矿渣灰和空心砌块混凝土。首先，粉煤灰主要是一些生产企业的排放煤渣，经过简单的处理加工进而被利用，能够减轻对环境的污染。其次，矿渣灰主要来自于钢铁加工过程，其借助生产所带来的废弃物制造建筑用砖，这种建材不仅节能环保，而且物美价廉，能创造很大的经济价值。另外，空心砌块混凝土也是绿色建材的一种，它主要依靠粉煤灰、石粉及水泥等废弃的材料制成。这种绿色材料在提取方面占有一定优势，在我国建筑施工中的应用也比较广泛，经济实惠并且具有很强的隔声效果。

2．绿色屋顶材料的运用

选用适合的材料应用在建筑屋顶中也至关重要。目前，屋顶材料的绿色环保运用也被人们高度重视。作为屋顶材料，首先需要具备很强的隔热和保温功能，在一定程度上可以自动调节室内温度来保障人们的居住和日常生活。一些绿色屋面的运用，如保温隔热屋面、单层卷材屋面等，能够为我国绿色节能化的建筑材料发展提供积极的借鉴作用。

3．绿色防水涂料的运用

随着绿色建筑材料的研发与推广，绿色建筑能够在未来占有较强的市场优势。而作为绿色涂料来说，主要借助科学技术的作用，对环境保护标准进行积极提升，使其具有广泛的应用市场等。作为防水材料之一，防水涂料当前主要以溶剂型为主。而溶剂型材料存在较多的有害物质，如游离甲醛、可溶性重金属、二甲苯等，会造成环境的污染，还会对人们的生命安全造成一定的威胁。但是，有一些低毒的防水材料产品能够在防水涂料市场中获得积极的优势。当前，防水涂料的制成主要借助热熔法形式，但是这种方式并不具有环保特点。因此，随着未来社会的发展，对环保防水涂料的研制主要向环保化、科学化以及可持续性发展。

10.2.3　绿色建材的认证

如图10-8所示，绿色建材产品认证属于绿色产品认证活动，采用分级认证的方式，标识等级从低到高分为一星级、二星级和三星级。

绿色建材认证主要包括6大类51种：

图10-8　绿色建材认证等级

1．围护结构与混凝土类

预制构件、钢结构房屋用钢构件、现代木结构用材、砌体材料、保温系统材料、预拌混凝土、预拌砂浆、混凝土外加剂、减水剂。

2．门窗幕墙及装饰装修类

建筑门窗及配件、建筑幕墙、建筑节能玻璃、建筑遮阳产品、门窗幕墙用型材、钢质户门、金属复合装饰材料、建筑陶瓷、卫生洁具、无机装饰板材、石膏装饰材料、石材、镁质装饰材料、吊顶系统、集成墙面、纸面石膏板。

3．防水密封及建筑涂料类

建筑密封胶、防水卷材、防水涂料、墙面涂料、反射隔热涂料、空气净化材料、树脂地坪材料。

4．给水排水及水处理设备类

水嘴、建筑用阀门、塑料管材管件、游泳池循环水处理设备、净水设备、软化设备、油脂分离器、中水处理设备、雨水处理设备。

5．暖通空调及太阳能利用与照明类

空气源热泵、地源热泵系统、新风净化系统、建筑用蓄能装置、光伏组件、LED照明产品、采光系统、太阳能光伏发电系统。

6．其他设备类设备

隔震降噪装置、控制与计量设备、机械式停车设备。

绿色建材产品认证实施的基本模式如图10-9所示。

保护环境健康，在建筑生产过程中使用绿色建材已成为建筑行业和全社会的广泛共识。开展绿色建材标识评价认证工作符合国家政策导向与全社会日益增长的绿色需求。获得绿色建材标识的企业产品在科技含量、质量品质、管理水平上高于一般的传

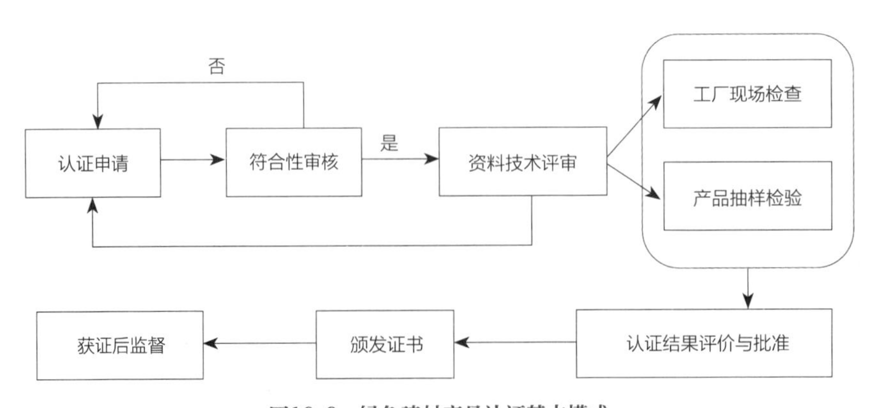

图10-9　绿色建材产品认证基本模式

统生产企业，并且更容易获得行业及全社会的认可。同时，国家的服务平台将运用二维码、RFID、云计算、区块链、互联网等大数据技术，为绿色建材标识获评企业提供可溯源防伪技术以及大数据采信技术，为企业市场竞争提供有力支撑。以“BIM大数据互联网+”方式高效开拓并管理销售市场，服务平台将综合运用CAD、BIM、区块链、云计算、大数据、互联网等高新技术，为企业提供数字化精准营销等市场推广服务，助力绿色建材优先进入万千工地。

目前，全国绿色建材三星级评价机构共4家，全国一、二星级评价机构共83家。截至2020年4月23日，全国共1317家企业获得绿色建材评价标识，具体分布如图10-10所示。

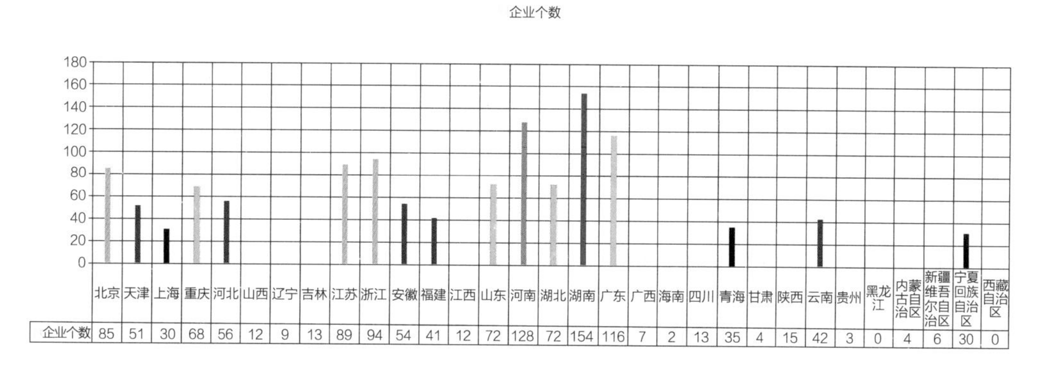

图10-10　全国绿色建材评价标识统计

10.3　绿色低碳建筑

10.3.1　绿色低碳建筑的概念及特点

建筑作为人类给地球上留下最多的痕迹，深刻地影响了人类社会的发展，很大程度上改变了我们生活的同时，也带来了大量的能源消耗、环境变化。在全球化能源危机和气候变暖的压力下，世界各国政府、机构、建筑学者相继提出了“生态建筑”“绿色建筑”“可持续建筑”“低碳建筑”“低能耗建筑”等诸多建筑理念。这些概念既有共性也存在一定的差异，不同的概念有其各自的提出背景，也会围绕各自关注的重点展开相应研究，但是这些概念的理论基础、技术路径、发展方向又存在一定的重叠，这导致设计师、工程师、行业管理者乃至一些学者在实践和研究过程中产生了一些误区。充分理解这些概念有助于我们了解当前建筑的发展趋势，认识到工业化、智能化对绿色低碳建筑发展的巨大支撑作用。

不同的统计口径对建筑物全生命周期中消耗的资源统计有所不同，全球建筑建设联盟（Global ABC）发布的《2021年全球建筑建造业现状报告》显示：2020年，建筑业占全球终端能源消费量的36%。中国建筑节能协会统计发布的一项报告显示，我国建筑全过程能耗占全国能源消费总量的45%，为此通过研究绿色建筑、低碳建筑实现节能减排势在必行。

绿色建筑是由关注保护环境而提出的。其内涵从人体舒适度和建筑能耗两方面发展到与人民生活相关的安全、服务、健康、环境、资源、管理等多方面。美国科罗拉多落基山研究所给出的绿色建筑定义非常简洁，即“把社会、环境目标与房地产设计结合起来（在符合财务原则的前提下）的绿色开发区”。美国绿色建筑评估体系（LEED Green Building Rating System）制定的绿色建筑评判标准的主要内容有：按照可持续发展的原则选址，节水，能源和大气环境，材料和资源，室内环境质量，符合能源和环境设计领先标准的创新得分，专业人员的认证。住房和城乡建设部发布的《绿色建筑评价标准》GB/T 50378—2019对绿色建筑的定义：在建筑的全生命周期内，最大限度地节约资源、保护环境、减轻污染，为人们提供健康、适用的使用空间，与自然和谐共生的建筑。

如图10-11所示，低碳建筑是由关注气候变暖而提出的。低碳建筑是指在建筑生命周期内，从规划、设计、施工、运营、拆除、回收利用等各个阶段，通过减少碳源和增加碳汇实现建筑生命周期碳排放性能优化的建筑。大量研究表明，全球气候变化主要是由人类活动，特别是工业化过程向大气过量排放温室气体（主要是CO_2）造成的，而建

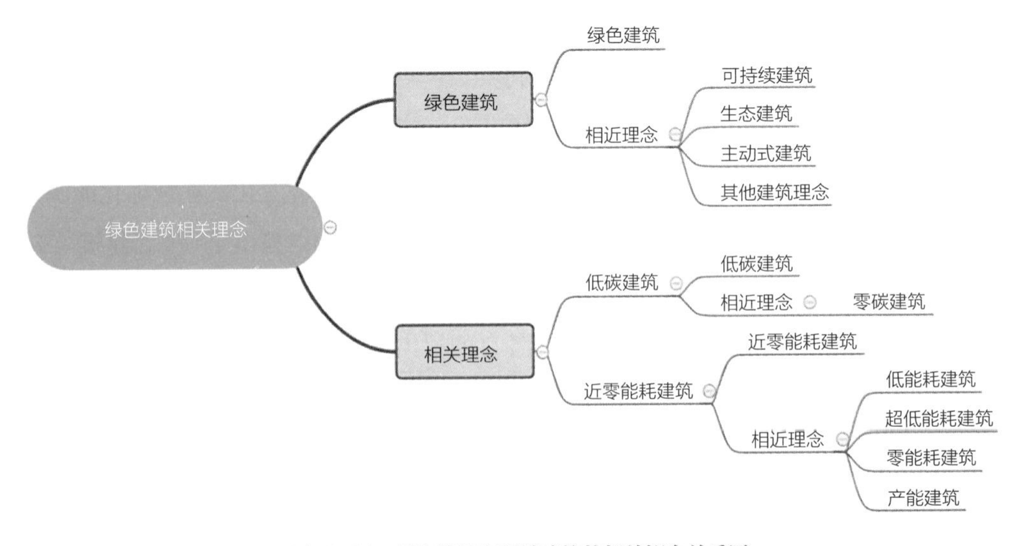

图10-11　绿色建筑和低碳建筑的相关概念关系图

筑建造的碳排放是增长速度最快的一个领域。为了减少建筑领域的碳排放，缓解全球气候变暖问题，实现人类社会的可持续发展，英国社区及地方政府部门于2003年首次提出了“低碳建筑”，五年后进一步提高了建筑节碳的目标，提出“零碳建筑”。

10.3.2 绿色低碳建筑的关键技术

涉及节地、节能、节材、节水以及室内环境等各个方面的绿色低碳建筑技术是实现绿色建筑低碳的关键。绿色低碳建筑技术的应用，一方面降低公共建筑的能源损耗，并且要保证建筑的基本功能和舒适度；另一方面也要确保建筑与周边环境相适应，要打造环境友好型建筑。其中绿色低碳建筑技术主要包括：智能围护结构，包含外立面的多层窗、智能窗、智能遮阳系统、环保材料构成的轻质保温墙、种植屋面、透光屋面；室内环境系统，包含自然通风、新风系统、余热回收、工位送风、人因照明等；能源和设备系统，包括光储直柔、热电联产、高效热源、高温冷水机组、生物质能源等；测量和控制系统，能耗检测系统、智能控制、智能设备管理等。下面重点展开介绍部分关键技术。

1. Low-E三玻两腔中空玻璃

随着我国绿色低碳建筑的不断推广，玻璃作为建筑围护结构的重要组成部分，无疑是节能中最重要的一环。在节能玻璃中，Low-E三玻两腔中空玻璃成为绿色低碳建筑的新宠。Low-E三玻两腔中空玻璃的使用可以达到“冬暖夏凉”的效果，具有优异的隔热、保温性能。Low-E三玻两腔中空玻璃对紫外线有极高的阻挡作用（高达99%以上），在透明的采光顶下便可真正享受冷光源的“阳光浴”、皮肤无热感，同时可完美地解决建筑物内物品被太阳光晒坏、老化的问题。使用Low-E三玻两腔中空玻璃可在单双银Low-E玻璃节能基础上分别再降低32%和17%的电耗。电费节约所增投入成本在2～3年内即可收回，同时在后续营运中优异的节能效果将持续恒定发挥。

2. 高效的新风热回收系统

对于建筑暖通空调系统来说，新风是关系到系统节能的重要方面，对于新风量的增加，不仅增加了暖通空调系统的工作负荷，也对电能带来更多的消耗。因此，做好对暖通空调系统新风量的把控是实现建筑节能的关键。在调节绿色低碳建筑能量损耗方面，作为必需品的新风系统，全热交换芯在其中发挥了主要作用。配备了全热交换芯的新风系统，在室内空气与室外空气进行置换的时候，能够有效地回收热能，在夏季预冷室外新风，冬季预热室外新风，减少温度差，节约能量消耗，保障室内舒适。

比较经济的方式是安装热回收式新风换气机，其不仅可以满足室内的空气品质，而且可以回收排风50%~70%的能量，避免能量浪费，提高建筑的节能性。

3．光伏建筑一体化

随着现代社会的飞速发展，太阳能光伏发电技术的运用，能够最大限度地减少对能源的消耗。光伏建筑一体化是指将光伏产品集成到建筑上，使其成为建筑的有机组成部分，通过光伏发电降低建筑能耗，达到节能目的的技术。一体化不是简单地相加，而是将光伏系统作为建筑的一部分，当光伏组件移除后，建筑将失去相应的功能，如挡雨、隔热。光伏系统工作时，光伏组件接收太阳辐射产生直流电，通过汇流箱与逆变器相连，转换成交流电，直接给建筑自身设备或建筑以外的其他负荷使用，从而降低建筑能耗。

10.3.3 绿色低碳建筑的措施

绿色低碳建筑发展的本质就是绿色引领智能建造。绿色建造是系统性工程，要从规划设计阶段就开始考虑如何才能实现节能环保；在建造过程中，需采取先进的建造方式来完成建造活动，降低能耗；同时，建筑本身的结构、墙体、保温、部品等材料要绿色、节能、环保；最后，后期运营要做到精细化、智能化管理，助力精准节能目标的实现。由此可见，绿色建造着眼于建筑全过程、全生命周期。

众所周知，为了适应绿色发展的要求，无论是国外还是我国的工程建设，都应该向绿色建造转型。绿色建造的推动和发展需要多方面共同发力，其中最重要的支撑还是科技的发展，结合BIM、5G、AI等技术基础发展，以及与建设场景的落地研究与应用，工程建设才会更加高效节能，实现低碳排放甚至零碳排放。例如常见的BIM技术，其构成了与实际映射的建筑数字信息库，为全生命周期、全参与方、全要素的工程项目提供了一个工程信息在各阶段的流通、转换、交换和共享的平台，为工程提供了精细化、科学化的技术手段；工厂化预制技术，其采用标准化制作工艺和工业精度控制，提高构配件制作的效率和质量，降低物料和人工消耗，节省直接成本，提升建筑的性能和品质；构配件在工厂重复批量生产，加快施工进度，缩短建设周期，减少污染排放和资源消耗，有利于节能减排；绿色施工技术，其在工程建设中，在保证质量、安全等要求的前提下，通过科学管理和技术进步，最大限度地节约资源与减少对环境负面影响的施工生产活动，全面实现“四节一环保”（建筑企业节能、节地、节水、节材和环境保护），包括：减少施工工地占用；节约材料和能源、减少材料的损耗，提高材料的使用效率，加大资源和材料的回收利用、循环利用，使用可再生的或含有可再生成分的产品和材料；减少环境污染，控制施工扬尘，控制施工污水排放，减少施工噪声和振动，减少施工垃圾的排放。

上述技术在工程建设上的应用需要涉及智能建造，因此推动和发展“智能建造”是实现“绿色建造”的必然选择与最佳途径。智能建造技术的应用，可以提高工程质量和建造效率，实现各类信息之间的互联互通，以便在整体行业全面开展工程总承包模式，在实践工作中培育更多创新型技术人才，实现规范化、程序化的人工操作模式。实现建筑产品全生命周期的智能化管理，可以利用数字化手段，实现信息联通与传递需求，构建智能化建造模型、系统和平台，把建筑规划设计、构件生产、施工建造、空间运营等集中到统一的建筑产业链中，构建数字化、集中化管理链条，满足各个环节的共性需求，构建数字化新生态，实现建筑工程的精细化、智慧化管理。有了这些智能化的技术赋能，降低工程建设风险，提升施工人员管理效率，同时将最大限度地节约资源，减少环境破坏。

10.4 建筑垃圾减量化与再利用

为贯彻落实《国务院办公厅关于促进建筑业持续健康发展的意见》(国办发〔2017〕19号)，加快促进建筑产业升级，增强产业建造创新能力，住房和城乡建设部组织编制的《建筑业10项新技术（2017版）》中，重点介绍了建筑垃圾减量化与资源化利用技术。涉及绿色施工，大力开展新技术、新工艺、新材料、新设备的推广应用，连续3次发布和推广建筑业10项新技术，组织开展绿色施工科技示范工作。

2020年4月新修订的《中华人民共和国固体废物污染环境防治法》，对建筑垃圾减量化工作提出了相关要求。2020年5月，《住房和城乡建设部关于推进建筑垃圾减量化的指导意见》(建质〔2020〕46号)，将鼓励采用工具式脚手架和模板支撑体系作为建筑垃圾施工现场源头减量的重要举措之一。

2022年6月，住房和城乡建设部、国家发展改革委联合发布了《城乡建设领域碳达峰实施方案》的指导意见，全面推行垃圾分类和减量化、资源化，完善生活垃圾分类投放、分类收集、分类运输、分类处理系统，到2030年城市生活垃圾资源化利用率达到65%。

10.4.1 建筑垃圾减量化与再利用的概念及特点

绿色建造技术得到大力推广，装配式混凝土结构、钢木混合结构和钢结构建筑不断加快发展，标准化设计、工厂化生产和信息化管理相继应用，智能化技术产品逐步在建筑中应用普及。如何破解建筑垃圾的难题，已成为我国生态环境亟须应对的要务之一。根据世界各国的经验，首要就是减量化。我国不少建筑由于施工质量不高，“楼歪歪”“楼脆脆”等问题时有发生，加之“形象工程”“政绩工程”的随意拆建，导致我国建筑的平均寿命普遍较低，且远低于发达国家。

目前，要从根本上减少建筑垃圾的产生，一是要提高施工质量，尽可能提高建筑物的使用寿命，并从工程设计、材料选用等源头上解决和减少施工现场建筑废物的产生和排放数量；二是要杜绝盲目拆建，加强城市规划设计的长期性和权威性，严禁朝令夕改；三是要建筑垃圾资源化，变废为宝。

建筑垃圾减量化是指在施工过程中采用绿色施工新技术、精细化施工和标准化施工等措施，减少建筑垃圾排放。建筑垃圾资源化利用是指建筑垃圾就近处置、回收直接利用或加工处理后再利用。主要措施包括实施建筑垃圾分类收集、分类堆放；碎石类、粉类的建筑垃圾进行级配后用作基坑肥槽、路基的回填材料；采用移动式快速加工机械，将废旧砖瓦、废旧混凝土就地分拣、粉碎、分级，变为可再生骨料。

可回收的建筑垃圾主要有散落的砂浆和混凝土、剔凿产生的砖石和混凝土碎块、打桩截下的钢筋混凝土桩头、砌块碎块，废旧木材、钢筋余料、塑料等。

建筑垃圾减量化的工程应用如表10-1所示。

目前全国各地项目的应用案例　　表10-1

省份	项目名称	垃圾回收利用技术
天津	天津生态城海洋博物馆	建筑垃圾做回收展品
四川	成都银泰中心	建筑垃圾零排放、垃圾回收排放处理系统应用
北京	北京建筑大学实验楼工程	建筑垃圾再生空心砌块、再生骨料
	昌平区亭子庄污水处理站工程、昌平陶瓷馆	建筑垃圾制造的再生砖、建筑骨料替代砂石、细土绿化回填
河北	邯郸金世纪商务中心	建筑垃圾综合利用技术
山东	青岛市海逸景园	
河南	安阳人民医院整体搬迁建设项目门急诊综合楼工程	“BIM+”助力全过程减量、顶层设计、高科技赋能管理
陕西	世界园艺博览会园	垃圾渣土再利用
	西安市北客站	埋造造地结合再生利用、填埋造地

10.4.2 建筑垃圾减量化与再利用的关键技术

目前国内外对于建筑垃圾减量化和再利用都有对应的经济技术要求，我国对于再生骨料政策中主要要求混凝土、砂浆、地面砖、透水砖及实心砖，建筑垃圾中对可回收建筑垃圾利用率要求达到80%以上。发达国家中，美国、日本及丹麦对于垃圾再生利用率高达90%以上，甚至部分已经实现100%的利用率。欧盟国家中，德国、荷兰、比利时的建筑垃圾回收率很高，从2010年开始基本上在95%以上，而其他欧盟国家回收率基本上也突破了60%。

据专家介绍，根据目前我国建筑垃圾的特点，回收利用率可达95%以上。以利用建筑垃圾制作再生砖为例，与实心黏土砖相比，同样是生产1.5亿块标准砖，可减少取土24万m^3，消纳建筑垃圾40多万吨，节约土地340亩。此外，在制砖过程中还可消纳粉煤灰4万t，节约标准煤1.5万t，减少烧砖排放的二氧化硫360t。建筑垃圾资源化，不仅有着巨大的环境效益，还将产生巨大的经济效益。如果按2020年我国新产生建筑垃圾50亿t估算，这些建筑垃圾如果能够转化为生态建材，创造的价值可达到1万亿元。然而，目前我国从事建筑垃圾再利用的企业只有20多家，全国再生利用率仅为5%左右，而欧盟国家每年的建筑垃圾资源化率超过90%，韩国、日本更达到97%以上。

建筑垃圾处理过程中，针对建筑垃圾分类中的主要成分采取有针对性的措施，从而提升建筑垃圾的回收利用率。表10-2针对各部件的处理方式做了汇总。

建筑垃圾主要部分的减量化关键技术汇总 表10-2

部件	措施	作用
钢筋	优化下料技术	提高钢筋利用率
钢筋余料	再利用技术	将钢筋余料用于加工马凳筋、预埋件与安全围栏等
模板	优化拼接	减少裁剪量
木模板	合理的设计和加工制作	提高重复使用率
短木方	指接接长技术	提高木方利用率
混凝土余料	做好回收利用	制作小过梁、混凝土砖等
加气混凝土砌块隔墙	加气块的排块设计	在加工车间进行机械切割，减少工地加气混凝土砌块的废料
废塑料、废木材、钢筋头与废混凝土	机械分拣技术	

续表

部件	措施	作用
再生骨料（以废旧砖瓦、废旧混凝土为原料）	就地加工与分级技术	
施工现场	混凝土砌块、混凝土砖、透水砖利用再生骨料和微细粉料作为骨料和填充料	
	利用再生细骨料制备砂浆及其使用的综合技术	

10.4.3 建筑垃圾减量化与再利用的措施

1. 开展绿色策划

（1）落实企业主体责任。按照“谁产生、谁负责”的原则，落实建设单位建筑垃圾减量化的首要责任。建设单位应将建筑垃圾减量化目标和措施纳入招标文件和合同文本，将建筑垃圾减量化措施费纳入工程概算，并监督设计、施工、监理单位具体落实。

（2）实施新型建造方式。大力发展装配式建筑，积极推广钢结构装配式住宅，推行工厂化预制、装配化施工、信息化管理的建造模式。鼓励创新设计、施工技术与装备，优先选用绿色建材，实行全装修交付，减少施工现场建筑垃圾的产生。在建设单位主导下，推进建筑信息模型（BIM）等技术在工程设计和施工中的应用，减少设计中的“错、漏、碰、缺”，辅助施工现场管理，提高资源利用率。

（3）采用新型组织模式。推动工程建设组织方式改革，指导建设单位在工程项目中推行工程总承包和全过程工程咨询，推进建筑师负责制，加强设计与施工的深度协同，构建有利于推进建筑垃圾减量化的组织模式。

2. 实施绿色设计

（1）树立全生命周期理念。“BIM+”助力建筑垃圾全过程减量。统筹考虑工程全生命周期的耐久性、可持续性，鼓励设计单位采用高强度、高性能、高耐久性和可循环材料以及先进适用技术体系等开展工程设计。根据“模数统一、模块协同”原则，推进功能模块和部品构件标准化，减少异形和非标准部品构件。对于改建、扩建工程，鼓励充分利用原结构及满足要求的原机电设备。

（2）提高设计质量。设计单位应根据地形地貌合理确定场地标高，开展土方平衡论证，减少渣土外运。选择适宜的结构体系，减少建筑形体不规则性。提倡建筑、结构、机电、装修、景观全专业一体化协同设计，保证设计深度满足施工需要，减少施工过程中设计变更。

（3）基于绿色发展理念源头设计。如图10-12所示，建筑全生命期流程中，规划

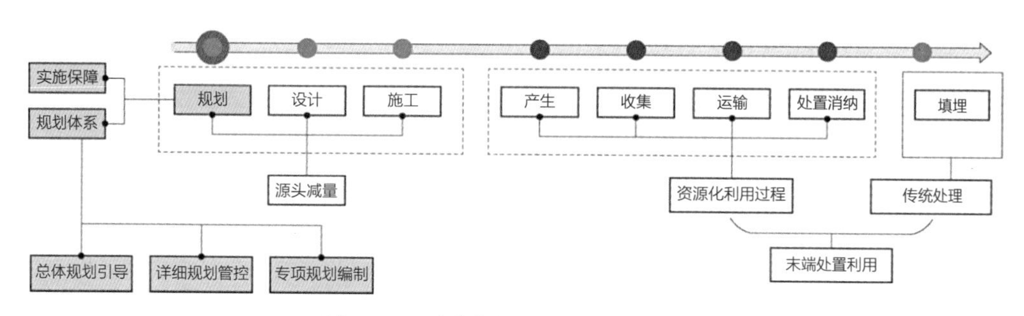

图10-12 建筑垃圾源头减量规划研究示意

源头减量，有效预防垃圾过量产生。在城市规划设计中明确垃圾治理目标和垃圾资源化利用的方式，因地制宜提出有效的处理政策和措施，同时为下一步不可避免的建筑用材使用中的垃圾产生设计有效的垃圾分类收集专线处理，策划必备的规划空间并提供数量依据。

3．推广绿色施工

（1）编制专项方案。施工单位应组织编制施工现场建筑垃圾减量化专项方案，明确建筑垃圾减量化目标和职责分工，提出源头减量、分类管理、就地处置、排放控制的具体措施。

（2）做好设计深化和施工组织优化。施工单位应结合工程加工、运输、安装方案和施工工艺要求，细化节点构造和具体做法。优化施工组织设计，合理确定施工工序，推行数字化加工和信息化管理，实现精准下料、精细化管理，降低建筑材料损耗率。

（3）强化施工质量管控。施工、监理等单位应严格按设计要求控制进场材料和设备的质量，严把施工质量关，强化各工序质量管控，减少因质量问题导致的返工或修补。加强对已完工工程的成品保护，避免二次损坏。

（4）提高临时设施和周转材料的重复利用率。施工现场办公用房、宿舍、围挡、大门、工具棚、安全防护栏杆等推广采用重复利用率高的标准化设施。鼓励采用工具式脚手架和模板支撑体系，推广应用铝模板、金属防护网、金属通道板、拼装式道路板等周转材料。鼓励施工单位在一定区域范围内统筹临时设施和周转材料的调配。

（5）推行临时设施和永久性设施的结合利用。施工单位应充分考虑施工用消防立管、消防水池、照明线路、道路、围挡等与永久性设施的结合利用，减少因拆除临时设施产生的建筑垃圾。

（6）实行建筑垃圾分类管理。施工单位应建立建筑垃圾分类收集与存放管理制度，实行分类收集、分类存放、分类处置。鼓励以末端处置为导向，对建筑垃圾进行细化分类。严禁将危险废物和生活垃圾混入建筑垃圾。

（7）引导施工现场建筑垃圾再利用。施工单位应充分利用混凝土、钢筋、模板、珍珠岩保温材料等余料，在满足质量要求的前提下，根据实际需求加工制作成各类工程材料，实行循环利用。施工现场不具备就地利用条件的，应按规定及时转运到建筑垃圾处置场所进行资源化处置和再利用。

（8）减少施工现场建筑垃圾排放。施工单位应实时统计并监控建筑垃圾产生量，及时采取针对性措施降低建筑垃圾排放量。鼓励采用现场泥沙分离、泥浆脱水预处理等工艺，减少工程渣土和工程泥浆排放。

第 11 章 建筑产业互联网

11.1 建筑产业互联网平台特征

建筑产业互联网是新一代信息技术、建筑工业化、绿色建造理念与建筑业深度融合的产物，通过智能感知技术、先进计算技术、网络通信技术、共性平台技术等多类型技术的集成化创新和协同化应用，构建技术支撑底座，最终形成全链条数字化协同、全周期集成化管理、全要素智能化升级三大典型特征。

1．全链条数字化协同

全链条数字化协同是以BIM三维图形技术为核心，通过采用统一建筑数据模型在各环节间高效流转，进而实现各参与方业务协同。全链条数字化协同主要涉及模型构建、模型流转、模型互操作、模型验证等领域创新发展。

2．全周期集成化管理

全周期集成化管理是指借鉴标准模块化的设计理念和平台化管理模式，依托数字化设计平台等新技术和新平台协同创新，实现覆盖设计、生产、施工、运维、监管等全周期集成化、信息化、精益化管理。

3．全要素智能化升级

全要素智能化升级是指利用物联网、传感器、智能终端等技术产品对“人、机、料、法、环”等生产要素和“进度、成本、质量、安全”等管理要素进行实时、全面、智能的监控和管理，运用BIM、CIM等技术搭建虚实结合的数字孪生建筑，实时洞察历史数据及其变化趋势，并结合人工智能、大数据等技术对各要素数据进行分析诊断，实现全流程、全要素可感知、可分析、可呈现及可优化。

11.2 建筑产业互联网平台架构

建筑产业互联网平台作为建筑业数字化转型的新型基础设施，将在建筑业数字化转型升级过程中逐步形成。当前，行业内尚未形成通用的建筑产业互联网平台架构体系。参照市面上相关产品的平台架构，初步构想了建筑产业互联网平台架构体系如图11-1所示。

1．数据采集层

数据采集层应用施工现场互联网基础设施，实现BIM与建筑工程文档、智慧工地监测系统、施工管理业务信息系统等信息的集成，支持集成化、可视化建造管理，并为建筑运维收集所需的各类信息。数据采集层还应用建筑内互联网基础设施，实现BIM与楼宇自控系统（Building Automation System，BAS）、能耗监测、安防监控、报修服务系统等信息的集成，支持集成化、可视化运维管理。

2．IaaS层

IaaS层为建筑产业互联网平台提供云基础设施和连接服务，包括云存储、云服务

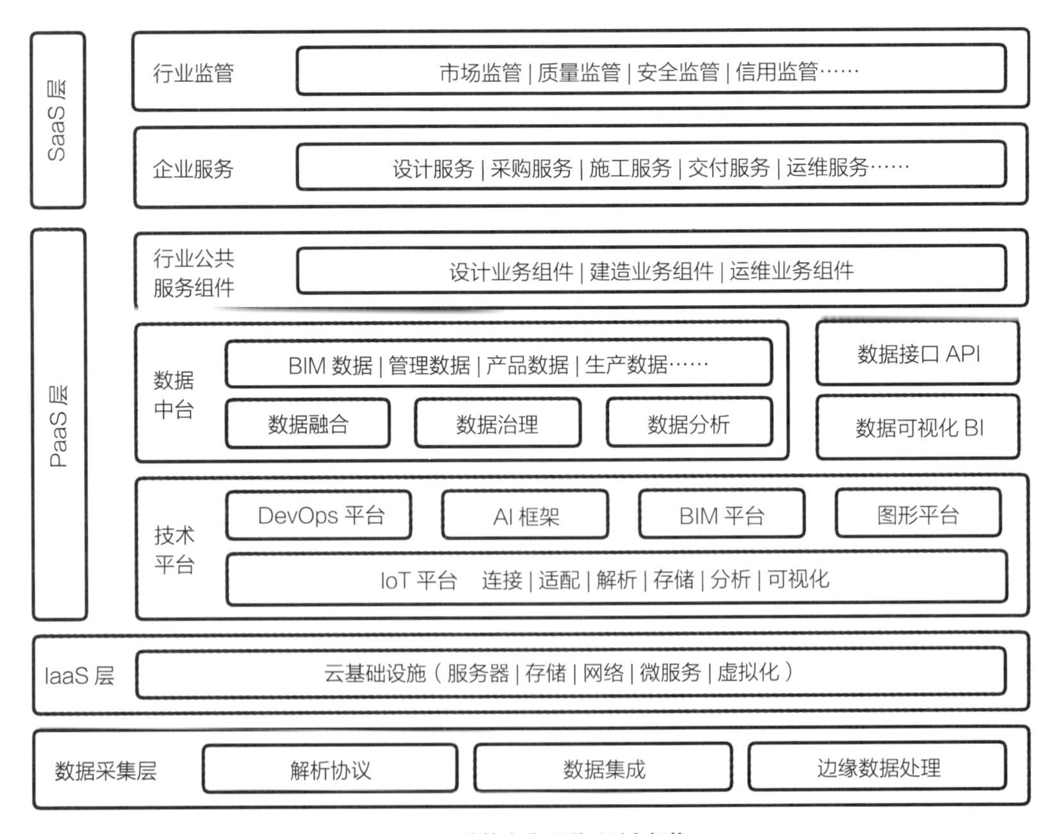

图11-1 建筑产业互联网平台架构

器、高性能数据处理、网络架构和其他基本的计算资源，在本层部署基础的操作系统和平台程序。建筑产业互联网平台的使用者不需要负责维护或控制任何云基础设施，只需要通过本层的访问接口来获取所需服务、使用存储空间、拉取应用服务等。

3. PaaS层

PaaS层由核心云功能组成，是支撑智慧建造和运维的主要部分，主要任务是应用IaaS服务实现海量建筑全生命周期数据的云端集成存储，基于工业大数据平台和PaaS基础资源服务研发建筑数据智能分析和预测模块、建筑业大数据基础服务组件和二次开发框架，形成PaaS服务平台。PaaS平台应用提供负载均衡、容器集群管理、日志服务、高速缓存、数据集成、数据仓库、大数据计算等功能，然后完成建筑人工智能建模与分析，并对外提供建筑业服务组件库和建筑业应用开发框架的API。

4. SaaS层

SaaS层是搭建在PaaS平台上的各类建筑应用App和轻量化应用软件，通过自主研发或者引入第三方开发者的方式，以云化软件或App形式为用户提供施工、管理、服务等一系列创新性应用服务，直接提供给行业的平台用户，实现价值的挖掘和提升。本层还提供创新应用功能模块，利用平台的跨项目分析能力完成一系列传统平台不具备的功能。

11.3 建筑产业互联网关键核心技术

以微服务、多元异构数据融合平台为代表的工业互联网技术正在建筑领域与建筑产业互联网加速融合应用，不断拓展建筑产业互联网的能力内涵和作用边界，实现全链条数字化协同、全周期集成化管理、全要素智能化升级。这些技术已经成为影响建筑产业互联网后续发展的关键核心技术，为建筑工业化和绿色建造发展提供关键支撑。

11.3.1 微服务

微服务（Microservice）是一种将复杂应用拆分成多个单一功能组件，通过模块化组合方式实现“松转合”应用开发的软件架构，也称微服务架构（Microservice Architecture）。每个功能组件都是一个独立的、可部署的业务单元，称之为微服务组件。每个微服务组件可以根据业务逻辑，选择最适合该微服务组件的语言、框架、工具和存储技术进行开发部署。因此，微服务架构是一种独立开发、独立测试、独立部署、独立运行、高度自治的架构模式，同时也是一种更灵活、更开放、更松散的演进架构。其本质是一种将整体功能分解到各个离散服务中，实现对原有解决方案解耦，进而提供更加灵活服务的设计思想。

微服务这种分布式的软件架构契合了建筑产业互联网自动化、容器化的部署方式，在软件架构层面充分发挥了建筑产业互联网平台的基础优势。在业务层面，分布式的系统架构设计，也使得各建筑领域内原本专业度、复杂度极高的各业务模块能被很好地分而治之，极大地降低了建筑数字化软件设计、开发、重构、上线以及后期业务迭代升级的难度。微服务架构为建筑产业互联网平台的复用提供了最佳技术手段，算法、模型、知识等模块化组件能够以“搭积木”的方式被调用和编排，实现低门槛、高效率的建筑数字化App开发，驱动了软件开发方式的变革，促进了平台创新产业生态的形成。

11.3.2 多元异构数据融合平台

目前，建筑产业资源数据的结构、类型、格式等均在不同时期，采用不同平台开发建设。建设统一的多元异构数据融合平台，支撑建筑产业互联网平台海量数据下的多元异构数据快速、可靠交换。

根据不同资源数据的应用特点，分别针对基础库采用关系型集中式架构，应用库采用分布式架构的数据存储技术，搭建基于混合架构的数据融合平台。针对不同资源数据之间的数据交换功能，多元异构数据交换技术具备以下三种数据交换方式：支持XML格式的数据交换，与国家数据交换的规范化格式相适应，采用Unicode编码；支持基于SOA技术的松耦合信息交换体系，提供Web Service接口；合理应用前置机技术。

数据融合平台的搭建，将支持多元异构数据的加载、清洗、校验等功能，主要内容如下：

（1）多元异构数据加载。多元异构数据交换将根据一定的规则，对数据信息进行定期加载，例如初始化批量加载、增量数据加载。

（2）多元异构数据清洗。通过加载而来的数据在可靠性、一致性、完整性方面远远达不到查询和共享的标准。按照数据信息标准对各单位数据进行清洗，包括数据关联、标准统一、错误纠正、冗余处理。

（3）多元异构数据校验。数据加载过程中需经过数据质量检查和校验，数据入库校验应包括单条、单数据项、组合数据项校验以保证数据质量。

11.4　建筑产业互联网应用场景

在建筑产业互联网的赋能之下，建筑全生命周期的每个阶段将发生新的改变。在建筑全生命周期各个阶段，以建筑元素数字化和管理要素数字化为依托，通过产业互联网平台实现各要素间的无缝连接和数据的高效流转，实现信息的高效传递和各方的高效协同，从而实现全产业链的高效协同。未来在实体建筑建造之前，将衍生出纯数字化虚拟建造的过程，实体的建造阶段和运维阶段将会是虚实融合的过程，呈现出以全数字设计、全智能生产、全智能建造、全智慧运维和全产业协同为代表的新业务场景。

11.4.1　全数字设计

设计阶段旨在打造“全数字化样品”，通过全过程的虚拟集成交付，保证了建造和运维全过程方案的最优化和可实施性。建筑各参与方基于一个平台，以VR、移动等端的技术为手段，以虚拟化模型为载体，实现纵向专业之间、横向全参与方之间的协同工作，保证工作质量和效率。综合考虑设计、建造和运维的影响因素，对整个建筑全生命周期进行智能化、参数化模拟仿真，以实现建筑方案与设计优化，实现降低建造过程成本、降低返工率的目标。建筑产业互联网平台集成大数据分析预测保证了建筑资产的有效性，实现项目全生命周期成本精算。在设计阶段主要应用有：

1．建筑方案设计

将建筑方案通过设定设计目标的方式输入建筑产业互联网平台的设计系统中，并设定相关边界条件，计算机结合已有类似工程项目的大数据信息，利用AI技术自动推演出满足规划条件的多套方案，设计师可以结合规划方案调整规划参数，计算机将自动进行方案的迭代优化，直至获取最佳设计方案。

2．深化设计

深化设计是指在设计方案的基础上，结合实际施工现场情况，对设计方案进行细化、补充和完善，以满足实际施工要求。一般装配式混凝土、钢结构等均需要参与深化设计。例如装配式混凝土结构的深化设计，首先需要搭建全数字化的建筑深化设计模型，给出现场施工约束条件，建筑产业互联网平台的深化设计系统可以自动基于规则和标准进行模型碰撞检测，同时需要人为地调整模型和约束条件，系统自动进行迭代优化，直至获取最佳深化设计方案。

11.4.2 全智能生产

在建造阶段，建造方向主要是基于数字孪生的工业化建造。在数字空间中完成虚拟建造后，需要在物理世界中完成建筑的实体建造。在新建造模式下，通过协同生产，实现项目管理的精益化；通过数据驱动的智能工厂，打造数字化生产线；通过基于CPS的智慧工地，实现现场作业的智能高效。

在建筑产业互联网平台中，协同生产能够实现项目精益化管理。协同生产是指以进度为主线，综合考虑各种资源要素的一种生产模式。在数字建筑平台中，将管理粒度细化到工序级，从而找到进度、质量、成本等管理要素的最小交集，实现基于工序的集成管理。通过末位计划落实到一线员工的日常工作中，通过对工程任务的闭环管理，即PDCA（计划、执行、检查、调整）循环管理，实现深化设计到生产作业节点、智能进度到末位工时、生产管理到作业指导书、实测实量到生产作业级。

11.4.3 全智能建造

基于CPS的智慧工地，实现岗位作业智能高效。通过对施工现场“人、机、料、法、环”等各关键要素的全面感知和实时互联，并与云端的虚拟工地相互映射，构建虚实融合的智慧工地。通过岗位级的专业应用软件和各种智能机械、设备、机器人等对施工现场进行联动执行与协同作业，提升一线作业效能，实现对工程现场的精细化管控。

其中，在人员方面，可以通过闸机、智能安全帽、单兵设备等实时感知工人的进出场状态乃至场内移动和作业信息；在机械方面，目前施工现场的绝大多数机械设备如塔式起重机、卸料平台等均可实现数据的记录、采集和分析；在物资、材料方面，利用进出场的自动称重和点验环节实现物资、材料的动态监控；在工艺工法方面，通过BIM等数字化手段，实现相关工艺、工法的模拟、优化和交底；在环境方面，利用现场设备、作业检查等手段实现场地内环境和工作面环境的数字化处理和记录。

11.4.4 全智慧运维

随着工业4.0与数字中国的不断推进，产业数字化浪潮席卷全球，据普华永道思略特《2018年全球数字化运营调研》显示：截至2030年，数字化和智能自动化预计将贡献14%的全球GDP增长，相当于15万亿美元的价值。由此可见，产业数字化市场广阔。对已经身处数字化变革的建筑行业而言，处理和利用好海量的建筑工程及运营数据，是实现数字化变革的最关键因素。在此形势下，推动数字建造，以数据驱动，以平台支撑，实现建筑产业与数字化科技深度融合，构建设计—施工—运维全生命周期、全产业链、全价值链信息交互的建筑产业新生态成为必然。

运维阶段作为建筑生命周期中最长、项目回收投资和取得收益的重要阶段，传统运维模式的工程交付方式十分粗浅，工程交付资料以海量、离散的方式混合在一起，仅作为电子化留存，数据无法重复利用，对后期运维工作造成很多不便；再者，传统运维模式集中管理程度低且业务流程不成体系，在运维管理方面效率较低。随着数字化技术的发展，现阶段新型智能运维结合BIM、IoT、云计算等新一代信息技术，以提高运维阶段高效、透明化、面向用户的服务。

1．智能设备管理

通过人工智能，实现运行策略的智能判断，进行优化控制和调节建筑内各类设备设施运行状态，使各系统间进行有机的协同联动，而不是手动控制和人为干预，使建筑发挥最优性价比的运行状态。针对运行中出现的设备故障问题，可自动指派给维修人员，快速进行维修。基于对设备运行时间、状态、维护维修记录的大数据分析与预测，发起预测性维护计划，使设备保持良好的运行状态和安全运行，实现设备资产的保值与增值，最终达到自我优化、自我管理、自我维修的状态。

2．智能服务

基于建筑产业互联网对建筑所有静态数据和动态数据的云端存储，通过大数据分析技术将所有系统变成一个整体，不断地深度挖掘，对环境、用户体验、运行成本等各方面出现的各类问题进行快速建模，向敏锐感知、深度洞察与实时决策的智慧体发展，做出各种智慧响应和决策。

3．空间管理

建筑产业互联网的应用能够促进物理实体、数字虚体、意识人体有机融合交互，在支持人们工作生活高效进行的同时，将成千上万的建筑相互连接、互动与发展，形成一个巨大的社会体。在社会体中，数据让世界透明，不仅是个人信用，还包括建筑中各种可用的资源，如会议室、办公设备、停车位、社会性服务等。在资源从“拥有”向“使用”的理念下，数字运维为分享建筑中各种资源提供了支撑，企业可以灵活地租用建筑内的工位、会议室等空间。

3
实践篇

第12章 智能建造案例

为呼应上一篇中的相关技术，倡导科研与实践相结合，促进建筑全生命周期各阶段的转型升级，加快智能建造达到绿色、低碳化的目标，形成涵盖全产业链融合一体的智能建造产业互联网，本书将在本篇中进行重点案例介绍。

12.1 智能设计案例

12.1.1 工程概况

本案例是PKPM-PC软件在北京市中铁门头沟曹各庄项目的应用（图12-1）。该项目位于北京市门头沟区，由中国建筑设计研究院有限公司设计，为装配整体式混凝土框架—剪力墙结构，地上11层，地下3层，地上建筑面积约7773m^2。该项目预制构件采用预制叠合楼板、预制叠合梁、预制楼梯、预制剪力墙、预制柱，外围护及内隔墙采用非砌筑，公共区及卫生间采用集成管线和吊顶（无厨房），全楼模型见图12-1。项目单体预制率40%，单体装配率50%。

曹各庄项目效果图　　全楼模型

图12-1　中铁门头沟曹各庄项目设计图

12.1.2　技术应用

1. 装配式建筑方案设计

方案阶段需要在满足建筑功能设计、符合结构分析结果的基础上，考虑生产及施工等因素进行初步设计，并形成各个预制构件方案模型，具体设计过程如下：

（1）预制构件生成。基于预制构件“标准化、模数化”的特点，程序以输入参数、框选构件、批量拆分、模型调整的方式生成预制构件三维模型，再通过标准层到自然层的构件复制、同层构件镜像复制等功能，实现全楼预制构件的快速生成。具体成果见图12-2。

（2）智能重量检查。通过软件对构件进行重量、尺寸检查，以确保满足生产、吊装、运输要求。

（3）连接节点设计。基于BIM技术进行三维连接节点设计，包括主次梁、梁柱节点、预制墙间现浇段、PCF板、灌浆套筒等，以保证选定可靠的结构连接方式。

（4）装配率计算。运用PKPM-PC进行装配式相关方案设计，确定初步方案，进行装配率统计，并进一步调整模型，推敲方案，本项目预制率40%，装配率达到50%，满足地方标准要求，预制率统计表详见图12-3。

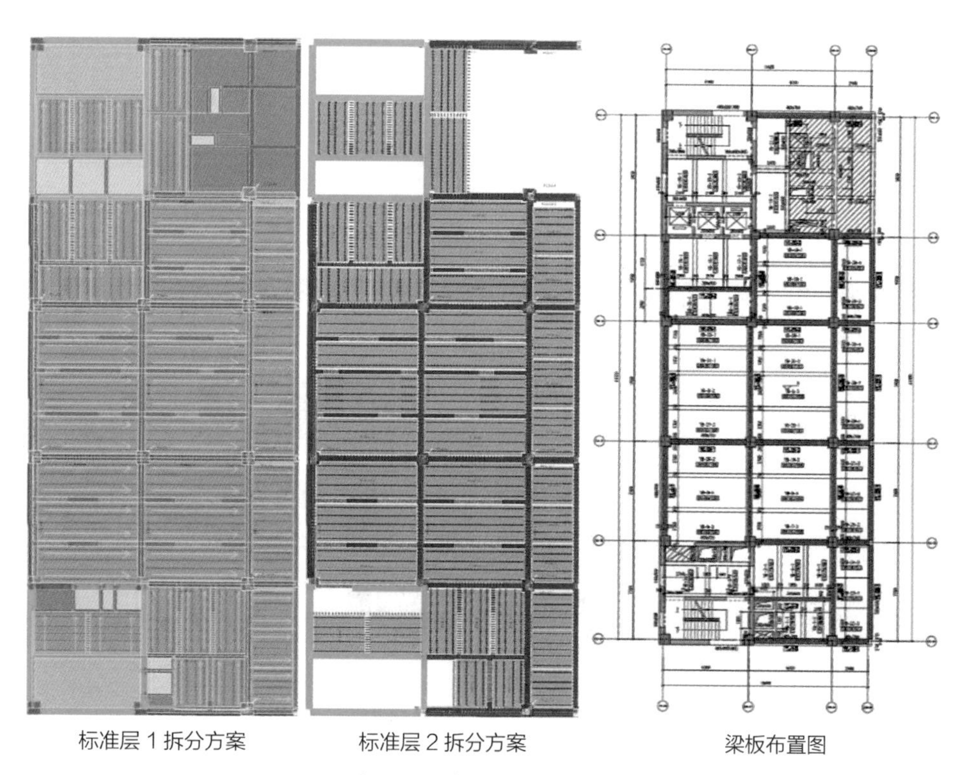

图12-2　项目各层方案设计成果

（5）方案展示。方案展示利用BIM 软件模拟建筑物的三维空间关系和场景，通过爆炸图功能和VR等的形式提供身临其境的视觉、空间感受，辅助相关人员在方案设计阶段进行方案预览和比选。

（6）结构计算。项目在软件中直接进行内力和承载力计算，并生成对应的施工图纸。

2．装配式建筑深化设计

在完成装配式建筑设计阶段后，需根据设计施工图进行构件深化设计。

（1）机电预留预埋设计。如图12-4所示，通过协同机电专业自动生成、识别机电图纸布置或者交互布置多种方法灵活便捷地实现预埋件的布置。

（2）构件单构件验算。如图12-5所示，根据脱模吊装要求，确定吊点位置，并生成对应的吊装验算报告书。

预制率统计表-体积法

楼层	参照楼层	外围护墙				内隔墙	梁		柱		板		楼梯
		[illegible]	[illegible]	[illegible]	总	总	[illegible]	总	[illegible]	总	[illegible]	总	总
1	无	4.235	316.683	370.091	698.441	0.000	294.026	1863.712	0.000	913.120	608.715	1050.228	15.294
2	无	9.044	569.206	0.000	575.458	0.000	188.584	580.169	125.126	664.956	335.079	411.786	16.926
3	无	41.927	688.664	0.000	760.174	0.000	185.829	571.778	89.611	476.505	244.084	263.291	9.017
4	无	37.780	0.000	0.000	54.602	0.000	0.000	12.143	0.000	13.850	6.887	14.143	0.000
合计		92.987	1574.553	370.091	2088.675	0.000	668.439	3027.823	214.738	2068.430	1194.766	1739.448	41.236
总体统计									8968.308				
单项预制率		1.04%	17.56%	4.13%	--	--	7.45%	--	2.39%	--	13.32%	--	--
修正系数		1.05	1.10	1.20	--	--	0.75	--	1.00	--	0.45	--	--
预制率		39.36%	调整系数：	1.00	预制率(调...	39.36%							

预制率统计表-权重系数法

楼层	参照楼层	外围护墙				内隔墙	柱		梁		板		阳台板
		[illegible]	[illegible]	[illegible]	总	总	[illegible]	总	[illegible]	总	[illegible]	总	总
1	无	3.100	215.700	153.000	427.850	0.000	0.000	1761.500	1183.050	6043.600	4048.500	7016.169	0.000
2	无	6.000	347.500	0.000	398.850	0.000	218.000	1099.000	764.570	2532.824	2230.015	2740.326	0.000
3	无	35.250	499.100	0.000	622.350	0.000	168.000	791.850	755.940	5219.488	1622.563	1758.472	0.000
4	无	50.950	0.000	0.000	86.700	0.000	0.000	70.950	0.000	119.454	57.314	117.858	0.000
合计		95.300	1062.300	153.000	1535.750	0.000	406.000	3723.300	2703.560	13915.367	7958.392	11632.826	0.000
总体统计			1535.750				3723.300		13915.367				11662.70[illegible]
单项预制率		6.21%	69.17%	9.96%	--	--	10.90%	--	19.43%	--	68.24%	--	--
修正系数		1.05	1.10	1.20	--	--	1.00	--	0.75	--	0.45	--	--
权重系数			0.25				0.20		0.25				0.25
预制率		37.18%	调整系数：	1.00	预制率(调...	37.18%							

图12-3　预制率统计表

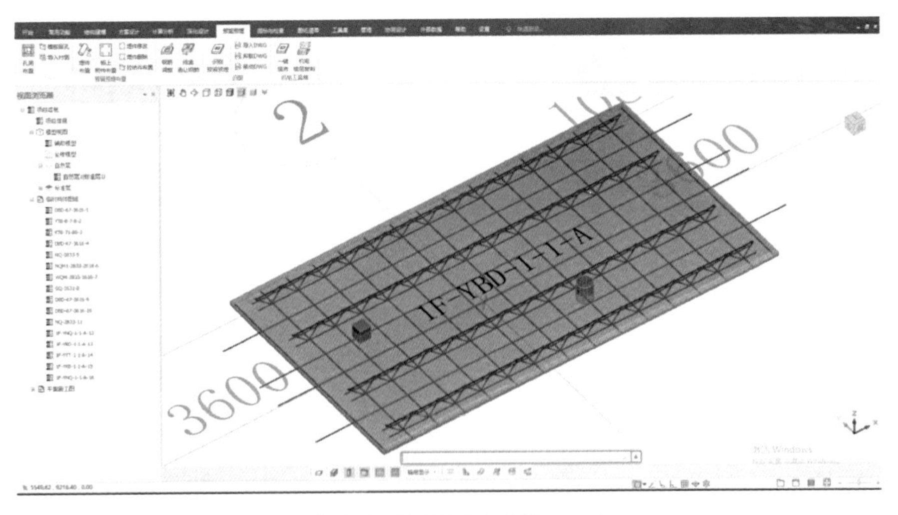

图12-4　板上线盒止水节

（3）碰撞检查及节点钢筋精细化调整。如图12-6、图12-7所示，利用碰撞检查，确定构件、钢筋碰撞位置，通过批量调整、交互调整等功能，对钢筋进行避让处理，

6 桁架钢筋脱模吊装容许应力验算

（1）叠合板上弦钢筋容许屈服弯矩及容许失稳弯矩

叠合板上弦筋屈服弯矩

$M_{ty}=1/1.5\times W_c\times f_{yk}/\alpha_E=7.65kN\cdot m$

叠合板上弦筋失稳弯矩

$M_{tc}=A_{sc}\times\sigma_{sc}\times h_s$　　公式 6-1

式中：

$$\sigma_{sc}=\begin{cases}f_{yk}-\eta\lambda & (\lambda\leqslant 107)\\ \dfrac{\pi^2}{\lambda^2}\times E_s & (\lambda>107)\end{cases}$$

其中：

f_{yk}为上弦钢筋强度标准值；

η为上弦钢筋长细比影响系数，取值为 2.1286；

λ为上弦钢筋自由段长细比，$\lambda=l/i_r=100.0$

其中，l为上弦钢筋焊接节点间距，此值为 200 mm

i_r为上弦筋截面回转半径，此值为 2.0 mm

经计算，$M_{tc}=A_{sc}\times\sigma_{sc}\times h_s=0.58\ kN\cdot m$

（2）叠合板下弦筋及板内分布筋屈服弯矩

$Mcy=\frac{1}{1.5}\times(A_1\times f_{1yk}\times h_1+A_s\times f_{syk}\times h_s)$　　公式 6-2

代入相关值求得 $M_{cy}=4.16kN\cdot m$

（3）腹杆钢筋失稳剪力

$V=\frac{2}{1.5}\times N\times\sin\phi\times\sin\psi$　　公式 6-3

其中：

$\phi=\arctan(H/b_h)=0.610726$

$\psi=\arctan(2H/b_0')=1.05165$

注：b_0为下弦筋外包距离，此时值为 80mm；b_h为桁架焊接点跨度，此时值为 200mm；

$N=\sigma_{sr}\times A$

式中：

$$\sigma_{sr}=\begin{cases}f_{yk}-\eta\lambda & (\lambda\leqslant 99)\\ \dfrac{\pi^2}{\lambda^2}\times E_s & (\lambda>99)\end{cases}$$

其中：

f_{yk}为腹杆钢筋强度标准值；

η腹杆钢筋长细比影响系数，取值 0.9476；

$\lambda=0.7l_r/i_r=25.3$；

l_r计算公式如下：

$l_r=\sqrt{H^2+(b_0'/2)^2+(l/2)^2}-t_R/\sin\phi/\sin\psi=54.14$ mm

求得 腹杆钢筋失稳应力 $\sigma_{sr}=276.06\ N/mm^2$

则 $N=\sigma_{sr}\times A_r=7805.36$ N

因此：$V=2/1.5\times N\times\sin\phi\sin\psi=5.18$ kN

（4）桁架筋验算结果

验算内容	验算容许值	内力	结果
上弦筋屈服弯矩	M_{ty}= 7.65 kN·m	$M_{max,x}$= −0.30 kN·m	满足
上弦筋失稳弯矩	M_{tc}= 0.58 kN·m	$M_{max,y}$= 0.16 kN·m	满足
下弦筋屈服弯矩	M_{cy}= 4.16 kN·m	$M_{max,y}$= 0.16 kN·m	满足
腹杆钢筋失稳剪力	V= 5.18 kN	V= 1.44 kN	满足

7 吊件拉力验算

吊装及脱模埋件选用	吊钩
吊钩直径	14 mm
吊钩材质	HPB300
吊钩设计承载力 fy	65N/mm²
吊钩数量	6 个
吊钩计算受力数量	3 个

图 12-5　桁架钢筋脱模吊装容许应力验算

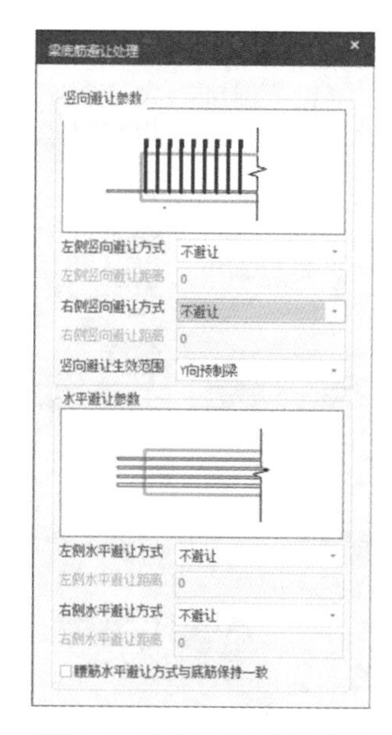

图12-6　梁底筋避让批量处理

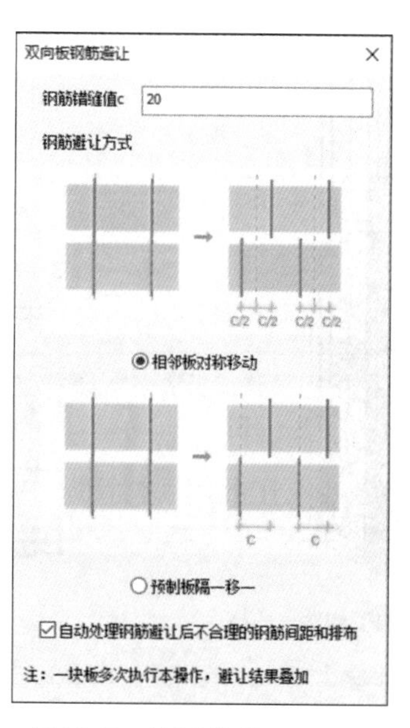

图12-7　双向板钢筋智能避让

并在三维钢筋模型中实时查看相对位置；根据相关规范要求，自动处理洞口处钢筋加强。

（4）算量统计。按成果要求分类型统计单个、整层、全楼的预制构件清单，也可采用更灵活的自定义清单功能，自由配置清单样式。

（5）构件详图及成果输出。如图12-8～图12-15所示，根据BIM模型，通过批量出图功能生成全套装配式平面、构件详图图纸共371张，同时生成生产所需数据包。

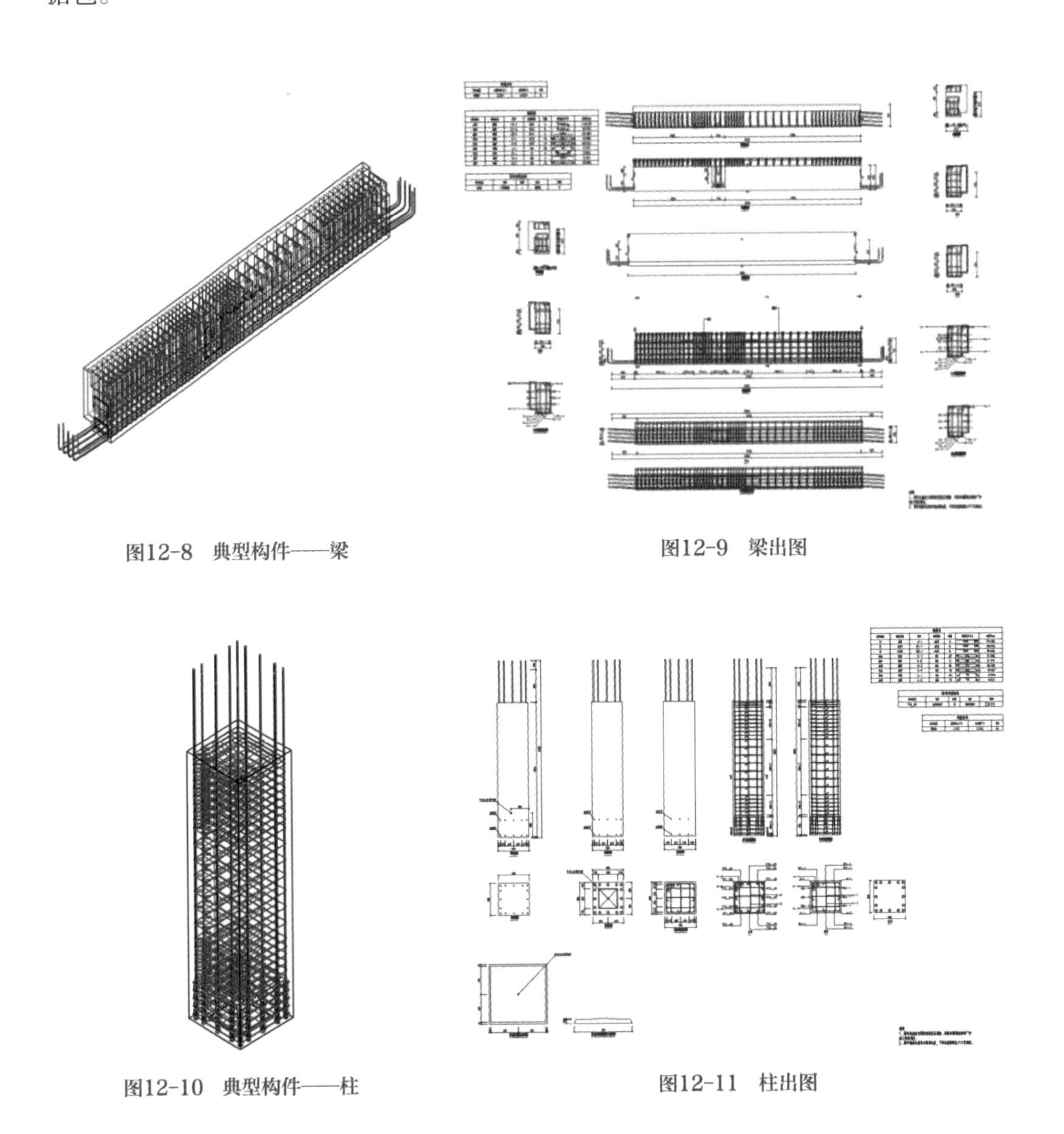

图12-8　典型构件——梁

图12-9　梁出图

图12-10　典型构件——柱

图12-11　柱出图

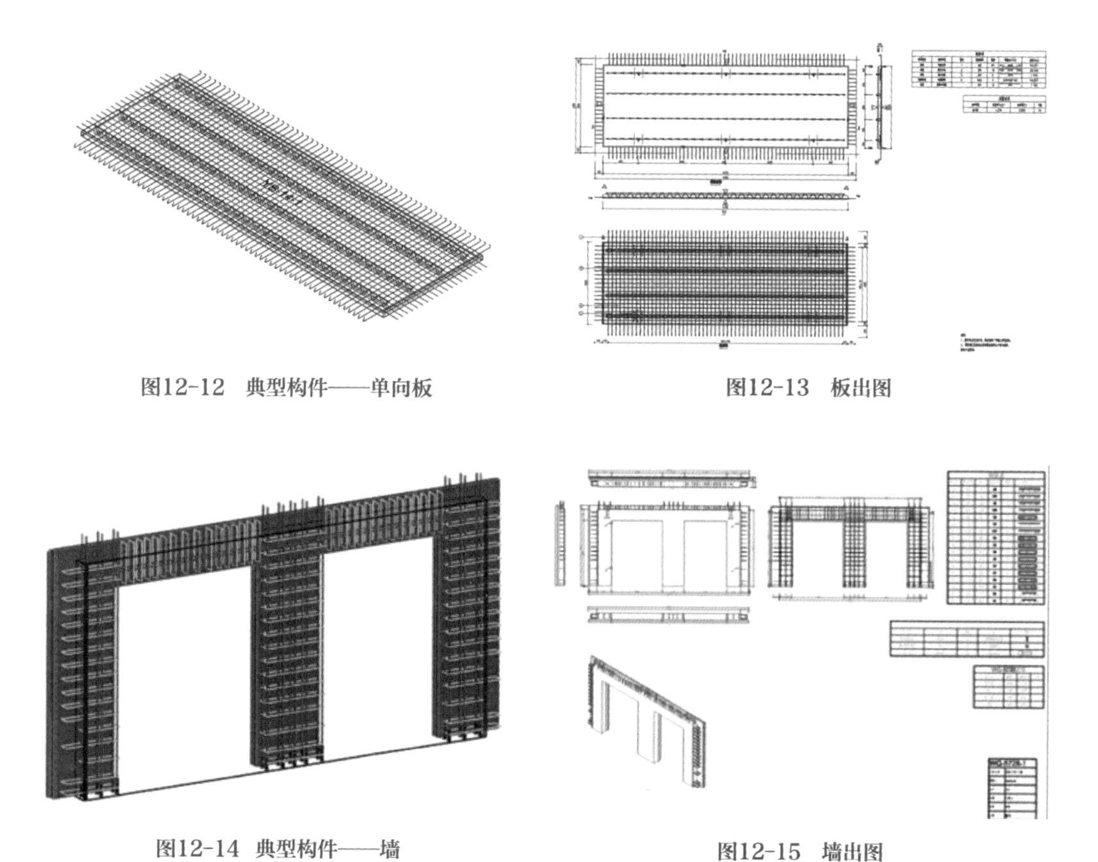

图12-12　典型构件——单向板

图12-13　板出图

图12-14　典型构件——墙

图12-15　墙出图

12.1.3　应用效益

1. 解决的实际问题

（1）解决了二维设计图纸无法处理的复杂预制构件生成与节点钢筋避让问题。通过PKPM-PC全楼碰撞检查功能，定位钢筋碰撞和构件碰撞点，如图12-16所示梁柱节点，通过智能避让工具和自由交互调整工具，可以设计钢筋弯折并准确、实时地查看

图12-16　梁柱节点钢筋精细模型

避让效果，确保钢筋之间不发生碰撞，避免设计错漏，便于后期施工。

（2）提升指标计算准确度，助力构件设计安全性。PKPM-PC中的指标与检查功能，可实现全国近20个地区的装配率计算，满足各省市工程实际要求。同时软件支持自动设计符合验算要求的吊点点位，并批量进行短暂工况验算，生成短暂工况验算报告书，并给出详细计算过程、规范依据，帮助设计师了解计算细节，保证构件吊装安全。

（3）解决大量详图批量出图及修改问题。在BIM模型设计完成后，可直接批量生成图纸，减轻设计师工作量，同时如发生设计变更和调整，可在模型中调整后重新出图，有效减少了因二次修改产生的重复工作量，降低设计成本，提高设计质量和效率。

（4）实现设计、生产数据自动对接。如图12-17、图12-18所示，支持导出生产加工数据包，对接至装配式智慧工厂管理系统，使得生产的多个环节无须人工录入分配，降低人工成本，提高生产效率，并能通过信息传递，实现BIM设计数据在生产过程中三维可视化查看与管理，促进项目进度模拟及生产控制。

2．工程应用效果与价值

（1）利用PKPM-PC软件，可直观地从三维层面进行设计，随时观察设计结果，及时发现设计问题并解决，可利用软件自带的钢筋碰撞检测功能进行检查，最大限度地减少修改和返工的时间，有效降低设计成本，并进一步改善当前设计与施工间的割裂，带来显著的社会效益和经济效益。

（2）软件提供的合理参数设置、交互设计及图纸清单统计等功能，充分考虑装配

图12-17　工厂数据对接　　　　图12-18　项目进度控制

式设计、生产到施工各阶段的应用特点，促进装配式设计更合理。

（3）工程师可从繁重的绘图任务中解放出来，避免将大量时间浪费在重复绘图、改图中，专注于设计。对于设计过程中因各专业协同而产生的修改，可以直观地体现在模型上。对于类似本项目体量规模的项目，仅需一名工程师约两周时间即可完成整个项目装配式设计制图，真正实现辅助装配式设计提质增效。

（4）PKPM-PC基于自主可控的BIM Base平台开发，软件实现了BIM与装配式专业深度融合应用。可实现多专业基于同一个环境、同一个平台、同一个模型、多专业协同数据的无缝衔接，消除数据孤岛。同时设计成果对接后端生产加工，促进了装配式全产业链的进一步发展。

12.2　智能生产案例

12.2.1　工程概况

目前国内大多数PC工厂存在自动化设备应用不充分、用工数量偏高、生产节拍长、产能未充分发挥等问题，需利用数字化技术进行优化升级，重新定义PC数字工厂场景，创新应用颠覆性技术，重构PC工厂运作模式，提升工厂生产节拍，降低用工人数，提升产能。榔梨工厂位于长沙市经济技术开发区榔梨街道黄兴大道南段129号，属于三一筑工旗下第一个面向装配式混凝土建筑的智能化“灯塔工厂”，主要承接预制构件生产、智能生产装备和系统研发、建筑工业化技术研究与培训等业务。榔梨PC数字工厂基于数字化思维，借鉴工业4.0发展路径，重新定义了PC数字工厂场景，创新应用颠覆性技术，重构PC工厂运作模式，在PC构件制造的工业流和管理流数字化方面形成灯塔效应。通过对工业流和管理流两个方面的数字化技术创新和应用，实现用工数下降50%、节拍缩短50%、产能提升40%的目标。通过分析PC构件生产的10大生产工序，由数据驱动生产线设备自动流水作业；通过智能布料技术、机器人控制技术、智能堆垛养护技术、工厂仿真技术、工业软件技术等，实现少人化，提升效率，提高产能目标。将PC工厂打造成为行业技术领先的产品。

智能生产装备包括抓钩式堆垛机、智能布料机、自动钢筋桁架机、钢筋桁架自动投放机械手、钢筋笼投放机械手、拆模机器人、多点吊机等、PC工厂数字孪生技术、SPCI+PCAPP、PC工厂质量管理模块、PMES V4.0等。

12.2.2 技术应用

（1）首创了三维复杂建筑结构设计模型柔性化直驱PC构件生产技术。建立设计—生产装备—物料—存放运输相互耦合的生产工艺模型，系统性地开展工艺顺序、关键控制点、装备生产能力、新材料等技术的自主研发，构建生产工艺知识图谱创新。研究BIM模型的数据标准，嵌入PMS系统中的PCAE图纸解析模块，实现传统设计图纸与现代装配式生产方式的无缝对接。PMS系统可按生产工艺自动读取解析三维模型，进行设计预处理和分解提取，奠定了PC工厂数驱应用的基础，具体详见图12-19。

主流的PKPM和PlanBar结构设计软件完成的3D拆分结构模型，通过PMS的PCAE图纸解析模块，可直接导入系统，自动解析并提取构件的形状尺寸、钢筋加工尺寸和位置型号、预埋件的位置型号以及混凝土配方等级和工程量等。工厂的生产工艺能力通过系统的数据预处理，动态反馈给设计院，解决设计和生产施工脱节的难题。PC工厂省去了人工读取图纸、人工整理设计BOM、生产过程中人工量尺寸定位安装等低价值劳动，生产效率和质量提升70%以上。

（2）自动识别解析设计院输出的设计图纸并驱动设备智能作业的PC生产线管理系统PMS。包括图纸解析、自动拼模、生产任务、设备数驱控制四大核心部分，向上通过图纸解析打通设计环节，向下通过设备数驱控制实现少人化、自动化生产，自动拼模和生产任务管理内置了工艺图谱数据，“傻瓜式”便捷操作。3D模型轻量化交互技术和云端物联技术，实现构件和生产任务的2D、3D可视化交互和呈现，实现“所见即所得”的设计制造一体化。结合工业物联云平台，对生产线和设备进行健康管理

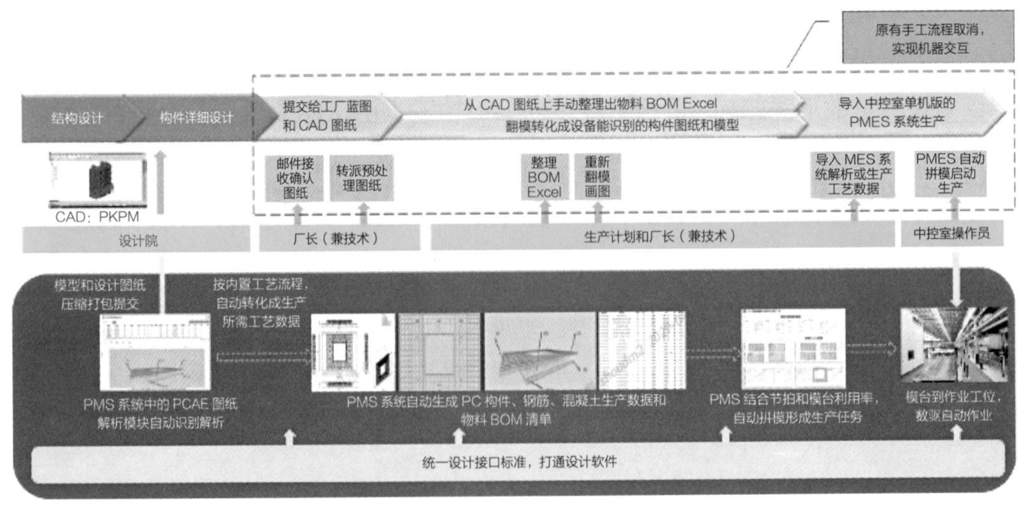

图12-19 PCC产品界面图BIM设计模型柔性驱动生产技术

和预测维护，实现高效可靠生产。

（3）混凝土精准布料自密实关键技术。基于构件位置、布料重量、速度和加速度的多重闭环自适应控制策略，实现不同坍落度的混凝土自动规避钢筋、洞口、辅件位置，精准补齐角隙，无须人工补料，布料综合效率提升80%。建立能量分布模态及强度频谱专家数据库，形成分段组合振捣策略，并支持随混凝土及构件形态的自适应调整匹配，实现振捣密实均匀度≥95%，系统解决了混凝土成型过程中的密实质量问题，具体如图12-20、图12-21所示。

（4）工厂内高效自养护成套技术。模台高速抓取和基于大空间窑体稳态流场的温湿度动态跟踪控制技术，高速模台码垛、自动养护系统，解决了PC工厂码垛等待的生产瓶颈和养护温湿度均匀性的难题，运行节拍7～8min，较国内水平提升50%，引领行业先进水平，具体如图12-22、图12-23所示。

（5）钢筋网片机器人柔性焊网技术。横筋多级自动推料、直接布料的定位技术，全自动柔性网片生产线，解决了全系6～12mm钢筋焊接定位的精准及稳定性难题，PC生产线、网片抓取输送设备智能互联工艺，全自动上料、调直、布料、焊接、输送一体的无人化自动生产。生产效率相比人工提升10倍，网片精度提升5倍。

（6）生产节拍高效均衡的最优排程调度算法。生产工艺知识图谱，按构件类型

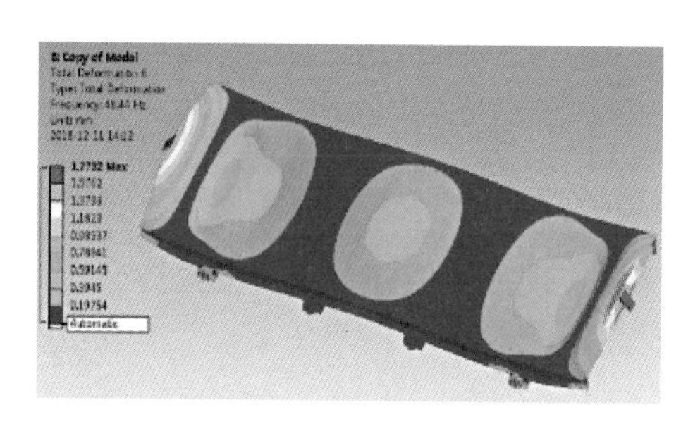

图12-20 振捣模态仿真

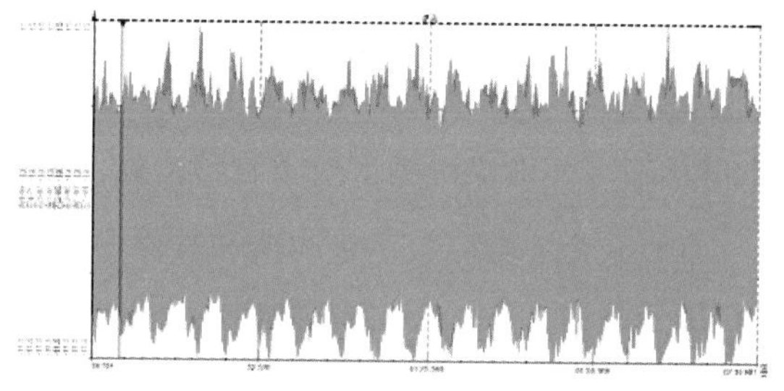

图12-21 振捣频谱分析

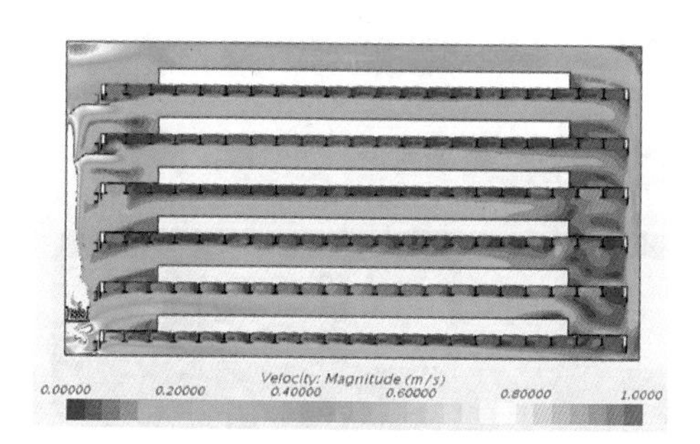

图12-22 窑体稳态流场分析

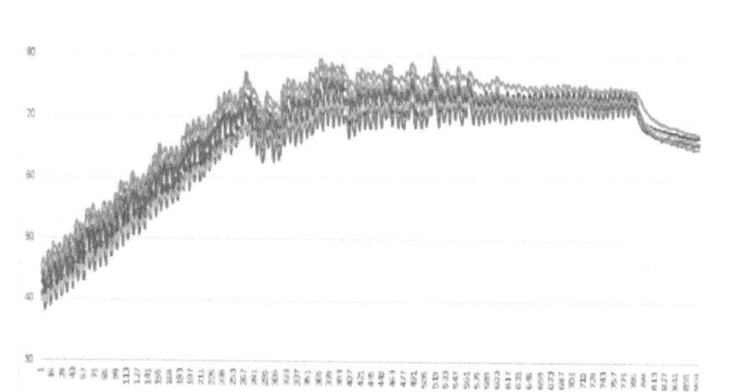

图12-23 窑内温度曲线

和生产线布局，自学习分解最优工艺路径，同步流转控制技术和按节拍拉式的生产驱动，协同调度PC生产线、钢筋生产线和混凝土生产输送，实现少人化、JIT均衡生产。与传统PC工厂相比，人员减少60%以上。其中划线喷油、堆养、整线流转、混凝土搅拌站生产输送无人值守，钢筋生产投放由原来的10～12人绑扎、配送、安装，减少到2人安装确认操作。

（7）PC工厂专用的数字化管理系统，从订单到交付全流程在线管控的成套解决方案。从订单到交付全流程在线管控的成套解决方案，实现了业务流程的自动化处理，如图12-24所示。

系统无缝对接设计软件，自动提取项目构件设计数据，并按楼层一件一码自动搭建BOM结构树，实现生产排程、采购、物料消耗管理、构件质量、成品仓储、发运、交付、结算等业务的实时在线自动化，结合物料、工序、混凝土、工厂费用分摊等需求，每块构件下线时，成本动态自动精准核算，操作简便，结果可靠，流程实现了“傻瓜式”、云端化。PC工厂中小企业运营信息化系统的技术门槛和成本有效降低，突破使用Excel表格或者线下的管理模式，解决了当前PC工厂面临的设计技术低、堆场管理难、成本无管控的痛点。其中智能生产线应用情况如下：

（1）堆垛养护模块

1）抓钩式堆垛机，高效提高堆垛机的运行效率，节拍时间从原来的12min降到现在的6min。

2）在堆垛区域的地面上布置模台快速通道，模台与堆垛机无须相互等待，模台亦可在不需要堆垛机的情况下直接流转，效率大幅提升。

3）配套堆垛机数字化改造和软件升级，堆垛机实现无人值守、全自动运行。

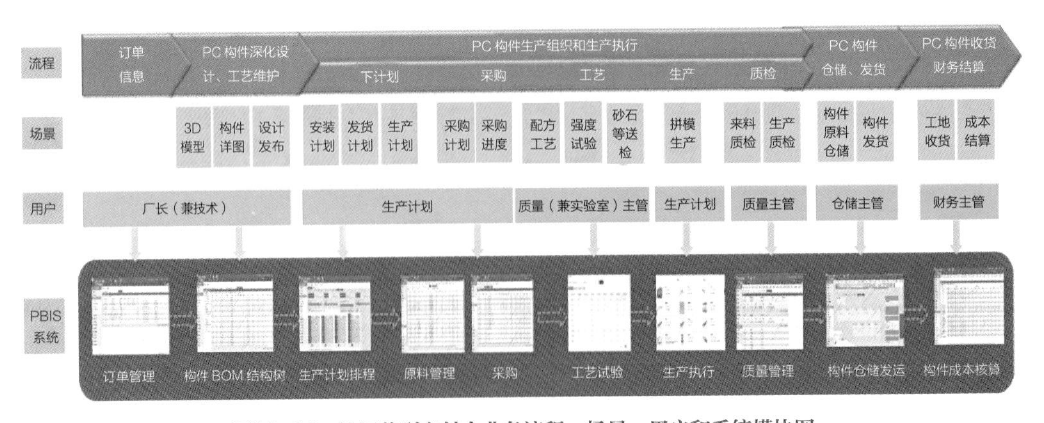

图12-24　从订单到交付全业务流程、场景、用户和系统模块图

4）最新加热加湿系统，温度均匀性可提升至 ± 5℃。

5）实现数据驱动生产，无人操作。

具体装备如图12-25所示。

（2）布模机器人

1）布模机器人，取代人工布模。当模台到达本工位，自动感应，触发生产线控制系统自动读取构件数据，驱动机械手自动布模。

2）实现数据驱动生产。该工序人数从4人减少到2人。

具体装备如图12-26所示。

（3）划线涂油机

1）划线涂油一体机，实现划线、涂油工序。当模台到达本工位，自动感应，触发PC生产线管理系统自动读取构件数据，驱动机械手自动划线、涂油。

图12-25　堆垛养护模块

图12-26　布模机器人

2）实现数据驱动生产，该工位用工人数从9人减少到2人。

具体装备如图12-27所示。

（4）钢筋加工及投放

1）PC生产线管理系统与钢筋生产线管理系统自动交互，自动解析构件数据，计算钢筋需求，驱动钢筋设备自动生产和投放。

2）实现数据驱动生产，该工位用工人数从9人减少到2人。

具体装备如图12-28所示。

（5）混凝土生产调度系统

1）PC生产线管理系统自动解析构件图纸，计算混凝土需求计划，并与混凝土生产调度系统（简称CPTS）数据交互，由CPTS驱动搅拌站自动生产、输送机自动接料、运输、卸料。

2）PC生产线、搅拌站集中控制，自动计算混凝土工程量，用工人数从3人减少到1人。

图12-27　划线涂油机

图12-28　钢筋加工及投放

具体装备如图12-29所示。

（6）布料振捣

1）布料机混凝土需求计划根据节拍时间提前推送至CPTS系统。

2）模台到达该工位，PC生产线管理系统自动识别模台，读取构件数据，驱动布料机自动布料、自动振捣。

3）实现数据驱动生产，用工人数从4人减少到1人。

具体装备如图12-30所示。

（7）翻转合模

1）翻转机、摇晃式振动台，实现空腔墙板自动生产；

2）PC生产线管理系统，自动匹配干、湿模台对应关系，驱动干、湿模台就位，并驱动翻转机完成翻转、对齐、合模，驱动摇晃式振动台振捣作业。

3）实现数据驱动生产，用工人数从2人减少到1人。

图12-29　混凝土生产调度系统（CPTS）

图12-30　布料振捣

具体装备如图12-31所示。

（8）脱模运输

1）国内首创构件运输车，运输更加安全、高效。

2）构件侧翻脱模后，扫码自动入库，专用托盘存储，专用构件运输车自动装卸，构件从下线到工地吊装全程仅需2次吊运。

3）用工人数从4人减少到2人。

具体装备如图12-32所示。

（9）数字工厂智控中心

1）数字工厂智控中心，基本实现一键驱动生产，远程可视调度。

2）升级数字工厂的驾驶舱，实现工厂要素和业务运营在线、可视、透明。

3）推荐数据互联互通，实现设备在线、现场三现可视等。

具体装备如图12-33所示。

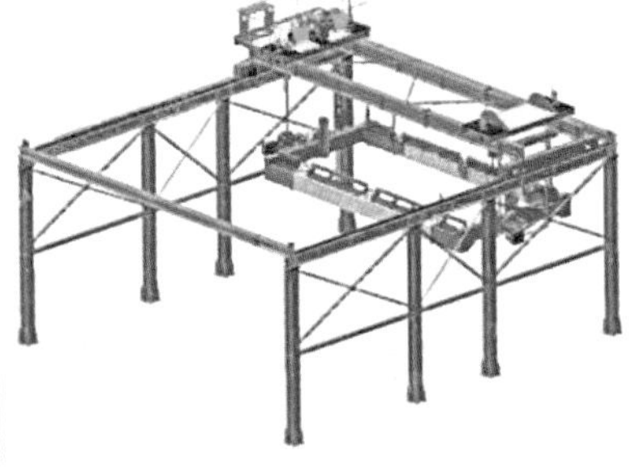

图12-31　翻转合模

图12-32　脱模运输

图12-33　数字工厂智控中心

12.2.3　应用效益

工厂生产效益得到大幅提升。通过对工业流和管理流两个方面的数字化技术创新和应用，实现用工数下降50%、节拍缩短50%、产能提升40%的目标。应用国产生产线获得较高的经济效益。2013年装配式建筑发展初期阶段，进口欧洲PC生产线价格约1亿元/条。2014年～2022年6月，三一筑工国产自主研发的生产线共销售近1000条，用国产自主研发生产线替代进口生产线，按每条线平均节约8000万元计算，共计节约800余亿元。

12.3　智能施工案例

12.3.1　工程概况

国家会议中心二期项目（图12-34）是以建设首都北京作为中国国际交流中心的重要支撑节点、“一带一路”倡议在首都北京重要的落地平台、增强首都北京核心功能区承接大型国际交流活动能力为背景和契机而建设的重大工程项目，其地上建筑主要功能为展览中心、会议中心、高端政务和商务峰会活动中心；其地下建筑主要功能为展览中心、停车场及附属配套设施，另外，工程已承担2022年北京冬奥会、冬残奥会主媒体中心功能。

工程位于北京市奥林匹克中心区，北侧为亚洲基础设施投资银行，南侧为国家会议中心一期工程，用地范围南起大屯路，北至科荟南路，东起天辰东路，西至天辰西路。

工程总建筑面积408408.2m^2，其中地上建筑面积255729m^2，地下建筑面积152679.2m^2，主要屋顶高度为45m，局部出屋顶高度52m，地上3层（含夹层8层）；地下2层（含夹层3层），基础形式采用桩基+平板式筏形基础，最大基坑深度14.3m，结构形式为地下室钢筋混凝土框架—剪力墙结构体系，局部为劲性结构。地上结构为钢管混凝土框架—支撑结构体系；局部大跨度屋面采用平面桁架或圆柱面网壳结构体系，项目于2018年12月开工，拟计划竣工日期为2024年1月，投资规模约50亿元。项目效果如图12-35所示。

北京冬奥会、冬残奥会后，国家会议中心二期项目将进一步装修改造，建成后将与现有国家会议中心连成一体，形成总规模近130万m^{2}的会展综合体，国家会议中心区域将形成大规模会展物业群，成为全球一流的国际交往平台，功能定位于既能满足未来中国大国外交和政务活动需要，又能满足未来中国国际交流中各类高等级商务会展活动需求的大型会展综合体。

图12-34　国家会议中心二期项目效果图

图12-35　项目效果图

12.3.2　技术应用

项目涉及参建方众多，现场建设工期短，统筹协调各方难度较大。由于专业性质不同，各专业建模软件也不相同。如何提高效率，找到一种信息数据的协同共享方式对于项目来说至关重要，为此项目采用统一项目管理平台来实现对各参与方过程信息及成果文件的统一管理，管理界面及框架如图12-36、图12-37所示。

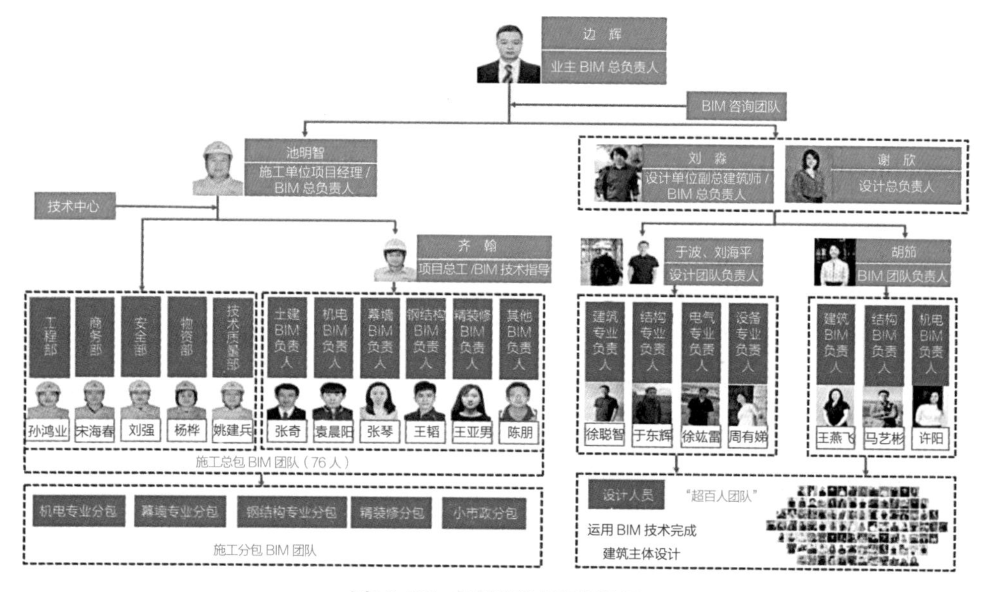

图12-36　智能建造组织架构图

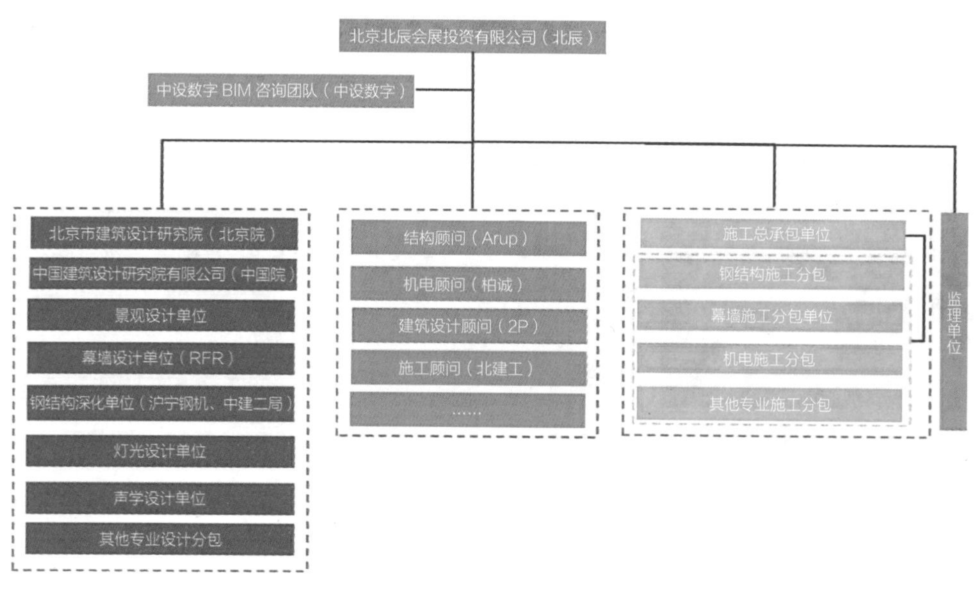

图12-37　智能建造单位架构图

（1）跨国界、跨团队、跨阶段的多方协同

在设计阶段，准确实时的BIM模型，使业主、法国方案设计团队及各阶段顾问团队都能随时了解设计进展，从设计、施工、运维多角度提出建议，在设计过程中前置并逐一落实各方需求，真正意义上实现了跨国界、跨团队、跨阶段的多方协同。会议现场如图12-38所示。

（2）PW平台助力多方协同

项目采用BIM进行全生命周期的辅助管理，为了使各阶段BIM工作顺畅对接，建立了项目BIM导则，并搭建了PW平台，为各参与方提供了协同工作环境。通过此平台项目实现了设计、施工统一协调，对碰撞检查及图纸问题报告、模型更新与维护、施工方案优化及可视化交底、施工进度模拟等实际问题起到至关重要的作用，管理界面如图12-39所示。

1．复杂空间结构智能建造技术

复杂空间结构智能建造技术以大跨重载结构卸载过程监控系统以及基于北斗系统的屋面滑移监测系统为主，辅助应用三维激光扫描及建筑机器人，集BIM技术、云平台技术、“互联网+”等技术于一体。总体思路参照“人体神经系统”，采用无线传输技术、太阳能功能、低能耗光电仪器等硬件，以及数据云存储、云计算等软件，自主开发应用于大型重载结构卸载过程和屋面滑移的三维可视化动态监测平台，采用模块化设计，包括传感器系统、数据采集系统、数据库管理系统、安全预警系统、安全评估系统、三维可视化动态显示系统。每个系统模块完成一个特定的子功能，获取施工

业主组织主体与弱电智能化设计单位进行管综协调。

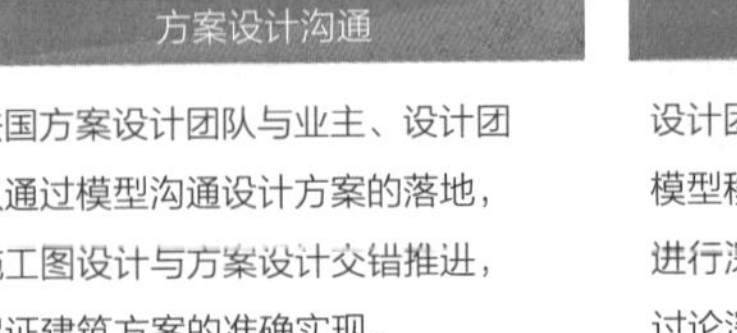
法国方案设计团队与业主、设计团队通过模型沟通设计方案的落地，施工图设计与方案设计交错推进，保证建筑方案的准确实现。

设计团队参加施工管综协调会。设计模型移交给施工单位后，对BIM模型进行深化，双方在业主组织下就模型讨论深化方案可行性。

图12-38　智能建造会议现场图

阶段各工序下结构全尺度、全时段、高精度的实测数据，解决了传统建造模式中存在的依赖于管理者和技术人员经验、缺乏科学系统的方法、时变性高等问题，为建筑工业化转型和发展提供解决思路。项目功能如图12-40所示。

（1）大跨重载结构卸载过程监控系统

国家会议中心二期项目采用超大无柱空间卸载，是国内首次大面积楼板混凝土共

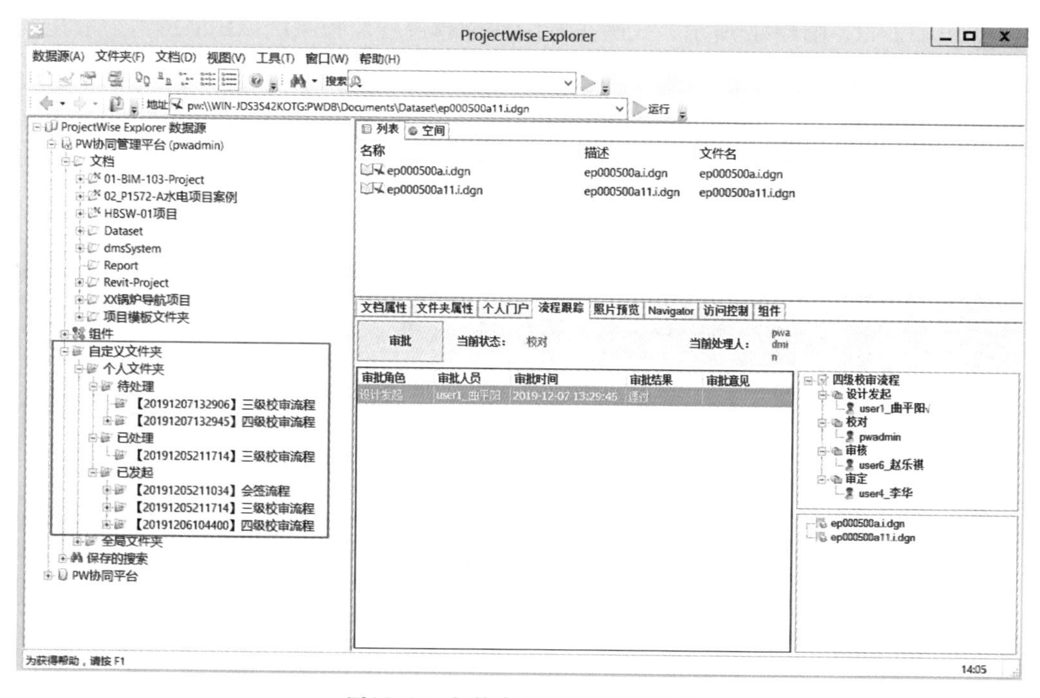

图12-39　智能建造PW平台管理界面

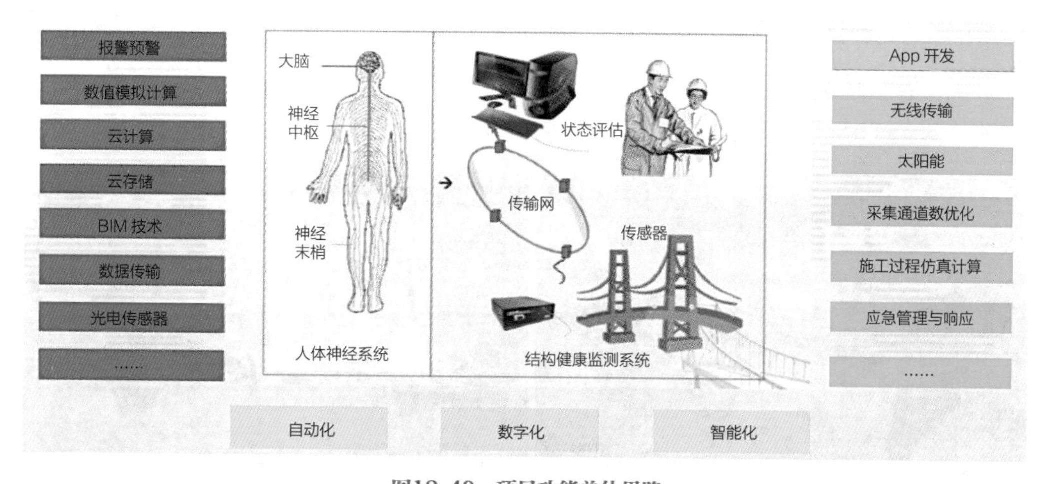

图12-40　项目功能总体思路

同参与受力的钢桁架卸载，通过自主研发大跨重载结构卸载过程监控系统，布置多达403个位移、应力等监测点，实现数据实时采集、传输、存储和分析功能，通过实测数据与数值模拟模型对比分析，获取结构全过程安全状况分析与评定，并通过对施工阶段各工序以及服役阶段各时间维度下的结构全尺度、全时段、高精度实测，为施工安全提供坚实的数据支撑。管理界面如图12-41所示。

（2）监控系统功能

如图12-42、图12-43所示，大跨重载结构卸载过程监控系统以BIM技术为依托，集成了安全评估方法和应急响应策略，可定量把控卸载施工的安全性和质量水平；通过4G传输至云端存储和分析，当卸载过程中出现异常时，客户端可实现报警预警。

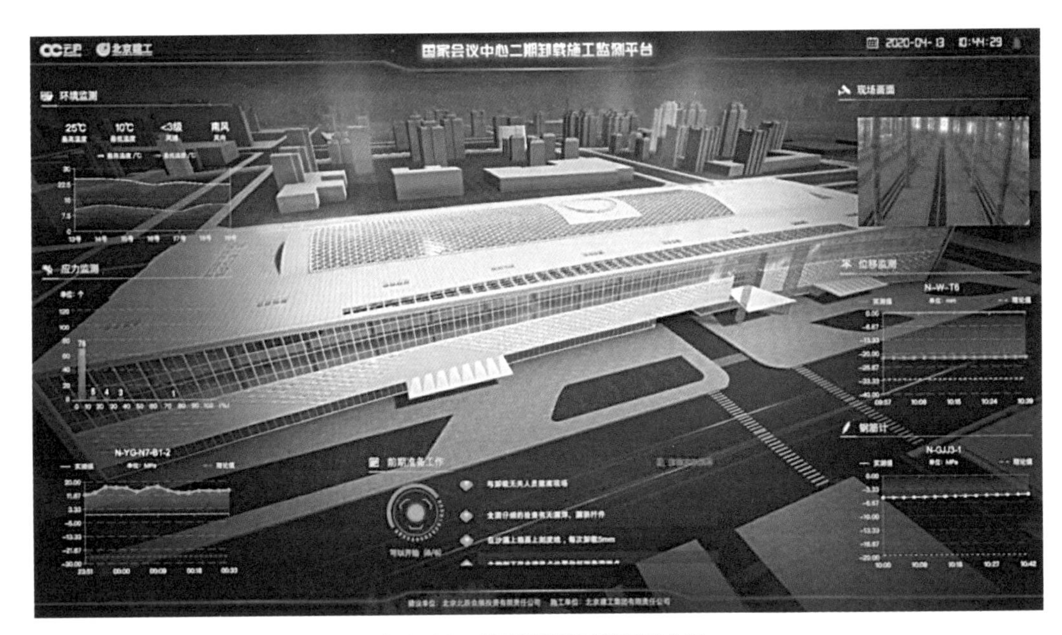

图12-41　项目卸载施工监测平台图

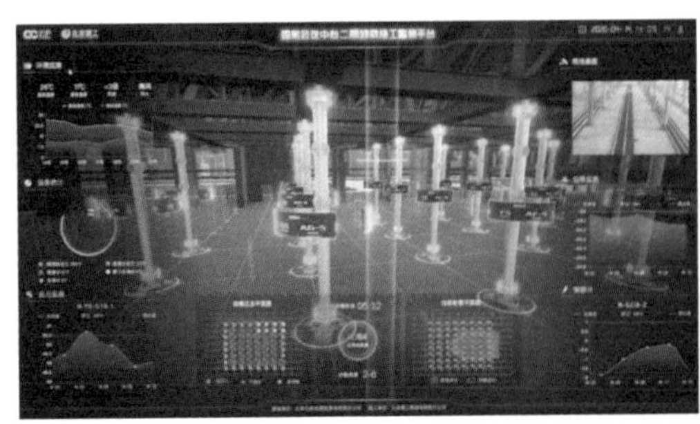

图12-42　项目卸载平台功能展示

（3）监测点布置与数据采集

如图12-44所示，选取主次转换桁架应力及变形较大的弦杆和腹杆、钢柱及临时支撑进行应力监测，现场监测点布置多达403个，获取各项数据，并与安全预警系统、安全评估系统进行数据交换，提供所需的各类报告和信息。

（4）数据对比分析

如图12-45所示，在施工过程中，通过日常监测获取结构杆件的应力和变形的相应数据，再通过实际检测结果与仿真计算结果相比较，验证仿真计算的准确性，保

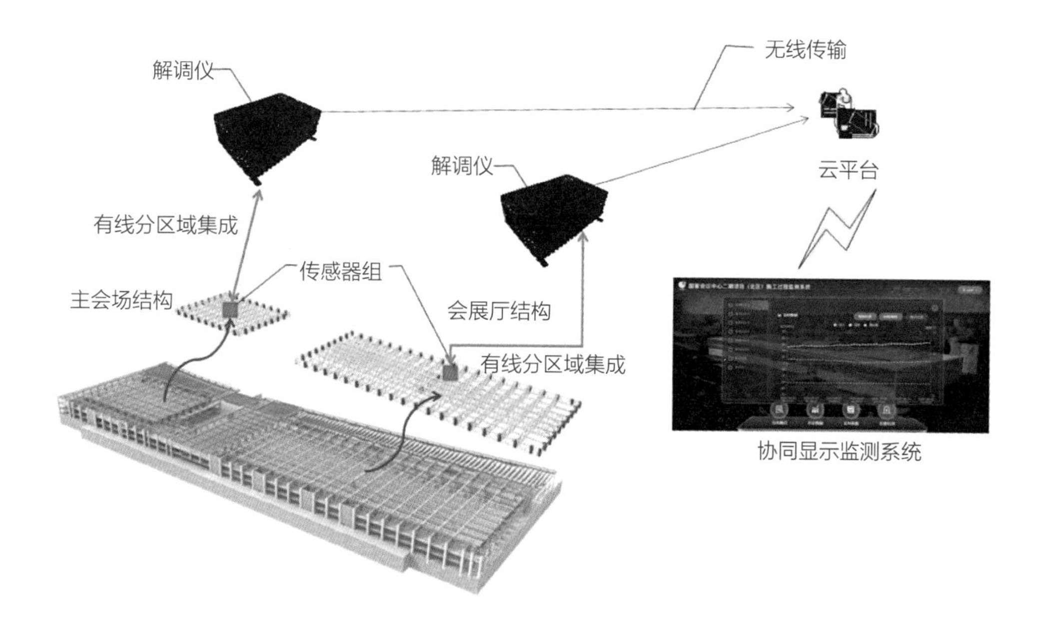

图12-43　数据采集系统与传感器通信方式

图12-44　监测系统安装

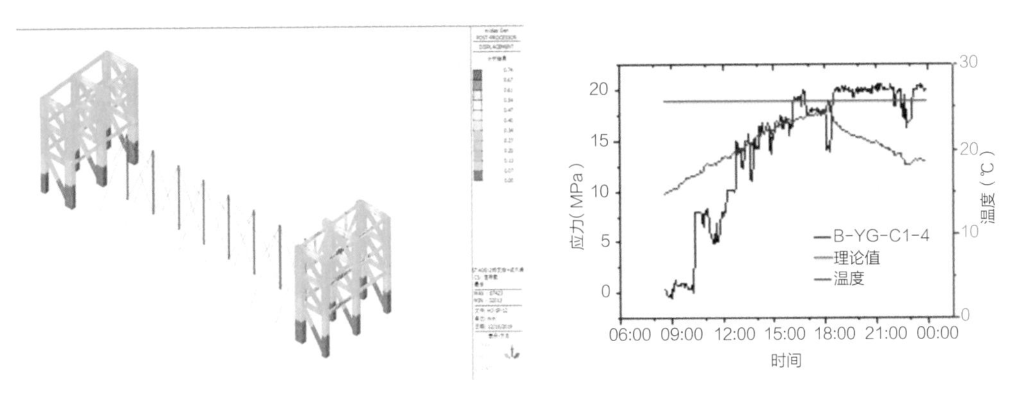

图12-45 数据对比分析

证施工过程中结构安全和施工质量。

（5）基于北斗系统的曲面滑移监测系统

图12-46 基于北斗系统的曲面滑移监测系统

如图12-46所示，该项目屋面为超长上凸式张弦杂交拱壳开合屋盖结构，项目自主研发的“基于北斗系统的曲面滑移监测系统”实现了秒级响应、毫米级精度，自动化获取滑移全过程位置信息，实现了索承网壳从加工至最终完成全过程变形控制，施工精度远高于国家规范要求，并形成一套系统的适用于该种新结构体系的施工过程监测与运营健康监测方案，为类似工程的设计、施工、运营提供借鉴。

（6）监测系统功能

如图12-47所示，监测系统包括传感器系统、数据采集系统、数据库管理系统、三维可视化动态显示系统、安全预警系统、安全评估系统。其特征在于：可实现各监控传感器数据实时采集，接收到的数据如有异常，通过多种手段报警（弹出告警窗口、邮件、短信等），并将数据上传到云服务数据中心，监测中心根据接收到的大量数据对传感数据进行显示、数据分析、安全评估与预警。

（7）监测系统实施

如图12-48所示，通过仪器选型、仪器标定、安装和保护、线路优化布置等环节，确保仪器的精准安装。

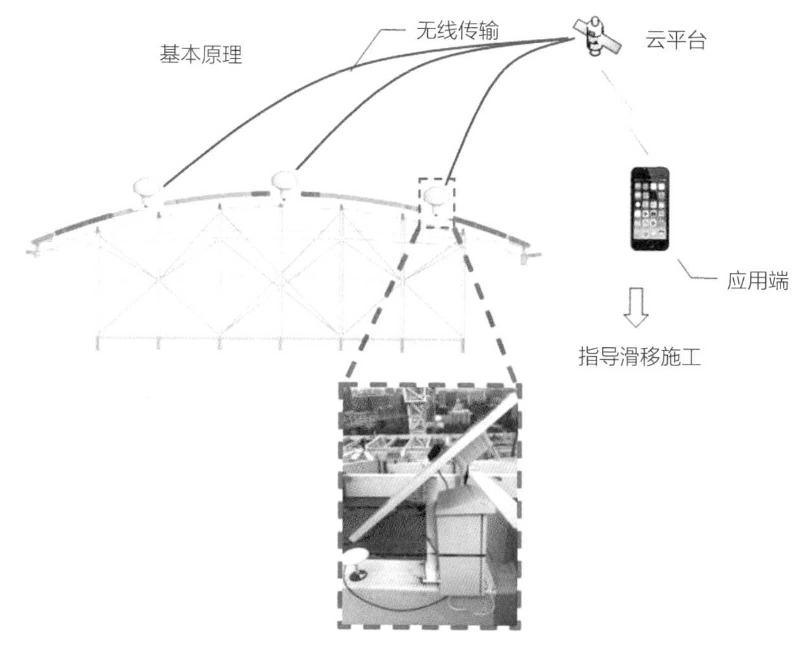

图12-47　系统框架

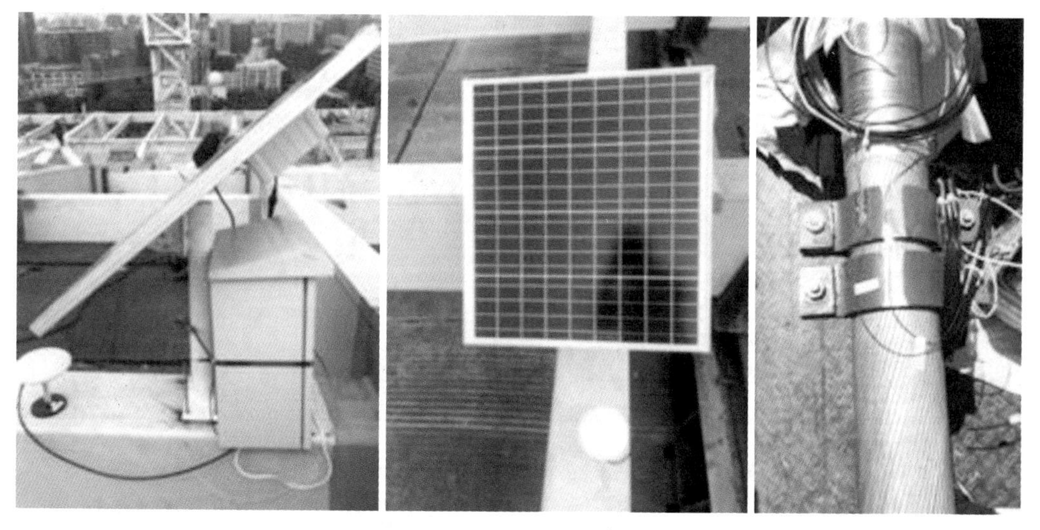
图12-48　系统安装

（8）数据对比分析

北斗监控系统在正常工作状态下采集数据稳定正常，所有测试点位均能看到数据随着拉索施工的变化而变化。在整个拉索变化过程中水平一直处于0mm位置上下波动状态，波动差值为毫米级别；拉索二次张拉相对起拱值定量可控，实测数值与理论分析相差3%，张弦梁拉索施工控制良好。

（9）结构健康监测

在结构运营期，将BIM技术与结构健康监测技术结合，把结构健康监测获取的结构健康状态信息加入BIM（建筑信息模型）中，可以直观、形象地显示结构的健康状态，便于及时识别结构整体与局部的变形、腐蚀、支撑失效等一系列非健康因素并采用措施，可以更加全面、有效地进行结构运营期的管理。

（10）三维激光扫描及建筑机器人

①三维激光扫描模拟预拼装。对工程14.2～20m桁架层全部采用工厂三维激光扫描模拟预拼装，保证钢桁架构件加工精度，并对钢结构安装成果进行三维激光扫描变形监测，校核施工安装误差，确保结构质量安全，如图12-49所示。

②焊接机器人焊接弧状箱形构件。国家会议中心二期项目焊接质量要求高，焊接填充量巨大，钢柱最大截面2.2m×2.2m，钢梁最大截面高度2.3m，最大板厚80mm，屋顶花园拱壳弧形箱体杆件累计焊缝长度约22000m。针对项目现场焊接特点，选用锂电池有轨焊接机器人进行大截面厚板焊接作业。针对工程弯曲箱形构件的形式，改

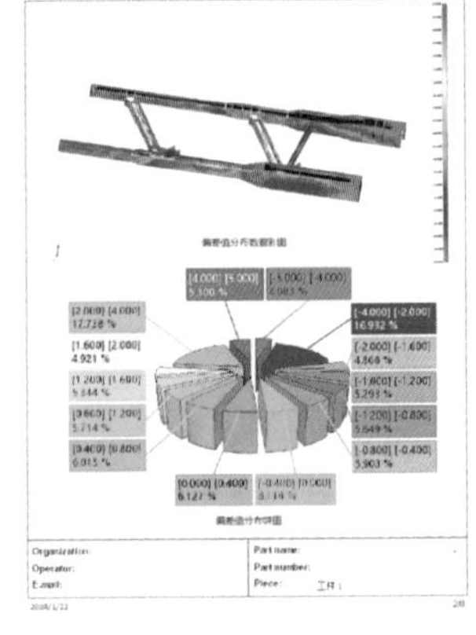

图12-49　三维激光扫描及数据处理

装了小车式埋弧焊的轨道系统，形成了弧状箱形构件精细外观焊接技术，克服了常规小车埋弧自动焊无法焊接弧形箱体杆件的难题，解决了弧状箱形构件焊缝外观质量不稳定的难题。

图12-50　焊接机器人的应用

如图12-50所示，焊接机器人的焊接效率是人工焊的3倍，大大提升了施工效率，可完成高效仿人工行走焊接。焊缝成型后，外观平整一致且无须打磨，UT检测合格率可达到95%，促进建筑钢结构焊接技术升级，改变现场焊接管理。

2. 项目BIM技术全生命周期落地管理

业主基于项目全生命周期管理过程制定《国家会议中心二期项目工程BIM实施导则》，导则中设定明确的BIM应用目标、BIM应用范围及应用职责等，基于BIM实现整个项目的技术、经济和运营要求。

（1）设计阶段：采用BIM正向设计方式完成设计过程，采用BIM技术进行模型量计量、净空、净高分析与管线综合优化、设计成果分析等相应BIM应用工作，并利用BIM模型进行设计成果的可视化展示，设计界面如图12-51所示。

（2）施工阶段：采用BIM技术进行施工深化设计、施工组织模拟和施工工艺模拟，通过BIM模型辅助进行进度计划和质量管理，并利用BIM技术辅助项目成本管

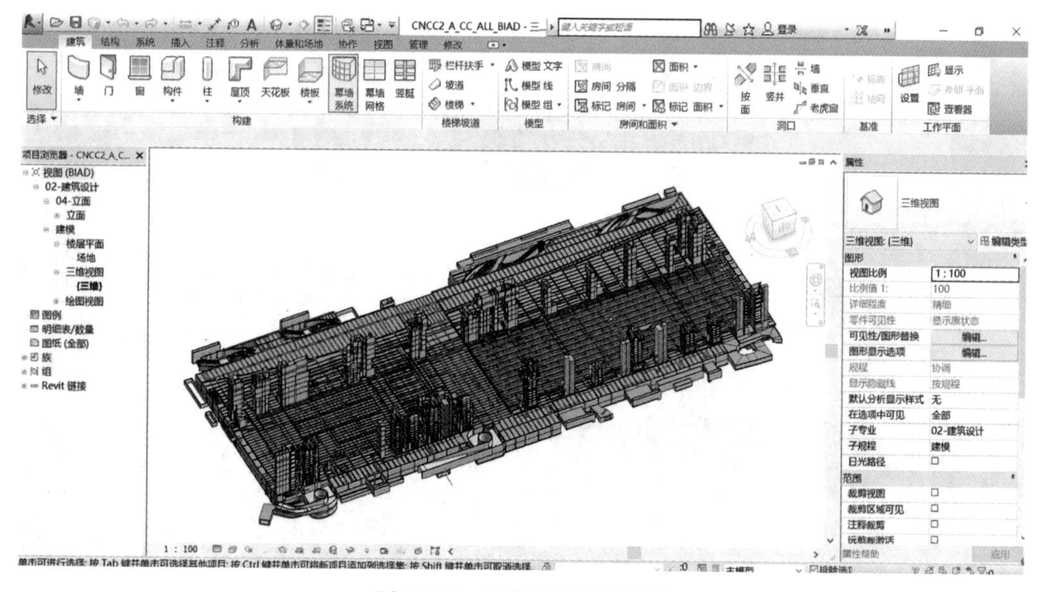

图12-51　设计成果可视化展示

理，施工模拟界面如图12-52所示。

（3）竣工阶段：同步交付符合竣工BIM标准的建筑信息模型及数据。

（4）运维阶段：对建筑的空间、设备资产、设备设施运行、能源能耗、应急等进行科学管理，满足业主运营维护需求及物业管理需求，达到智能建造运营的目标。

3．智能建造综合管理技术

如图12-53所示，利用智能建造管理平台将现场系统和硬件设备集成到一个统一

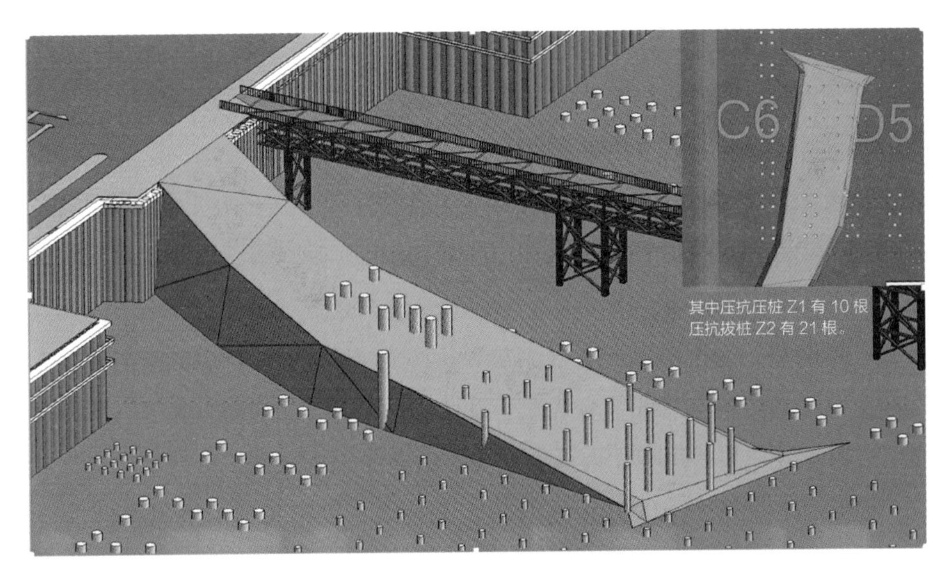

图12-52　施工模拟

图12-53　智能建造管理平台

的平台，将产生的模型、质量、安全、进度、技术、劳务、环境、视频监控、塔式起重机防碰撞系统、党建等数据汇总和建模形成数据中心。基于平台将各子应用系统的数据统一呈现，形成互联，项目关键指标通过直观的图表形式呈现，智能识别项目风险并预警，问题追根溯源，帮助项目实现数字化、系统化、智能化，为项目管理团队打造一个智能化“战地指挥中心”，大大提高了沟通效率和数据共享能力，为项目施工决策提供综合、全面、及时、有效的数据支撑。

4．安全管理应用

（1）安全巡检管理系统

如图12-54所示，基于智能建造管理平台安全管理模块，监理人员和工长利用现场移动端将现场存在的安全隐患拍照或拍摄视频上传到平台，配合流水段和楼层数直接确定问题情况，系统快速将问题推送给分包方安全员，由监理人员和工长监督其进行整改，可以大大提高问题的回复效率和问题整改率，同时可对历史问题进行分类汇总分析。

（2）定点巡视管理

施工现场对现场安全关键位置、重大危险源处进行定点巡视，对各个安全隐患点进行平台巡视点创建，由安全员定期扫描二维码巡视，根据现场情况随时增加巡视位置及频次，辅助现场安全管理，对监控危险源起到较好的作用。

（3）安全数据分析

如图12-55所示，通过智能建造管理平台，将现场安全数据进行汇总分析，以图表形式进行形象直观的展示，从问题类型、整改频率、责任分布等不同维度进行汇总

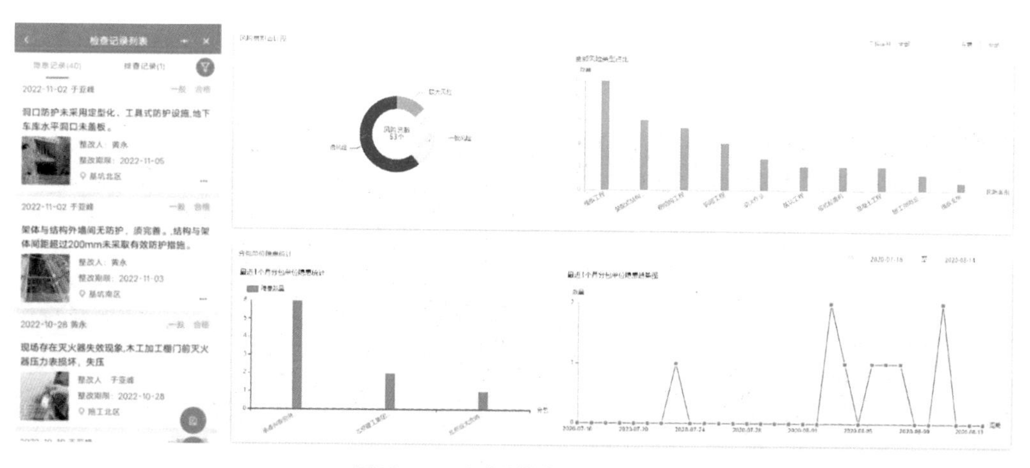

图12-54 安全巡检管理系统（一）

分析，更有针对性地对安全问题进行管控，消除安全隐患。

（4）塔式起重机智能监控系统

如图12-56所示，利用塔式起重机智能监控系统，对现场各个塔式起重机基本参数、运行状态进行监控，运转时在安全防碰撞方面起到随时随地监控的作用，便捷地将现场12台塔式起重机安全运行作为一个新的整体进行统一管理，对塔式起重机安全运行、群塔作业防碰撞等方面起到显著的安全保障作用。

（5）高清摄像监控系统和安全管理App

国家会议中心二期项目推行了手机安全管理App、高清摄像监控系统，提高了项目安全监控能力，方便了日常巡视管理、各项数据分析和总结等场景，如图12-57～图12-60所示。

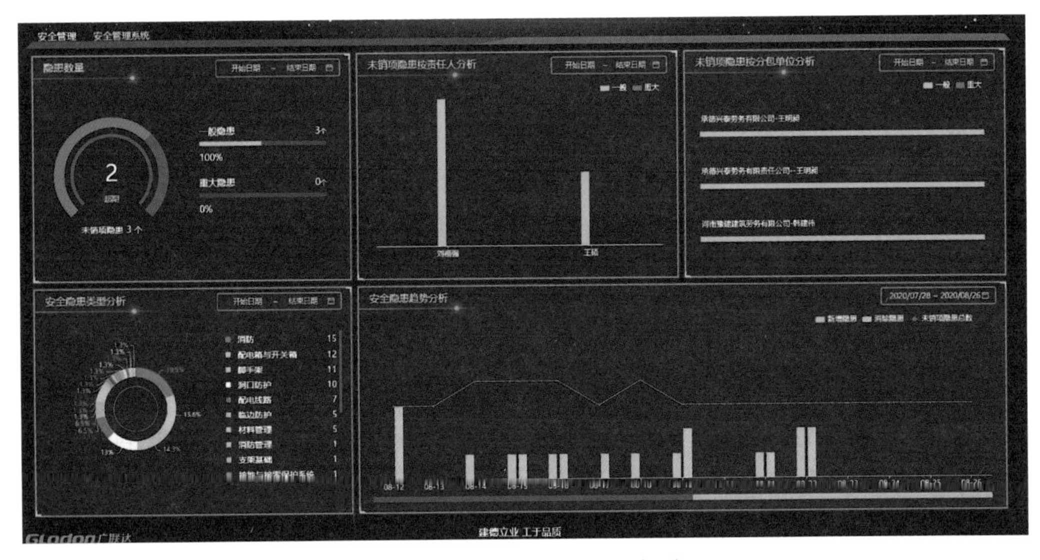

图12-55 安全巡检管理系统（二）

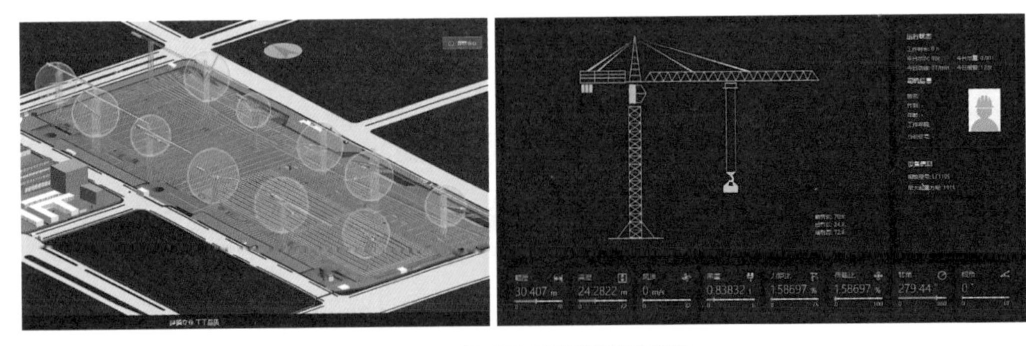

图12-56 塔式起重机智能监控系统

图12-57　高清摄像监控系统

图12-58　红外热成像防火监测系统

图12-59　监控设备

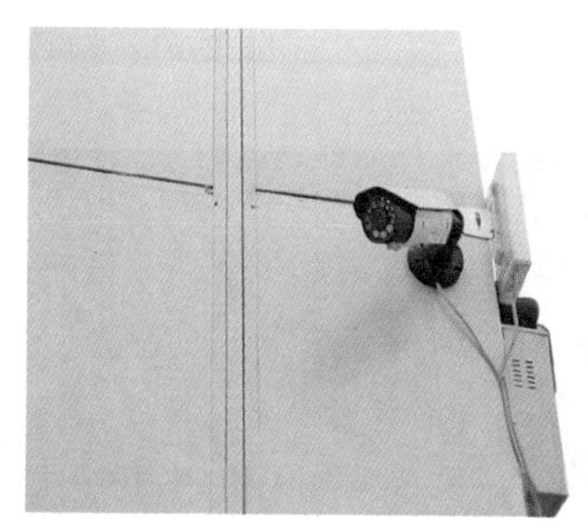
图12-60　安全管理App

5．质量管理应用

（1）基于智能建造管理平台质量管理模块，利用现场移动端发起问题流程，可以快速将问题推送给总包方及分包方质量检查员，由监理人员和工长监督其进行整改，大大提高问题的回复效率和问题整改率，同时可对历史问题进行分类汇总分析，界面如图12-61所示。

（2）通过智能建造管理平台，将现场质量数据进行汇总分析，以图表形式进行形象直观的展示，从问题类型、整改频率、责任分布等不同维度进行汇总分析，更有针对性地对质量问题进行管控，消除质量隐患，界面如图12-62所示。

6．生产进度管理应用

（1）计划管控支撑体系

基于智能建造管理平台生产进度模块，打通了项目总、月、周、日的工作任务，建立计划管控支撑体系。将总进度计划分解至每月，将月计划细化至每周，将周计划

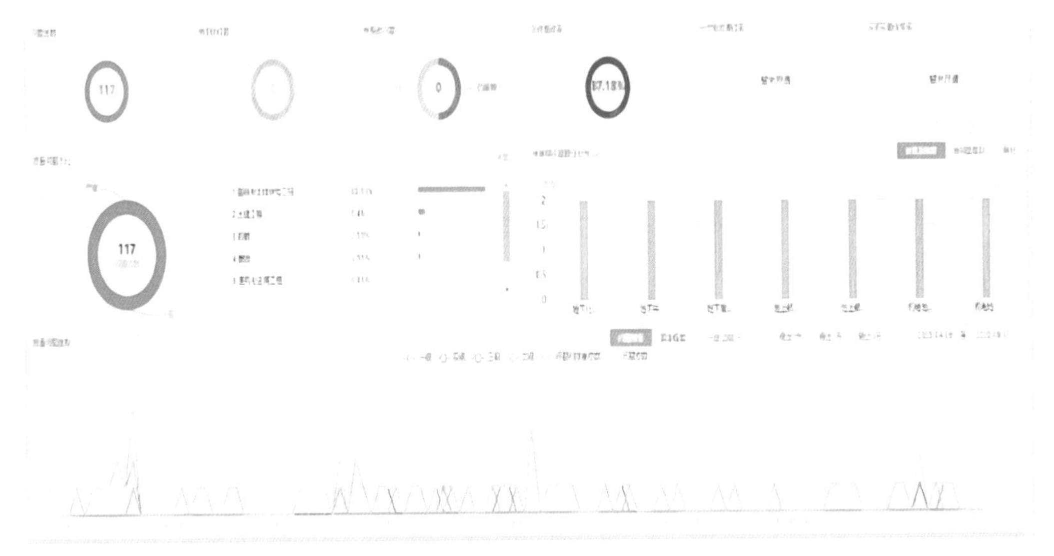

图12-61　质量管理应用（一）

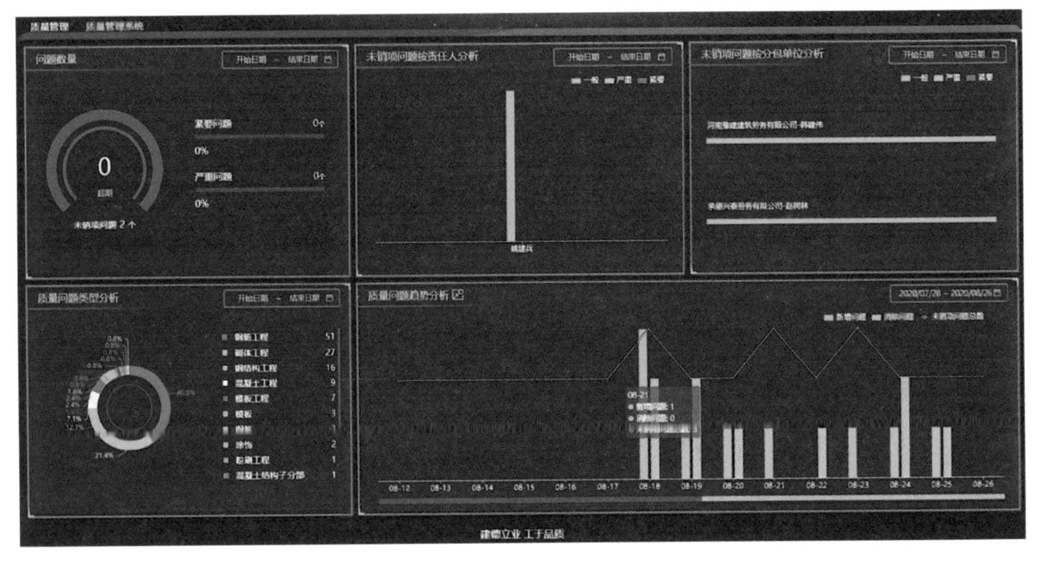

图12-62　质量管理应用（二）

进行细化分解。将日常的施工任务与进度模型挂接，通过系统快速建立流水段任务管理体系，实现了基于流水段的现场任务精细化管理，界面如图12-63所示。

（2）基于计划的任务跟踪

在周计划中建立每周的生产任务并指定责任人，指定责任人通过手机端完成每日任务的跟踪，填报任务起止时间、任务进度详情，运用照片、详情描述、延迟原因和解决措施等方式，建立了完善的移动端任务跟踪体系，并自动生成施工日志且可以打印留存，界面如图12-64所示。

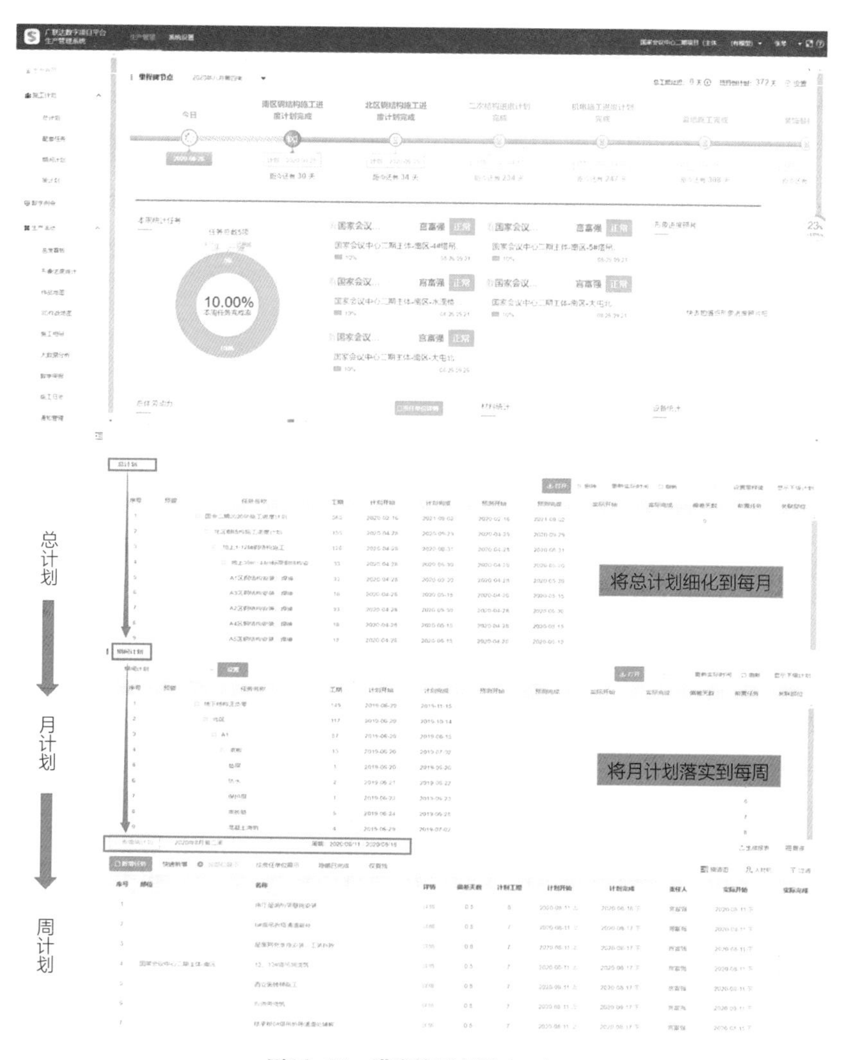

图12-63　进度管理应用（一）

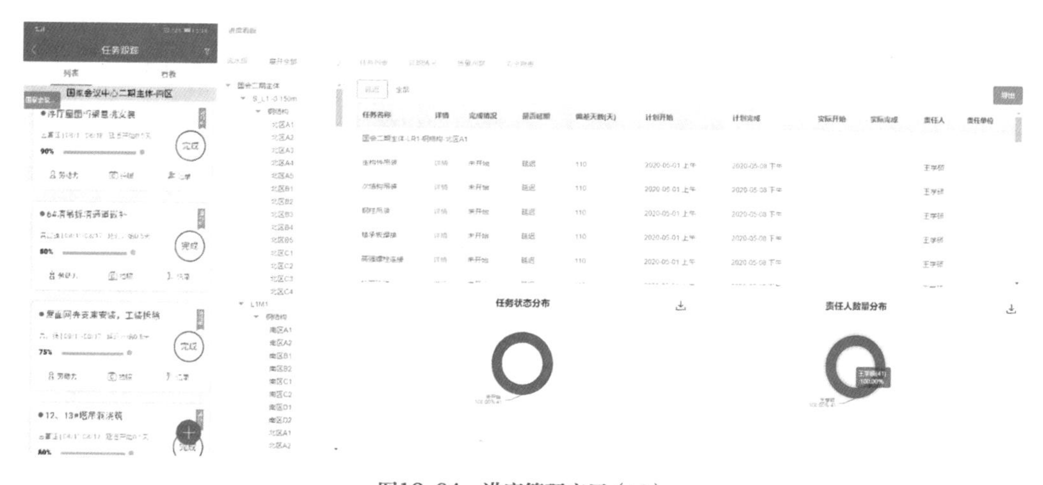

图12-64　进度管理应用（二）

12.3.3 应用效益

该项目在施工阶段做到降本增效，通过BIM技术，工程各参与方有效管理施工图模型构件总数达505871个，模型图纸1595张，协同效率提升超过20%。通过智能装备的使用，实现测量提效70%，在重要节点施工效率提升3~5倍，钢结构施工控制精度达到毫米级别，幕墙实现了标准尺寸玻璃构件加工效率提升5%，缩短工期2个月。

12.4 智能运维案例

12.4.1 工程概况

北京市融科资讯中心是中关村一家园林式综合商务园区，位于北京市海淀区科学院南路，由A、B、C三座写字楼构成主体建筑群落，总建筑面积25万m^2。智慧运维从北京市融科资讯中心项目的实际需求出发，刘魁星教授带领团队致力于对北京市融科资讯中心项目实施智慧运维实践应用和探索，进一步展示了现阶段智慧运维研究成果的较大价值。智慧运维团队和北京云栋科技有限公司（以下简称北京云栋科技）以建筑大数据和智能算法为支撑，计划为该项目定制化建立一种新型能源管理模式，采用智慧运维技术，为该项目从节能诊断调试到智慧运维的全过程持续性优化，采用无增量投资方案，精细化管理运行各个环节，实现了建筑从运维节省能耗、节省人力成本、节省运维成本到环境品质提升，面向建筑性能管理的整体提升。

北京市融科资讯中心项目建筑群的运维方式主要依靠楼内运维人员经验进行判断，手动调整设备启停时间和参数，手动调整的方式和频率直接决定了建筑能耗水平的高低，粗放式经验式管理导致建筑数据记录缺少，建筑数据价值无法有效利用。这种能源管理方式严重依赖不同运维人员的经验水平，系统工况变化调整周期长且无法有效保证运行稳定性，运维管理成本高。能耗浪费仅依靠人工监测检查无法及时发现并做出调整，是造成北京市融科资讯中心项目部分系统工程实施节能改造后节能效果仍不理想的重要原因。

根据北京市融科资讯中心项目建筑群的特点，刘魁星教授组织智慧运维团队和北京云栋科技从节能优化、品质提升、管理高效三个维度建立智慧运维管理体系，并进行建筑智慧运维需求分析。

1. 节能优化需求

北京市融科资讯中心项目是由A、B、C三座写字楼构成的大型公共建筑群落，其建筑用能设备数量和种类众多，主要包括中央空调、照明、电梯、给水排水、变压器和其他混合负载，建筑年能耗量大，年能源费用高。如该项目中央空调系统全年能耗量约占总能耗的40%以上，经过前期现场诊断发现，空调冷热源、输配系统和末端设备需求三者并未充分考虑机电设备的节能运行，部分机组运行频率较高，调整周期长，导致整体系统运行效率低，能耗浪费现象严重。因此，针对北京市融科资讯中心项目各系统进行能耗分析和合理的用能管理是实现智慧运维节能的重要环节。

2．品质提升需求

北京市融科资讯中心是中关村一家园林式综合商务园区，涵盖商业写字楼、商业等多种功能区，各功能区对于室内环境要求控制参数不同。在实际建筑运维中，夏季室内温度过低，空调实际供冷量过大，冬季室内温度偏高，部分租户经常有报热现象，空调实际供热量过大，造成室内整体热舒适度水平偏低；此外，因部分租户存在装修和改造需求，室内空气品质受到施工影响，经常收到客户环境投诉，由于缺少实时环境监测装置，无法有效避免环境投诉问题。因此，针对北京市融科资讯中心室内环境应建立合理的环境监测系统，提高室内热舒适水平，以提高客户满意率。

3．管理高效需求

该项目系统和设备管理主要通过人工记录、现场检查等方式进行。设备管理方面，通过运维人员周期检查进行设备维护，这种管理方式严重依靠人工检查经验，部分设备故障不能及时发现，造成设备损坏率较高；人员管理方面，按照各座建筑分系统分别设置三套运维人员，工程维护人工成本较高；楼宇自控管理方面，采用粗放式经验管理的方式，运行自动化水平低，楼宇业主难以掌握底层设备的真实情况，物业运行水平难以有效提升。因此，针对北京市融科资讯中心项目管理仍有待提升，智慧运维工作应根据不同的管理方面建立不同的管理体系，以提高北京市融科资讯中心项目的运维管理效率和管理水平。

针对目前北京市融科资讯中心的运维情况，智慧运维团队从建筑节能、品质提升、管理高效三个维度出发，为其定制化建立一种新型能源管理模式——建筑智慧运维管理解决方案。该方案分阶段在北京市融科资讯中心各建筑中落地实施，实现了园区建筑从节能诊断调试到智慧运维的全过程持续性优化，采用无增量投资方案，精细化管理运行各个环节，实现了建筑从运维节省能耗、节省人力成本、节省运维成本到环境品质提升，面向建筑性能管理的整体提升。

12.4.2 技术应用

1．智能运维管理平台

量化建筑节能效果和室内环境品质，解决北京市融科资讯中心建筑运维数据无法有效利用、系统能耗数据无法准确量化、环境舒适度水平无法直观展示等问题。

该系统采用云平台资源管理，将底层数据采集设备和各个智能化子系统有机结合，持续监测各个系统的运行数据，建立建筑专属大数据库，为北京市融科资讯中心运维管理提供统一化、自动化、智能化、可视化运维服务，充分发挥建筑数据在运维管理中的价值，保障北京市融科资讯中心内各系统高效运行。

该系统集成北京市融科资讯中心运维环节中的七类数据集成系统。数据集成系统包括气象站、电力监测系统、机房群控系统、楼宇自控系统、水计量系统、监测系统等，形成110+页的数据页面，实时数据处理量可达10000+条，年存储数据达10亿+条，涵盖能源管理、室内外环境、设备管理、运维策略、平台系统管理五大模块。

如图12-65所示，能源管理模块通过建立相似日，对各系统各类型的能源用量进行相似日对比分析，量化建筑每日能耗用量和节能效果；室内外环境模块对建筑室内各区域的环境参数进行精准展示，保障各区域的室内环境品质维持在最佳水平；设备管理展示楼宇内系统和设备的实时运维情况，同时设置各点位信息数据的历史查看功能，直观展示系统/设备的阶段性运行情况，减少人工监测检查的工作，提高设备系统管理效率；平台管理模块通过建立不同层级的管理权限，为北京市融科资讯中心不同管理人员定制化展示数据，系统管理更加高效、人性化。

2．物联网传感器的应用

采集园区各系统运维数据信息，解决系统供给能量与末端无法精确匹配、室内环境舒适情况无法有效监测、设备故障无法及时发现等问题。

由于北京市融科资讯中心三座建筑的建筑形式不同、客户群体不同，各区域负荷特点具有显著差异，无法有效采集办公室内和公共区域内环境数据，设备运行仅依靠人工对设备自控监测数据进行查看调整，建筑数据和设备数据监测

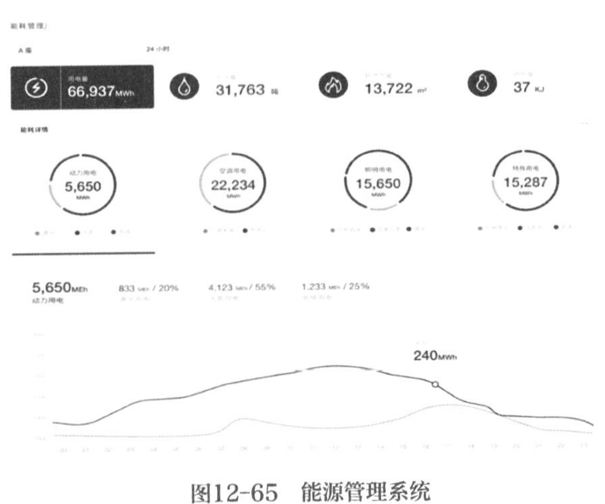

图12-65　能源管理系统

图12-66 Wi-Fi传感器

维度不完整，系统供给能量与末端难以精准匹配。

针对这种现象，智慧运维团队和北京云栋科技自主研发多种类型的物联网传感器，并经过持续迭代改进，形成一套成熟的产品体系。如图12-66所示，其中室内环境Wi-Fi传感器和设备监测传感器自2019年11月开始布置，现已覆盖北京市融科资讯中心租区、商区及机房500+个环境和设备监测点位，通过实时监测各区域的室内环境参数和设备各类型的运行参数，采集数据量超过25亿条，为系统供需匹配调节提供有效数据支持，为制冷机组、循环水泵等主要设备运行提供可靠的数据支撑，环境预测调节的方式有效减少了客户报冷报热的现象，提高了室内环境品质。

3．智慧策略自动生成和诊断

提高系统管理效率和人员管理效率，解决物业人工运行策略输出滞后、系统运行稳定性差、楼宇控制自动化水平低等问题。

为北京市融科资讯中心建筑定制智慧策略自动生成体系。自动策略生成以建筑数据和室外环境数据结果为基础，依靠智能算法实时分析北京市融科资讯中心环境、设备、系统和管理情况，并按照室外环境情况和建筑运行特点划分多种工况，设定室内舒适度范围，实时调整运行系统参数和设备启停数量，解决传统人工运维调节滞后等问题。如室外温度数据，按照每5℃为一个温度区间划分为11个温度区间，添加到自动策略生成系统算法子模型中，各个子模型数据通过结合机房现场的智能策略控制柜和智能策略大数据生成算法，可以与楼宇自控系统自动对接，实现运行策略的自动执行。

为了保证智慧策略自动生成和系统对接的安全性与稳定性，采用建筑智能运维诊断模型，根据机房各台设备功能和使用条件定义诊断条件，实时监测设备的运行数据，进行限定值分析，在系统或设备故障前提前发出预警提醒，有效保障系统运行的安全性和稳定性。

4．运维管理模式提升

提升园区运维管理水平，解决建筑运维管理低效、建筑节能量无法持续提升等问题。

针对传统运维模式存在的策略模糊、运行分析不及时、自动化程度较低等问题，采用建筑运维自动分析系统，从环境、能源、设备、运行和管理角度，通过逐时监测、逐日、逐周、逐月、逐年分析，形成分析报告，有针对性地提出改进建议，对运维情况进行有效管理。同时，自动分析系统内置逻辑可对运维异常情况实时自动报警，减少楼内物业工程人员的低效监测工作，有效降低北京市融科资讯中心运行管理漏洞的同时，量化运维管理效果和节能效果，真正实现了自动化、数字化、智慧化、持续化节能。

12.4.3 应用效益

由刘魁星教授智慧运维团队和北京云栋科技提供技术支持的智慧运维，在北京市融科资讯中心取得了成功应用，在建筑持续节能、环境品质提升和运维管理高效等方面呈现出新型智慧运维模式的优势。

1. 建筑持续节能

通过在北京市融科资讯中心A、B、C三座建筑实施建筑智慧运维管理，历时调试41个月，平均节约能源费用5155元/天，共计节约能源费用663.4万元，建筑整体能源使用量较去年同期运行节能量持续提升，节能效果显著。

从北京市融科资讯中心各种能源节能效果来看，A座耗气量同比减少25%，B、C座耗热量同比降低32%，A、B、C座耗电量同比降低20%，建筑运维从根本上实现了节能减排的目标。

2. 环境品质提升

如图12-67所示，在环境管理方面，北京市融科资讯中心整体环境舒适水平显著

图12-67　环境品质改善图

提升，客户满意舒适度在95%以上。综合室内舒适度评价结果显示，A座供暖季舒适时长为72.5%，过渡季舒适时长为72.88%，供冷季舒适时长为76.34%；B座供暖季舒适时长为77.13%，过渡季舒适时长为77.89%，供冷季舒适时长为77.67%；C座供暖季舒适时长为79.62%，过渡季舒适时长为80.31%，供冷季舒适时长为82.43%。

3. 运维管理高效

北京市融科资讯中心采用智慧运维，最大化降低了人工管理成本，人工管理成本降低80%左右，对建筑空间管理、设备管理、人员管理、楼宇自控管理建立系统自动管理逻辑，对运维管理效果进行持续跟踪，层层把关，保证项目实现业主预期目标。逐步实现园区管理向闭环管理、精细化管理和立体化管理的方向发展。

12.5　全建设周期智能化案例

12.5.1　工程概况

国家合成生物技术创新中心核心研发基地项目位于天津市滨海新区天津港保税区空港经济区津滨保（挂）2018-16号地块，总用地面积8.4万m^2，总建筑面积17.7万m^2。采用装配式混凝土预制构件的建筑为配套服务区的新建公寓部分，应用面积2.6万m^2，如图12-68所示。

该项目是装配式建筑混凝土预制构件基于平台全流程数字化应用的典型示范性工

图12-68　项目鸟瞰效果图

程案例。数字化技术的应用分为四个方面：智能化深化设计、自动化生产加工、可视化施工管理、信息化在线协同。针对预制构件的设计、生产、运输和施工及数据管理等环节提供数字化产品和平台。

主要应用流程包括采用创新的装配式结构技术，通过定制化的智能深化设计软件完成预制构件设计，生成图纸、清单、加工数据。数据上传至协同平台，与项目计划关联，进行统一的数据管理和传递。工厂接收设计数据后根据项目进度和订货计划进行预制构件合理化生产排产，构件的运输与进场施工采用移动端与Web端结合的方式进行可视化跟踪管理，确保构件各环节数据留存在平台上，后期可追踪查证。通过上述全流程数字化应用以便达到提高预制构件设计生产效率、缩短施工周期、降低综合成本、数字孪生交付等目标。全流程应用示意图见图12-69。

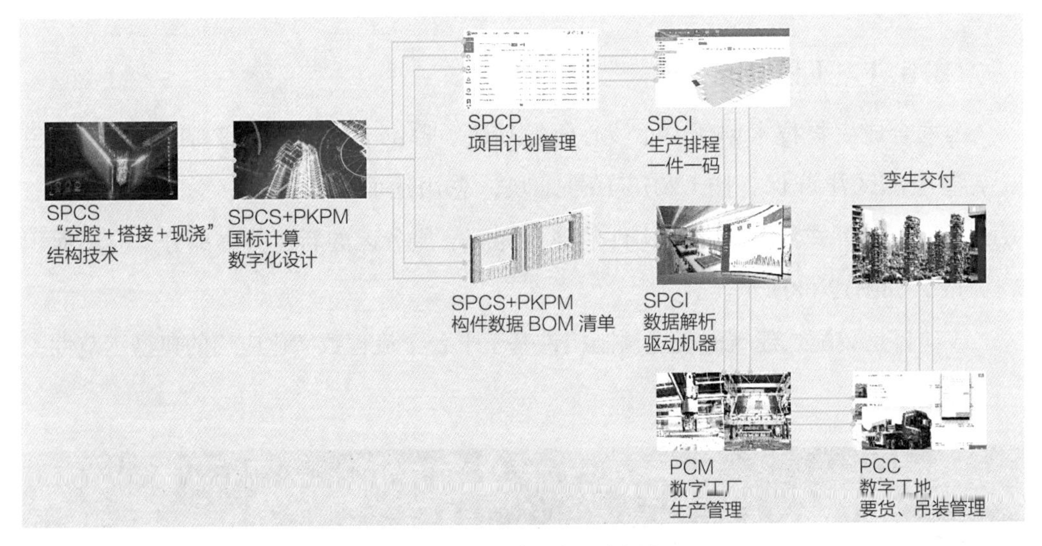

图12-69 全流程应用示意图

12.5.2 技术应用

1. 设计阶段应用

（1）装配式建筑创新结构技术应用

该项目采用装配整体式钢筋焊接网叠合混凝土结构技术（以下简称SPCS），相比传统的装配式结构技术更适合建筑工业化，其创新点一是竖向结构采用空腔构件，重量轻，易运输；二是构件四周不出筋，利于生产、运输、施工；三是构件内部及现浇段采用机械焊接钢筋笼，生产效率高；四是空腔构件内部、空腔构件间采用整体现浇混凝土，安全性能好，防水性强，如图12-70所示。

（2）智能深化设计软件应用

设计是数字化全流程应用的数据源头，应采用基于BIM技术的深化设计工具以保障数据的完整性和准确性。该项目采用基于PKPM-BIM平台研发的针对SPCS结构技术的智能深化设计软件（以下简称SPCS+PKPM）。该软件特点：一是国产设计软件（图12-70），从底层图形引擎到BIM平台均采用国产技术，解决被国外软件市场垄断和图形技术“卡脖子”等问题。国产化是未来的发展趋势，可避免数据外漏，有益于国家信息安全。二是智能化程度高，软件内置SPCS技术的设计规则，使预制构件的建模、拆分设计、深化设计、图纸绘制等均可快速完成，有效提高设计效率。三是数据上下游对接，软件上游可对接传统结构计算分析软件的模型数据，下游可导出对接工厂生产装备的加工数据以及用于生产、施工可视化管理的模型数据。软件数据应用流程示意图见图12-71。

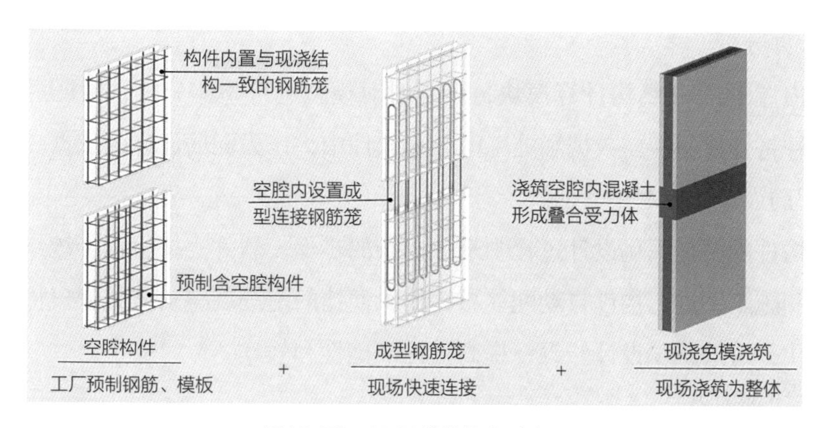

图12-70　SPCS结构技术示意图

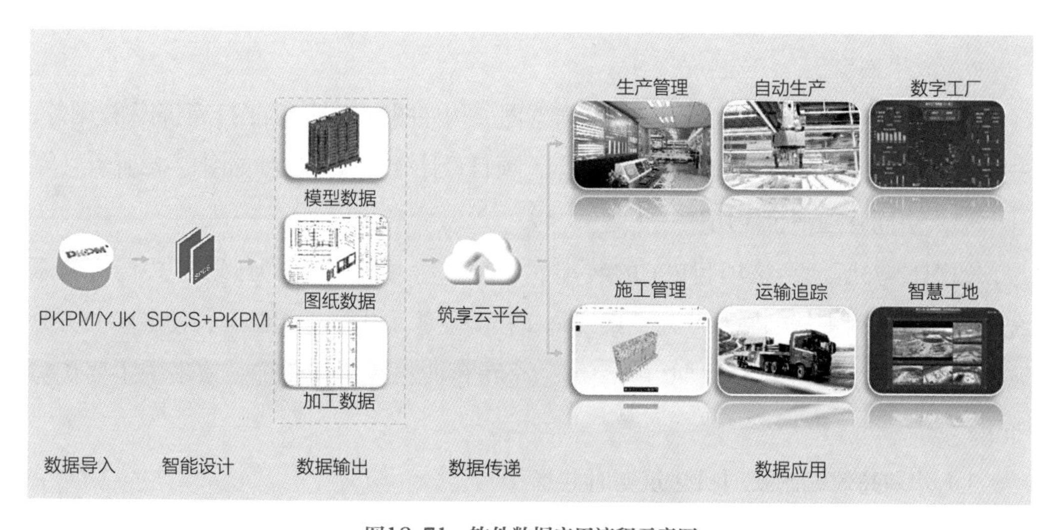

图12-71　软件数据应用流程示意图

SPCS+PKPM软件主要设计流程包括模型创建、拆分设计、计算分析、配筋设计、预留预埋设计、成果输出六个步骤，具体应用如下（图12-71）：

1）模型创建

软件支持CAD二维建模，以及PKPM和YJK软件的计算模型导入。国内工程项目基本都会采用以上两种结构软件进行计算分析，因此上游数据源相对稳定。将计算模型导入SPCS+PKPM软件中，在模型微调整后即可进行预制构件深化设计，节省了大量的建模工作量，缩短前期设计准备时间。

2）拆分设计

软件内置了SPCS结构技术设计规则和构件生产、施工常用的构件规格尺寸，为设计师提供更为智能化的设计功能，快速生成经济、合理的拆分方案，输出装配率、预制率等统计指标。

3）计算分析

软件内置SATWE结构计算模块，可实时对模型进行整体分析，验证拆分方案的合规性。并将计算的配筋数据和施工图导入软件中，作为配筋设计的依据。

4）配筋设计

预制构件配筋是深化设计过程中最为复杂的步骤。软件支持根据传统结构设计的配筋数据和施工图进行构件自动配筋，并提供便捷的配筋调整功能，如碰撞检查和自动避让模块，有效减少设计错误，提高设计准确性和效率。

5）预留预埋设计

软件提供预留预埋交互布置，支持P-BIM机电模型导入自动布置预埋件、自动开洞等操作。

6）成果输出

一键生成全套深化设计图纸、包括布置图、构件图、预埋件详图、钢筋大样图等；一键生成构件的BOM清单和生产加工数据，项目设计软件应用流程如图12-72所示。

（3）协同管理平台应用

如图12-73所示，该项目EPC的装配式专项部分采用SPCP/D计划与文档管理系统，对项目计划进行编制和反馈，系统将文档与业务工作流程相结合，使各参与方紧密联系，真正实现项目全周期、全要素、全角色的在线协同管理。该系统主要优势如下：

1）计划高效编制及项目建筑实时共享

用户在权限范围内可协同编制进度计划，设定参数、上传相关文档等。通过逻辑

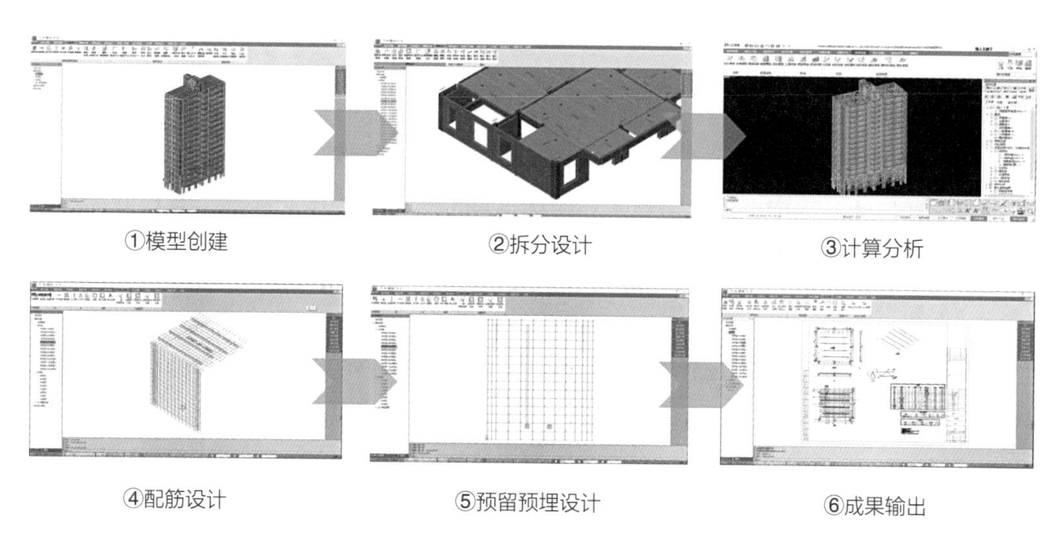

图12-72　项目设计软件应用流程示意图

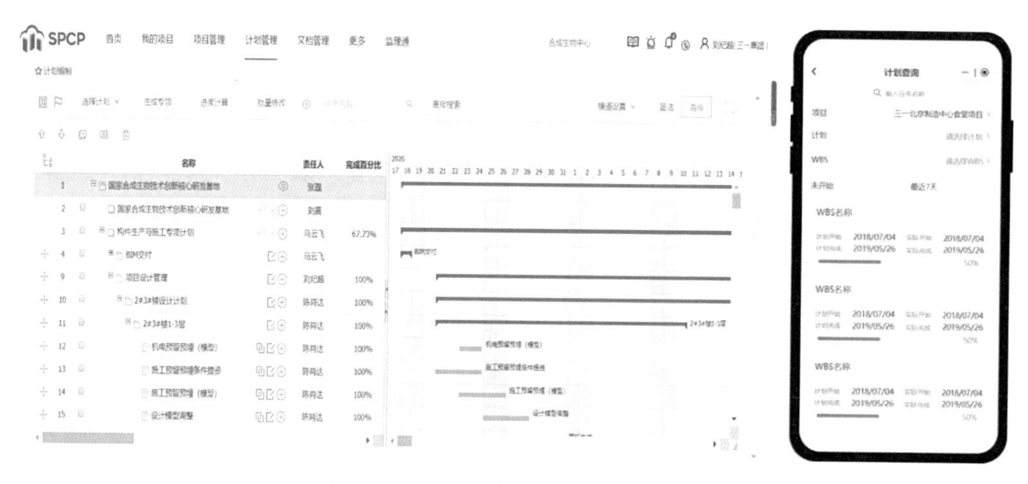

图12-73　SPCP/D计划与文档管理系统

关系、模板和逻辑推演等的灵活应用，可为用户提高计划编制效率。支持多方协同编制进度计划，实时跟踪、同步反馈，多专业（账号）、多地域查看项目最新进展。

2）文档在线传递、存储、全过程管理

基于权限范围，用户可对文档、数据进行实时共享、分发，提高项目文档管理效率，降低人工管理成本，实现项目文档可追溯。

3）全方位提示及预警功能

具有全方位预警功能，可以提高项目计划开始和完成及时率，在项目计划中对WBS、里程碑、任务进行预警，个人中心对用户责任范围内的WBS、任务进行提示与预警等。

2. 生产阶段应用

(1)数据解析

SPCI数据解析系统自动提取SPCS+PKPM、PlanBar等输出的构件设计模型，获取构件的设计尺寸、强度、物料清单等，按体系标准重组生产工艺数据，直接驱动设备作业，无须二次翻模、人工处理图纸。

(2)数据驱动生产

该项目采用三一筑工的SPCS结构技术专用生产线，如图12-74所示。对接设计软件导出的生产数据，完成自动化生产。主要生产流程包括以下方面：

①钢筋自动化加工。板构件的网片钢筋和墙构件的梯子型钢筋均可通过钢筋焊接加工装备一次成型，由钢筋投放装备运输到指定工位进行钢筋布置。

②机器人布模与划线。装备读取预制构件的轮廓信息，由机械手进行自动布模或者在模台上画线，避免人工放线、布模，大大节省操作时间。

③埋件激光定位。通过激光定位仪将埋件的位置投影到模台上，工人根据投影点放置相应埋件和检验埋件位置的准确性。

④自动布料与振捣。将BOM清单与加工数据一并导入装备系统中，根据混凝土体量数据精准布料，避免浪费。

(3)PCM生产管理系统

如图12-75所示，该项目采用PCM生产管理系统，以一物一码方式建立PC构件标识体系，实现PC构件在排产、生产、质检、堆场、运输的全过程管理；配合强大的数据分析和可视化技术，为管理者提供全要素管理支持，覆盖订单、生产、库存，运输等多个维度。该系统主要特点如下：

1)计划驱动，生产过程可控

PCM用计划驱动生产，用质检校验工艺，将生产情况及时反馈给管理人员，保证生产计划和产品质量的严肃性。通过生产管理模块，PCM将生产计划和产品质量牢牢控制在工厂管理者手中。

2)一件一码，全程数字孪生

PCM采用一件一码的管理方式，用标签绑定数字构件与实体构件，实现虚实同步。支持通过数字交付完成工厂生产和工地安装的模拟、仿真。

3)自动报表，掌握工厂动态

依靠生产管理、堆场管理和运输管理模块中积累的基本运行数据，PCM自动汇总数据。将数据汇总周期精确到天，将数据延迟缩短到秒。

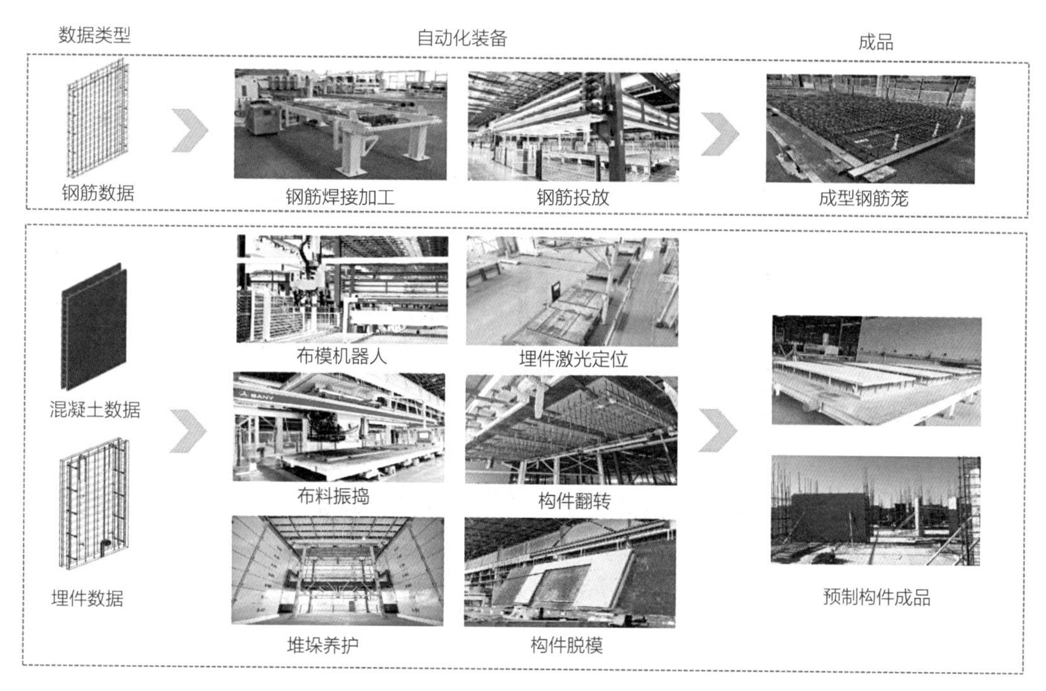

图12-74　SPCS构件生产流程图

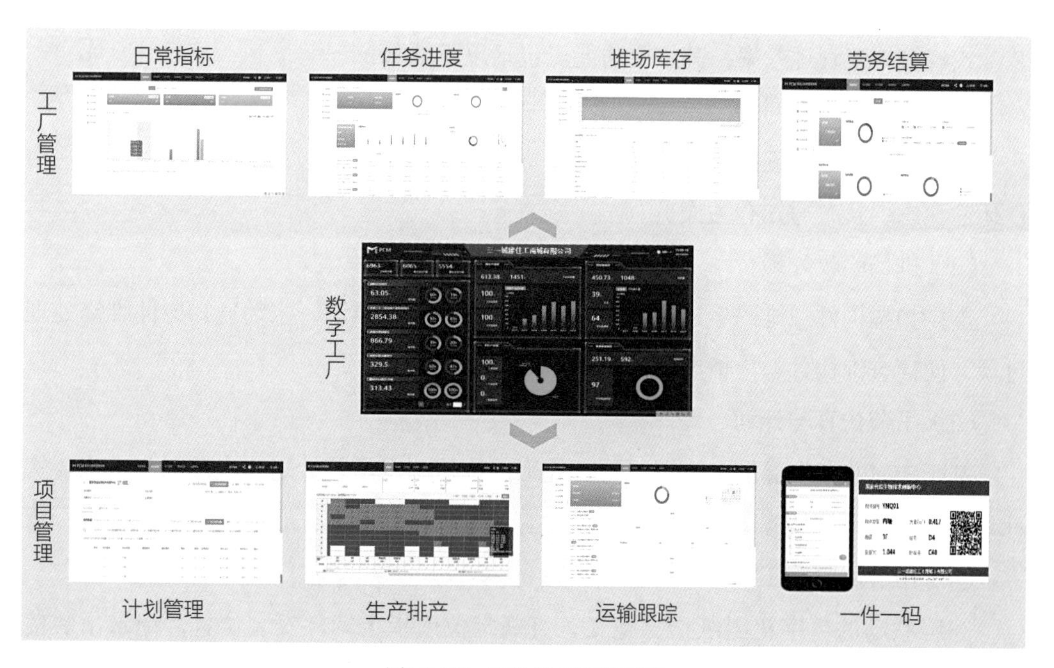

图12-75　PCM生产管理系统

3．施工阶段应用

如图12-76所示，PCC施工管理系统筑享云易吊装（以下简称PCC）以吊装施工

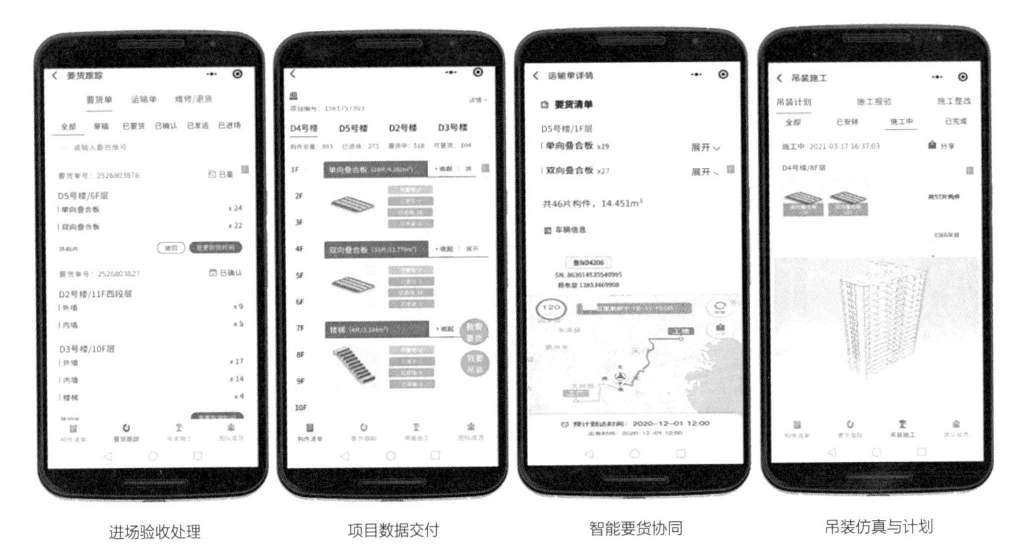

图12-76　PCC产品界面图

为核心，提供基于构件数据的施工模拟、要货协同、进场验收、吊装施工、一件一码吊装记录、施工验收与整改等施工全过程管理，实现构件全生命周期追踪溯源与BIM孪生交付。该系统提供Web端与移动端服务，现场数据同步上传至平台，有效提高了装配式建筑施工管理效率，其主要功能点包括以下部分：

（1）智能要货协同

打通构件生产管理系统，自动同步要货计划与运输信息，实时定位并智能识别构件运输状态，及时通知有关人员。

（2）进场验收处理

支持扫描构件二维码生成服务单，提出维修或退货申请，主动通知构件维修处理进展，便捷查询构件补货情况。

（3）吊装仿真与计划

基于BIM的标准层吊装策划与仿真施工，快速制定吊装计划，自动同步生成要货计划，直观展示构件齐备情况。

（4）吊装协同施工

三屏联动的数字化图纸指导施工，直观定位或指定构件安装位置，记录吊装信息，按构件统计施工用时。

（5）施工验收与整改

智能一键报验，自动形成报验清单，支持构件扫码提出整改意见，基于构件记录整改回复信息，达成验收数据闭环。

（6）项目数据交付

数字孪生动态交付，直观展示施工进展，为施工单位统筹施工计划、分析吊装效率提供数据支持。

12.5.3 应用效益

本装配式项目设计集成度及精细化要求高，设计软件、协同平台、生产系统和智能装备多种技术集中应用，实现构件的智能设计和数据驱动生产。使装配式建筑设计生产全流程提高综合效率15%～20%，节约综合成本3%～5%。其中采用智能化深化设计软件相较于传统二维设计可提升效率50%以上，同时采用智能化生产管理系统，配套自动化生产装备，提升工厂生产效率50%～60%，减少构件次品率10%～20%，降低构件综合成本20%～30%。

12.6 智能建造全生命周期案例

12.6.1 工程概况

国家网络安全人才与创新基地项目是经习近平总书记批示、中央网络安全和信息化委员会办公室支持、推进我国网络安全战略实施的重大项目，是国内首个也是唯一的独具特色的“网络安全学院+创新产业谷”基地。该项目位于武汉临空港经济技术开发区，主要建设内容有公共建筑部分（网络安全学院、网络安全研究院、培训中心、展示中心、发布中心）、国家人才社区、临空港新城道路与地下管廊部分、绿化景观与湿地公园工程部分。项目采用政府与社会资本合作（Public-Private Partnership，又称PPP模式）方式运作，总投资约101亿元。

该项目是中信工程智能建造体系的重要试点项目，采用互联网+BIM技术，通过数字化、在线化和智能化服务工程建设方和工程总承包方，辅助执行建筑师团队开展项目精细化管理。项目BIM实施团队利用中信智能建造平台实现了工程建设项目全生命周期的数据共享和信息化管理。利用中信智能建造平台打通上下游数据信息链，实现数字化无缝穿透。

12.6.2 技术应用

1．BIM正向设计

构建BIM正向设计工作软件硬件环境，建立全流程应用框架体系。如图12-77所

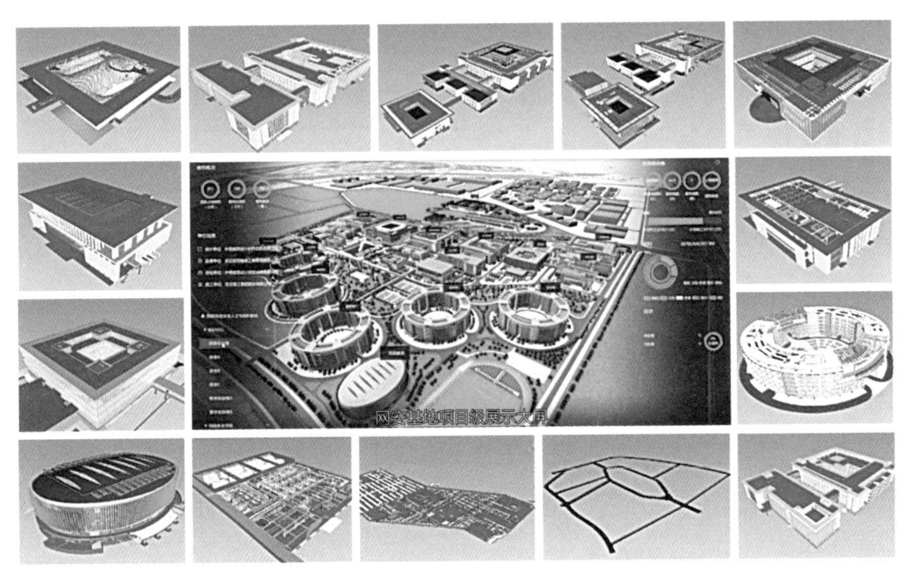

图12-77 国家网络安全人才与创新基地项目

示，该项目涵盖从概念方案设计至方案深化设计、初步设计、施工图设计、专项设计及各类深化设计的全流程，整合规划、勘察、设计、施工和运营阶段BIM应用。采用全员、全专业参与高效协同模式，减少二维设计的盲区。涉及参数化设计、性能化分析相结合的深化设计、复杂构件精细化设计、各专业性能化分析计算。利用BIM指导工厂加工，BIM指导现场三维安装，实现BIM设计成果三维可视化、基于BIM的二维与三维出图、精确工程算量。

2．基于BIM的采购管理

借助BIM数据库，执行建筑师团队协助EPC方完成基于BIM的在线招标采购工作（图12-78）。通过将BIM技术与清单定额标准相结合，实现了招标采购的周期、成本控制；利用BIM技术产生的实物量清单，结合智能构件和招标采购平台，实现基于构件的在线招标采购。通过BIM算量软件，提取BIM数据，形成工程量清单。将构件的分类编码和特征属性与国家清单定额标准进行关联，快速生成工程量清单。借助中信智能建造平台，自动提取构件的特征参数及实物量参数，在线发起询价比价、公开招标等采购流程，实现招标采购各参与方的全程在线操作，提高采购效率。

3．基于BIM的建管赋能

基于BIM全过程信息模型的建管应用，将进度、成本、质量信息进行一体化整合，项目信息基于同一基础模型进行集成、积累和共享，构建虚拟建造和智慧管控体系。基于BIM的项目协同管理系统，应用建造过程仿真、智能协助及数字化管理，提

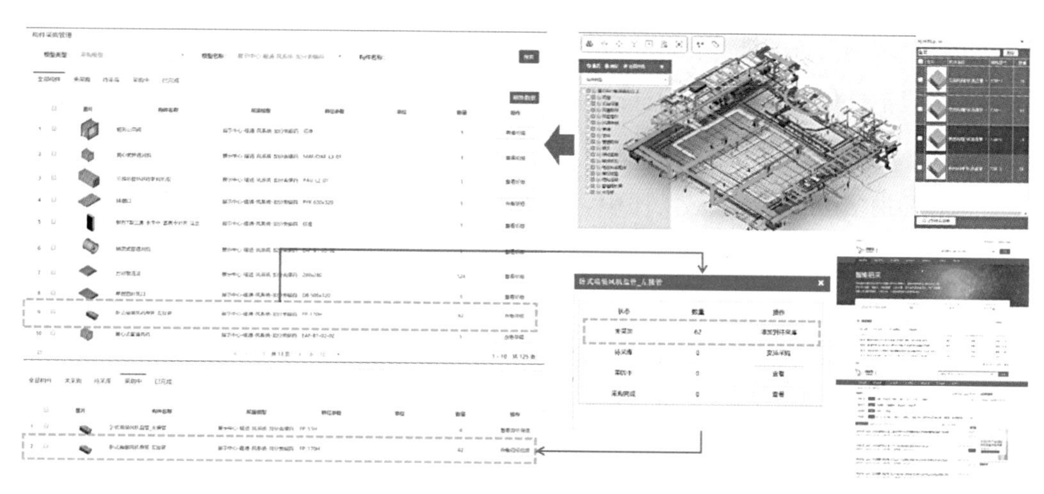

图12-78 采购管理平台

升关键指标监控和过程评估能力。

（1）成本管理

在施工准备阶段，将深化BIM模型进行分解形成模型分解结构MBS（Model Breakdown Structure），根据施工组织计划，与工作分解结构WBS进行关联，使BIM数据与施工建造数据形成联系。结合中信智能建造平台的在线招标采购，实现成本的精细化管理。同时，依据设计变更、签证单、技术核定单、工程联系函等相关资料，及时调整模型，附加进度与设备材料管理的相关信息，对设计变更进行快速计量和计价，实现施工过程造价动态成本的管理与应用，提高施工阶段工程量计算的效率和准确性。

（2）进度管理

根据WBS与MBS的关联，结合施工组织计划以及施工现场返回的实际进度，计算挣值（EV）以对比工期是否延误，为项目管理团队调整人材机方案提供决策依据，辅助优化施工工序，制定合理、有效的施工计划。

（3）质量安全管理

对项目进行工程质量、安全、施工等管理，工作人员利用移动端App可在项目现场获取照片、完成问题审批单等资料并与BIM构件相关联。将传统的线下工作流移植到线上完成，帮助相关人员追溯问题，完成审批、回复、生成报告等多项工作，便于管理人员掌握项目现场情况。

（4）设备与材料管理

为使项目管理团队精确了解人员设备、项目进展情况，做好关键部件制作流程的质量把控、现场设备的维护管理，执行建筑师团队将BIM技术与数字化技术相结合，通过二维码记录相关信息，满足建筑施工过程中的人员管理、设备管理、建筑流程管理以及工程信息展示等需求，方便施工过程中的设备和材料管理，特别是在机电管线、幕墙和钢结构的施工安装工序中。以钢结构为例，其供应商为湖北精工钢结构有限公司，依据MBS制作构件二维码，将二维码粘贴在施工材料上，与精工钢构工程建设平台进行关联，实时跟踪构件从生产、仓储、运输、堆放到安装的一系列流程。

（5）工程指标分析

通过施工BIM模型进行工程量指标分析，对项目投标、施工精细化管理、成本分析测算等进行全面解剖，实时反映风险分析结果。

（6）数据可视化大屏

数据可视化大屏系统是中信智能建造平台的一种应用形式，对项目数据进行集成、整理和转换，在大屏幕上集中展现项目的各项信息，为项目决策提供依据。大屏系统充分融合项目投资管理、成本管理、施工管理等业务数据和智慧工地的物联网数据，以可视化指标、BIM轻量化、图片、视频等为主要展现元素，反映项目实时进展情况。如图12-79所示，展示中心的数据大屏以BIM轻量化场景为主线索，对不同区域、设备的模型进行展示，快速定位模型及其相关事件，包括设计图纸、变更情况、招标采购信息、资金预算使用情况、实时施工进度、安全事件、现场视频监控、文档报告、审批记录等，实现多维数据的统一展示。

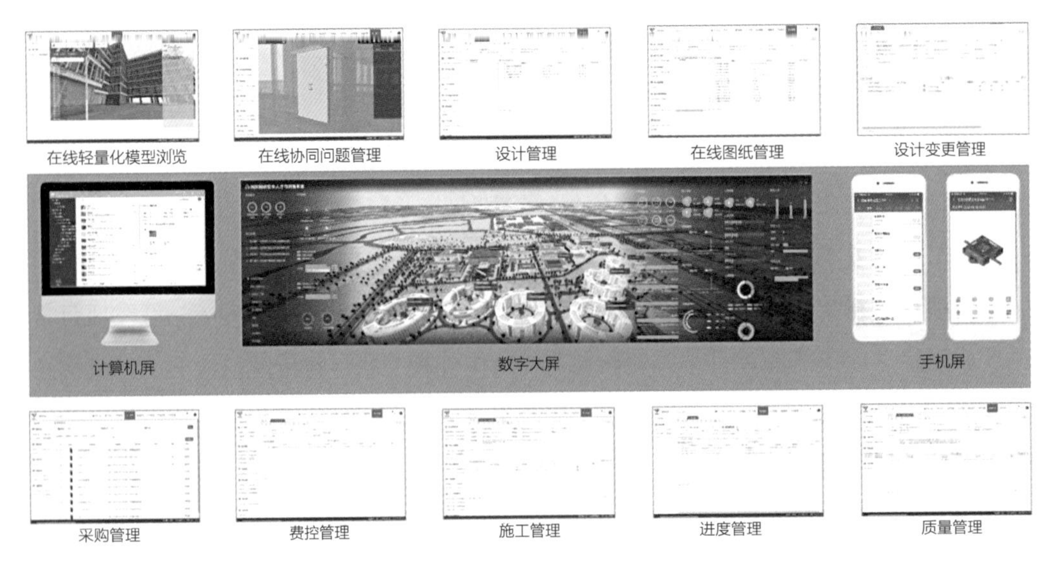

图12-79　数据可视化大屏

4．基于数字孪生的智慧运营

如图12-80所示，以“智能+营运”为目标，将BIM技术与BAS、互联网技术相结合，建设运维管理系统，构建物理模型与虚拟数字模型相结合的数字孪生模型。项目前期考虑到运维需求的前提下，设计BIM模型包含详细的机电设备信息、弱电点位信息等，施工阶段的深化BIM模型又更新了各机电设备和传感器的协议信息。通过虚拟现实可视化的方式，实时展示了视频监控、空调照明、车位控制等12个子系统的数据监控与设施维护。

国家网络安全人才与创新基地项目基于中信智能建造平台从设计、采购、施工到运维的全流程数字化体系，实现了BIM技术数字资产交付，形成物理与数字孪生的智慧运维体系，构建全生命周期大数据湖，实现项目设计可见，将BIM技术、信息化技术应用到工程设计过程，真正实现数字化设计，并借助辅助设计工具开展协同设计，将问题前置，降低建设损耗，缩短建设工期；管理可控，通过BIM系统应用开展EPC项目管理，以数字化方式协助EPC方、设计方、施工方、运维方进行全过程管理；交付可用，以运维为目的开展BIM设计，可在前期做好充分沟通，减少阶段过渡时的重复工作量，降低建设成本，并以中信智能建造平台的智能构件为核心，保证各阶段交付成果能顺利过渡至下一阶段。

图12-80　数字孪生智慧运营平台

12.6.3 应用效益

项目以平台“智能构件”为核心基础设施，通过自主可控的BIM技术、互联网技术等聚合投资方、设计方、施工方、运营方，实现工程建设行业数字化、在线化和智能化，帮助企业有效提升了项目建设效率，有效节约了成本。平台的全流程在线数字招标采购服务，有效增加了项目招标采购透明度，减少了繁冗复杂的线下流程，扩大了项目响应半径，帮助项目加快进度。同时，平台提供丰富的商城交易服务，实现在线订单、原材料供应、生产制造、定向配送、实时结算的高度闭环，有效解决了供应紧张的矛盾状况。利用以平台为核心的产业生态圈，联合行业上下游生态企业，提供供需信息展示、实时更新、信息对接以及在线磋商等平台服务，极大地提高了传统工作效率，为企业节省了人力成本。得益于智能建造平台的数字化科技创新模式，项目从立项到建成只用了两年半的时间，成为国内同等级别园区高品质、高效率建造的典型示范，具有极高的推广应用价值。

国家网络安全人才与创新基地项目使用中信智能建造平台，经项目团队测算，其提质增效成果主要表现在：实现成本节省12%；设计变更减少58%；项目工期缩短42d；现场签证减少72%；机电管线拆改减少50%。

第13章

新型建筑工业化案例

13.1 装配式混凝土建筑案例

13.1.1 工程概况

该项目位于北京市通州区，规划建设用地性质为二类居住用地，总建筑面积约35万m^2，其中地上建筑面积约20万m^2，地下建筑面积约15万m^2，建筑效果图如图13-1所示。其中，住宅楼层数为6～10层，建筑高度21.3～33.4m。该项目地上住宅建筑均实施装配式建筑，建筑单体装配率评分为92.5～94.1分，可评价为AAA级装配式建筑。

13.1.2 技术应用

1．装配式建筑技术策划

该项目各楼栋地上二层及以上需采用预制构件，采用的预制构件类型包括预制外墙（夹心保温纵肋叠合混凝土剪力墙）、预制内墙（纵肋叠合混凝土剪力墙）、叠

图13-1　建筑效果图（装配式混凝土建筑）

合楼板、叠合阳台板、预制空调板、预制楼梯及预制女儿墙，装配式技术路线图见图13-2。住宅楼外围护体系主体部分采用结构夹心保温纵肋空心墙板反打瓷板饰面。住宅首层现浇部分、阳台及其他立面造型处采用装饰幕墙（铝板幕墙）及UHPC挂板，首层局部住宅底商有少量玻璃幕墙。住宅楼内墙公共区域及户内阳台隔墙采用蒸压加气混凝土条板，户内隔墙采用轻钢龙骨隔墙，均为非砌筑墙体。住宅楼户内均为装配式装修，采用干式工法地面（带有供暖模块的架空地面）、轻钢龙骨隔墙、集成厨卫及集成吊顶等技术。

2．建筑设计

（1）单元平面标准化

建筑设计采用标准化、系列化设计手法，满足体系化设计的要求，充分考虑构配件的标准化、模数化、多样化，执行模数协调原则，做到基本单元、基本间、户内专

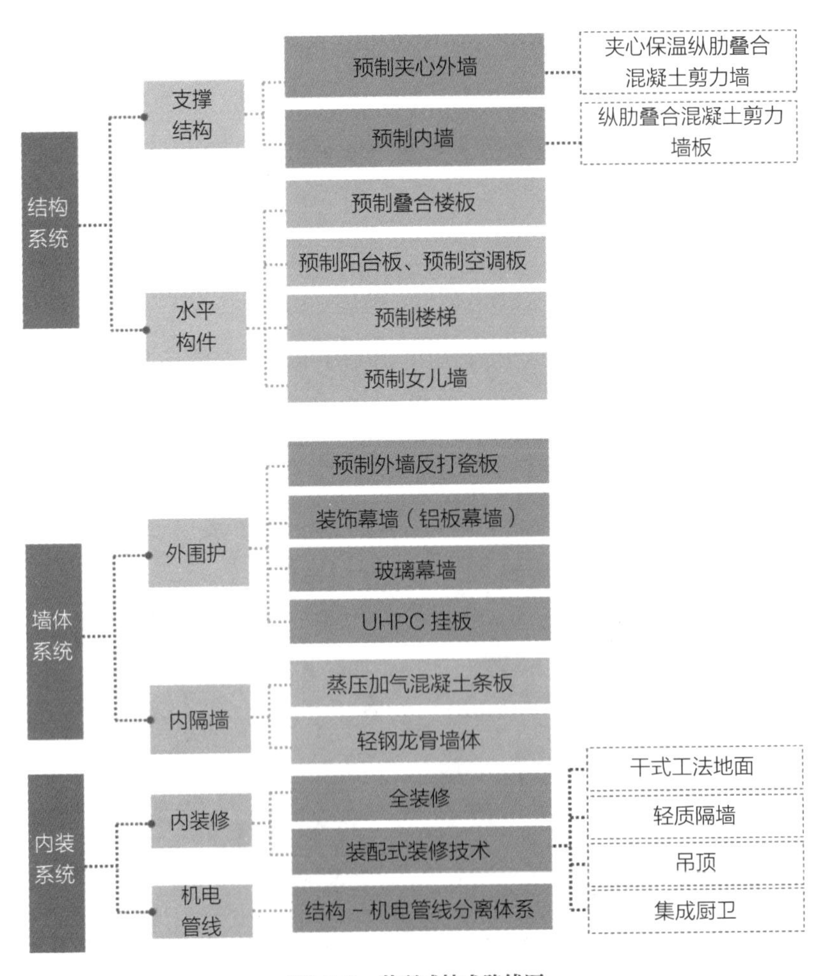

图13-2　装配式技术路线图

用功能部位（如厨房、卫生间、楼电梯间等）、构配件与部品等的标准化和系列化。

（2）户型及平面标准化

该项目5种主力户型户数占比达到91.17%，标准化较高，主力户型图见图13-3。

（3）开间模数标准化

该项目对户型开间尺寸进行了标准化，卧室、起居室开间为2模、3模。

（4）厨卫标准化

厨房主要标准化模块为四种，占比共计85.99%，其中南北向105户型中K1类厨房重复率高，使用比例达到60.35%；卫生间主要标准化模块为三种，占比共计85.88%，其中南北向105户型中W1、W2类卫生间重复率高，使用比例达到74.56%。

（5）立面标准化

该项目住宅外立面采用标准化设计方式（图13-4），外围护墙统一采用纵肋剪力墙（内叶板）并集成保温及外叶板或幕墙形成各楼栋的主要外围护体系，项目典型单体竖向构件布置图及典型外墙构件示意图见图13-5、图13-6。各楼栋均采用纵肋剪力墙+保温+外叶板（反打瓷板）的围护体系，立面根据预制板块的划分形成具有规律的模块化的板块效果。立面阳台板、空调板、空调百叶、门窗等均采用标准化设计，控制模块数量及统一尺寸。

3．结构设计

预制构件遵循模数协调及“少规格、多组合”的设计原则，预制水平构件（包括叠合楼板、全预制空调板）应用部位为二层及以上楼层（含屋面），预制楼梯应用部位为二层及以上楼层。

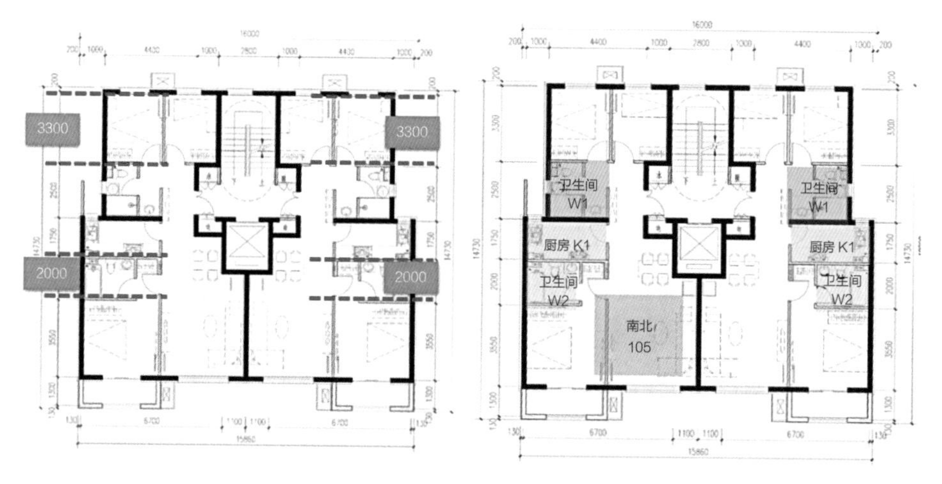

图13-3　主力户型图

图13-4　项目典型外立面

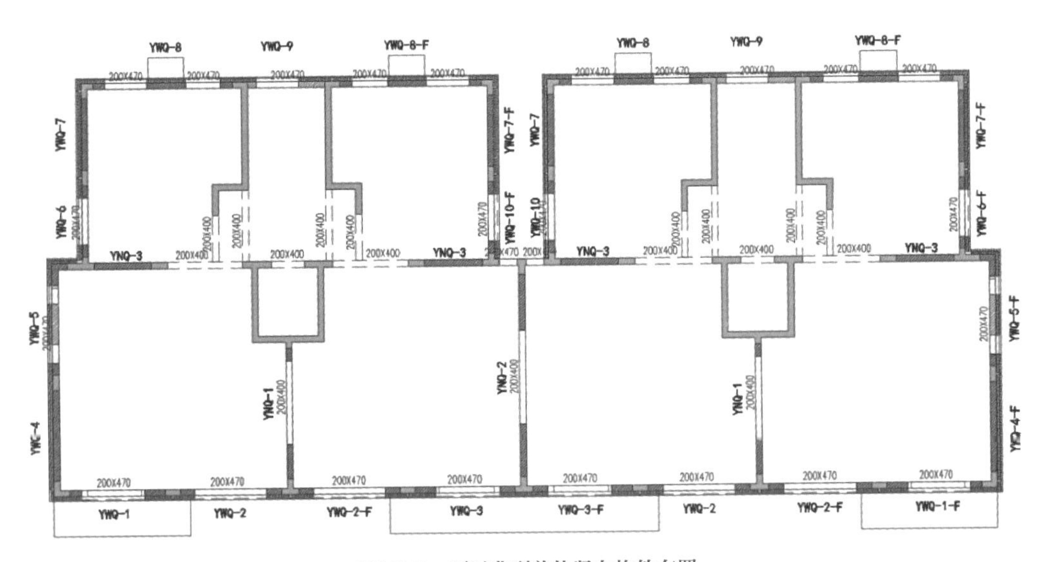

图13-5　项目典型单体竖向构件布置

该项目对于跨度小于6m的板采用桁架钢筋混凝土叠合板，对于跨度大于6m的板进行三种方案的对比：方案1，钢管桁架预应力混凝土叠合板，为避免采用密拼拼接可能造成的板缝开裂、板间错台问题，在板间设置了100mm宽的后浇带。方案2，桁架钢筋预应力混凝土叠合板，在板跨度方向采用消除应力螺旋肋钢丝，另一方向采用普通钢筋，通过整体式接缝连接。方案3，普通桁架钢筋混凝土叠合板。结合工期、构件生产及施工安装能力，该项目最终采用方案3，设计中对叠合板脱模、吊装、施工及使用工况进行了全面计算，构件厂及施工单位对构件生产、运输、堆放及安装也

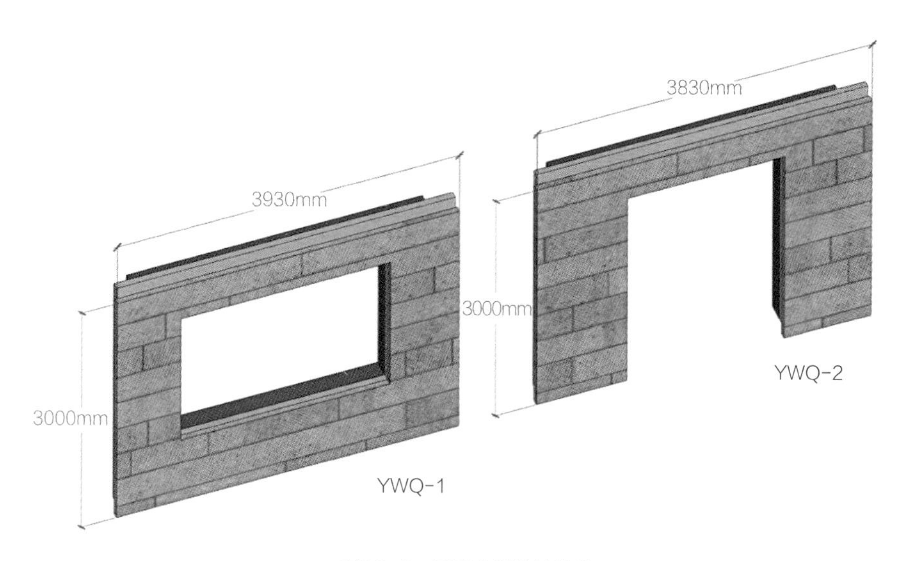

图13-6　项目典型外墙构件

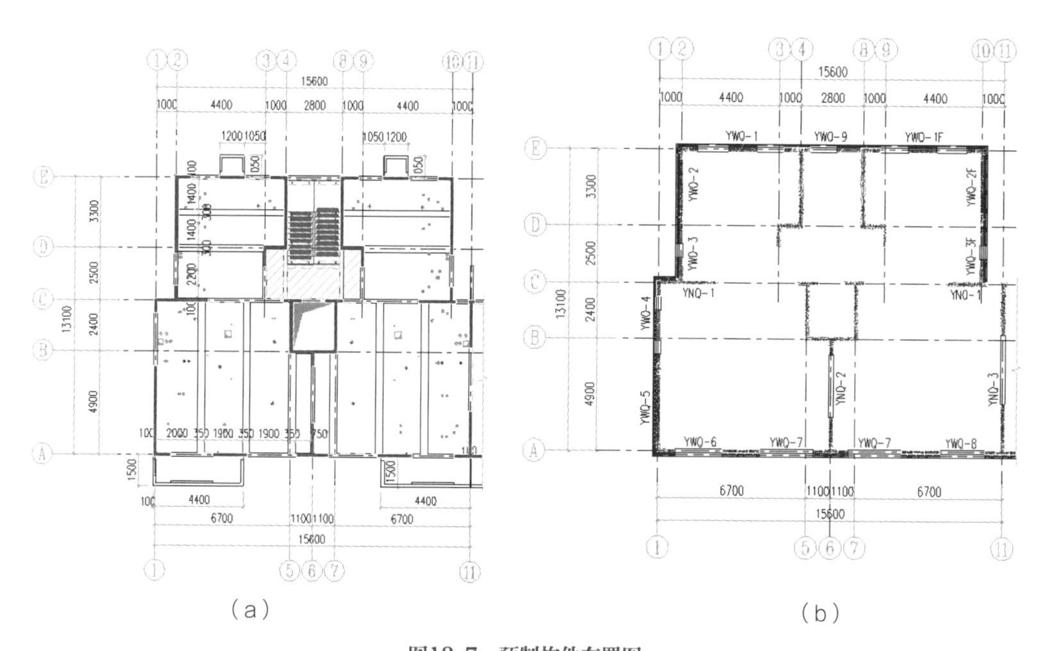

图13-7　预制构件布置图

（a）典型单元预制水平构件布置图；（b）典型单元预制竖向构件布置图

提出了严格要求，在施工过程中，大于6m的板跨预制底板的开裂破损率较低。预制构件布置如图13-7所示。

预制竖向构件（包括夹心保温纵肋空心墙板、纵肋叠合混凝土内墙板）在二层及以上楼层应用。夹心保温纵肋空心墙板外叶板70mm，保温层80mm，内叶结构层200mm厚，其中外叶板采用瓷板反打技术。纵肋墙板因空腔的构造减小了构件自重，使得构件可设计为较大的板块，设计中可充分利用该特点，预制墙板布置采用大板块。因部分高层楼栋二层属底部加强区范围，且剪力墙数量较少，为保证整体性及结构平面角部墙体的抗震性能，采取了角部边缘构件现浇、预制墙板在角部现浇段内连接的做法。

纵肋叠合墙板的水平连接采用整体式接缝，预制墙板水平筋伸出段与后浇段钢筋锚固搭接，与传统预制墙板相同。典型“一”字形现浇带钢筋连接如图13-8所示。

上下层墙板竖向钢筋的连接，如图13-9所示，下层墙体预留环状搭接钢筋并穿过楼板后伸入上层墙体底部，与空腔内的竖向钢筋位置相对应并搭接连接，该上下层墙体竖向钢筋采用锚环连接的方式，使得钢筋的传力不仅依靠钢筋之间的搭接，还主要依靠锚环之间的混凝土受压，传力更为可靠。对于边缘构件钢筋直径较大且配筋率较高的部位，在下层墙体设置附加锚环并设置锚环加强纵筋。

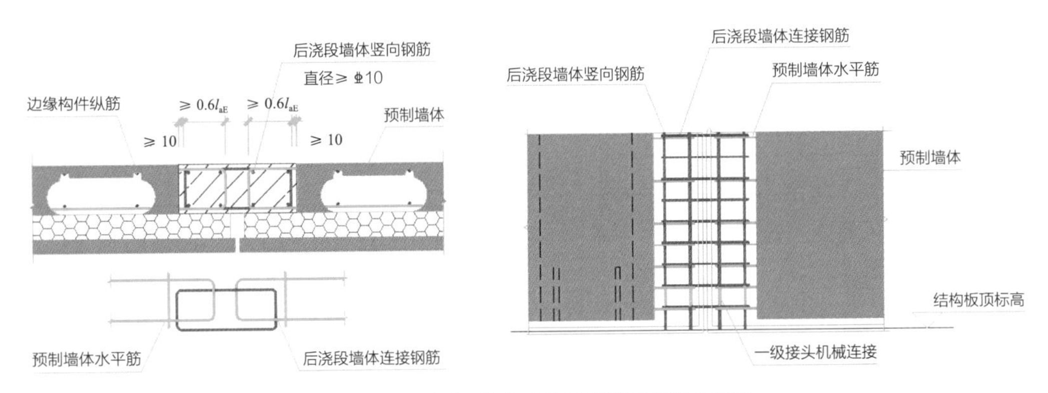

图13-8 典型“一”字形现浇带钢筋连接示意图

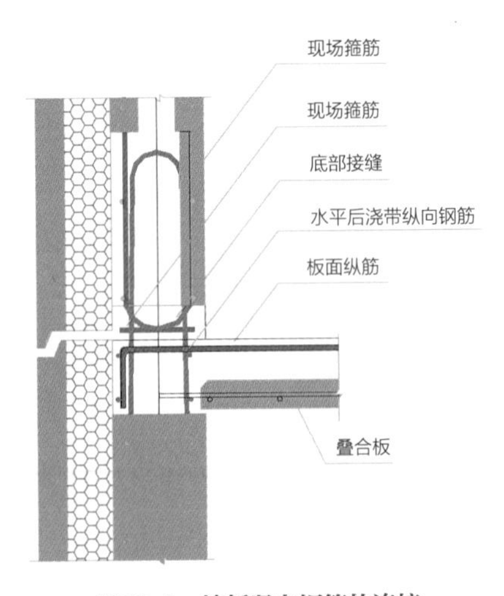

图13-9 墙板竖向钢筋的连接

该项目装配式结构体系选型充分结合了建筑大开间的特点，大跨度楼板及纵肋叠合混凝土剪力墙结构体系的应用，在满足建筑功能的同时，有效提高了装配式建造效率。其中纵肋叠合混凝土剪力墙结构体系在该项目的应用具有以下特点：

（1）构件连接节点为整体现浇，竖向及水平钢筋均采用搭接连接，施工安装简便。

（2）施工质量可控，易检查，适应我国目前施工行业的整体水平。

（3）构件尺寸大，拼缝少，安装效率高；构件质量较轻，运输、吊装方便。

（4）预制外墙采用结构保温装饰一体化生产，可实现装配、保温与结构同寿命，有效降低维护成本。

4．内装修设计

该项目全部住宅户内及公共区域实施全装修，户内采用装配式装修。装配式装修的八大系统构成见图13-10，装配式装修典型系统安装示意见图13-11。各楼公共空间均采用湿法作业，内装设计内容包含各功能空间顶面、墙面、地面各部分精装修，套内厨房的固定橱柜，油烟机灶台，卫生间浴柜、洁具及相关五金配件。精装修采用模数化设计，户内采用：①墙面采用轻钢龙骨隔

图13-10　装配式装修八大系统

图13-11　装配式装修典型系统安装示意图

墙系统，墙体内部实现管线分离；②地面采用架空地面体系，内含地暖集成模块，地砖面层采用干式工法；③集成吊顶面层做法采用干式工法；④卫生间厨房的排烟排气管道采用标准模数成品风道，与排水立管道集中布置。

该项目住宅采用模块化地板辐射供暖，公共区域供暖管线敷设在垫层内，各楼层户内均采用装配式架空地面，供暖管线敷设在架空地板内，供暖管线与支撑体分离，典型楼栋供暖管线分离示意图见图13-12。卫生间排水采用同层排水，卫生间排水管道采用HDPE管，电容焊接，穿预制墙板的管道在结构专业进行预制墙板设计时预留，给水排水管道与支撑体分离，典型楼栋给水排水管线分离示意图见图13-13。装配式装修管线安装施工现场图见图13-14。

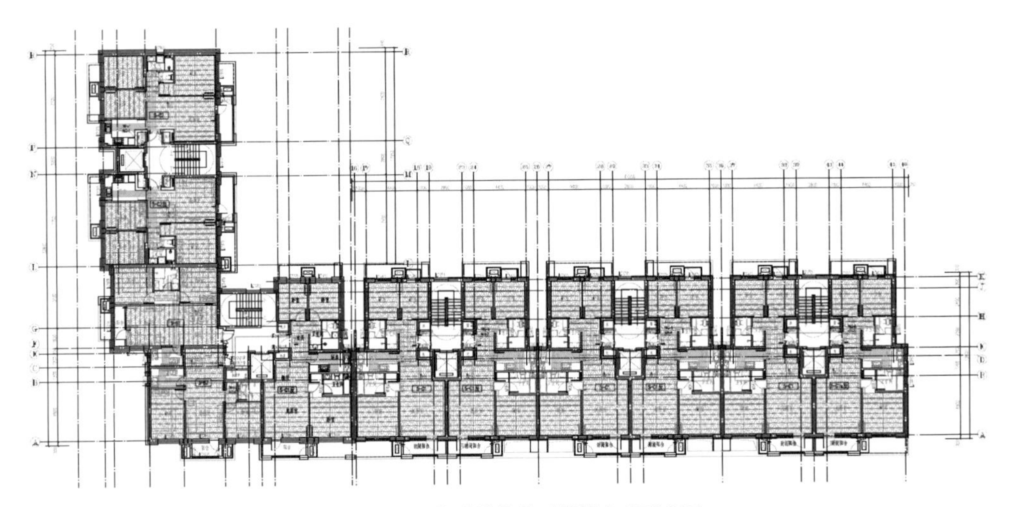

图13-12　典型楼栋供暖管线分离示意图

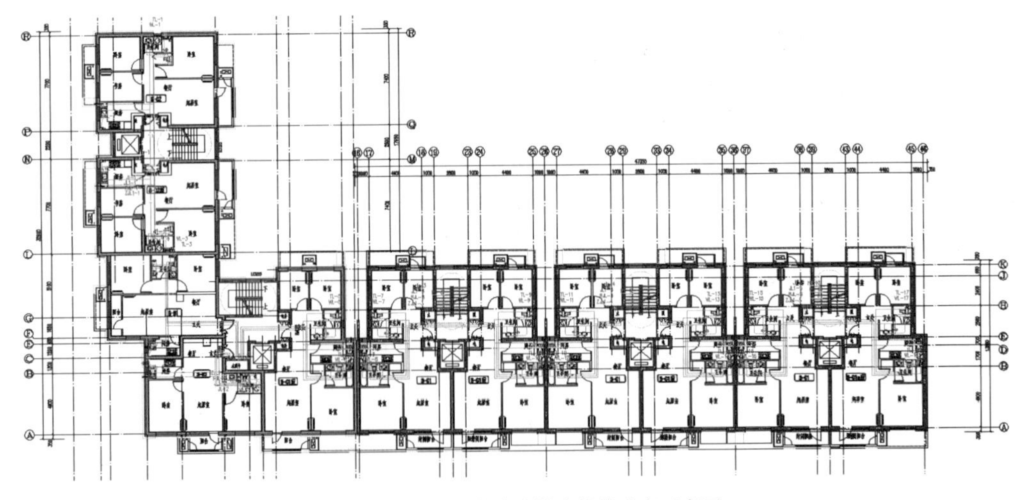

图13-13　典型楼栋给水排水管线分离示意图

图13-14　装配式装修管线安装施工现场图

13.1.3　应用效益

该项目在建筑方案阶段就开展了协同工作，通过系统集成的方法，实现设计、生产运输、施工安装全过程一体化。设计中遵循装配式建筑“标准化、模数化、少规格、多组合”的基本原则，建筑设计实现了户型及平面标准化、开间模数标准化、厨卫标准化以及立面标准化，为建筑装配化与部品部件通用化奠定基础；结构设计充分结合了建筑大开间的特点，装配式结构体系采用了大跨度叠合楼板及纵肋叠合混凝土剪力墙结构体系，保证了建筑功能的实现，有效提高了装配式建造效率；内装修与管线设计采用装配式装修与管线分离技术；施工过程中充分考虑了该项目装配式体系特点，制定专项施工方案并实施信息化动态施工管理，进一步提高了施工效率。该项目通过结构体系创新与装配式技术集成，保证了施工质量和效率，提高了建筑品质，最大限度地节约资源、保护环境和减少污染。

13.2　钢结构建筑案例

13.2.1　工程概况

该项目位于山西省晋中市，综合办公楼总建筑面积约4.5万m^2，办公楼主体分为A、B塔楼，均为地上9层，由3层裙房相连，建筑功能以办公、会议、接待、沙盘演示、多媒体展示、报告厅为主。A塔楼为钢支撑—装配式混凝土框架结构，B塔楼为钢框架—偏心支撑结构，C裙房为钢框架结构。该项目综合办公楼地上部分均实施装配式，A塔楼可评价为AA级装配式建筑，B塔楼可评价为AAA级装配式建筑，建筑效果图见图13-15。

图13-15　建筑效果图（钢结构建筑）

13.2.2　技术应用

1. 装配式建筑技术策划

该项目装配式技术体系组成见图13-16。A塔楼装配式体系，结构采用预应力叠合楼板、预制叠合梁、预制柱、预制楼梯、支撑等，预制水平构件应用面积比例＞70%，预制竖向构件应用比例＞35%；外围护采用预制混凝土集成板块，该体系为非砌筑墙体且满足保温、隔热、装饰一体化设计，比例＞80%。B塔楼装配式体系，

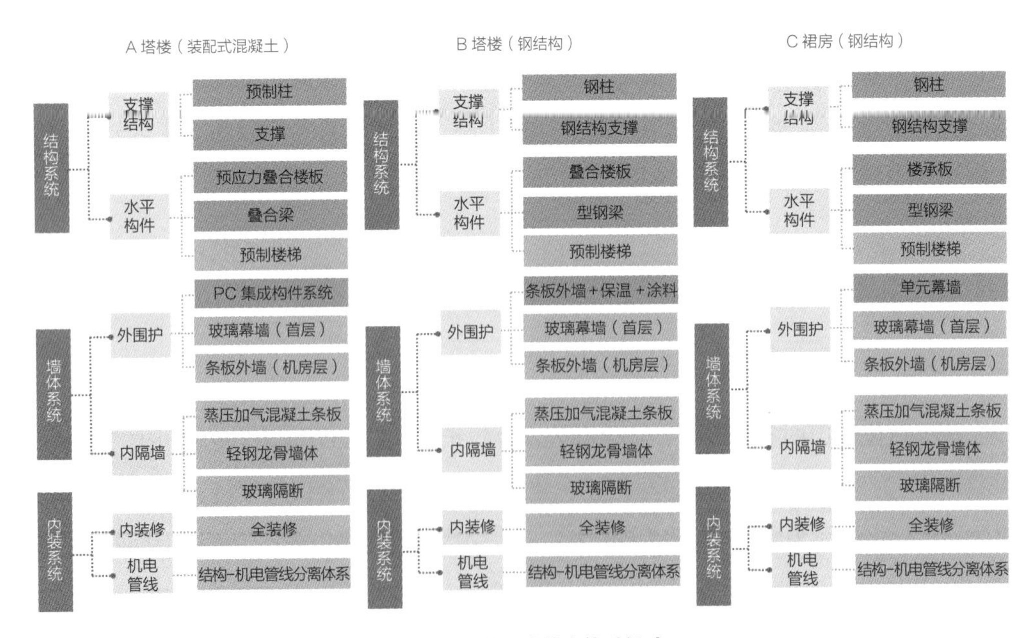

图13-16　装配式技术体系组成

结构采用钢柱、型钢梁、叠合楼板、楼承板、预制楼梯、钢支撑等，预制水平构件应用面积比例>70%；B塔楼外围护采用蒸压加气混凝土条板及保温涂料系统，C裙房外围护采用单元式幕墙，均为非砌筑墙体。各楼栋内隔墙主要部分采用蒸压加气混凝土条板、轻钢龙骨墙体等，为非砌筑墙体，比例>50%，其中内隔墙与管线、装修一体化应用比例>60%；装修采用全装修设计，干式工法楼地面比例>70%；管线设备采用管线分离设计，应用比例>70%。

2. 建筑设计

该项目标准化设计涵盖从部品部件到整个楼栋等各个层面，考虑建筑功能、使用要求、立面效果以及维护维修等环节，采用标准化体系，从轴网尺寸、功能模块到内装体系、外围护体系，均遵循少规格、多组合的原则，尽最大可能地从设计上实现标准化。建筑典型平面图及装配式建筑标准化内容见图13-17。

建筑外围护体系经多类型外围护系统对比分析确定，如表13-1所示，结合各塔楼的特点，A塔楼采用PC构件集成系统，B塔楼采用条板外墙结合保温涂料系统，C裙房采用单元幕墙系统。

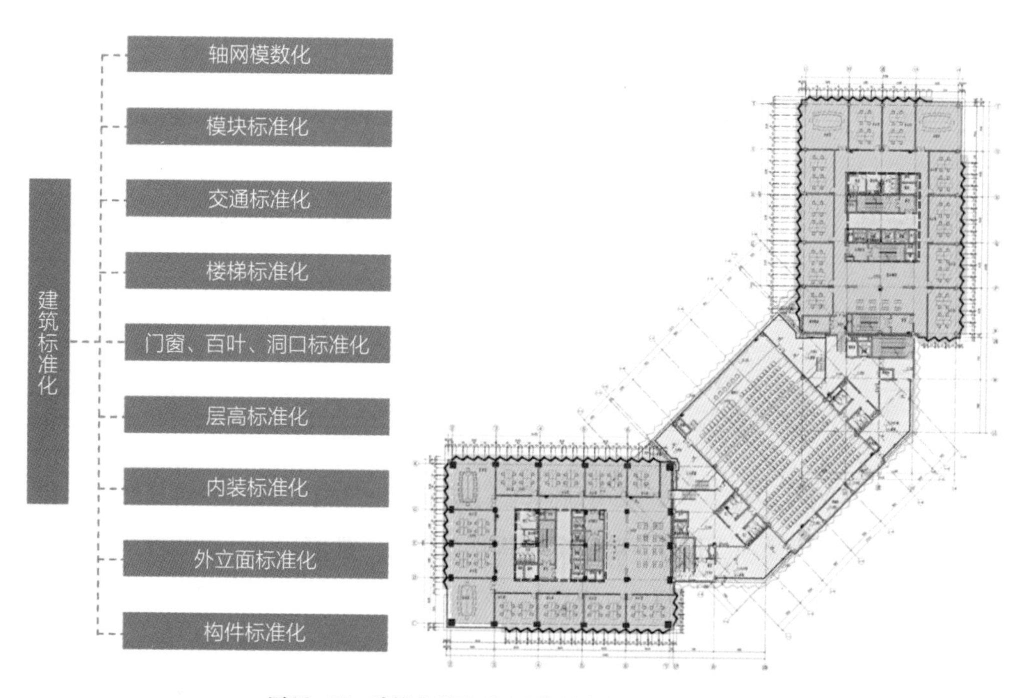

图13-17　建筑典型平面图及装配式建筑标准化内容

多类型外围护系统对比分析 表13-1

序号	类型	体系	特点	遴选说明
1	预制混凝土构件类	PC 装饰板系统	预制 PC 装饰板，大板块尺寸可为 4m×4m 左右	根据板块复杂度价格成本增加，保温体系需单独设置，成本较高，需考虑构件深化设计加工时间
2		PC 构件集成系统	预制 PC 将保温、外窗、连接件等高度集成为一体化构件，工厂完成，现场吊装	根据板块复杂度价格成本增加，保温、饰面、防水、围护体、外窗等构件高度集成化，精度高，价格较高，构件深化设计生产加工时间较长，现场吊装安装要求高，需要专业技术工人
3	小型挂板类	普通纤维水泥板类（千思板、埃特板、日吉华板等）	常见挂板系统，体系成熟，板材根据材料、厂家、复杂度，成本差异较大，个别板材耐久度较差	传统体系相对比较成熟，但板材尺寸一般较小，4200mm 层高中间会增加板缝，立面上下错位位置封板较难处理
4		挤出成型水泥条板（ECP）	日本常见系统，板材 60～70mm 厚，水泥条板清水混凝土效果优异，具有价格优势，连接方式类似挂板，600mm 宽板材	转折和上下封板不好处理，可能还得结合幕墙
5		陶板	常见系统，体系成熟，价格适中	传统体系相对比较成熟，但板材尺寸一般较小，4200mm 层高中间会增加板缝，立面上下错位位置封板较难处理
6	幕墙类	铝板 / 人造板材幕墙	常见系统，体系成熟，价格根据面板材料不同	体系成熟，较为常见，工程上应用最广泛、适用性最强，深化设计及施工时间可控，效果可控
7		单元幕墙	将保温、外窗、连接件等高度集成为一体化构件，工厂完成，现场吊装	体系比较成熟，对幕墙深化设计、生产安装单位要求较高，成本根据构件复杂度略高，前期深化耗时，现场施工快、可控、效果可控
8	其他混凝土构件	混凝土装饰板（GRC）	混凝土壳体构件，造型能力强	造型能力强，单独挂接安装时保温层需单独安装，大面积构件外表面易开裂
9		混凝土复合墙板（EVE）	夹心一体板，类似三明治外挂	集成一体化复合挂板体系，产能、产品设计和生产具有一定的局限性
10		高强混凝土挂板（UHPC）	高强混凝土	材料强度高、造型能力强，构件厚度薄，作为装饰体系成本不具有优势，作为保温集成复合体系成熟度稍差
11	条板式	蒸压加气混凝土条板＋保温涂料或集成保温装饰一体复合板	集成保温，安装方便，便宜	成本最优（不考虑高要求装饰材料），生产加工安装施工快速且简单，外围护最终效果受装饰材料选材影响较大，条板自带保温隔声性能，舒适度较高，节省基墙

该项目PC构件集成系统，采用预制PC集成墙体以外立面转折墙面及外窗部分形成的三角空间体作为独立构件，将混凝土构件、保温、外窗在工厂集成形成标准化构件，构件现场吊装与结构上预埋件连接，上部为抗风抗拉节点，下部为承重节点，板块之间通过凹凸企口交合后打胶处理13～20mm预留缝隙，见图13-18、图13-19。单元幕墙系统，采用一般框架幕墙系统，由龙骨、连接件、保温、防水、装饰板、外窗分

层安装，采用单元幕墙系统以外立面转折墙面及外窗部分形成的三角空间体作为单元构件，将幕墙龙骨、保温、防水板、外窗、装饰板在工厂集成形成标准化构件，构件现场吊装与结构上预埋件连接，上部为抗风抗拉节点，下部为承重节点（四点连接、

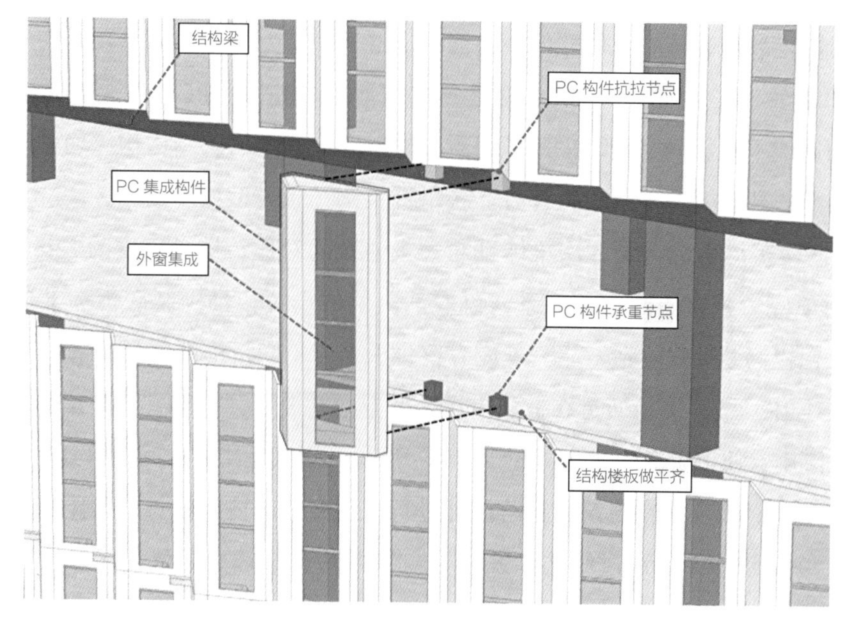

图13-18　外围护PC构件集成系统

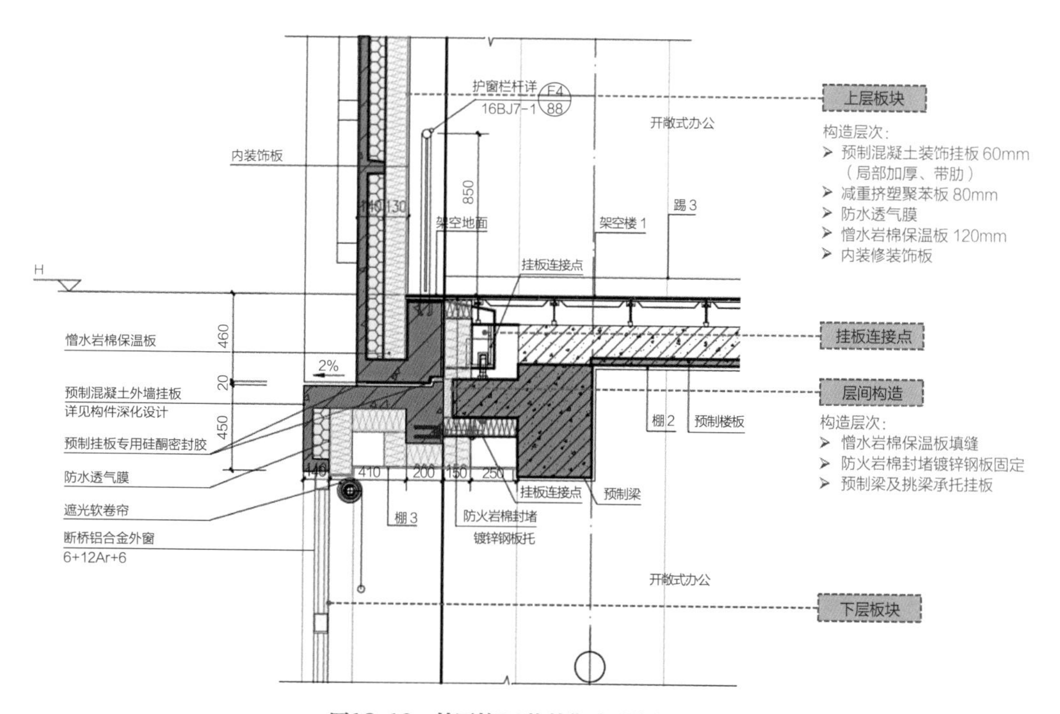

图13-19　外围护PC构件集成系统典型节点

两点连接两种），板块之间通过幕墙子母扣连接，可打胶也可开缝处理，单元幕墙分层构造示意图见图13-20。

3．结构设计

A塔楼结构体系进行了混凝土框架—剪力墙与混凝土框架—支撑结构比选，因建筑功能所限导致交通核心筒尺寸偏小，混凝土框架—剪力墙结构需要在结构外围增设剪力墙才能满足抗扭刚度的需要，对建筑立面效果及外围护PC构件集成系统构件的标准化均造成不利影响，最终采用了混凝土框架—支撑结构，结构构件均可采用预制构件，装配式建造效率得到较大提升。各塔楼结构计算模型见图13-21。

A塔楼楼盖体系进行了主次梁体系与大板体系的对比，楼板跨度为6.3m、8.4m两种，采用预应力叠合板的大板体系，可取消次梁的设置，且预制底板标准化程度较高，可大幅提高装配式建造效率。预应力叠合板结合工期与构件生产，采用了PK预应力叠合板（PK Ⅲ），该板通过在板面沿板跨度方向增设钢管桁架，提高预制底板的承载能力及刚度，使得生产、运输、安装过程中底板开裂或反拱过大问题得到有效控制。

综上所述，该项目在建筑方案阶段即进行了各专业的协同设计，装配式设计的理念贯穿始终，结构设计通过结构体系与楼盖体系的合理选型与优化，在满足建筑功

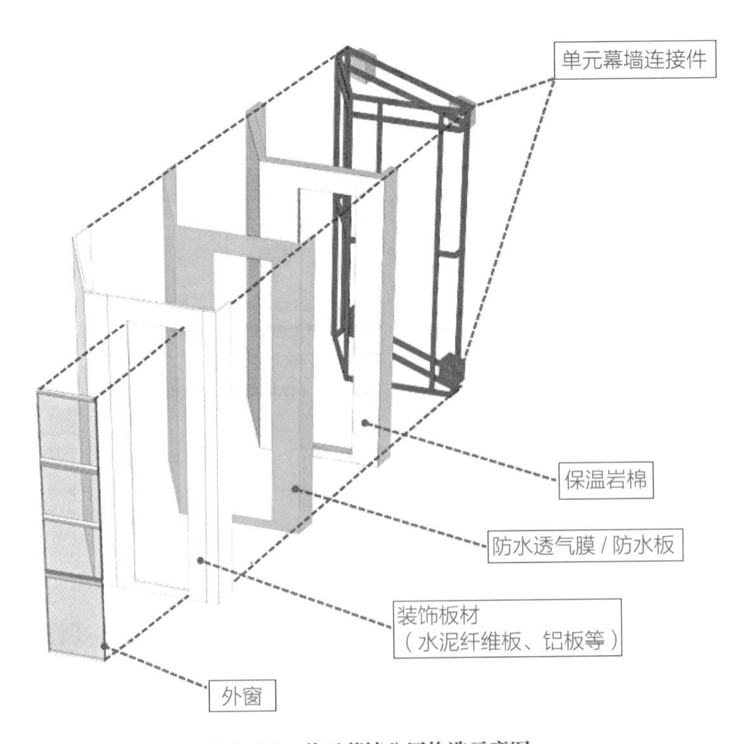

图13-20　单元幕墙分层构造示意图

能、实现建筑立面效果的同时，装配式建造效率也得到进一步提高。

4．内装修与管线设计

该项目地上全区域均需全装修设计及交付，且采用了装配式装修技术，产品级精度、高度集成化、装配化、环保节能，施工快速效率高，便于后期运维。该项目各楼栋均采用干式工法楼面、地面与管线分离，应用比例>70%，干式工法集成地面系统安装施工见图13-22、图13-23。集成墙面系统主要针对采用轻钢龙骨的隔墙体系，填充玻璃棉，表面是一体化带饰面的硅酸钙复合板，省略了表面贴壁纸或刷涂料的工序，既省工又环保，同时可结合吸声板、玻璃隔断等多种饰面材料。

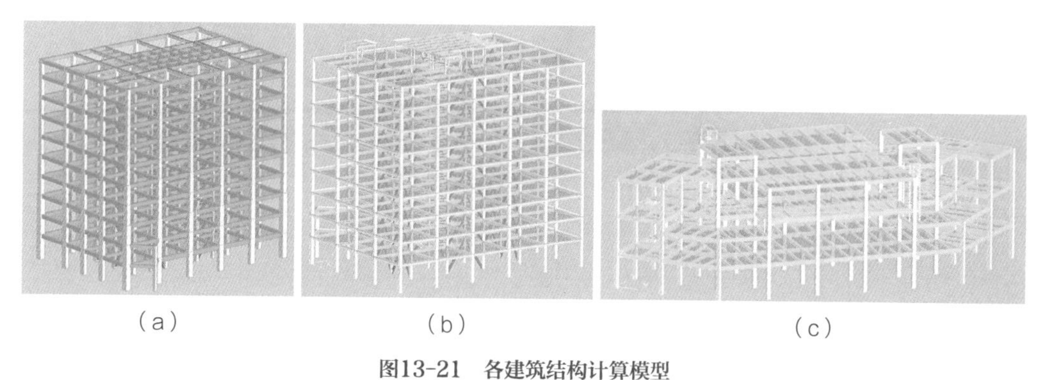

图13-21　各建筑结构计算模型

（a）A 塔楼结构计算模型；（b）B 塔楼结构计算模型；（c）C 裙房结构计算模型

图13-22　干式工法集成地面系统

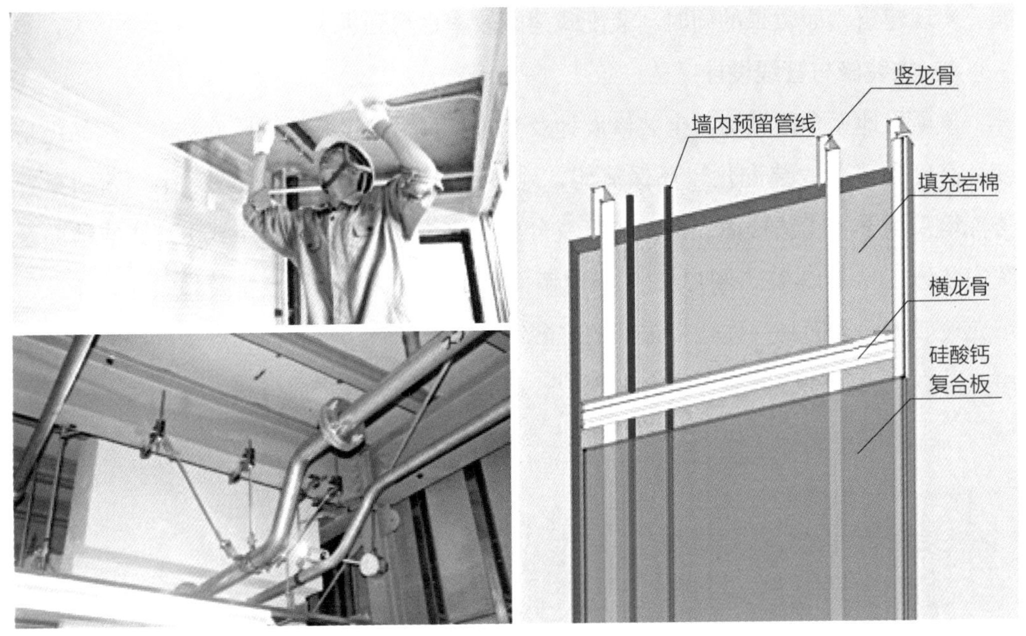

图13-23　设备与管线集成系统

13.2.3　应用效益

该项目标准化设计充分考虑建筑功能、使用要求、立面效果以及维护维修等环节，采用标准化体系，从轴网尺寸、功能模块到内装体系、外围护体系，均遵循少规格、多组合的原则，尽最大可能地从设计上实现标准化。建筑外围护体系经多类型外围护系统对比分析确定，结合各塔楼的特点选用相适宜的外围护系统，外围护构件均采用一体化集成构件。结构设计运用装配式建筑设计理念，对结构体系与楼盖体系进行了合理选型与优化。项目地上全区域均采用装配式装修技术，实现了全装修交付。施工中实现了无外脚手架、减少现场砌筑、减少现场抹灰的绿色施工工艺。项目通过结构体系优化与装配式技术集成创新，在保证建筑功能、效果的同时，达到提质增效、减少能耗及环境污染的目的。

第 14 章

绿色建造案例

14.1 绿色低碳公共建筑项目

14.1.1 工程概况

如图14-1所示，郑州市奥林匹克体育中心项目位于河南省郑州市中原区，东西向长约732m，南北向长约484m，总建筑面积58.38万m^2，其中地下室面积达34万m^2，工程包含体育场、体育馆、游泳馆及配套商业（酒店、电影院、全民健身游泳馆、体育理疗及体质检测等体育产业）等众多业态，其中体育场地下2层，地上11层；体育馆地下2层，地上5层；游泳馆地下2层，地上1层；配套商业地下2层，地上1层；地下车库地下2层。

图14-1 项目实体图

14.1.2 技术应用

以郑州市奥林匹克体育中心项目为依托，针对综合体育场馆的一系列工程技术难题，开展了理论分析、试验研究和工程实践，提出相应的设计理论与施工方法，形成完善的综合成套技术，为我国大型综合体育场馆建筑和基础设施向信息化和集约化方向发展提供技术支撑。

1. 建造活动绿色化技术

项目采用海绵城市设计理念，运用雨水回用、地源热泵、光伏发电、光导管照明、集中排风热回收等先进节能环保技术，在施工过程中应用《建筑业10项新技术（2017版）》中9大项53子项，最大化实现节能减排、降耗环保的绿色化施工。其中工厂化预制装配式机房施工技术、环形走廊多专业管线工厂预制与现场一体化吊装技术、冰篮结合运动场地装配式施工技术、水泥纤维穿孔吸声板装配式施工技术等，均采用场外工厂化加工，现场组装或拼装生产安装方式，大大减少材料损耗，减少环境污染，使资源消耗降到最低，体现工厂化加工与现场建筑绿色化施工的有机结合。

体育馆屋盖采用双曲面悬挑钢结构网架跨异形混凝土结构累积滑移技术，形成一套工序衔接紧密的流水线施工，本方法与常规网架施工相比，操作方便快捷，措施材料少，高空作业少，减少汽车式起重机、塔式起重机的投入，效率高，节约工期，保证质量。其中通过搭设操作平台、布设滑移轨道，采用累积滑移施工技术，共节省措施材料约360t。材料当期采购价格4230元/t，节省措施材料费用约152万元；另外，150t履带式起重机减少使用3个月，2台50t履带式起重机减少使用2个月，4台25t履带式起重机减少使用3个月，根据当期市场租赁价格，减少机械租赁费用约162万元，同时减少油类能源的消耗及二氧化碳的排放。

2．建造手段信息化技术

全过程使用BIM综合应用技术，其中针对制冷机房运用BIM技术对机房管道设备进行排布，并将管道拆分成构件，精细深化构件图纸，将构件在工厂进行预制，现场进行吊装装配，大幅缩短工期，减少材料浪费，垃圾减量化得到有效实现；环形走廊弧形管道则通过AutoCAD计算弧形管道弧度，在工厂使用管道制弧机进行预制加工，并使用BIM技术对管线进行综合排布，现场采用一体化吊装，有序进行管线安装，节约工期与成本，减少材料损耗，体现了建造过程中的信息化装配式施工。

3．建造活动集约化管理模式

基于BIM的钢结构智能制造技术：工程结构类型复杂，形式多样，通过 BIM 技术在钢结构制造生产过程中的应用，通过资源集约化管理、工程可视化管理及施工过程的数据智能管理等技术，实现钢结构制造全生命周期的一体化管控，大幅提高生产效率和智能化管理水平，通过先进制造技术考察和对钢结构加工特点进行研究，探索钢结构智能制造技术体系。通过顶层设计、工艺规划、设备选型、试验测试、示范项目建设等方式，解决钢结构智能制造技术体系中的一系列技术问题。

资源集约化主要表现在郑州市奥林匹克体育中心项目材料快速盘点管理、建立常备材料库缩短材料周转周期以及使用混合排料提高材料利用率三个方面。

（1）材料快速盘点管理

应用材料电子标签解决方案，大大减少了人工统计工作量，实现快速、准确、高效的材料盘点，缩减 80%的项目材料盘点耗时。

（2）建立常备材料库缩短材料周转周期

郑州市奥林匹克体育中心项目通过钢结构BIM平台建立常备材料库，缩短材料采购周期，避免停工等情况的发生，提高了40%～50%的库存周转率，为项目生产履约提供了有力保障。

（3）混合排料提高材料利用率

套料是钢结构建造过程中连接深化设计、材料采购和构件制造的重要桥梁，是合理化利用材料、提高生产效率必不可少的环节。钢结构BIM平台可自动完成截面拆分，可直接用于排版软件进行板材套料。在提高材料周转率的同时，实现自动化混合排料，使材料损耗控制在4%左右，提高项目1%的材料综合利用率。

14.1.3　应用效益

项目于2019年6月21日正式交付使用，运行效果良好，获得绿色建筑二星级标识、住房和城乡建设部绿色施工科技示范工程。在建造过程中建筑垃圾产生量284 t/万m^2，再利用率和回收率达到56%。结构、机电、装饰装修各施工阶段主要材料损耗率均比定额损耗率降低30%以上。整体施工周期内，综合耗水量为2.9m^3/万元产值，综合用电消耗量为46.8kW·h/万元产值。

工程施工过程中，针对主要示范内容和主要考核指标，积极组织开展科技示范活动，推广应用新技术、新工艺、新材料、新设备，并进行有效技术集成与技术创新应用。其中：BIM综合应用技术、超大跨径大开口车辐式索承网格结构施工关键技术、体育场入口大跨度弧形格构式环梁液压整体提升技术、大悬挑大跨度钢结构网架跨异形混凝土支撑结构累积滑移施工技术、超长环形混凝土底板跳仓法施工与看台结构预应力施工技术、机电工程工厂预制装配式建造技术、超大异形多曲率幕墙装配式快速建造技术、变曲率多曲面大型金属屋面施工等技术的应用显著提升了“五节一环保”效果，产生经济效益达3503.589万元，科技进步效益率为8.7%。

项目取得28项专利（其中发明专利6项）、省级工法20项、科技成果17项，发表论文22篇（其中EI3篇），获得中国钢结构金奖、河南省中州杯、龙图杯一等奖等奖项，并且多项成果在郑州市奥林匹克体育中心项目、巴中体育场、凤凰山体育中心等项目成功应用，成功举办第十一届全国少数民族运动会开闭幕式、世界乒乓球锦标赛等大型活动，行业内组织观摩70余次，各界媒体报道60余次，创造了良好的社会效益，对建筑行业起到示范引领作用。

14.2 绿色低碳装配式住宅项目

14.2.1 工程概况

上海市某装配式住宅项目位于浦东北蔡镇东南端的御桥，主要由20～27层高层住宅与地下车库组成，每层一梯四户，平面两端套型采用短外廊与中间核心筒相连，解决中间套型通风问题。每套建筑面积84～150m^2，以105m^{2}为主，建筑外墙部分采用预制墙板。该项目为7号住宅楼，标准层高2.9m，总建筑面积7446.6m^2，地上共22层，外墙采用50mm膨胀聚苯板，屋顶采用75mm泡沫玻璃保温板，外窗采用塑料型材6+12A+6，每户采用空气源热泵空调器，制冷能效比取3.6，供暖能效比取2.6，如图14-2所示。该项目为上海市预制装配整体式体系的住宅项目，取得绿色三星设计认证。错落有致的规划布局使得住宅室内、区内通风条件良好；室外空间连贯并相互渗透，层次丰富；交通系统为外环，人车分流，车位数量充足。

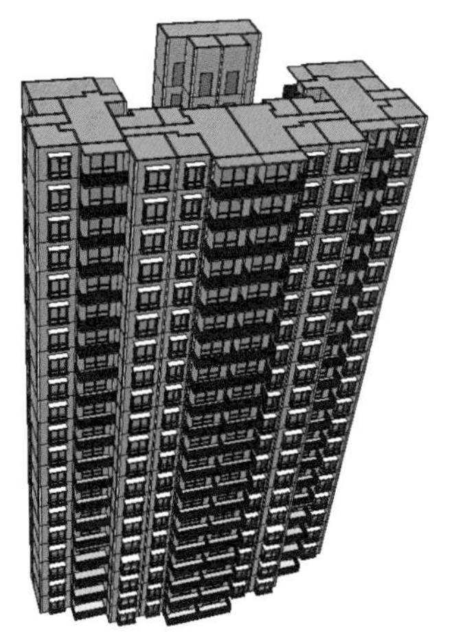

图14-2 上海某装配式项目住宅楼

14.2.2 技术应用

1．高效节能的空调系统

该项目采用空气源热泵空调系统，制冷能效比取3.6，供暖能效比取2.6，全年空调能耗为59857.67kW·h，供暖能耗为37584.24kW·h，合计年碳排放指标为9.21kgCO_2e/m^2。空气作为热泵的低位热源，取之不尽，用之不竭，处处都有，可以无偿获取，而且空气源热泵的安装和使用都比较方便。空气源热泵空调系统通过工况切换，可满足夏热冬冷地区供冷和供暖的需求。在相同热负荷下，相比电热锅炉，空气源热泵空调机组的高COP、低耗电量的特点使其二氧化碳的逐时排放量更少，平均减少43.95%，具有节能减排的作用，如图14-3所示。

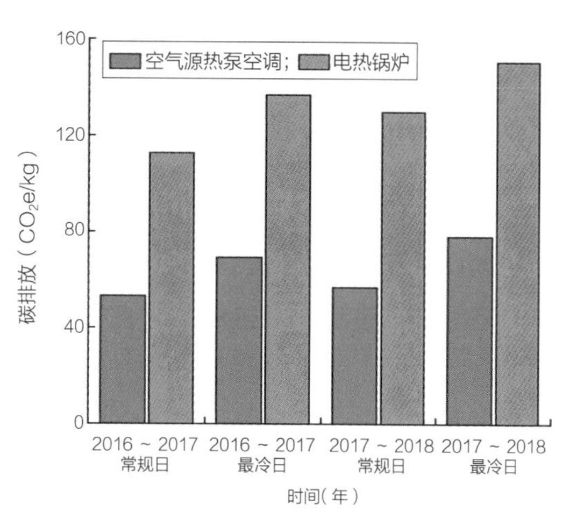

图14-3　空气源热泵空调系统与电热锅炉碳排放对比

2．绿化降碳

城市绿地系统清除大气中的温室气体主要有直接和间接两种途径：前者是植被从大气中吸收二氧化碳，通过光合作用将二氧化碳转化为有机化合物固定于植被器官上，维持植被生长生命活动，同时伴随着植被死亡枯落、土壤碳蓄积与分解等途径；后者则包括多种情况，首先是绿地、水体等自然景观通过调节城市局地微气候实现降温、保湿、净化空气的效果，在有效缓解城市五岛效应的同时，也降低了建筑、汽车等对人工调节环境舒适性的能耗需求，从而间接清除温室气体。由此可见，城市绿化是发挥碳汇功能的主要空间载体。由该建筑提供的《人均公共绿地分析报告》可知，公共场地的绿化面积560.64m^2，同时还包括屋顶绿化面积411.79m^2。根据《建筑碳排放计算导则（试行）》碳汇量C_P核算方法，该项目碳汇主要是各种绿化，包括屋顶绿化，公共场地绿化等，根据绿化面积和绿植种类，选择相应的碳排放因子，50年的建筑使用寿命估算的固碳量为240.04 tCO_2，详细计算过程如表14-1所示。

碳汇计算明细　　表14-1

绿化位置	面积（m^2）	植物配置	碳汇因子（kgCO_2e/m）	年固碳量（t CO_2e/a）	全生命周期固碳量（t CO_2e）
公共场地绿化	560.64	多年生藤蔓	2.58	1.44	72.24
屋顶绿化	411.79	灌木	8.15	3.36	167.8
总计	—	—	—	4.8	240.04

3．建材回收减碳

随着我国城市化进程和城中村改造的不断加快，每年新增和拆除的建筑物大量增加。很多城市对于建筑材料的需求日益扩大，而废旧建材的产生数量也十分可观，我国每年由建筑业产生的垃圾占到垃圾总量的1/3左右。我国提倡绿色建筑和建筑节能，一方面促进废旧建材的有效回收，另一方面在建筑中合理使用绿色资源和新型材料，有利于我国建筑业的可持续发展。

在建筑拆除阶段，结构拆除主要有拆毁和拆解两种方式，也是影响废旧建材回收利用率的重要一步。建筑主体结构拆毁是在建筑底层选择合适的打击点，使建筑物向一定方向倒塌，使用大型机械将废旧材料破碎、混合，难以回收，但对门窗、散热器、钢筋等材料进行细致拆解，这部分材料回收价格高，减碳。建筑拆解主要按照“由内至外，由上至下”的顺序进行，即“室内装修材料—门窗、散热器、管线—屋顶防水、保温层—屋顶结构—隔墙与承重墙或柱—楼板，逐层向下直至基础”，以小型机械拆解，部分材料可回收减碳。上海某装配式住宅的建材回收率、回收因子来源于《建筑全生命周期的碳足迹》，运输碳排放因子取自《建筑碳排放计算标准》GB/T 51366—2019。混凝土经拆解回收得到骨料和砾石，PC构件（外墙、阳台板、楼梯板等）主要回收得到骨料、砾石和粗钢筋，建材的主要运输方式为重型柴油货车运输，载重分别为46t、30t和18t。该项目的全生命周期建材回收减碳排放量为1188.13 tCO_2，详细计算结果如表14-2所示。

建材碳排放计算明细　　表14-2

<table>
<tr><th>序号</th><th>项目</th><th>数量</th><th>单位</th><th>可回收率</th><th>回收因子</th><th>运输碳排放因子[$kgCO_2$/(t·km)]</th><th>运输距离(km)</th><th>减碳排放量(tCO_2)</th></tr>
<tr><td>1</td><td>混凝土</td><td>4363.56</td><td>t</td><td>0.7</td><td>6.4</td><td>0.057</td><td>20</td><td>40.99</td></tr>
<tr><td>2</td><td>实心砖</td><td>23256.00</td><td>块</td><td>0.7</td><td>290</td><td>0.129</td><td>20</td><td>4.64</td></tr>
<tr><td>3</td><td>钢筋</td><td>505.00</td><td>t</td><td>0.9</td><td>1942.5</td><td>0.057</td><td>20</td><td>882.35</td></tr>
<tr><td>4</td><td>门窗</td><td>487.00</td><td>m^2</td><td>0.8</td><td>10.9</td><td>0.078</td><td>20</td><td>4.23</td></tr>
<tr><td>5</td><td>外墙PC/PCF板</td><td colspan="2">混凝土：1719.04t
钢筋：130.65t</td><td rowspan="3">混凝土：0.7，钢筋：0.9</td><td rowspan="3">混凝土：6.4，钢筋：1942.5</td><td>0.057</td><td>20</td><td>234.60</td></tr>
<tr><td>6</td><td>PC阳台/空调板</td><td colspan="2">混凝土：58.78t
钢筋：4.47t</td><td>0.057</td><td>20</td><td>8.02</td></tr>
<tr><td>7</td><td>PC楼梯板</td><td colspan="2">混凝土：97.51t
钢筋：7.41t</td><td>0.057</td><td>20</td><td>13.31</td></tr>
<tr><td>汇总</td><td>—</td><td>—</td><td>—</td><td>—</td><td>—</td><td>—</td><td>—</td><td>1188.13</td></tr>
</table>

4. 装配式建造技术

传统建筑施工工艺主要以现场浇筑为主，其应用广泛但也存在大量的问题，例如在施工时需要大量的辅助材料，既占用场地空间又容易导致材料浪费、废料污染，不利于可持续发展。在政府鼓励推进工业化建造模式的大背景下，住宅楼采用剪力墙

（PC）和预制构件外墙模（PCF）进行优化建造，通过工程实践应用总结出一些将装配式结构体系运用于高层装配式住宅施工的核心技术，并完善相关的施工工艺。该项目建造阶段台班消耗量根据清单计算，其中建造阶段产生碳排放的过程主要包括装配式现浇工程和预制构件的供应。根据每种机械使用台班数、能源消耗量及能源因子，统计建造阶段碳排放量。该建筑建造阶段的碳排放量达到159.12 tCO_2，如表14-3所示。根据已有案例分析现浇建筑建造阶段碳排放量，达到170.16 tCO_2。与现浇建筑相比，装配式建筑建造阶段碳排放量总量降低6.5%，如表14-4所示。

建造阶段台班使用情况及碳排放量　　表14-3

名称	实际消耗量（台班）	单位台班能源消耗	碳排放量（tCO_2）
履带式挖掘机	24.65	63.00kg 柴油	4.8141
压路机 15t	48.29	42.95kg 柴油	6.4298
柴油打桩机 3.5t	39.16	47.94kg 柴油	5.8197
柴油打桩机 7t	35.83	57.40kg 柴油	6.3756
履带式起重机 15t	39.16	29.52kg 柴油	3.5836
履带式起重机 25t	21.44	36.98kg 柴油	2.4578
汽车式起重机 8t	7.10	28.43kg 柴油	0.6257
汽车式起重机 20t	5.70	38.41kg 柴油	0.6787
塔式起重机 600kN·m	60.30	166.29kg 柴油	31.0846
塔式起重机 800kN·m	57.39	169.16kg 柴油	30.0951
载重汽车 6t	18.65	33.24kg 柴油	1.9218
载重汽车 8t	10.49	35.49kg 柴油	1.1541
载重汽车 15t	7.77	56.74kg 柴油	1.3667
自卸汽车 5t	136.83	31.43kg 柴油	13.3318
双笼施工电梯	138.6	159.94kW·h	15.5949
混凝土输送泵	18.04	243.46kW·h	3.0900
干混浆罐式搅拌机	45.11	28.51kW·h	0.9047
钢筋切断机 40mm	36.37	32.10kW·h	0.8213
钢筋弯曲机 40mm	82.64	12.80kW·h	0.7442
交流弧焊机 40kW	77.81	132.23kW·h	7.2382
对焊机 500A	37.70	122.00kW·h	3.2356
直流弧焊机 32kW	353.68	70.70kW·h	17.5911
汇总	—	—	159.12

建造阶段现浇混凝土与装配式建造方式减碳对比　　表14-4

名称	现浇混凝土	装配式
建造阶段碳排放量	170.16tCO_2	159.12tCO_2

14.2.3 应用效益

建筑全生命周期的碳排放，包含建材生产运输、建筑施工、建筑运行、建筑拆除等阶段，详细计算上述各阶段的碳排放。该项目全生命周期碳排放占比如表14-5所示，该住宅50年碳排放量达到13303.97tCO_2e，单位面积碳排放量为1.787tCO_2e/m^2，年均碳排放指标达到35.73kgCO_2e/m^2。建筑运行阶段占比最大，为63.64%，其次为建材生产阶段（32.95%）。

全生命周期碳排放占比　　表14-5

阶段	50a碳排放总量（tCO_2e）	单位面积碳排放量（tCO_2e/m^2）	占比（%）
建材生产阶段	4383.80	0.589	32.95
建材运输阶段	270.14	0.036	2.03
建筑建造阶段	159.12	0.021	1.20
建筑运行阶段	8466.07	1.137	63.64
建筑拆除阶段	24.80	0.003	0.19
建材回收	-1188.13	-0.160	—
绿化碳汇	-240.04	-0.032	—
合计	13303.97	1.787	100.00

注：占比计算不考虑碳汇和建材回收部分减碳量；负值是减碳量。

该项目采用高效保温隔热、高效率空调机组、绿化碳汇、建材回收以及装配式建造体系，可有效降低碳排放指标。其中采用剪力墙（PC）和预制构件外墙模（PCF）进行优化建造，与现浇混凝土建筑相比，装配式建筑建造阶段碳排放量降低6.5%。采用空气源热泵空调系统，相比于电热锅炉，空气源热泵空调机组的高COP、低耗电量的特点使其二氧化碳的逐时排放量更少，平均减少43.95%。50年的建筑使用寿命估算的固碳量为240.04tCO_2，建材回收减碳排放量为1188.13tCO_2。

第 15 章

建筑产业互联网案例

15.1 工业化建筑政府级智能建造平台案例

15.1.1 工程概况

以湖南省装配式建筑全产业链智造平台为例。湖南省始终高度重视装配式建筑发展，在省委省政府的强力推动下，装配式建筑被列入“十三五”期间全省重点扶持的十大“新兴产业”和全省20条新兴优势产业链之一，发展速度和综合实力一直位居全国领先地位。

2019年湖南省住房和城乡建设厅联合省发展和改革委、省自然资源厅、省财政厅四部门出台了《关于推进我省装配式建筑发展有关工作的通知》（湘建科〔2019〕240号），2020年省工业和信息化厅发布了《湖南省装配式建筑产业链三年行动计划（2020—2022年）》，提出要大力推进装配式建筑“设计—生产—施工—管理—服务”全产业链建设，推进全省装配式建筑标准化、通用化、信息化、智能化发展。

随着省内装配式建筑发展速度不断加快，也暴露出一些亟待解决的问题，主要体现在设计不标准、生产不统一、构件不通用、信息不共享、施工不规范、监管不到位、建设成本偏高、质量品质不优。为破解装配式建筑产业发展瓶颈，2019年初，湖南省住房和城乡建设厅在省政府的大力支持下，按照“政府引导、企业主导、统一规划、分步实施、成果共享”原则，在全国率先启动了湖南省装配式建筑全产业链智能建造平台的建设工作。

智能建造平台将装配式建筑技术与BIM信息技术、物联网、大数据、人工智能融合，通过统一标准、统一平台和统一管理，通过搭建装配式建筑全流程标准化和数字化体系，集成并打通装配式建筑项目设计、生产、运输、施工、运维、监管全流程技术应用，建立全省统一的装配式建筑全产业链智能建造管理和服务综合平台，实现装配式建筑的智能化设计、生产、施工。

如图15-1所示，智能建造平台由政府侧产业公共服务平台和企业侧产业应用平台两大板块组成。政府侧平台包括湖南省装配式建筑标准部品部件库及管理云平台、湖南省住房城乡建设科技信息平台、装配式项目全过程质量监管和追溯平台、装配式产业大数据分析和公共服务平台；企业侧平台包括装配式建筑标准化智能化设计系统、预制构件数字化生产系统、装配式项目智慧施工管理系统、项目全流程综合管理平台、装配式钢结构项目全生命周期数字建造平台、基于BIM的装配式建筑运维管理系统等。通过数据传递，可实现各子系统的互联互通。

通过智能建造平台的建设，湖南省在全国首创了省级统一的数据标准和标准部品部件体系，如图15-2所示。通过构筑基于云服务的BIM基础数据系统，形成产业链上下游的数据信息通道，实现了基于统一系统的跨专业、多用户互操作及数据集成更新。基于公有云服务开放的参数化部品部件，方便全省设计单位直接选用，减少构件设计工作量，大大提高了全产业链专业化、标准化、规模化生产效率，从源头上解决目前装配式建筑“设计不标准”“构件不通用”“建设成本偏高”等关键问题。在预制构件库采用开放式构建方法，通过数据接口，建立了面向全产业供应链的信息集成环境。

如图15-3所示，湖南省智能建造平台也在全国首创了基于BIM技术的省级装配式建筑全产业链智能建造体系。发挥BIM全生命期数据共享、协同工作的优势，打通项目设计、生产、运输、施工、运维、监管各环节，实现了BIM技术在装配式全流程的集成化应用。产业应用平台包括数字设计、智能生产、智能施工、绿色运营四部分，各部分通

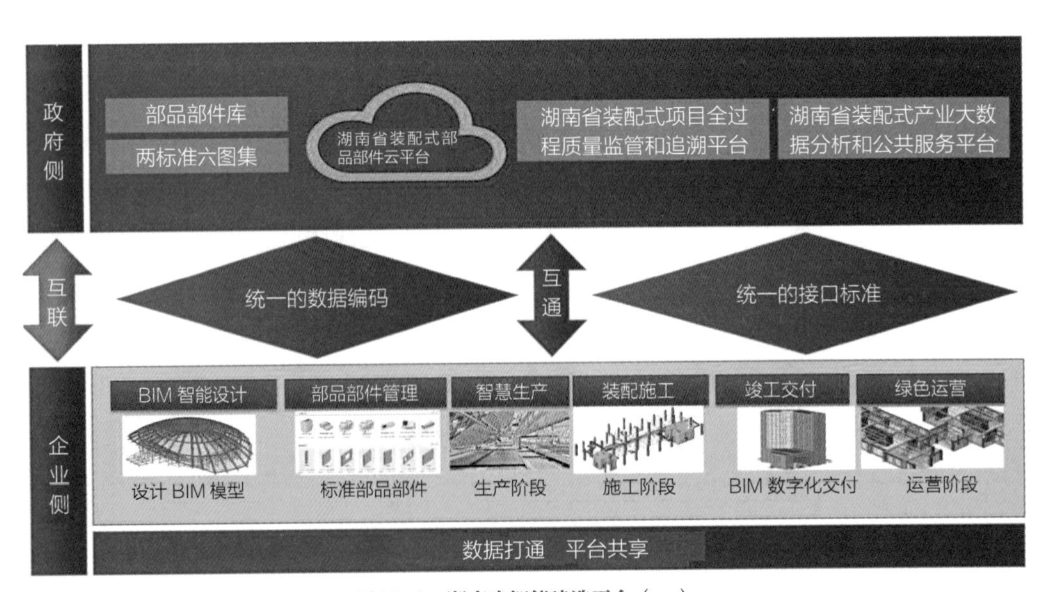

图15-1　湖南省智能建造平台（一）

全省统一的标准部品部件库服务平台

基于公有云平台开放的参数化部品部件，方便全省设计单位直接选用，减少构件设计工作量，大大提高了全产业链专业化、标准化、规模化生产效率，从源头上解决目前装配式建筑“设计不标准”“构件不通用”“建设成本偏高”等关键问题。

数据共享

整合各方的部品来源，公开提供部品的属性、图纸、文档，以及三维模型的在线展示，并提供对应模型的下载等应用服务

设计对接

无缝对接 PKPM-PC 装配式设计软件，并提供 PC 装配式构件快速建模工具，支持预制构件直接批量上传、下载、在线浏览等

接口开放

建立开放的部品数据库，对外提供数据服务接口，可供不同的设计软件、客户端等连接调用

品质严控

平台对各企业上传的部品在入口处实行严格审核把控，以保证公共服务平台内的部品信息真实有效

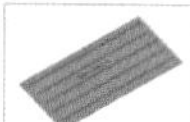   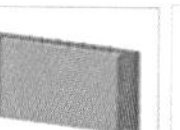  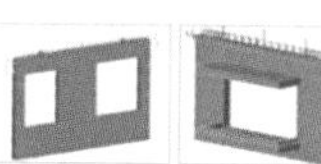  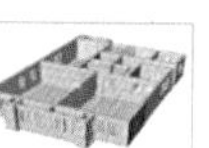

图15-2　湖南省智能建造平台部品部件库（一）

基于自主 BIM 平台的装配式建筑智能化设计系统

- 多专业智能建模
- 专业间智能提资
- 装配式构件智能拆分
- 结构抗震优化
- 自动统计装配率
- 管线智能连接
- 冲突智能检测
- 建筑性能设计
- 自动化成图
- 智能统计工程量

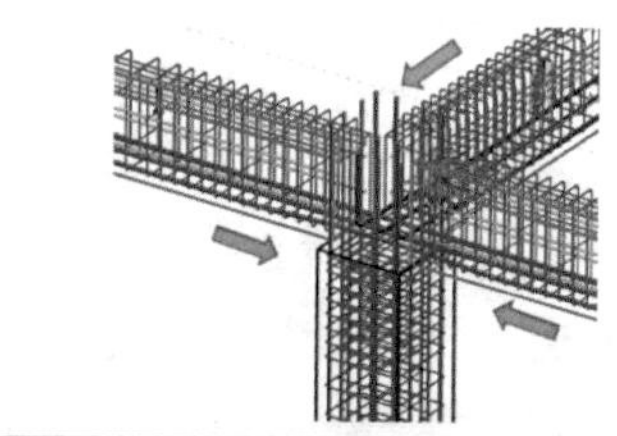

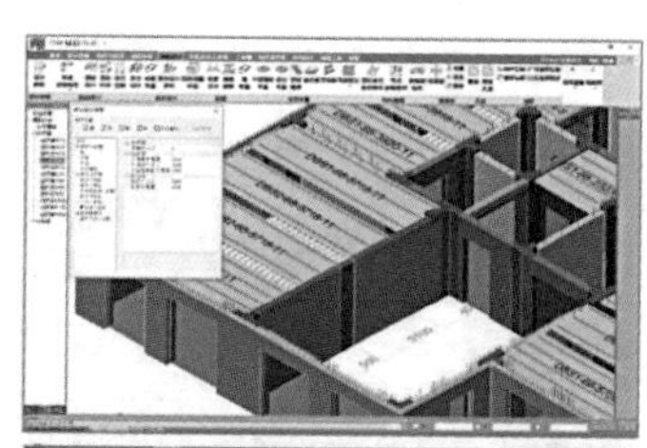

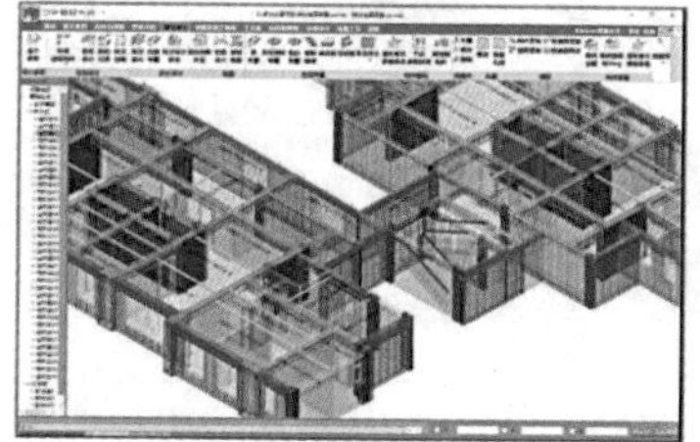

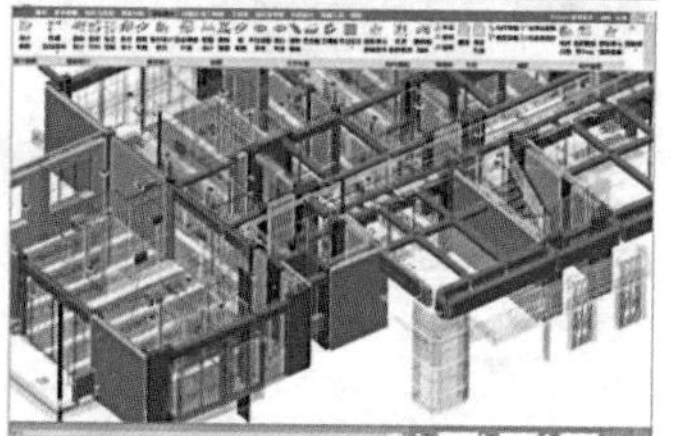

图15-3　湖南省智能建造平台智能化设计

过BIM记录信息数据，获取所需信息，通过建立唯一编码体系保证数据记录的唯一性；通过BIM技术的协同工作机制，实现了不同专业和上下游之间的信息协调和互通。

如图15-4所示，湖南省智能建造平台的建设整合了全省产业基地企业和科研院所的优势资源，以中国建筑科学研究院有限公司作为技术总牵头单位，湖南省建筑设计院集团股份有限公司、中机国际工程设计研究院有限责任公司、湖南建工集团有限公司、湖南东方红建设集团有限公司等龙头企业分工协作共同建设。在搭建平台的同时，省住房和城乡建设厅还将平台与湖南省工程建设项目审批管理系统、施工图管理信息系统、工程项目动态监管平台以及质量考评系统对接，数据共通共享，形成了完整的智慧住建体系。

如图15-5所示，湖南省智能建造平台在初步研发完成后，已将省内各大产业化基地的企业和项目信息陆续上传到平台中，并在省内龙头企业中进行了先期试点应用。在湖南东方红建设集团有限公司的吉首大学师范学院教学和生活设施建设试点项目中，70%的预制叠合楼板、60%的预制内隔墙采用标准部品部件库中的构件，智能化设计软件使构件拆分由以往的5d减少为1d，深化设计和出构件详图由以往的40d减少到15d，整体设计效率提升50%以上；所有预制构件均通过BIM设计软件生成了数字化模型传递给生产环节，并自动生成了生产BOM清单传递给生产管理系统，在钢筋加工和混凝土浇筑等环节实现了数据驱动设备自动化生产，减少了物料浪费；由于采用优化排产管理，各生产线和模台实现了合理调配，整体效率提升了30%，成本降低了20%；装配式施工智慧管理，实现了现场管理标准化、可视化、精细化，现场人员

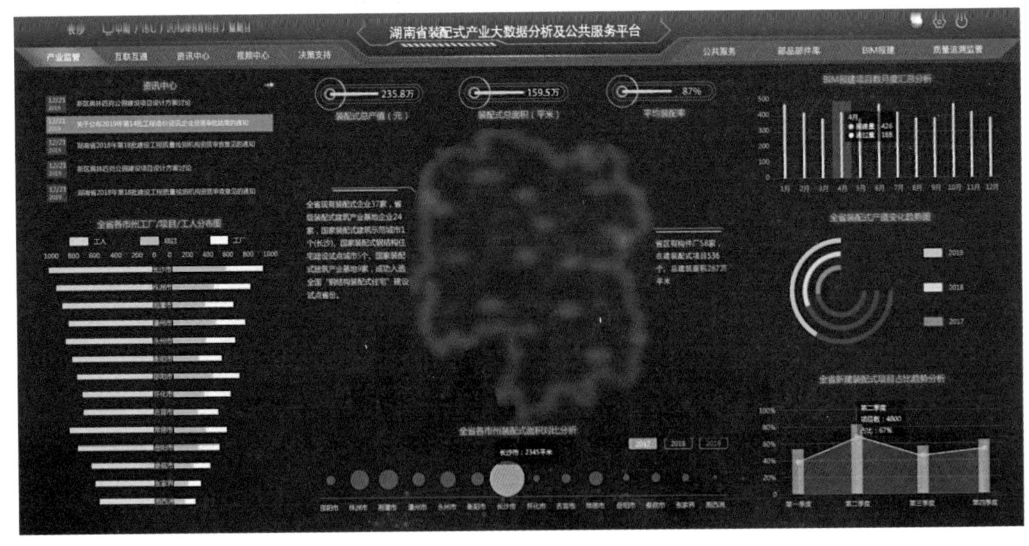

图15-4　湖南省智能建造平台（二）

项目概况：该项目为一栋 6 层的多层办公建筑，平面采用大空间设计，立面采用清水混凝土的现代工业风格

工程地址：长沙市山河工业城内

结构体系：装配整体式框架结构

预制构件种类：预制内隔墙、叠合楼板、叠合梁、预制外墙挂板等

图15-5　湖南省智能建造平台工程项目应用

工作效率提升10%以上，确保项目保质保量按期完成。

平台全面覆盖省内41个国家、省级装配式建筑产业基地及所有装配式相关企业，全面提升了湖南省装配式建筑产业的核心竞争力。2021年，智能建造平台入选住房和城乡建设部《智能建造与新型建筑工业化协同发展可复制经验做法清单（第一批）》和《智能建造新技术新产品创新服务典型案例清单（第一批）》。

15.1.2　技术应用

装配式建筑是“十三五”期间湖南省重点扶持的十大“新兴产业”和全省20条新兴优势产业链之一。截至2018年底，已有国家装配式建筑产业基地企业9家、省级装配式建筑产业基地企业32家，年产能突破3000万m^2，共实施装配式建筑项目3748万m^2，年产值达到600亿元，已成为全国装配式建筑制度建设较完善、产能规模最大、发展最快的省份。

但是，目前省内装配式研发、设计、生产、施工、物流、装修、运维产业链还不健全、不配套，特别是设计、运维、管理等智能化应用严重滞后，未能实现全产业链的BIM应用和数据共享，导致资源浪费严重，产业后劲不足，存在设计不标准、模数不统一、构件不通用、信息不共享、施工不规范、监管不到位、建设成本偏高、质量品质不优等突出问题。2018年9月18日，陈文浩副省长调研了湖南省装配式建筑产业，明确提出省住房和城乡建设厅要加快建立全省统一的装配式建筑全产业链智造平台，大力推进装配式建筑标准化、通用化、智能化工作，把湖南省建成全国装配式建筑科技创新高地和软件输送中心。

为此，湖南省住房和城乡建设厅制定印发了《湖南省装配式建筑全产业链BIM智造平台建设组织方案》（湘建科函〔2018〕384号）的通知，并启动装配式建筑全产业

链智能建造集成新技术研发项目。项目拟利用2~3年时间，通过引进国内装配式建筑先进技术，整合全省装配式建筑企业科技创新优势资源，将装配式建筑标准化、体系化、信息化、智能化等新型技术集成融合，建立全省统一的装配式建筑全产业链BIM智能建造平台。

该项目结合当前湖南省装配式建筑项目实施的“内浇外挂”“套筒灌浆”“叠合剪力墙”“市政其他类”四大PC结构体系及钢结构体系的全流程智能建造五项关键技术，形成若干成熟标准和体系，实现装配式建筑全产业链的信息互联互通和各参与方的高效协同，并实现全省装配式建筑基于BIM的标准化设计、数控化工厂制造、智慧化现场施工、信息化报建与质量监管、智能化运行维护。

如图15-6所示，通过湖南省智能建造平台产业大数据分析，该项目的实施将实现资源的合理配置，有效降低建设成本，提升建造效率和建筑质量，降低人工量，工程精度由厘米级提升至毫米级。同时大幅提升行政监管效率，消除质量隐患，大幅降低安全事故发生，为装配式建筑产业化提供科技引领和技术支撑。

该项目通过搭建装配式建筑全流程标准化体系，建立标准部品部件库，研发各环节应用平台和系统，打通装配式建筑设计、生产、运输、施工、运维、监管各环节，实现资源的合理配置；通过BIM技术对装配式建筑全过程信息和资源的集中管理，实现BIM技术在装配式建筑中的集成化应用；通过整合湖南省装配式建筑科技创新研发成果，融合各企业优势，实现多标准合一、多企业合一和多系统合一。

1．智能建造平台中政府侧内容

装配式建筑BIM智能建造平台中政府侧包括湖南省标准部品部件体系、装配式建筑BIM数字化报建系统、装配式项目全过程质量监管和追溯系统、湖南省装配式产业大数

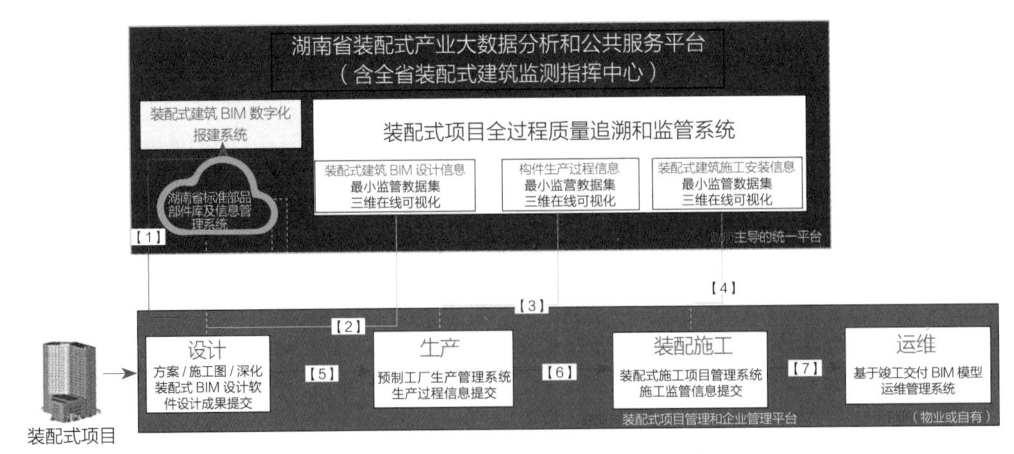

图15-6 湖南省智能建造平台产业大数据分析

据分析和公共服务系统。通过数据互联互通，可实现与企业侧各应用系统的数据传递。

装配式建筑BIM智能建造平台（政府侧）的主要内容包括：

（1）装配式建筑全流程标准化体系

如图15-7所示，标准化体系包括适用于装配式建筑设计、生产、施工、运维全过程的BIM数据标准，有效规范装配式建筑全生命周期的BIM创建、交付和分类存储，合理整合行业资源，提升建造精度和管理效率，提高装配式建筑产品质量。同时，装配式建筑BIM标准可提高装配式建筑信息模型应用的通用性和适用性，有利于行业间不同企业的合作，有效减少资源浪费，降低成本。

（2）湖南省标准部品部件库云平台

如图15-8所示，基于云服务，建立开放的参数化预制部品部件BIM模型数据库和

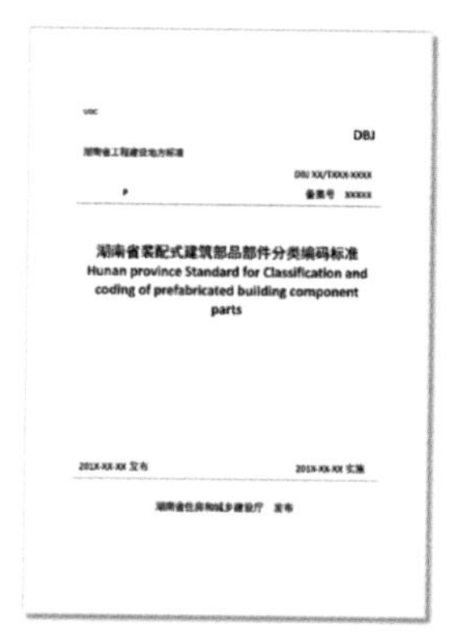
DBJ

湖南省装配式建筑部品部件分类编码标准

Hunan province Standard for Classification and coding of prefabricated building component parts

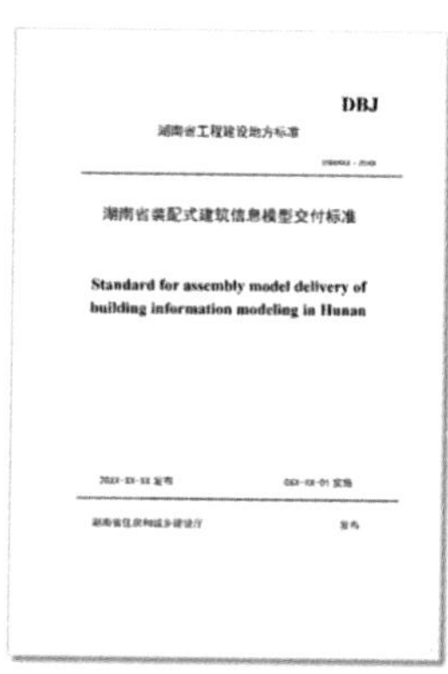
DBJ

湖南省工程建设地方标准

湖南省装配式建筑信息模型交付标准

Standard for assembly model delivery of building information modeling in Hunan

《预制混凝土剪力墙外墙板》

本图集预制外墙板安全等级取为二级，结构重要性系数取1.0，设计使用年限为50年。本图集预制外墙板配筋（包含墙身钢筋、边缘构件钢筋、连梁钢筋）均按最小配筋率进行确定。

本图集对标准化预制混凝土剪力墙外墙板构件尺寸的选取符合模数（3M）规定，层高选用了2.8m、2.9m、3.0m三种规格，根据外墙板建筑特点，分为了无洞口外墙板（WQ）、单窗洞外墙板（WQC1）、双窗洞外墙板（WQC2）、单门洞外墙板（WQM），同时辅以外叶墙板详图以及节点详图。

《预制混凝土剪力墙内墙板》

本图集预制内墙板安全等级取为二级，结构重要性系数取1.0，设计使用年限为50年。本图集预制内墙板配筋（包含墙身钢筋、边缘构件钢筋、连梁钢筋）均按最小配筋率进行确定。

本图集对标准化预制混凝土剪力墙内墙板构件尺寸的选取符合模数（3M）规定，层高选用了2.8m、2.9m、3.0m三种规格根据内墙板建筑特点，分为了无洞口内墙板（NQ）、固定门垛内墙板（NQM1）、中间门洞内墙板（NQM2）、刀把内墙板（NQM3），同时辅以不同部位节点详图。

图15-7 湖南省智能建造平台标准库

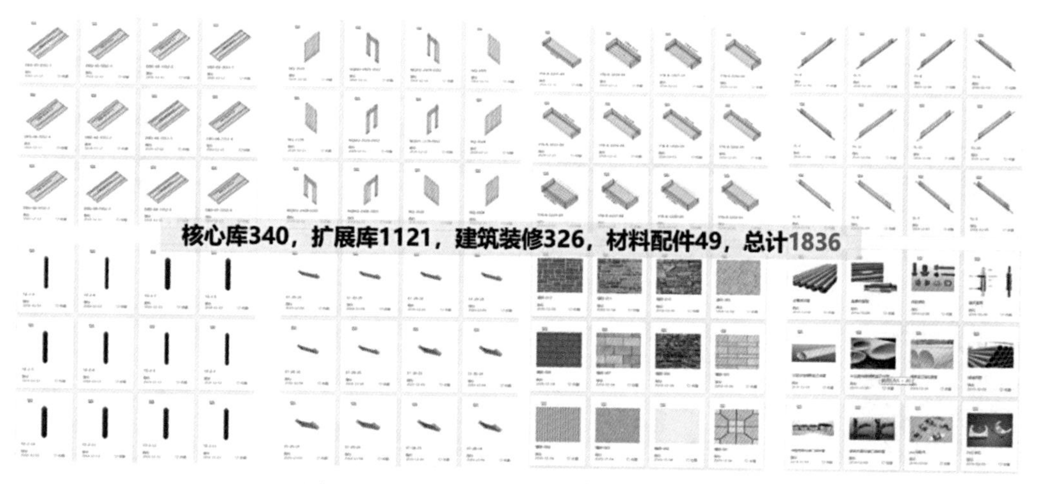

图15-8 湖南省智能建造平台部品部件库（二）

数据库管理系统，形成产业链上下游的数据信息通道，满足大型装配式建筑预制构件BIM模型的互联网采集、存储和智能检索，使标准预制构件成为标准化设计、生产、运输、安装的基础单元，实现基于统一系统的跨专业、多用户操作及数据集成更新。通过不同数据间接口，建立业务模块之间的映射关系，建立面向全产业供应链的数据集成环境，可打破各专业间的信息壁垒，促进各专业之间在设计、构件与部品生产、装配施工、运营维护建筑全生命周期内数据共享与流动，为装配式建筑全流程标准化和一体化提供关键支撑。

（3）装配式建筑BIM数字化报建系统

将现有装配式建筑的二维数字化报建系统升级为装配式建筑BIM数字化报建系统。建立装配式建筑基于BIM的数字化报建系统，同时提出标准、制度、系统对接、试点应用等解决方案，实现规划阶段和施工图设计阶段成果的BIM交付、审查和备案；基于全信息装配式建筑BIM模型与自动化报建工具，自动统计装配率和标准构件使用率。

（4）装配式项目全过程质量监管和追溯系统

按照湖南省对装配式项目的管理要求，省内装配式项目管理必须依托于BIM的精细化模型，结合物联网、RFID芯片等技术，在建筑设计、深化设计、构件生产、构件运输、现场施工、运营维护等各个环节展开管控，各参与方在不同工作阶段，要以装配式BIM精细化模型为基础，保证各阶段的数据互联互通，实现对装配式项目的全生命周期管理。

如图15-9所示，该系统搭建项目质量监管和追溯体系，能够即时、准确、全面、

图15-9 湖南省智能建造平台（三）

动态地获取项目的管理数据进行监督，并实现对项目深化设计、原材料采购、入库检验、生产工序检验、出库检验、运输过程、施工装配过程、交付验收的质量检验数据的查阅，并通过各阶段之间数据的逻辑关系，实现装配式建筑质量的追溯。系统运用“互联网+”技术，通过全生命周期管理监督和标准化、流程化、痕迹化管理，保障各主体单位认真履行责任，对装配式建筑质量有着至关重要的作用。

（5）装配式产业大数据分析和公共服务平台

如图15-10所示，基于大数据和装配式产业发展的基本情况，通过分析装配式产业的大数据关系，总结出湖南省装配式建筑发展过程中存在的主要问题及成因，并从政策引导、行业服务、企业主导三个方面，为助力湖南省装配式建筑发展提出对策，力求利用大数据指导决策、提升质量、削减成本、实现利润最大化。

主要内容包括产业监管大数据、装配式产业互联互通大数据、视频中心、决策支持、资讯中心、部品部件大数据、质量追溯大数据、BIM报建大数据、公共服务、大数据后台管理。

2．智能建造平台中企业侧内容

装配式建筑BIM智能建造平台中企业侧包括基于湖南省标准部品部件体系的装配式建筑标准化智能化设计系统、预制构件数字化生产系统、装配式项目智能化施工系统、物业运维管理系统。基于BIM平台可打通建造全流程，实现数据的有效传递和多参与方的协同工作，通过数据互联互通，可实现与政府侧各应用系统的数据传递。

装配式建筑BIM智能建造平台（企业侧）的主要内容包括：

图15-10　湖南省智能建造平台大数据分析

（1）装配式建筑标准化智能化设计系统

如图15-11所示，系统采用BIM技术，按照装配式全产业链集成应用模式研发，符合装配式建筑精细化、一体化、多专业集成的特点。软件可直接选取湖南省标准部品部件库中的构件，在自主BIM平台下实现全专业协同设计。系统可快速完成装配式建筑全流程设计，包括方案、拆分、计算、统计、深化、施工图和加工图。可实现智能拆分、智能统计、智能查找钢筋碰撞点、智能开设备洞和预埋管线、构件智能归并，即时统计预制率、装配率和湖南省标准化率，自动生成各类施工图和构件详图，自动生成构件材料清单，设计数据可直接接力到生产加工设备。相比传统CAD设计和采用其他通用BIM软件设计，效率大为提高，经大量实际项目应用，成熟稳定。

（2）预制构件数字化生产系统

构件加工生产是建筑工业化体系重要的一环。如图15-12所示，预制构件数字化生产系统，集成了信息化、BIM、物联网、云计算和大数据技术，面向多装配式项目、多构件工厂，针对项目全生命周期和工厂全生产流程进行管理，作为装配式项目和构件厂的可视化和精细化管理的支撑，加强了构件厂与装配式设计和装配式施工现场之间的协同，从而达到减少项目风险、降低构件成本、优化库存、提高效率和应变能力、减少人为操作失误、优化管控流程和提高产品质量的目标。

（3）装配式建筑智能化施工系统

在装配式建筑施工阶段，基于BIM智能化施工系统，结合构件模型数据和施工现场智慧工地相关技术，实现装配式建筑施工过程中堆场优化、吊装模拟和管理、构件可视化预拼装及安装流程模拟、进度协同和管控、基于物联网的质量监管等，从而达

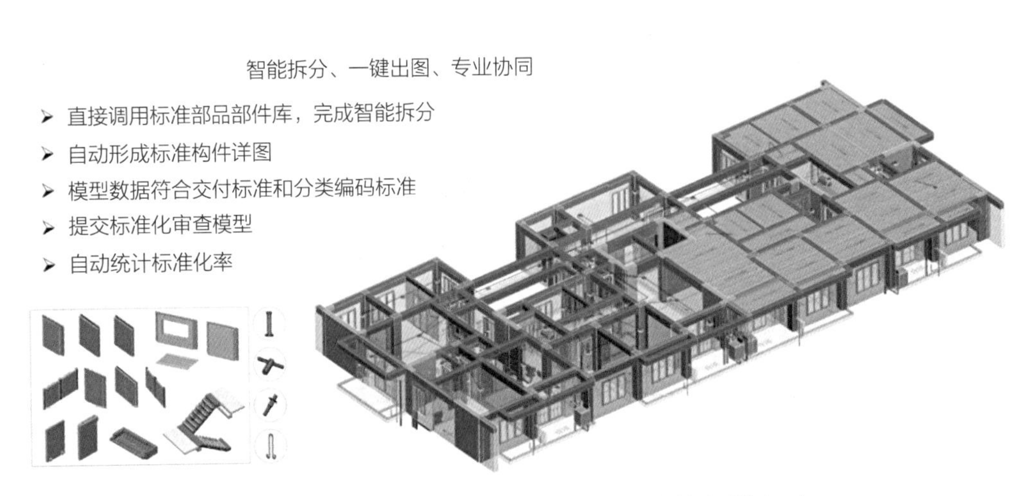

图15-11　湖南省智能建造平台装配式建筑智能化设计系统（一）

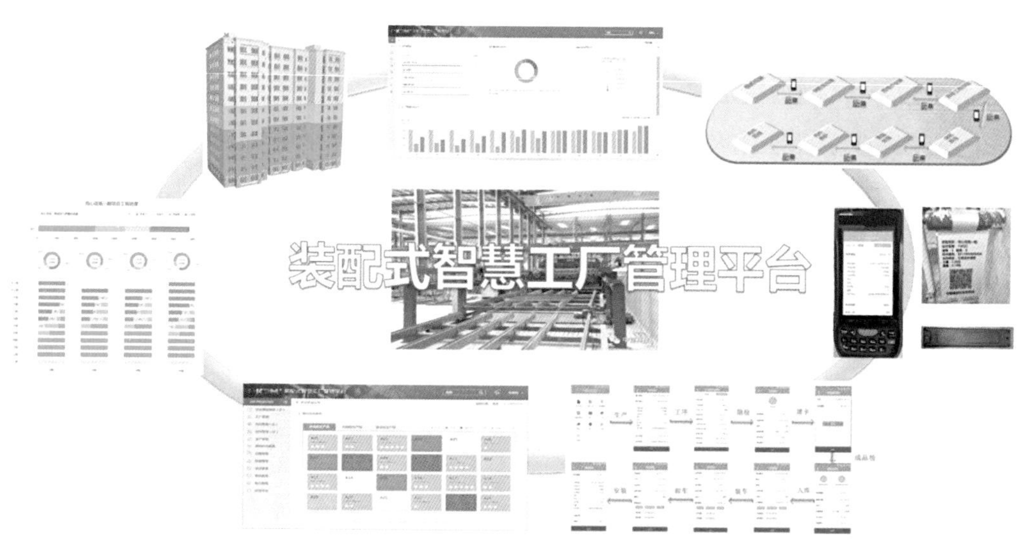

图15-12　湖南省智能建造平台装配式建筑智能化设计系统（二）

到装配化施工、智能化运用、信息化管理的装配式建筑施工阶段管理目标。

（4）基于BIM的物业运维管理系统

根据现阶段建筑运行水平和物业管理情况，结合目前智能物业管理体系和配套产品，将BIM技术与传统物业管理系统融合，建立基于BIM技术的研发运维阶段管理系统，包括智慧物业、设备设施管理、能耗监测等应用功能。

系统分为用户端程序、管理端程序与数据中心三部分，用户端程序包括用户管理、机电设备维护、建筑设施维护、园艺绿化、卫生保洁、收费管理模块，管理端程序包括员工管理、消防安防、物业管理、设备设施管理模块，数据中心架构建筑模型、设备、设施等模型空间；建立人员信息、模型信息与运行状态信息的关联。结合GIS、物联网、移动互联等技术，定量、可视地指导运维管理，完善持有型物业的运维知识管理，更科学地管理能耗，打造绿色、低碳、可持续发展的智慧型物业管理系统。

15.1.3　应用效益

该项目一是成立了“湖南省装配式建筑全产业链BIM智造平台建设协调领导小组”，全省32家国家级和省级装配式建筑基地企业、65家全产业链骨干企业参与，投入项目顶层设计和技术研发。

二是明确中国建筑科学研究院有限公司技术总支持平台单位；湖南省住房和城乡建设厅信息中心、湖南省住宅产业化促进会、湖南建工集团有限公司为平台建设总协调单位。明确湖南省建筑科学研究院有限责任公司、湖南东方红建设集团有限公司等6家企业为子平台牵头单位。

三是完成了标准化及基础研究工作。这项工作是保证装配式建筑设计“标准化”、构件“通用化”的基础，由湖南省建筑设计院集团股份有限公司牵头，搭建全省统一的BIM标准部品部件库服务平台，编制湖南省相关的装配式建造BIM编码与交付标准，并完成基于标准部品部件库的装配式设计软件系统。

四是启动了信息的互联互通工作，搭建了湖南省装配式产业大数据分析及公共服务平台，10家装配式建筑基地企业级智造系统与平台试运行系统进行了对接，实现了这些装配式建筑企业、工厂、项目信息的互联互通。该平台已于2019年10月15日在湖南（长沙）装配式建筑与工程技术博览会上举行了系统上线联网启动仪式。

五是企业牵头的四大PC结构体系及一类钢结构体系的全流程智能建造系统有序推进，以湖南东方红建设集团有限公司为代表的各家装配式建筑基地企业积极响应，经过多轮调研、沟通，形成研发方案，已经展开研发和示范工程应用工作。

15.2 工业化建筑用户级平台案例

15.2.1 工程概况

为了架设建筑垃圾资源化利用企业和新型建材使用方沟通“桥梁”，形成高质量发展的有力抓手，南京市建设了建筑用品利用交易平台，如图15-13所示。

图15-13　南京市建筑用品利用交易平台（一）

15.2.2　技术应用

1．建筑再生产品的“淘宝”市场

一是建筑再生产品的分类集市。如图15-14所示，该平台以建筑垃圾再生产品信息发布、查询和线上交易功能为主，旨在为建筑垃圾资源化处置企业和建筑垃圾再生产品需求方提供供求信息资源，提升再生产品资源化利用率。目前平台利用大数据，将资源化产品供给信息与“南京市智慧工地”1680个在建工地需求信息对接，为工地建材需求提供多方位服务。平台现有再生产品分为土材类、再生建材类、石材类、草木类、铁制品类、再生废品、其他类共7大类，覆盖南京市11个市辖区，为市区级资源化交易提供了良好的沟通平台。

二是建筑垃圾资源化企业的宣传平台。围绕建筑固废资源，南京市形成相应的上下游产业链。如图15-15所示，南京市建筑用品利用交易平台建立“再利用企业库”，就是收集整理本地资源化企业并加以推广，现已包含南京市55家企事业单位，相关内容涉及公司介绍、供应产品、联系方式等。平台“再利用企业库”中的供应信息与提交的产品信息挂钩，形成了相应的产品库，便于企业推广和工地购买。

三是行业协会的信息集散中心。平台依托南京环境集团有限公司为南京市建筑垃圾资源化利用协会和南京市再生资源协会副会长单位。平台为两个协会搭建交流互通的桥梁。南京市建筑垃圾资源化利用协会企业将平台作为宣传的窗口，而南京市再生资源协会已择优选取40家企业入驻平台，拆建项目中涉及可回收资源的，可就近交由40家资源化回收企业处置。

2．“口袋”里的交易中心

为忙碌的项目工程师提供更便利的查询条件，平台推出了微信公众号服务和移动

图15-14　南京市建筑用品利用交易平台（二）

中建八局第三建设有限公司

法定代表人：　　注册资本：100000.0万元　　成立时间：1991-03-24
电话：025-69976983　　邮箱：cscec83@cscec.com
地址：南京市栖霞区仙林大学城文澜路6号中建大厦

中铁广州局华东指挥部

法定代表人：　　注册资本：230000.0万元　　成立时间：2016-11-11
电话：-　　邮箱：-
地址：广州市南沙区进港大道582号1号楼

江苏鲁高宁通

江苏鲁高宁通绿色工程有限公司

法定代表人：　　注册资本：8200.0万元　　成立时间：2020-02-27
电话：-　　邮箱：2172396093@qq.com
地址：南京市浦口区江浦街道雨山路48号文创园东区A栋1312号

中铁十六局集团第三工程有限公司

法定代表人：　　注册资本：100080.0万元　　成立时间：2001-04-13
电话：0572-2067130　　邮箱：1114554346@qq.com
地址：浙江省湖州市吴兴区湖州东路288号

图15-15　南京市建筑用品利用交易平台（三）

服务端，力争使平台成为“口袋”里的建筑资源化产品交易中心。

一是一键注册，减少注册手续。为减轻PC端冗长的注册流程，移动服务端采用一键注册模式，仅凭手机号即可注册，并浏览相关资源化产品信息。涉及交易等敏感信息时，才接入验证信息系统，在后台审核完成后才授予相应权限。在满足交易安全的同时，具有良好的便捷性。

二是信息推送，及时送上信息大餐。平台以微信公众号作为推送主体，实时推送建筑垃圾资源化相关信息，成为南京市建筑垃圾领域“小而精”的特色平台。现已推送的信息包含平台使用介绍、平台发展近况、建筑垃圾资源化政策。相关优秀的资源化企业也通过平台进行推介，拓宽了资源化产品的宣传渠道。

三是产品、需求信息随手查。为了方便用户随时随地登录使用平台、及时查询最新的资源信息，上线了平台手机版，如图15-16所示。界面非常干净清爽，将供给资源和需求资源放在首页，资源化企业和施工单位可随时查看资源化再生产品信息。通过价格比选、距离比选、产品比选，为建设单位降本增效提供助力。

手机版上线后，用户可以随时、随地、随心地在移动端登录交易平台，将平台实时的资源信息掌握在手中，突破地域的局限性，在手机上就可以轻松地对接资源，给企业创造更多效益。

图15-16　南京市建筑用品利用交易平台手机版

15.2.3　应用效益

南京市建筑用品利用交易平台是以建筑垃圾资源化为目标的市场化交易平台。作为B2B的电商平台，同样有着“降本增效，改善供应链管理”的建设理念。一方面改善信息交流不对称的问题，让信息更加透明；另一方面增加了建筑再生产品的销售渠道。通过平台将供需双方信息进行整合，促进再生产品交易的发展，符合现阶段社会发展需求。与淘宝等B2C面向大众的平台不同，受B2B模式的约束，南京地区上下游产业链企业数量相对较低，导致“熟客”模式越发普遍，重私下关系、轻平台的现象越发严重。为解决该问题，平台改善推广策略，形成多矩阵宣传模式，移动端、短信、微信公众号、抖音多端同步，提高目标客户对平台的关注量和访问量，有效增设相关服务链接，提高客户转化效率。同时，平台已设立线下推广小组，由资深项目经理带队，从城建系统向南京市所有工地推广平台服务。通过产业、数据整合，打造南京市建筑可再生资源一张网，建立“资源化监管”与“服务企业”并举的平台运作模式，为全市建筑工地、建筑再生资源企业提供信息服务，包括再生产品信息、工程渣土调配服务等，实现建设工程建筑废弃物“零弃置”。

15.3 行业级建筑产业互联网平台案例

15.3.1 工程概况

中信智能建造平台以工程金融为依托，以智能构件为核心，利用BIM技术、云计算、大数据、物联网、移动互联网、人工智能、区块链等前沿信息技术，通过对人员、流程、数据、技术和业务系统的有效集成，实现对工程项目从前期策划、勘察设计、采购分包、施工安装、竣工交付到后期运营的全过程、全要素、全参与方的数字化、网络化、智能化，从而构建项目、参建方和产业的平台生态新体系，中信智能建造平台架构如图15-17所示。平台通过聚合高质量的服务供应商，集成丰富的建筑信息化产品、服务及解决方案，服务于全产业链的生产活动。项目参建方基于平台开展数字化项目，实现数据互通、信息共享、业务协作和资源整合，形成网络化与规模化的多方协作。改变了建筑业的要素、参与方与生产过程割裂、孤立、分散的状态，打破企业、区域、系统边界限制，形成以项目成功为目标的利益共同体，打造高效、完整、多方共享共赢的产业生态圈，促进产业链的高效整合和建筑业高质量发展。

平台致力于推动中国"智能建造"，用金融及数字技术赋能城市建造及运营，为工程各参与方输出全产业链多元化整体解决方案。截至目前，平台已在包括神山湖商务区、清水入江、国家网络安全人才与创新基地项目、东湖实验室等项目上充分试点应用，并联合生态合作伙伴共同打造了一系列行业数字化应用的典型示范项目，为工程建设行业数字化转型发展提供基于自主可控BIM技术的"中信方案"。

图15-17 中信智能建造平台架构图

15.3.2 技术应用

1. 高效多边协同支撑项目智能建造

基于三维可视化的BIM协同设计，各个专业之间协调工作，实时分享，大大减少了各专业的工作量，设计效率和质量得到明显提高，实现跨专业、跨领域、跨企业的协同设计，如图15-18所示。设计师通过智能构件获取构件相关知识，例如技术规范、定额造价、施工工艺等，能有效打破各阶段专业知识壁垒，填补设计经验的缺失，提高建筑品质、实用性和可持续性。采购客户群及终端供应商群通过平台，实施线上招标采购全流程，实现供需双方端到端一站式采购，减少采购中间环节，精准匹配供需两侧，撮合实时、在线交易。以项目模型为载体，利用物联网采集施工现场及设备实时数据，关联施工过程中的进度、合同、成本、质量、安全等信息数据，智能输出可比选的资源匹配计划和施工组织计划，科学配置资源、精准组织施工，实现精益建造。

2. 数字资产交付打造城市数字基础设施

通过平台实现一个模型用到底而产生的项目竣工模型，模型中沉淀了从设计、采购、施工等建设阶段的生产过程数据，汇集数字档案、设施设备等信息，形成数字孪生体，与工程实体同步交付给建设单位，实现实体建筑物的数字化交付。根据移交前的历史数据和信息，可提高交接效率和交接质量，为项目建造管理和延续运维提供管

图15-18 三维可视化BIM协同设计界面

理经验，“数字决策，看得见；过程管理，摸得着”。平台可以三维可视化全方位展示建筑全生命周期数据信息，通过多种数据处理方式，实现对建筑基础数据及内部关联关系的管理。这些数据能与外部系统进行数据交换，对接安防、消防、医疗、交通等众多领域，为智慧城市治理提供城市数字基础设施。

3．基于数字资产实现智慧运维

以数字资产为核心的运维系统，将运维原本分散独立的各应用系统有机地联系起来，集成为一个相互关联、完整和协调的综合监控与管理的大系统，使系统信息高度共享和合理分配，克服以往各应用系统独立操作、各自为政的“信息孤岛”现象，实现各应用系统的互操作、快速响应与联动控制。构建设备数据、监控中心、调度终端三位一体的展示体系。基于工程建设数据的记录与分析，结合设备运行实时数据，实时比对分析指标参数，即时呈现报警信息，将预警信息发送给指定的运维人员。平台自定义联动控制机制，设备异常预警时，支持跨系统联动调节异常预警项，确保建筑内设备及环境安全。

4．基于真实业务，输出可信数据，实现金融供需有效对接

如图15-19所示，产业互联网平台旨在打通产业供应链中的商流、物流、信息流和资金流，以建筑产业互联网平台各类交易和服务形成的产业大数据与交易信用，构

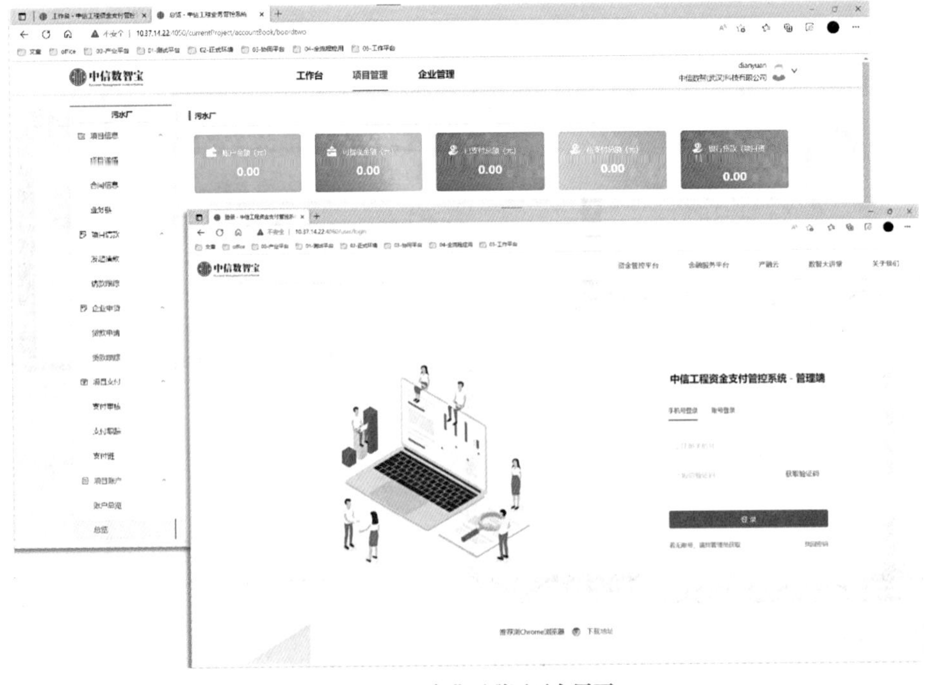

图15-19　产业互联网平台界面

成信用体系，以建筑产业互联网平台在线化真实交易为场景，运用供应链融资的方式，通过供方融资（应收账款）、需方融资（订单融资）、质押融资等手段封闭资金流或者控制物权，为产业链中小企业提供供应链融资服务，成为新一代供应链金融服务重要模式的载体。

15.3.3 应用效益

通过共享共建、创新共赢的开放理念，孵化嫁接项目级、企业级、行业级相关生态应用入驻平台，通过推进生态应用与平台技术对接，实现线上运营，打造工程建造领域的“淘宝商城”。通过一个平台、一套数据，实现项目设计、采购、施工、运维全生命周期的数字化、可视化、在线化，形成“数字孪生”的数字运营体系。同时，通过数字技术提供全流程基于应收账款的供应链金融服务，有效实现合作企业之间的资金管控和高效流转，从而有效控制项目建设成本、工期和质量，推动工程项目建设方式由“传统建造”向“智能建造”转型升级，提升行业生产效率。

截至2022年6月，平台已入驻企业1857家，覆盖建设单位、设计单位、总承包单位、供应商、软件服务商等；对接国产BIM软件60余款；拥有智能构件数量超10000个；实现线上招标采购交易251项，交易总额达到9.27亿元；完成资金管控支付19笔，总计管控金额12179.8万元。

4
展望篇

第16章 总结与展望

基于上述对智能建造与新型建筑工业化理论框架和工程全生命周期中的关键核心技术以及应用案例的分析和描述，以及绿色建造目标、建筑产业互联网平台的搭建，从理论体系的建构到关键技术的解析再到具体应用案例示范，以上内容从多重维度、多方视角揭示出推动智能建造与新型建筑工业化协同发展，具有科技含量高、产业关联度大、带动能力强等特点，不仅助力工程建造技术的变革创新，还从产品形态、商业模式、生产方式、管理模式和监管方式等方面重塑建筑业，催生新产业、新业态、新模式，为跨领域、全方位、多层次的产业深度融合提供应用场景。在以上技术及案例均具备的情况下，本书将在本章总结转型要素、发展路径以及对未来的展望，最终以“技术+路径”的方式为“智能建造与新型建筑工业化”协同发展提供综合解决方案。

16.1 要素总结

智能建造与新型建筑工业化协同发展是针对目前建筑业发展问题所提出的，目标是将数字化、智能化、工业化相结合，推动各要素向目标发力，形成整体协同发展效应，构建适合中国国情的建筑业转型升级模式。在“绿色建造”目标的背景下，需要大力推动行业转型升级，通过对数字化技术、智能化装备的集成应用，全面推动建筑工业化。

建筑业转型关键，在于人与自然和谐共处。为了人民健康发展，建筑业必须转向低碳发展，践行绿色建造理念。这将是建筑业转型的首要任务，也是发展智能建造与新型建筑工业化的主要目标。如图16-1所示，通过上述分析以及行业相关学者的结论，我们总结出协同发展的关键要素为“绿色发展方向、数字思维转变、信息技术发展、建设体系融合”。

STEP1:	绿色发展方向	建筑业减碳已成为我国实现“碳达峰、碳中和”目标的关键一环，故建筑业相关先进技术均应向着这一方向迈进。
STEP2:	数字思维转变	行业从业人员数字化思维的建立，消除建筑业网络化、智能化、信息化发展壁垒。
STEP3:	信息技术发展	信息技术的进步为智能建造发展奠定基础。
STEP4:	建设体系融合	在建造上要像制造汽车产品一样促使建设体系融合。汽车由千百个来自生产线上的零部件，通过科学的设计和精密的焊接组装而成，要学习这种工业化的生产方式来大力发展装配式建筑，形成系统性的建设工业化技术。

图16-1　智能建造与新型建筑工业化发展关键要素

1．绿色发展方向

向着绿色建造、绿色建筑的方向发展。建筑业减碳已成为我国实现“碳达峰、碳中和”目标的关键一环，对全方位迈向低碳社会、实现高质量发展具有重要意义。故建筑业相关先进技术均应向着这一方向迈进，智能建造与新型建筑工业化也不例外。

2．数字思维转变

首先，是行业从业人员数字化思维的建立。数字化转型，助力转型成功的关键在于建立数字化的思维模式，只有思想上的转变才能带来行动的转变、技术的转变，才能为建筑业网络化、智能化、信息化奠定基础。

3．信息技术发展

其次，信息技术的进步为智能建造发展奠定基础。智能建造技术涉及建筑工程全生命周期，其中主要技术有：人工智能、数字孪生、大数据、云计算、物联网、5G通信、3D打印、建筑机器人，不同技术之间互相独立又相互影响，共同搭建了整体的智能建造技术体系。只有这些技术发展，才能为数字化转型、技术应用提供良好的发展基础。

4．建设体系融合

再次，在建造上要像制造汽车产品一样促使建设体系的融合。汽车由千百个来自生产线上的零部件，通过科学的设计和精密的焊接组装而成，要学习这种工业化的生产方式来大力发展装配式建筑，形成系统性的建设工业化技术，使房子能够标准化设计、工厂化生产、装配化施工、一体化装修。

16.2 发展路径

智能建造与新型建筑工业化的协同发展是一项系统性、战略性、长期性的任务，发展其关键领域技术受到政策环境、市场环境、技术发展等诸多因素的影响，涉及多个行业、多个建设主体，需要对工程供应链不同环节、生产体系与组织方式、企业与产业间合作等进行全方位创新与优化。其发展不是一蹴而就的，需要以终为始思考智能建造发展的终极形态，并有针对性地规划实施发展路径。

本书认为，智能建造发展的终极形态包含三个层级、四项能力。三个层级存在一定的递进关系，代表了智能建造的三个阶段，分别是“无图建造—无人建造—智能建造”。支撑三个阶段发展需要具备四个能力，分别是“全数字化设计”“全工业化生产”“全装配化建造”“全智慧化运维”“全网络化协同”。如图16-2所示。

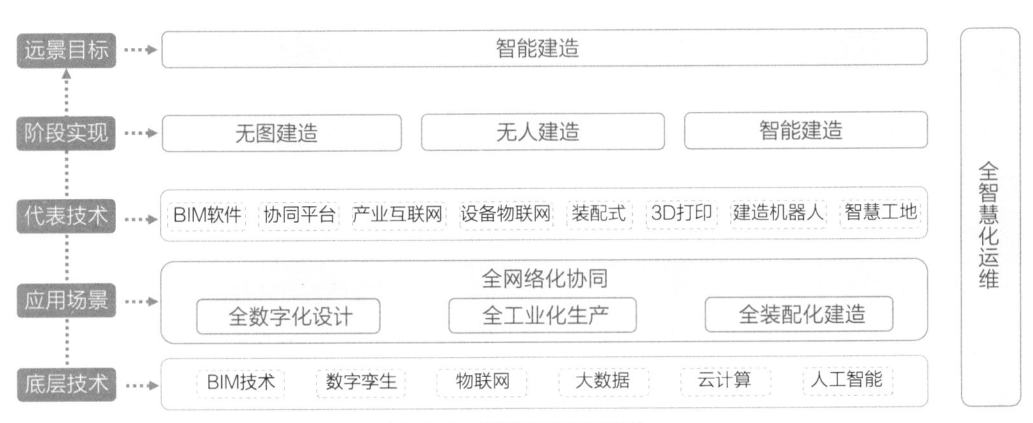

图16-2 智能建造发展路径

16.2.1 全数字化设计

全数字化设计是实现智能建造的前期基础，其核心是发展以BIM技术为基础的三维数字化设计，发展的终局是“无图设计”。要实现无图设计，需要加大力度推广基于BIM技术的三维数字化设计，实现全专业、全过程的设计协同，并匹配与之对应的政策体系与行业生态，如基于BIM的三维图审、基于BIM的数字化交付，以及数据确权、电子签章等技术的推广和应用。

16.2.2 全工业化生产

全工业化生产是实现智能建造的重要支撑，其核心是发展以装配式构件为基础的建筑业工厂，发展的终局是“无图建造”。要实现无图建造，必须加大装配式建筑的推广力度，推进行业标准体系和标准构件库的建立，发展数控建造技术，使BIM的模型数据能够与工业生产的机器设备无缝衔接，实现基于设计生产的一体化。

16.2.3 全装配化建造

全装配化建造是实现智能建造的重要手段，其核心是发展以建造机器人为基础的施工建造手段，发展的终局是“无人建造”。无人建造的基础是无图建造，是在建筑构件全工业化的基础上发展的建造过程机械化和自动化。要实现无人建造，重要的是鼓励和发展建造机器人及3D打印等施工技术，逐步实现用自动控制机器人取代现场人力施工，从而逐步实现施工现场的少人化，并最终发展成无人建造模式。

16.2.4 全智慧化运维

全智慧化运维是智能建造的最终价值落脚点。智能建造可以实现物理实体与数字虚体的双重交付，实现交付资产的数字化，用以支撑数字孪生基础上的智慧运维。依托全量数字孪生模型，可以实现资产管理的便捷化、空间管理的清晰化、运维管理的智能化，通过物联网设备实现数字世界和物理世界的双向联通与双向驱动，数字世界仿真模拟物理世界，从而实现趋势预判并支撑决策管理和执行，实现运维的智能化。

16.2.5 全网络化协同

全网络化协同是实现智能建造的最终路径，其核心是发展以产业互联网为基础的产业链协同，发展的终局是“智能建造”。全网络化协同是在行业全数字化的基础上实现的万物互联，重点是发展互联网、物联网在生产建设过程中的协同应用，鼓励大型中央企业、国有企业或政府机构搭建基于BIM的数据底层平台，并建立公开共享的数据底层和开放的数据接口等开发环境，从而推进以行业标准为基础，以市场软件产品和服务为生态的产业互联网平台，推进数据在不同阶段、不同参与主体之间的高效流动，从而实现全网络化的协同。

为此，行业从业者们还需要发展建筑行业的三大技术支撑能力，分别是数字孪生技术、工业制造技术以及人工智能技术。数字孪生技术为全过程数字化奠定了可视化、可计算、可交互的技术基础，工业制造技术为建筑行业的装配式工业化生产和自动化机器建造提供了技术支撑，人工智能技术则为未来智能化、无人化的智能建造提供技术的可能。因此，要想实现建筑行业的智能建造，需要各级行业同仁共同努力，从生产关系和生产力的协调发展中创新模式，以新技术、新思想和新模式打造全新的建筑行业体系。

16.3 未来展望

当前随着《数字中国整体建设布局规划》的发布，全社会数字化、网络化、智能化的转型速度明显提升。习近平同志指出，“要把握数字化、网络化、智能化方向，推动制造业、服务业、农业等产业数字化，利用互联网新技术对传统产业进行全方位、全链条的改造，提高全要素生产率，发挥数字技术对经济发展的放大、叠加、倍增作用。要推动互联网、大数据、人工智能同产业深度融合”。在历史发展大潮中，中国建筑业作为国民经济的支柱产业之一，必然将紧密联系时代发展，完成数字化转型，步入中国建造的数字新时代。

在这个可以预期的新时代当中，中国建筑场景多样丰富的优势将日趋明显，大量的建造场景实践也必然会产生大量的数据，在数字时代，数据生产要素与科技创新共同作用必然会产生大量的新技术，推动新型工程设计与建造工具产品的出现，通过这些工具工程建造的生产力水平将会大幅提升，并催生全新智能建造模式。基于这一认识我们展望未来，可以看到一些发展趋势性的内容。

1. 建筑业数字化基础设施、数据资源体系大幅升级

《数字中国建设整体布局规划》中明确了数字中国建设“2522”的整体框架，从党和国家事业发展全局的战略高度作出全面部署。其中数据基础设施和数据资源体系是整个数字中国框架的基础。因此可以预见在未来一个时期，我国数字技术设施建设将得到大规模发展。工程建造场景数据资源的重要性也将会得到重视。全行业的算力资源将不再是瓶颈，基于算力提升的新应用将会规模化涌现。

随着新应用的发展，与数据生产要素相结合的工程项目数字化交付、数字资产交付将成为工程项目的重要方向。

2. 人工智能带动建筑业技术升级

人工智能已然成为推动未来建筑发展的新动能。人工智能应用于中国建筑业，将会显著提高生产效率，降低成本，满足用户个性化的功能需求，增值建筑企业，增加社会福利，改善生态环境。例如，AI技术的引入可以为建筑领域设计环节提高效率、提高精度、拓宽设计思路和方法、降低设计成本和风险；在施工环节可以辅助安装，进行质量安全控制等。未来，它将使建筑领域执行各项任务变得越来越聪明，

“揽下越来越重要的活”，持续释放融合发展的叠加效应、聚合效应、倍增效应，赋能建筑工程真正实现数字化、智能化。

3．产业互联网的数字经济模式

建筑产业是一个传统而又非常重要的行业，它直接关系到人们的居住、工作和生活环境，也是现代化社会基础设施建设的重要组成部分。长期以来，建筑行业产业链、价值链冗长，涉及参与方和产业要素众多，这种复杂的产业属性给产业组织、企业管理及建造模式的进步带来较大的制约，导致建筑业的升级步伐长期落后于其他产业。随着互联网技术的不断革新，建筑产业逐渐进入产业互联网时代。建筑产业互联网将推进整个行业实现数字化，并为整个设计生产建造提供全过程的服务升级和流程优化，使各个环节更加紧密相连，生产效率大幅提升。在购房、装修和维护等各个环节中，数字经济的参与使得整个建筑行业的服务从传统的实物商品向智慧型服务转变，打造具有高度智能化、全链条服务体系的新型建筑生态圈。除此之外，建筑产业互联网的落地也给一些新型产业带来了机遇。比如建筑云、家装云、招采云、建筑机器人、3D打印、虚拟现实等数字化服务产品，都成为建筑产业新的增值点。这些技术和服务不仅在建筑生产中得到广泛应用，更推动了建筑行业的智慧化发展以及数字经济的蓬勃发展。可以预见，在建筑产业互联网和数字经济的双重驱动下，建筑行业将以更快的速度发展壮大，并带动城市经济的飞速进步。未来，随着互联网与建筑产业更深入的融合，建筑产业将慢慢形成数字产业，建立全生态、全产业链、全过程的互联网金字塔，催生更多全新的业态和商业模式，为行业数字经济的创新发展提供无限可能。

4．建筑行业产生数字化竞争新格局

在数字经济时代，随着网络信息技术的不断迭代升级，特别是人工智能技术的突破式发展，建筑行业数字化体系将产生新的生态，市场竞争格局将会重塑。建筑行业将经历全过程、全要素、全参与方的数字化、在线化、智能化，并对传统的设计、施工、交付、运营模式产生深刻影响，形成基于数字建筑平台的生态新体系，重构建筑业的生产协作模式。在此背景下，产业新技术带来了建筑领域新产品、新服务、新业态的大量涌现，衍生式设计、无图设计、建造机器人、3D打印建筑等新物种层出不穷。行业将会向全数字化设计、全工业化生产、全机械化建造和全网络化协同方向发展，传统企业只有清晰地认识数字化的真正内涵，不仅局限于管理模式的优化，而将是进行生产、管理、协作等全方位的改变，才有可能在新一轮的技术革命中突围，也只有那些掌握了技术和方法的企业，才会在数字化竞争中获得优势，从而成为数字经济时代市场的领导者。

参考文献

[1] 尤志嘉，吴琛，刘紫薇．智能建造研究综述[J]．土木工程与管理学报，2022，39（3）：82-87，139．

[2] 肖绪文，冯大阔．基于绿色建造的施工现场装配化思考[J]．施工技术，2016，45（4）：1-4．

[3] 雷娟．浅谈绿色建筑室内环境设计[J]．新材料新装饰，2014（9）：408．

[4] 陈燕．基于BIM的IPD协同工作模型在装配式建筑中的应用[J]．长春工程学院学报（自然科学版），2019，20（1）：5-8．

[5] 宋伟香．绿色住宅质量保证措施的研究[D]．泉州：华侨大学，2009．

[6] 李吉勤．“绿色建造”引领房建领域未来发展——中建集团提供“绿色建造”解决方案[J]．国际工程与劳务，2021（7）：22-25．

[7] 尹伯悦，陆有忠．绿色建筑与智能建筑的发展与应用状况以及相互关系的研究[J]．工程建设，2006（2）：29-33，37．

[8]《中国建筑业信息化发展报告（2021）智能建造应用与发展》编委会．中国建筑业信息化发展报告（2021）智能建造应用与发展[M]．北京：中国建筑工业出版社，2021．

[9] 国务院．国务院关于加快培育和发展战略性新兴产业的决定[J]．信息安全与通信保密，2010（11）：3．

[10] 本刊讯．工信部举行主题为“大力发展新一代信息技术产业”的新闻发布会[J]．信息技术与标准化，2022（10）：4．

[11] 王睿妍．智能建造国内外政策及未来发展方向[J]．施工企业管理，2022（11）：76-77．

[12] 住房和城乡建设部等部门关于推动智能建造与建筑工业化协同发展的指导意见[J]．工程建设标准化，2020（8）：9-11．

[13] 牛伟蕊，王彬武．关于发展智能建造的国际经验启示[J]．建筑经济，2022，43（5）：10-16．

[14] 刘占省，刘诗楠，赵玉红，等．智能建造技术发展现状与未来趋势[J]．建筑技术，2019，50（7）：772-779．

[15] 陆群甫，金威威，张军，等．我国建筑工业化发展现状与问题对策[C]//中国土木工程学会总工程师工作委员会2021年度学术年会暨首届总工论坛会议论

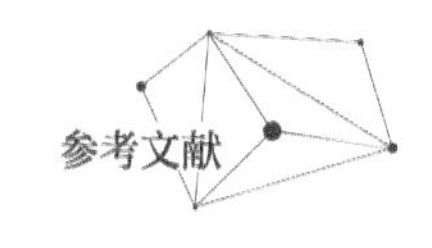

文集，2021：242-244.

[16] 陈珂，丁烈云．我国智能建造关键领域技术发展的战略思考[J]．中国工程科学，2021，23（4）：64-70.

[17] 毛超，张路鸣．智能建造产业链的核心产业筛选[J]．工程管理学报，2021，35（1）：19-24.

[18] 钟义信．高等人工智能原理：观念·方法·模型·理论[M]．北京：科学出版社，2014.

[19] 胡佳．人工智能辅助刑事审判的限度[J]．政法学刊，2022，39（3）：27-34.

[20] 张友国．边缘AI在智慧建筑中的应用与思考[J]．智能建筑与智慧城市，2022（4）：44-46.

[21] 郭强．数字孪生建筑研究现状及进展[J]．内蒙古煤炭经济，2021（21）：168-170.

[22] 郭怡婷．基于数字孪生的智慧建筑系统集成研究[J]．科技资讯，2022，20（8）：4-6.

[23] 黄晨，赫桂梅，柳惠忠．大数据背景下工程造价管理研究[J]．办公室业务，2022（16）：68-70.

[24] 江清泉．BIM和大数据技术在建筑工程质量管理中的应用[J]．散装水泥，2022（4）：102-104，107.

[25] 曹西，缪昌铅，潘海涛．基于碳排放模型的装配式混凝土与现浇建筑碳排放比较分析与研究[J]．建筑结构，2021，51（2）：1233-1237.

[26] 李连君，李宇彤，刘宏．探析大数据背景下工程项目管理的创新研究[J]．建筑与预算，2022（6）：50-52.

[27] 许子明，田杨锋．云计算的发展历史及其应用[J]．信息记录材料，2018，19（8）：66-67.

[28] 蔺思远．基于云计算的工程造价管理系统研究[D]．石家庄：河北地质大学，2022.

[29] 徐欣，薛宏平，张佳杰．浅析云桌面在建筑工程设计中的应用[J]．建筑设计管理，2022，39（5）：64-69.

[30] 王勇，刘刚．建筑产业互联网赋能建筑业数字化转型升级[J]．住宅产业，2020（9）：27-30.

[31] 刘陈，景兴红，董钢．浅谈物联网的技术特点及其广泛应用[J]．科学咨询（科

技·管理)，2011（9）：86.

[32] 蒋雯雯，马国峰．浅谈5G技术在智能建筑中的应用[J]．数字技术与应用，2022，40（9）：48-50.

[33] 周玥丞，何芸芸．增材制造技术研究进展与在机场项目中应用可行性探讨[J]．四川建筑，2022，42（S1）：159-162，165.

[34] 王海燕．3D打印技术在工程建筑领域的应用及展望[J]．江西建材，2022（8）：5-8.

[35] 耿立明．建筑机器人在现代建筑施工中的应用实践[J]．建筑结构，2022，52（19）：159.

[36] 金晓玲．浅析建筑工程BIM协同设计[J]．四川建筑，2015，（6）：96-98.

[37] 王彬．PC构件厂生产管理系统设计与实现[D]．武汉：湖北工业大学，2020.

[38] 于明，任霞，刘兴刚，等．混凝土预制构件关键技术研究及成套装备开发[J]．科技创新导报，2015，12（30）：67-68.

[39] 戴朋．增材制造技术原理及其在建筑行业的应用研究[D]．镇江：江苏大学，2016.

[40] 李来平，危荃．国内外增材制造技术标准研究[J]．中国标准化，2019（S1）：81-85.

[41] 丁俊．数字工艺的解读[J]．山东工艺美术学院学报，2018（1）：12-17.

[42] 陈锦锋．《数字建筑发展白皮书》发布赋能城市智能生态[N]．通信信息报，2022-04-06（007）.

[43] 林建昌，何振晖，林江富，等．基于BIM和AIoT的装配式建筑智能建造研究[J]．福建建设科技，2021（4）：120-123.

[44] 张琳．《佛山科学技术学院学报》（社会科学版）作者群现状分析[J]．佛山科学技术学院学报（社会科学版），2006，24（6）：94-96.

[45] 张以晓．论数字孪生技术与智慧水利建设[J]．黑龙江水利科技，2022，50（7）：180-183.

[46] 郑师应，李源，杨博涵，等．5G+行业现场网技术与产业发展综述[J]．电信科学，2022，38（Z1）：17-27.

[47] 李赟．智慧城市数字孪生技术应用探索及标准化研究[J]．信息技术与标准化，2021（10）：13-19.

[48] 杨晓冬．农业信息化中物联网技术应用的需求评价与对策研究——以苏南地区

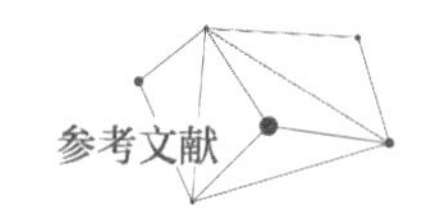

为例[D]．南京：南京邮电大学，2011．

[49] 沈洲，安岗，余明明．5G在工业互联网中的探索和应用[J]．信息通信技术，2019，13（5）：17-22．

[50] 龙小昂，王雷．数字孪生技术为科技发展开创新机遇[J]．中国安防，2021（3）：37-41．

[51] 李超．基于数字孪生技术的考古系统的设计和实现[J]．电子质量，2021（5）：53-55．

[52] 孟麒．云—雾—边缘协同的制造系统数字孪生动态一致性仿真模型构建方法[D]．济南：山东大学，2022．

[53] 上海建科工程咨询有限公司．一种基于建筑信息模型的项目策划管理系统：CN201410348513.1[P]．2014-10-08．

[54] 范以定．数据可视化在高校信息系统中的运用[J]．电脑与信息技术，2017，25（6）：55-56．

[55] Godager B A．Analysis of the information needs for existing buildings for integration in modern BIM-based building in formation management[J]．2011，20：88-96．

[56] Meadati P, Javier Irizarry, Amin K, et al．BIM and RFID integration：A pilot study[C]．Second International Conference on Construction on Developing Countries，2010：570-578．

[57] 郑展鹏，窦强，陈伟伟，等．数字化运维[M]．北京：中国建筑工业出版社．2019．

[58] 江韩，陈丽华，吕佐超，等．装配式建筑结构体系与案例[M]．南京：东南大学出版社，2018．

[59] 中国工程建设标准化协会．装配式空心板叠合剪力墙结构技术规程：T/CECS 915—2021[S]．北京：中国建筑工业出版社，2021．

[60] 中国工程建设标准化协会．纵肋叠合混凝土剪力墙结构技术规程：T/CECS 793—2020[S]．北京：中国建筑工业出版社，2020．

[61] 李然，田春雨，马云飞．竖向接缝钢锚环灌浆连接装配式多层剪力墙抗震性能试验研究[J]．建筑结构学报，2020，41（S2）：123-132．

[62] 中国工程建设标准化协会．装配式多层混凝土结构技术规程：T/CECS 604—2019[S]．北京：中国建筑工业出版社，2019．

[63] 王东伟，谢文明．支撑大数据应用的多元异构数据融合平台的实现[J]．智能建

筑，2017（1）：45-48.

[64] 郝际平，孙晓岭，薛强，等．绿色装配式钢结构建筑体系研究与应用[J]．工程力学，2017，34（1）：1-13.

[65] 李国强，张杰华．钢结构用国产自锁式8.8级单向螺栓承载性能[J]．建筑科学与工程学报，2018，35（1）：9-16.

[66] 谈丽华，杨律磊，张谨，等．某钢框架—钢板混凝土组合墙结构非线性地震响应研究[J]．建筑结构，2022，52（20）：16-21.

[67] Serrette, R．Seismic design strength of cold-formed steel framed shear walls [J]．Journal of Structural Engineering, 2010，136（9）：1123-1130.

[68] 周云，李定斌，邓雪松．抗震韧性建筑构建与实现[J]．工程抗震与加固改造，2021，43（1）：1-11.

[69] Singh V P, Rai D C．Aluminum buckling restrained braces for seismic resistance of truss moment frames[C]//Tenth US National Conference on Earthquake Engineering Frontiers of Earthquake Engineering，2014：351-356.

[70] Fang C, Yam M C H, Chan T M, et al．A study of hybrid self-centring connections equipped with shape memory alloy washers and bolts [J]．Engineering Structures, 2018, 164：155-168.

[71] 樊则森．建筑工业化与智能建造融合发展的几点思考[J]．中国勘察设计，2020（9）：25-27.

[72] 骆俊．建立智能建造与建筑工业化融合发展的纽带[J]．施工企业管理，2020（11）：62-64.

[73] 官永健．基于工程量清单的装配式建筑物化阶段碳排放测算研究[D]．广州：广州大学，2020.